工程量清单编制实例详解丛书

装饰工程工程量清单编制实例详解

王景文　杨天宇　魏凌志　高　升　主编

中国建筑工业出版社

图书在版编目（CIP）数据

装饰工程工程量清单编制实例详解/王景文等主编.
北京：中国建筑工业出版社，2016.1
（工程量清单编制实例详解丛书）
ISBN 978-7-112-18875-8

Ⅰ.①装…　Ⅱ.①王…　Ⅲ.①建筑装饰-工程造价
Ⅳ.①TU723.3

中国版本图书馆 CIP 数据核字（2015）第 306677 号

本书依据现行国家标准《建设工程工程量清单计价规范》（GB 50500—2013）的规定，
通过对《房屋建筑与装饰工程工程量计算规范》（GB 50854—2013）附录 H、L、M、N、
P、S，相对于原国家标准《建设工程工程量清单计价规范》（GB 50500—2008）附录 B 在
项目编码、项目名称、项目特征、计量单位、工程量计算规则、工作内容等六项变化进行
汇总列表，方便读者查阅；同时，通过列举典型的工程量清单编制实例，强化工程量的计
算和清单编制环节，帮助读者学习和应用新规范。

本书包括楼地面装饰工程，墙、柱面装饰与隔断、幕墙工程，天棚工程，门窗工程，
油漆、涂料、裱糊工程，其他装饰工程，工程量清单编制综合实例等 7 章内容。

本书可供工程建设施工、工程承包、房地产开发、工程保险、勘察设计、监理咨询、
造价、招标投标等单位从事造价工作的人员和相关专业工程技术人员学习参考，也可作为
以上从业人员短期培训、继续教育的培训教材和大专院校相关专业师生的参考用书。

* * *

责任编辑：郦锁林　赵晓菲　朱晓瑜
责任设计：董建平
责任校对：陈晶晶　姜小莲

工程量清单编制实例详解丛书
装饰工程工程量清单编制实例详解
王景文　杨天宇　魏凌志　高　升　主编
*
中国建筑工业出版社出版、发行（北京西郊百万庄）
各地新华书店、建筑书店经销
北京科地亚盟排版公司制版
北京君升印刷有限公司印刷
*
开本：787×1092 毫米　1/16　印张：28　字数：694 千字
2016 年 5 月第一版　　2016 年 5 月第一次印刷
定价：**62.00** 元
ISBN 978-7-112-18875-8
（28107）

前　言

　　自 2013 年 7 月 1 日起实施的国家标准《房屋建筑与装饰工程工程量计算规范》（GB 50854—2013）、《仿古建筑工程工程量计算规范》（GB 50855—2013）、《通用安装工程工程量计算规范》（GB 50856—2013）、《市政工程工程量计算规范》（GB 50857—2013）、《园林绿化工程工程量计算规范》（GB 50858—2013）、《矿山工程工程量计算规范》（GB 50859—2013）、《构筑物工程工程量计算规范》（GB 50860—2013）、《城市轨道交通工程工程量计算规范》（GB 50861—2013）、《爆破工程工程量计算规范》（GB 50862—2013）等 9 个专业工程量计算规范，是在原国家标准《建设工程工程量清单计价规范》（GB 50500—2008）的基础上修订而成，共设置 3915 个工程量计算项目，新增 2185 个项目，减少 350 个项目；各专业工程工程量计算规范与《建设工程工程量清单计价规范》（GB 50500—2013）配套使用，形成工程全新的计价、计量标准体系。该标准体系将为深入推行工程量清单计价，建立市场形成工程造价机制奠定坚实基础，并对维护建设市场秩序，规范建设工程发承包双方的计价行为，促进建设市场的健康发展发挥重要作用。

　　准确理解和掌握该标准体系的变化内容并应用于工程量清单编制实践中，是新形势下造价从业人员做好专业工作的关键，也是造价从业人员入门培训取证考试的重点和难点。为使广大工程造价工作者和相关专业工程技术人员快速查阅、深入理解和掌握以上各专业工程量计算规范的变化内容，满足工程量清单计量计价的实际需要，切实提高建设项目工程造价控制管理水平，中国建筑工业出版社组织编写了本书。

　　本书以工程量清单编制为主线，以实例的详图详解详表为手段，辅以工程量计算依据的变化内容的速查，方便读者学以致用。

　　本书编写过程中，得到了中国建筑工业出版社郦锁林老师的支持和帮助，同时，对本书引用、参考和借鉴的国家标准及文献资料的作者及相关组织、机构，深表谢意。此外，常文见、陈立平、贾小东、姜学成、姜宇峰、李海龙、吕铮、孟健、齐兆武、阮娟、王彬、王春武、王继红、王景怀、王军霞、王立春、于忠伟、张会宾、赵福胜、周丽丽、祝海龙、祝教纯为本书付出了辛勤的劳动，一并致谢。

　　限于编者对 2013 版计价规范和各专业工程量计算规范学习和理解的深度不够和实践经验的局限，加之时间仓促，书中难免有缺点和不足，诚望读者提出宝贵意见或建议（E-mail：edit8277@163.com）。

目　　录

1 楼地面装饰工程

本章依据《房屋建筑与装饰工程工程量计算规范》(GB 50854—2013)(以下简称"13 规范")、《建设工程工程量清单计价规范》(GB 50500—2008)(以下简称"08 规范")。"13 规范"在项目编码、项目名称、项目特征、计量单位、工程量计算规则、工作内容等方面,均有变化。

1. 清单项目变化

"13 规范"在"08 规范"的基础上,楼地面装饰工程增加 6 个项目,减少 6 个项目,具体如下:

(1) 在"楼地面整体面层及找平层"工程中增加了"自流地坪楼地面"、"平面砂浆找平层"2 个项目,块料面层增加"碎石材料楼地面"1 个项目,"台阶"增加"拼碎块料台阶面"、"楼梯"增加"拼碎块料面层"、"橡胶板楼梯面"和"塑料板楼梯面"等 3 个项目。

(2) "08 规范"楼地面工程"B.1.7 扶手、栏杆、栏板安装"移入其他装饰工程中。

2. 应注意的问题

(1) 取消"08 规范"地面工程工作内容中的"垫层"内容,混凝土垫层按"13 规范"附录 E.1 中"垫层"项目编码列项,除混凝土以外的其他材料垫层按"13 规范"附录"D.4 垫层"项目编码列项。

(2) 楼地面工程:整体面层、块料面层工作内容中包括抹找平层,但"13 规范"又列有"平面砂浆找平层"项目,只适用于仅做找平层的平面抹灰。

(3) "扶手、栏杆、栏板"按"13 规范"附录"Q.3 扶手、栏杆、栏板装饰"相应项目编码列项。

(4) 楼地面工程中,防水工程项目按"13 规范"附录 J 屋面及防水工程相关项目编码列项。

1.1 工程量计算依据六项变化及说明

1.1.1 整体面层及找平层

整体面层及找平层工程量清单项目的设置、项目特征描述的内容、计量单位及工程量计算规则等的变化对照情况,见表 1-1。

整体面层及找平层(编码:011101) 表 1-1

序号	版别	项目编码	项目名称	项目特征	工程量计算规则与计量单位	工作内容
1	13 规范	011101001	水泥砂浆楼地面	1. 找平层厚度、砂浆配合比; 2. 素水泥浆遍数; 3. 面层厚度、砂浆配合比; 4. 面层做法要求	按设计图示尺寸以面积计算。扣除凸出地面构筑物、设备基础、室内铁道、地沟等所占面积,不扣除间壁墙及≤0.3m² 柱、垛、附墙烟囱及孔洞所占面积。门洞、空圈、暖气包槽、壁龛的开口部分不增加面积(计量单位:m²)	1. 基层清理; 2. 抹找平层; 3. 抹面层; 4. 材料运输

续表

序号	版别	项目编码	项目名称	项目特征	工程量计算规则与计量单位	工作内容
1	08规范	020101001	水泥砂浆楼地面	1. 垫层材料种类、厚度； 2. 找平层厚度、砂浆配合比； 3. 防水层厚度、材料种类； 4. 面层厚度、砂浆配合比	按设计图示尺寸以面积计算。扣除凸出地面构筑物、设备基础、室内铁道、地沟等所占面积，不扣除间壁墙和0.3m²以内的柱、垛、附墙烟囱及孔洞所占面积。门洞、空圈、暖气包槽、壁龛的开口部分不增加面积（计量单位：m²）	1. 基层清理； 2. 垫层铺设； 3. 抹找平层； 4. 防水层铺设； 5. 抹面层； 6. 材料运输
	说明：项目特征描述增添"素水泥浆遍数"和"面层做法要求"，取消原来的"垫层材料种类、厚度"和"防水层厚度、材料种类"。工程量计算规则与计量单位将原来的"不扣除间壁墙和0.3m²以内"修改为"不扣除间壁墙及≤0.3m²"。工作内容取消原来的"垫层铺设"和"防水层铺设"						
2	13规范	011101002	现浇水磨石楼地面	1. 找平层厚度、砂浆配合比； 2. 面层厚度、水泥石子浆配合比； 3. 嵌条材料种类、规格； 4. 石子种类、规格、颜色； 5. 颜料种类、颜色； 6. 图案要求； 7. 磨光、酸洗、打蜡要求	按设计图示尺寸以面积计算。扣除凸出地面构筑物、设备基础、室内铁道、地沟等所占面积，不扣除间壁墙及≤0.3m²柱、垛、附墙烟囱及孔洞所占面积。门洞、空圈、暖气包槽、壁龛的开口部分不增加面积（计量单位：m²）	1. 基层清理； 2. 抹找平层； 3. 面层铺设； 4. 嵌缝条安装； 5. 磨光、酸洗打蜡； 6. 材料运输
	08规范	020101002	现浇水磨石楼地面	1. 垫层材料种类、厚度； 2. 找平层厚度、砂浆配合比； 3. 防水层厚度、材料种类； 4. 面层厚度、水泥石子浆配合比； 5. 嵌条材料种类、规格； 6. 石子种类、规格、颜色； 7. 颜料种类、颜色； 8. 图案要求； 9. 磨光、酸洗、打蜡要求	按设计图示尺寸以面积计算。扣除凸出地面构筑物、设备基础、室内铁道、地沟等所占面积，不扣除间壁墙和0.3m²以内的柱、垛、附墙烟囱及孔洞所占面积。门洞、空圈、暖气包槽、壁龛的开口部分不增加面积（计量单位：m²）	1. 基层清理； 2. 垫层铺设； 3. 抹找平层； 4. 防水层铺设； 5. 面层铺设； 6. 嵌缝条安装； 7. 磨光、酸洗、打蜡； 8. 材料运输
	说明：项目特征描述取消原来的"垫层材料种类、厚度"和"防水层厚度、材料种类"。工程量计算规则与计量单位将原来的"不扣除间壁墙和0.3m²以内"修改为"不扣除间壁墙及≤0.3m²"。工作内容取消原来的"垫层铺设"和"防水层铺设"						

序号	版别	项目编码	项目名称	项目特征	工程量计算规则与计量单位	工作内容
3	13规范	011101003	细石混凝土楼地面	1. 找平层厚度、砂浆配合比; 2. 面层厚度、混凝土强度等级	按设计图示尺寸以面积计算。扣除凸出地面构筑物、设备基础、室内铁道、地沟等所占面积,不扣除间壁墙及≤0.3m²柱、垛、附墙烟囱及孔洞所占面积。门洞、空圈、暖气包槽、壁龛的开口部分不增加面积(计量单位:m²)	1. 基层清理; 2. 抹找平层; 3. 面层铺设; 4. 材料运输
	08规范	020101003	细石混凝土楼地面	1. 垫层材料种类、厚度; 2. 找平层厚度、砂浆配合比; 3. 防水层厚度、材料种类; 4. 面层厚度、混凝土强度等级	按设计图示尺寸以面积计算。扣除凸出地面构筑物、设备基础、室内铁道、地沟等所占面积,不扣除间壁墙和0.3m²以内的柱、垛、附墙烟囱及孔洞所占面积。门洞、空圈、暖气包槽、壁龛的开口部分不增加面积(计量单位:m²)	1. 基层清理; 2. 垫层铺设; 3. 抹找平层; 4. 防水层铺设; 5. 面层铺设; 6. 材料运输
	说明:项目特征描述取消原来的"垫层材料种类、厚度"和"防水层厚度、材料种类"。工程量计算规则与计量单位将原来的"不扣除间壁墙和0.3m²以内"修改为"不扣除间壁墙及≤0.3m²"。工作内容取消原来的"垫层铺设"和"防水层铺设"					
4	13规范	011101004	菱苦土楼地面	1. 找平层厚度、砂浆配合比; 2. 面层厚度; 3. 打蜡要求	按设计图示尺寸以面积计算。扣除凸出地面构筑物、设备基础、室内铁道、地沟等所占面积,不扣除间壁墙及≤0.3m²柱、垛、附墙烟囱及孔洞所占面积。门洞、空圈、暖气包槽、壁龛的开口部分不增加面积(计量单位:m²)	1. 基层清理; 2. 抹找平层; 3. 面层铺设; 4. 打蜡; 5. 材料运输
	08规范	020101004	菱苦土楼地面	1. 垫层材料种类、厚度; 2. 找平层厚度、砂浆配合比; 3. 防水层厚度、材料种类; 4. 面层厚度; 5. 打蜡要求	按设计图示尺寸以面积计算。扣除凸出地面构筑物、设备基础、室内铁道、地沟等所占面积,不扣除间壁墙和0.3m²以内的柱、垛、附墙烟囱及孔洞所占面积。门洞、空圈、暖气包槽、壁龛的开口部分不增加面积(计量单位:m²)	1. 清理基层; 2. 垫层铺设; 3. 抹找平层; 4. 防水层铺设; 5. 面层铺设; 6. 打蜡; 7. 材料运输
	说明:项目特征描述取消原来的"垫层材料种类、厚度"和"防水层厚度、材料种类"。工程量计算规则与计量单位将原来的"不扣除间壁墙和0.3m²以内"修改为"不扣除间壁墙及≤0.3m²"。工作内容取消原来的"垫层铺设"和"防水层铺设"					
5	13规范	011101005	自流坪楼地面	1. 找平层砂浆配合比、厚度; 2. 界面剂材料种类; 3. 中层漆材料种类、厚度; 4. 面漆材料种类、厚度; 5. 面层材料种类	按设计图示尺寸以面积计算。扣除凸出地面构筑物、设备基础、室内铁道、地沟等所占面积,不扣除间壁墙及≤0.3m²柱、垛、附墙烟囱及孔洞所占面积。门洞、空圈、暖气包槽、壁龛的开口部分不增加面积(计量单位:m²)	1. 基层处理; 2. 抹找平层; 3. 涂界面剂; 4. 涂刷中层漆; 5. 打磨、吸尘; 6. 镘自流平面漆(浆); 7. 拌合自流平浆料; 8. 铺面层
	08规范	—	—	—	—	—
	说明:增添项目内容					

续表

序号	版别	项目编码	项目名称	项目特征	工程量计算规则与计量单位	工作内容
6	13规范	011101006	平面砂浆找平层	找平层厚度、砂浆配合比	按设计图示尺寸以面积计算（计量单位：m²）	1. 基层清理； 2. 抹找平层； 3. 材料运输
	08规范	—	—	—	—	—
	说明：增添项目内容					

注：1. 水泥砂浆面层处理是拉毛还是提浆压光应在面层做法要求中描述。
　　2. 平面砂浆找平层只适用于仅做找平层的平面抹灰。
　　3. 间壁墙指墙厚≤120mm的墙。
　　4. 楼地面混凝土垫层另按《房屋建筑与装饰工程工程量计算规范》（GB 50854—2013）附录 E.1 垫层项目编码列项，除混凝土外的其他材料垫层按《房屋建筑与装饰工程工程量计算规范》（GB 50854—2013）表 D.4 垫层项目编码列项。

1.1.2　块料面层

　　块料面层工程量清单项目的设置、项目特征描述的内容、计量单位及工程量计算规则等的变化对照情况，见表1-2。

块料面层（编码：011102）　　　　　　　　　　　　　　　　表 1-2

序号	版别	项目编码	项目名称	项目特征	工程量计算规则与计量单位	工作内容
1	13规范	011102001	石材楼地面	1. 找平层厚度、砂浆配合比； 2. 结合层厚度、砂浆配合比； 3. 面层材料品种、规格、颜色； 4. 嵌缝材料种类； 5. 防护层材料种类； 6. 酸洗、打蜡要求	按设计图示尺寸以面积计算。门洞、空圈、暖气包槽、壁龛的开口部分并入相应的工程量内（计量单位：m²）	1. 基层清理； 2. 抹找平层； 3. 面层铺设、磨边； 4. 嵌缝； 5. 刷防护材料； 6. 酸洗、打蜡； 7. 材料运输
	08规范	020102001	石材楼地面	1. 垫层材料种类、厚度； 2. 找平层厚度、砂浆配合比； 3. 防水层、材料种类； 4. 填充材料种类、厚度； 5. 结合层厚度、砂浆配合比； 6. 面层材料品种、规格、品牌、颜色； 7. 嵌缝材料种类； 8. 防护层材料种类； 9. 酸洗、打蜡要求	按设计图示尺寸以面积计算。扣除凸出地面构筑物、设备基础、室内铁道、地沟等所占面积，不扣除间壁墙和 0.3m² 以内的柱、垛、附墙烟囱及孔洞所占面积。门洞、空圈、暖气包槽、壁龛的开口部分不增加面积（计量单位：m²）	1. 基层清理、铺设垫层、抹找平层； 2. 防水层铺设、填充层铺设； 3. 面层铺设； 4. 嵌缝； 5. 刷防护材料； 6. 酸洗、打蜡； 7. 材料运输
	说明：项目特征描述将原来的"面层材料品种、规格、品牌、颜色"简化为"面层材料品种、规格、颜色"，取消原来的"垫层材料种类、厚度"、"防水层、材料种类"和"填充材料种类、厚度"。工程量计算规则与计量单位简化说明。工作内容将原来的"基层清理、铺设垫层、抹找平层"拆分为"基层清理"和"抹找平层"，"面层铺设"扩展为"面层铺设、磨边"，取消原来的"防水层铺设、填充层铺设"					

序号	版别	项目编码	项目名称	项目特征	工程量计算规则与计量单位	工作内容
2	13规范	011102002	碎石材楼地面	1. 找平层厚度、砂浆配合比； 2. 结合层厚度、砂浆配合比； 3. 面层材料品种、规格、颜色； 4. 嵌缝材料种类； 5. 防护层材料种类； 6. 酸洗、打蜡要求	按设计图示尺寸以面积计算。门洞、空圈、暖气包槽、壁龛的开口部分并入相应的工程量内（计量单位：m²）	1. 基层清理； 2. 抹找平层； 3. 面层铺设、磨边； 4. 嵌缝； 5. 刷防护材料； 6. 酸洗、打蜡； 7. 材料运输
	08规范	—	—	—	—	—
	说明：增添项目内容					
3	13规范	011102003	块料楼地面	1. 找平层厚度、砂浆配合比； 2. 结合层厚度、砂浆配合比； 3. 面层材料品种、规格、颜色； 4. 嵌缝材料种类； 5. 防护层材料种类； 6. 酸洗、打蜡要求	按设计图示尺寸以面积计算。门洞、空圈、暖气包槽、壁龛的开口部分并入应的工程量内（计量单位：m²）	1. 基层清理； 2. 抹找平层； 3. 面层铺设、磨边； 4. 嵌缝； 5. 刷防护材料； 6. 酸洗、打蜡； 7. 材料运输
	08规范	020102002	块料楼地面	1. 垫层材料种类、厚度； 2. 找平层厚度、砂浆配合比； 3. 防水层、材料种类； 4. 填充材料种类、厚度； 5. 结合层厚度、砂浆配合比； 6. 面层材料种类、规格、品牌、颜色； 7. 嵌缝材料种类； 8. 防护层材料种类； 9. 酸洗、打蜡要求	按设计图示尺寸以面积计算。扣除凸出地面构筑物、设备基础、室内铁道、地沟等所占面积，不扣除间壁墙和0.3m²以内的柱、垛、附墙烟囱及孔洞所占面积。门洞、空圈、暖气包槽、壁龛的开口部分不增加面积（计量单位：m²）	1. 基层清理、铺设垫层、抹找平层； 2. 防水层铺设、填充层铺设； 3. 面层铺设； 4. 嵌缝； 5. 刷防护材料； 6. 酸洗、打蜡； 7. 材料运输
	说明：项目特征描述将原来的"面层材料品种、规格、品牌、颜色"简化为"面层材料品种、规格、颜色"，取消原来的"垫层材料种类、厚度""防水层、材料种类"和"填充材料种类、厚度"。工程量计算规则与计量单位简化说明。工作内容将原来的"基层清理、铺设垫层、抹找平层"拆分为"基层清理"和"抹找平层"，"面层铺设"扩展为"面层铺设、磨边"，取消原来的"防水层铺设、填充层铺设"					

注：1. 在描述碎石材项目的面层材料特征时可不用描述规格、颜色。

2. 石材、块料与粘结材料的结合面刷防渗材料的种类在防护层材料种类中描述。

3. 本表工作内容中的磨边指施工现场磨边，后面章节工作内容中涉及的磨边含义同。

1.1.3 橡塑面层

橡塑面层工程量清单项目的设置、项目特征描述的内容、计量单位及工程量计算规则等的变化对照情况，见表1-3。

橡塑面层（编码：011103） 表1-3

序号	版别	项目编码	项目名称	项目特征	工程量计算规则与计量单位	工作内容
1	13规范	011103001	橡胶板楼地面	1. 粘结层厚度、材料种类； 2. 面层材料品种、规格、颜色； 3. 压线条种类	按设计图示尺寸以面积计算。门洞、空圈、暖气包槽、壁龛的开口部分并入应的工程量内（计量单位：m²）	1. 基层清理； 2. 面层铺贴； 3. 压缝条装钉； 4. 材料运输
	08规范	020103001	橡胶板楼地面	1. 找平层厚度、砂浆配合比； 2. 填充材料种类、厚度； 3. 粘结层厚度、材料种类； 4. 面层材料品种、规格、品牌、颜色； 5. 压线条种类		1. 基层清理、抹找平层； 2. 铺设填充层； 3. 面层铺贴； 4. 压缝条装钉； 5. 材料运输

说明：项目特征描述取消原来的"找平层厚度、砂浆配合比"和"填充材料种类、厚度"，将原来的"面层材料品种、规格、品牌、颜色"简化为"面层材料品种、规格、颜色"。工作内容将原来的"基层清理、抹找平层"简化为"基层清理"，取消原来的"铺设填充层"

序号	版别	项目编码	项目名称	项目特征	工程量计算规则与计量单位	工作内容
2	13规范	011103002	橡胶板卷材楼地面	1. 粘结层厚度、材料种类； 2. 面层材料品种、规格、颜色； 3. 压线条种类	按设计图示尺寸以面积计算。门洞、空圈、暖气包槽、壁龛的开口部分并入应的工程量内（计量单位：m²）	1. 基层清理； 2. 面层铺贴； 3. 压缝条装钉； 4. 材料运输
	08规范	020103002	橡胶卷材楼地面	1. 找平层厚度、砂浆配合比； 2. 填充材料种类、厚度； 3. 粘结层厚度、材料种类； 4. 面层材料品种、规格、品牌、颜色； 5. 压线条种类		1. 基层清理、抹找平层； 2. 铺设填充层； 3. 面层铺贴； 4. 压缝条装钉； 5. 材料运输

说明：项目名称扩展为"橡胶板卷材楼地面"。项目特征描述取消原来的"找平层厚度、砂浆配合比"和"填充材料种类、厚度"，将原来的"面层材料品种、规格、品牌、颜色"简化为"面层材料品种、规格、颜色"。工作内容将原来的"基层清理、抹找平层"简化为"基层清理"，取消原来的"铺设填充层"

续表

序号	版别	项目编码	项目名称	项目特征	工程量计算规则与计量单位	工作内容
3	13规范	011103003	塑料板楼地面	1. 粘结层厚度、材料种类; 2. 面层材料品种、规格、颜色; 3. 压线条种类	按设计图示尺寸以面积计算。门洞、空圈、暖气包槽、壁龛的开口部分并入应的工程量内(计量单位: m²)	1. 基层清理; 2. 面层铺贴; 3. 压缝条装钉; 4. 材料运输
	08规范	020103003	塑料板楼地面	1. 找平层厚度、砂浆配合比; 2. 填充材料种类、厚度; 3. 粘结层厚度、材料种类; 4. 面层材料品种、规格、品牌、颜色; 5. 压线条种类		1. 基层清理、抹找平层; 2. 铺设填充层; 3. 面层铺贴; 4. 压缝条装钉; 5. 材料运输

说明:项目特征描述取消原来的"找平层厚度、砂浆配合比"和"填充材料种类、厚度",将原来的"面层材料品种、规格、品牌、颜色"简化为"面层材料品种、规格、颜色"。工作内容将原来的"基层清理、抹找平层"简化为"基层清理",取消原来的"铺设填充层"

| 4 | 13规范 | 011103004 | 塑料卷材楼地面 | 1. 粘结层厚度、材料种类;
2. 面层材料品种、规格、颜色;
3. 压线条种类 | 按设计图示尺寸以面积计算。门洞、空圈、暖气包槽、壁龛的开口部分并入应的工程量内(计量单位: m²) | 1. 基层清理;
2. 面层铺贴;
3. 压缝条装钉;
4. 材料运输 |
| | 08规范 | 020103004 | 塑料卷材楼地面 | 1. 找平层厚度、砂浆配合比;
2. 填充材料种类、厚度;
3. 粘结层厚度、材料种类;
4. 面层材料品种、规格、品牌、颜色;
5. 压线条种类 | | 1. 基层清理、抹找平层;
2. 铺设填充层;
3. 面层铺贴;
4. 压缝条装钉;
5. 材料运输 |

说明:项目特征描述取消原来的"找平层厚度、砂浆配合比"和"填充材料种类、厚度",将原来的"面层材料品种、规格、品牌、颜色"简化为"面层材料品种、规格、颜色"。工作内容将原来的"基层清理、抹找平层"简化为"基层清理",取消原来的"铺设填充层"

注:本表项目中如涉及找平层,另按《房屋建筑与装饰工程工程量计算规范》(GB 50854—2013)表 L.1 找平层项目编码列项。

1.1.4 其他材料面层

其他材料面层工程量清单项目的设置、项目特征描述的内容、计量单位及工程量计算规则等的变化对照情况,见表1-4。

其他材料面层（编码：011104）　　　　　　　　　　　　表 1-4

序号	版别	项目编码	项目名称	项目特征	工程量计算规则与计量单位	工作内容
1	13规范	011104001	地毯楼地面	1. 面层材料品种、规格、颜色； 2. 防护材料种类； 3. 粘结材料种类； 4. 压线条种类	按设计图示尺寸以面积计算。门洞、空圈、暖气包槽、壁龛的开口部分并入相应的工程量内（计量单位：m²）	1. 基层清理； 2. 铺贴面层； 3. 刷防护材料； 4. 装钉压条； 5. 材料运输
	08规范	020104001	楼地面地毯	1. 找平层厚度、砂浆配合比； 2. 填充材料种类、厚度； 3. 面层材料品种、规格、品牌、颜色； 4. 防护材料种类； 5. 粘结材料种类； 6. 压线条种类		1. 基层清理、抹找平层； 2. 铺设填充层； 3. 铺贴面层； 4. 刷防护材料； 5. 装钉压条； 6. 材料运输
	说明：项目名称修改为"地毯楼地面"。项目特征描述将原来的"面层材料品种、规格、品牌、颜色"简化为"面层材料品种、规格、颜色"，取消原来的"找平层厚度、砂浆配合比"和"填充材料种类、厚度"。工作内容将原来的"基层清理、抹找平层"简化为"基层清理"，取消原来的"铺设填充层"						
2	13规范	011104002	竹、木（复合）地板	1. 龙骨材料种类、规格、铺设间距； 2. 基层材料种类、规格； 3. 面层材料品种、规格、颜色； 4. 防护材料种类	按设计图示尺寸以面积计算。门洞、空圈、暖气包槽、壁龛的开口部分并入相应的工程量内（计量单位：m²）	1. 基层清理； 2. 龙骨铺设； 3. 基层铺设； 4. 面层铺贴； 5. 刷防护材料； 6. 材料运输
	08规范	020104002	竹木地板	1. 找平层厚度、砂浆配合比； 2. 填充材料种类、厚度、找平层厚度、砂浆配合比； 3. 龙骨材料种类、规格、铺设间距； 4. 基层材料种类、规格； 5. 面层材料品种、规格、品牌、颜色； 6. 粘结材料种类； 7. 防护材料种类； 8. 油漆品种、刷漆遍数		1. 基层清理、抹找平层； 2. 铺设填充层； 3. 龙骨铺设； 4. 铺设基层； 5. 面层铺贴； 6. 刷防护材料； 7. 材料运输
	说明：项目名称修改为"竹、木（复合）地板"。项目特征描述将原来的"面层材料品种、规格、品牌、颜色"简化为"面层材料品种、规格、颜色"，取消原来的"找平层厚度、砂浆配合比"、"填充材料种类、厚度、找平层厚度、砂浆配合比"、"粘结材料种类"和"油漆品种、刷漆遍数"。工作内容将原来的"基层清理、抹找平层"简化为"基层清理"，"铺设基层"修改为"基层铺设"，取消原来的"铺设填充层"						

序号	版别	项目编码	项目名称	项目特征	工程量计算规则与计量单位	工作内容
3	13规范	011104003	金属复合地板	1. 龙骨材料种类、规格、铺设间距； 2. 基层材料种类、规格； 3. 面层材料品种、规格、颜色； 4. 防护材料种类		1. 基层清理； 2. 龙骨铺设； 3. 基层铺设； 4. 面层铺贴； 5. 刷防护材料； 6. 材料运输
	08规范	020104004	金属复合地板	1. 找平层厚度、砂浆配合比； 2. 填充材料种类、厚度、找平层厚度、砂浆配合比； 3. 龙骨材料种类、规格、铺设间距； 4. 基层材料种类、规格； 5. 面层材料品种、规格、品牌； 6. 防护材料种类	按设计图示尺寸以面积计算。门洞、空圈、暖气包槽、壁龛的开口部分并入相应的工程量内（计量单位：m²）	1. 清理基层、抹找平层； 2. 铺设填充层； 3. 龙骨铺设； 4. 基层铺设； 5. 面层铺贴； 6. 刷防护材料； 7. 材料运输

说明：项目特征描述将原来的"面层材料品种、规格、品牌"修改为"面层材料品种、规格、颜色"，取消原来的"找平层厚度、砂浆配合比"和"填充材料种类、厚度、找平层厚度、砂浆配合比"。工作内容将原来的"基层清理、抹找平层"简化为"基层清理"，取消原来的"铺设填充层"

序号	版别	项目编码	项目名称	项目特征	工程量计算规则与计量单位	工作内容
4	13规范	011104004	防静电活动地板	1. 支架高度、材料种类； 2. 面层材料品种、规格、颜色； 3. 防护材料种类		1. 基层清理； 2. 固定支架安装； 3. 活动面层安装； 4. 刷防护材料； 5. 材料运输
	08规范	020104003	防静电活动地板	1. 找平层厚度、砂浆配合比； 2. 填充材料种类、厚度、找平层厚度、砂浆配合比； 3. 支架高度、材料种类； 4. 面层材料品种、规格、品牌、颜色； 5. 防护材料种类	按设计图示尺寸以面积计算。门洞、空圈、暖气包槽、壁龛的开口部分并入相应的工程量内（计量单位：m²）	1. 清理基层、抹找平层； 2. 铺设填充层； 3. 固定支架安装； 4. 活动面层安装； 5. 刷防护材料； 6. 材料运输

说明：项目特征描述将原来的"面层材料品种、规格、品牌、颜色"简化为"面层材料品种、规格、颜色"，取消原来的"找平层厚度、砂浆配合比"和"填充材料种类、厚度、找平层厚度、砂浆配合比"。工作内容将原来的"基层清理、抹找平层"简化为"基层清理"，取消原来的"铺设填充层"

1.1.5 踢脚线

踢脚线工程量清单项目的设置、项目特征描述的内容、计量单位及工程量计算规则等的变化对照情况，见表 1-5。

踢脚线（编码：011105） 表 1-5

序号	版别	项目编码	项目名称	项目特征	工程量计算规则与计量单位	工作内容
1	13 规范	011105001	水泥砂浆踢脚线	1. 踢脚线高度； 2. 底层厚度、砂浆配合比； 3. 面层厚度、砂浆配合比	1. 按设计图示长度乘高度以面积计算（计量单位：m²）； 2. 按延长米计算（计量单位：m）	1. 基层清理； 2. 底层和面层抹灰； 3. 材料运输
	08 规范	020105001	水泥砂浆踢脚线		按设计图示长度乘以高度以面积计算（计量单位：m²）	1. 基层清理； 2. 底层抹灰； 3. 面层铺贴； 4. 勾缝； 5. 磨光、酸洗、打蜡； 6. 刷防护材料； 7. 材料运输
	说明：工程量计算规则与计量单位增添"按延长米计算（计量单位：m）"。工作内容将原来的"底层抹灰"和"面层铺贴"归并为"底层和面层抹灰"，取消原来的"勾缝"、"磨光、酸洗、打蜡"和"刷防护材料"					
2	13 规范	011105002	石材踢脚线	1. 踢脚线高度； 2. 粘贴层厚度、材料种类； 3. 面层材料品种、规格、颜色； 4. 防护材料种类	1. 按设计图示长度乘高度以面积计算（计量单位：m²）； 2. 按延长米计算（计量单位：m）	1. 基层清理； 2. 底层抹灰； 3. 面层铺贴、磨边； 4. 擦缝； 5. 磨光、酸洗、打蜡； 6. 刷防护材料； 7. 材料运输
	08 规范	020105002	石材踢脚线	1. 踢脚线高度； 2. 底层厚度、砂浆配合比； 3. 粘贴层厚度、材料种类； 4. 面层材料品种、规格、品牌、颜色； 5. 勾缝材料种类； 6. 防护材料种类	按设计图示长度乘以高度以面积计算（计量单位：m²）	1. 基层清理； 2. 底层抹灰； 3. 面层铺贴； 4. 勾缝； 5. 磨光、酸洗、打蜡； 6. 刷防护材料； 7. 材料运输
	说明：项目特征描述将原来的"面层材料品种、规格、品牌、颜色"简化为"面层材料品种、规格、颜色"，取消原来的"底层厚度、砂浆配合比"和"勾缝材料种类"。工程量计算规则与计量单位增添"按延长米计算（计量单位：m）"。工作内容将原来的"面层铺贴"扩展为"面层铺贴、磨边"，"勾缝"修改为"擦缝"					

续表

序号	版别	项目编码	项目名称	项目特征	工程量计算规则与计量单位	工作内容
3	13规范	011105003	块料踢脚线	1. 踢脚线高度； 2. 粘贴层厚度、材料种类； 3. 面层材料品种、规格、颜色； 4. 防护材料种类	1. 按设计图示长度乘高度以面积计算（计量单位：m²）； 2. 按延长米计算（计量单位：m）	1. 基层清理； 2. 底层抹灰； 3. 面层铺贴、磨边； 4. 擦缝； 5. 磨光、酸洗、打蜡； 6. 刷防护材料； 7. 材料运输
	08规范	020105003	块料踢脚线	1. 踢脚线高度； 2. 底层厚度、砂浆配合比； 3. 粘贴层厚度、材料种类； 4. 面层材料品种、规格、品牌、颜色； 5. 勾缝材料种类； 6. 防护材料种类	按设计图示长度乘以高度以面积计算（计量单位：m²）	1. 基层清理； 2. 底层抹灰； 3. 面层铺贴； 4. 勾缝； 5. 磨光、酸洗、打蜡； 6. 刷防护材料； 7. 材料运输
	说明：项目特征描述将原来的"面层材料品种、规格、品牌、颜色"简化为"面层材料品种、规格、颜色"，取消原来的"底层厚度、砂浆配合比"和"勾缝材料种类"。工程量计算规则与计量单位增添"按延长米计算（计量单位：m）"。工作内容将原来的"面层铺贴"扩展为"面层铺贴、磨边"，"勾缝"修改为"擦缝"					
4	13规范	011105004	塑料板踢脚线	1. 踢脚线高度； 2. 粘结层厚度、材料种类； 3. 面层材料种类、规格、颜色	1. 按设计图示长度乘高度以面积计算（计量单位：m²）； 2. 按延长米计算（计量单位：m）	1. 基层清理； 2. 基层铺贴； 3. 面层铺贴； 4. 材料运输
	08规范	020105005	塑料板踢脚线	1. 踢脚线高度； 2. 底层厚度、砂浆配合比； 3. 粘结层厚度、材料种类； 4. 面层材料种类、规格、品牌、颜色	按设计图示长度乘以高度以面积计算（计量单位：m²）	1. 基层清理； 2. 底层抹灰； 3. 面层铺贴； 4. 勾缝； 5. 磨光、酸洗、打蜡； 6. 刷防护材料； 7. 材料运输
	说明：项目特征描述将原来的"面层材料品种、规格、品牌、颜色"简化为"面层材料品种、规格、颜色"，取消原来的"底层厚度、砂浆配合比"。工程量计算规则与计量单位增添"按延长米计算（计量单位：m）"。工作内容增添"基层铺贴"，取消原来的"底层抹灰"、"勾缝"、"磨光、酸洗、打蜡"和"刷防护材料"					

续表

序号	版别	项目编码	项目名称	项目特征	工程量计算规则与计量单位	工作内容
5	13规范	011105005	木质踢脚线	1. 踢脚线高度； 2. 基层材料种类、规格； 3. 面层材料品种、规格、颜色	1. 按设计图示长度乘高度以面积计算（计量单位：m²）； 2. 按延长米计算（计量单位：m）	1. 基层清理； 2. 基层铺贴； 3. 面层铺贴； 4. 材料运输
	08规范	020105006	木质踢脚线	1. 踢脚线高度； 2. 底层厚度、砂浆配合比； 3. 基层材料种类、规格； 4. 面层材料品种、规格、品牌、颜色； 5. 防护材料种类； 6. 油漆品种、刷漆遍数	按设计图示长度乘以高度以面积计算（计量单位：m²）	1. 基层清理； 2. 底层抹灰； 3. 基层铺贴； 4. 面层铺贴； 5. 刷防护材料； 6. 刷油漆； 7. 材料运输
				说明：项目特征描述将原来的"面层材料品种、规格、品牌、颜色"简化为"面层材料品种、规格、颜色"，取消原来的"底层厚度、砂浆配合比"、"防护材料种类"和"油漆品种、刷漆遍数"。工程量计算规则与计量单位增添"按延长米计算（计量单位：m）"。工作内容取消原来的"底层抹灰"、"刷防护材料"和"刷油漆"		
6	13规范	011105006	金属踢脚线	1. 踢脚线高度； 2. 基层材料种类、规格； 3. 面层材料品种、规格、颜色	1. 按设计图示长度乘高度以面积计算（计量单位：m²）； 2. 按延长米计算（计量单位：m）	1. 基层清理； 2. 基层铺贴； 3. 面层铺贴； 4. 材料运输
	08规范	020105007	金属踢脚线	1. 踢脚线高度； 2. 底层厚度、砂浆配合比； 3. 基层材料种类、规格； 4. 面层材料品种、规格、品牌、颜色； 5. 防护材料种类； 6. 油漆品种、刷漆遍数	按设计图示长度乘以高度以面积计算（计量单位：m²）	1. 基层清理； 2. 底层抹灰； 3. 基层铺贴； 4. 面层铺贴； 5. 刷防护材料； 6. 刷油漆； 7. 材料运输
				说明：项目特征描述将原来的"面层材料品种、规格、品牌、颜色"简化为"面层材料品种、规格、颜色"，取消原来的"底层厚度、砂浆配合比"、"防护材料种类"和"油漆品种、刷漆遍数"。工程量计算规则与计量单位增添"按延长米计算（计量单位：m）"。工作内容取消原来的"底层抹灰"、"刷防护材料"和"刷油漆"		
7	13规范	011105007	防静电踢脚线	1. 踢脚线高度； 2. 基层材料种类、规格； 3. 面层材料品种、规格、颜色	1. 按设计图示长度乘高度以面积计算（计量单位：m²）； 2. 按延长米计算（计量单位：m）	1. 基层清理； 2. 基层铺贴； 3. 面层铺贴； 4. 材料运输

序号	版别	项目编码	项目名称	项目特征	工程量计算规则与计量单位	工作内容
7	08 规范	020105008	防静电踢脚线	1. 踢脚线高度； 2. 底层厚度、砂浆配合比； 3. 基层材料种类、规格； 4. 面层材料品种、规格、品牌、颜色； 5. 防护材料种类； 6. 油漆品种、刷漆遍数	按设计图示长度乘以高度以面积计算（计量单位：m²）	1. 基层清理； 2. 底层抹灰； 3. 基层铺贴； 4. 面层铺贴； 5. 刷防护材料； 6. 刷油漆； 7. 材料运输
		说明：项目特征描述将原来的"面层材料品种、规格、品牌、颜色"简化为"面层材料品种、规格、颜色"，取消原来的"底层厚度、砂浆配合比"、"防护材料种类"和"油漆品种、刷漆遍数"。工程量计算规则与计量单位增添"按延长米计算（计量单位：m）"。工作内容取消原来的"底层抹灰"、"刷防护材料"和"刷油漆"					

注：石材、块料与粘结材料的结合面刷防渗材料的种类在防护材料种类中描述。

1.1.6 楼梯面层

楼梯面层工程量清单项目的设置、项目特征描述的内容、计量单位及工程量计算规则等的变化对照情况，见表1-6。

楼梯面层（编码：011106） 表 1-6

序号	版别	项目编码	项目名称	项目特征	工程量计算规则与计量单位	工作内容
1	13 规范	011106001	石材楼梯面层	1. 找平层厚度、砂浆配合比； 2. 粘结层厚度、材料种类； 3. 面层材料品种、规格、颜色； 4. 防滑条材料种类、规格； 5. 勾缝材料种类； 6. 防护材料种类； 7. 酸洗、打蜡要求	按设计图示尺寸以楼梯（包括踏步、休息平台及≤500mm的楼梯井）水平投影面积计算。楼梯与楼地面相连时，算至梯口梁内侧边沿；无梯口梁者，算至最上一层踏步边沿加300mm（计量单位：m²）	1. 基层清理； 2. 抹找平层； 3. 面层铺贴、磨边； 4. 贴嵌防滑条； 5. 勾缝； 6. 刷防护材料； 7. 酸洗、打蜡； 8. 材料运输
	08 规范	020106001	石材楼梯面层			
		说明：各项目内容未做修改				
2	13 规范	011106002	块料楼梯面层	1. 找平层厚度、砂浆配合比； 2. 粘结层厚度、材料种类； 3. 面层材料品种、规格、颜色； 4. 防滑条材料种类、规格； 5. 勾缝材料种类； 6. 防护材料种类； 7. 酸洗、打蜡要求	按设计图示尺寸以楼梯（包括踏步、休息平台及≤500mm的楼梯井）水平投影面积计算。楼梯与楼地面相连时，算至梯口梁内侧边沿；无梯口梁者，算至最上一层踏步边沿加300mm（计量单位：m²）	1. 基层清理； 2. 抹找平层； 3. 面层铺贴、磨边； 4. 贴嵌防滑条； 5. 勾缝； 6. 刷防护材料； 7. 酸洗、打蜡； 8. 材料运输
	08 规范	020106002	块料楼梯面层			
		说明：各项目内容未做修改				

续表

序号	版别	项目编码	项目名称	项目特征	工程量计算规则与计量单位	工作内容
3	13规范	011106003	拼碎块料面层	1. 找平层厚度、砂浆配合比；2. 粘结层厚度、材料种类；3. 面层材料品种、规格、颜色；4. 防滑条材料种类、规格；5. 勾缝材料种类；6. 防护材料种类；7. 酸洗、打蜡要求	按设计图示尺寸以楼梯（包括踏步、休息平台及≤500mm的楼梯井）水平投影面积计算。楼梯与楼地面相连时，算至梯口梁内侧边沿；无梯口梁者，算至最上一层踏步边沿加300mm（计量单位：m²）	1. 基层清理；2. 抹找平层；3. 面层铺贴、磨边；4. 贴嵌防滑条；5. 勾缝；6. 刷防护材料；7. 酸洗、打蜡；8. 材料运输
	08规范	—	—	—	—	—
	说明：增添项目内容					
4	13规范	011106004	水泥砂浆楼梯面层	1. 找平层厚度、砂浆配合比；2. 面层厚度、砂浆配合比；3. 防滑条材料种类、规格	按设计图示尺寸以楼梯（包括踏步、休息平台及≤500mm的楼梯井）水平投影面积计算。楼梯与楼地面相连时，算至梯口梁内侧边沿；无梯口梁者，算至最上一层踏步边沿加300mm（计量单位：m²）	1. 基层清理；2. 抹找平层；3. 抹面层；4. 抹防滑条；5. 材料运输
	08规范	020106003	水泥砂浆楼梯面			
	说明：各项目内容未做修改					
5	13规范	011106005	现浇水磨石楼梯面层	1. 找平层厚度、砂浆配合比；2. 面层厚度、水泥石子浆配合比；3. 防滑条材料种类、规格；4. 石子种类、规格、颜色；5. 颜料种类、颜色；6. 磨光、酸洗打蜡要求	按设计图示尺寸以楼梯（包括踏步、休息平台及≤500mm的楼梯井）水平投影面积计算。楼梯与楼地面相连时，算至梯口梁内侧边沿；无梯口梁者，算至最上一层踏步边沿加300mm（计量单位：m²）	1. 基层清理；2. 抹找平层；3. 抹面层；4. 贴嵌防滑条；5. 磨光、酸洗、打蜡；6. 材料运输
	08规范	020106004	现浇水磨石楼梯面	1. 找平层厚度、砂浆配合比；2. 面层厚度、水泥石子浆配合比；3. 防滑条材料种类、规格；4. 石子种类、规格、颜色；5. 颜料种类、颜色；6. 磨光、酸洗、打蜡要求		
	说明：项目名称扩展为"现浇水磨石楼梯面层"。项目特征描述将原来的"磨光、酸洗、打蜡要求"修改为"磨光、酸洗打蜡要求"					

续表

序号	版别	项目编码	项目名称	项目特征	工程量计算规则与计量单位	工作内容
6	13规范	011106006	地毯楼梯面层	1. 基层种类; 2. 面层材料品种、规格、颜色; 3. 防护材料种类; 4. 粘结材料种类; 5. 固定配件材料种类、规格	按设计图示尺寸以楼梯(包括踏步、休息平台及≤500mm的楼梯井)水平投影面积计算。楼梯与楼地面相连时,算至梯口梁内侧边沿;无梯口梁者,算至最上一层踏步边沿加300mm(计量单位:m²)	1. 基层清理; 2. 铺贴面层; 3. 固定配件安装; 4. 刷防护材料; 5. 材料运输
	08规范	020106005	地毯楼梯面	1. 基层种类; 2. 找平层厚度、砂浆配合比; 3. 面层材料品种、规格、品牌、颜色; 4. 防护材料种类; 5. 粘结材料种类; 6. 固定配件材料种类、规格		1. 基层清理; 2. 抹找平层; 3. 铺贴面层; 4. 固定配件安装; 5. 刷防护材料; 6. 材料运输
	说明:项目特征描述将原来的"面层材料品种、规格、品牌、颜色"简化为"面层材料品种、规格、颜色",取消原来的"找平层厚度、砂浆配合比"。工作内容取消原来的"抹找平层"					
7	13规范	011106007	木板楼梯面层	1. 基层材料种类、规格; 2. 面层材料品种、规格、颜色; 3. 粘结材料种类; 4. 防护材料种类	按设计图示尺寸以楼梯(包括踏步、休息平台及≤500mm的楼梯井)水平投影面积计算。楼梯与楼地面相连时,算至梯口梁内侧边沿;无梯口梁者,算至最上一层踏步边沿加300mm(计量单位:m²)	1. 基层清理; 2. 基层铺贴; 3. 面层铺贴; 4. 刷防护材料; 5. 材料运输
	08规范	020106006	木板楼梯面	1. 找平层厚度、砂浆配合比; 2. 基层材料种类、规格; 3. 面层材料品种、规格、品牌、颜色; 4. 粘结材料种类; 5. 防护材料种类; 6. 油漆品种、刷漆遍数		1. 基层清理; 2. 抹找平层; 3. 基层铺贴; 4. 面层铺贴; 5. 刷防护材料、油漆; 6. 材料运输
	说明:项目特征描述将原来的"面层材料品种、规格、品牌、颜色"简化为"面层材料品种、规格、颜色",取消原来的"找平层厚度、砂浆配合比"和"油漆品种、刷漆遍数"。工作内容将原来的"刷防护材料、油漆"简化为"刷防护材料",取消原来的"抹找平层"					
8	13规范	011106008	橡胶板楼梯面层	1. 基层清理; 2. 面层铺贴; 3. 压缝条装钉; 4. 材料运输	按设计图示尺寸以楼梯(包括踏步、休息平台及≤500mm的楼梯井)水平投影面积计算。楼梯与楼地面相连时,算至梯口梁内侧边沿;无梯口梁者,算至最上一层踏步边沿加300mm(计量单位:m²)	1. 基层清理; 2. 面层铺贴; 3. 压缝条装钉; 4. 材料运输
	08规范	—	—	—	—	—
	说明:增添项目内容					

续表

序号	版别	项目编码	项目名称	项目特征	工程量计算规则与计量单位	工作内容
9	13规范	011106009	塑料板楼梯面层	1. 基层清理； 2. 面层贴贴； 3. 压缝条装钉； 4. 材料运输	按设计图示尺寸以楼梯（包括踏步、休息平台及≤500mm的楼梯井）水平投影面积计算。楼梯与楼地面相连时，算至梯口梁内侧边沿；无梯口梁者，算至最上一层踏步边沿加300mm（计量单位：m²）	1. 基层清理； 2. 面层铺贴； 3. 压缝条装钉； 4. 材料运输
	08规范	—	—	—	—	—
	说明：增添项目内容					

注：1. 在描述碎石材项目的面层材料特征时可不用描述规格、颜色。
　　2. 石材、块料与粘结材料的结合面刷防渗材料的种类在防护材料种类中描述。

1.1.7 台阶装饰

台阶装饰工程量清单项目的设置、项目特征描述的内容、计量单位及工程量计算规则等的变化对照情况，见表1-7。

台阶装饰（编码：011107）　　　　表1-7

序号	版别	项目编码	项目名称	项目特征	工程量计算规则与计量单位	工作内容
1	13规范	011107001	石材台阶面	1. 找平层厚度、砂浆配合比； 2. 粘结材料种类； 3. 面层材料品种、规格、颜色； 4. 勾缝材料种类； 5. 防滑条材料种类、规格； 6. 防护材料种类	按设计图示尺寸以台阶（包括最上层踏步边沿加300mm）水平投影面积计算（计量单位：m²）	1. 基层清理； 2. 抹找平层； 3. 面层铺贴； 4. 贴嵌防滑条； 5. 勾缝； 6. 刷防护材料； 7. 材料运输
	08规范	020108001	石材台阶面	1. 垫层材料种类、厚度； 2. 找平层厚度、砂浆配合比； 3. 粘结层材料种类； 4. 面层材料品种、规格、品牌、颜色； 5. 勾缝材料种类； 6. 防滑条材料种类、规格； 7. 防护材料种类		1. 基层清理； 2. 铺设垫层； 3. 抹找平层； 4. 面层铺贴； 5. 贴嵌防滑条； 6. 勾缝； 7. 刷防护材料； 8. 材料运输
	说明：项目特征描述将原来的"面层材料品种、规格、品牌、颜色"简化为"面层材料品种、规格、颜色"，取消原来的"垫层材料种类、厚度"。工作内容取消原来的"铺设垫层"					

续表

序号	版别	项目编码	项目名称	项目特征	工程量计算规则与计量单位	工作内容
2	13规范	011107002	块料台阶面	1. 找平层厚度、砂浆配合比； 2. 粘结材料种类； 3. 面层材料品种、规格、颜色； 4. 勾缝材料种类； 5. 防滑条材料种类、规格； 6. 防护材料种类	按设计图示尺寸以台阶（包括最上层踏步边沿加300mm）水平投影面积计算（计量单位：m²）	1. 基层清理； 2. 抹找平层； 3. 面层铺贴； 4. 贴嵌防滑条； 5. 勾缝； 6. 刷防护材料； 7. 材料运输
	08规范	020108002	块料台阶面	1. 垫层材料种类、厚度； 2. 找平层厚度、砂浆配合比； 3. 粘结层材料种类； 4. 面层材料品种、规格、品牌、颜色； 5. 勾缝材料种类； 6. 防滑条材料种类、规格； 7. 防护材料种类		1. 基层清理； 2. 铺设垫层； 3. 抹找平层； 4. 面层铺贴； 5. 贴嵌防滑条； 6. 勾缝； 7. 刷防护材料； 8. 材料运输
	说明：项目特征描述将原来的"面层材料品种、规格、品牌、颜色"简化为"面层材料品种、规格、颜色"，取消原来的"垫层材料种类、厚度"。工作内容取消原来的"铺设垫层"					
3	13规范	011107003	拼碎块料台阶面	1. 找平层厚度、砂浆配合比； 2. 粘结材料种类； 3. 面层材料品种、规格、颜色； 4. 勾缝材料种类； 5. 防滑条材料种类、规格； 6. 防护材料种类	按设计图示尺寸以台阶（包括最上层踏步边沿加300mm）水平投影面积计算（计量单位：m²）	1. 基层清理； 2. 抹找平层； 3. 面层铺贴； 4. 贴嵌防滑条； 5. 勾缝； 6. 刷防护材料； 7. 材料运输
	08规范	—	—	—	—	—
	说明：增添项目内容					
4	13规范	011107004	水泥砂浆台阶面	1. 找平层厚度、砂浆配合比； 2. 面层厚度、砂浆配合比； 3. 防滑条材料种类	按设计图示尺寸以台阶（包括最上层踏步边沿加300mm）水平投影面积计算（计量单位：m²）	1. 基层清理； 2. 抹找平层； 3. 抹面层； 4. 抹防滑条； 5. 材料运输
	08规范	020108003	水泥砂浆台阶面	1. 垫层材料种类、厚度； 2. 找平层厚度、砂浆配合比； 3. 面层厚度、砂浆配合比； 4. 防滑条材料种类		1. 清理基层； 2. 铺设垫层； 3. 抹找平层； 4. 抹面层； 5. 抹防滑条； 6. 材料运输
	说明：项目特征描述取消原来的"垫层材料种类、厚度"。工作内容将原来的"清理基层"修改为"清理基层"，取消原来的"铺设垫层"					

17

续表

序号	版别	项目编码	项目名称	项目特征	工程量计算规则与计量单位	工作内容
5	13规范	011107005	现浇水磨石台阶面	1. 找平层厚度、砂浆配合比； 2. 面层厚度、水泥石子浆配合比； 3. 防滑条材料种类、规格； 4. 石子种类、规格、颜色； 5. 颜料种类、颜色； 6. 磨光、酸洗、打蜡要求	按设计图示尺寸以台阶（包括最上层踏步边沿加300mm）水平投影面积计算（计量单位：m²）	1. 清理基层； 2. 抹找平层； 3. 抹面层； 4. 贴嵌防滑条； 5. 打磨、酸洗、打蜡； 6. 材料运输
	08规范	020108004	现浇水磨石台阶面	1. 垫层材料种类、厚度； 2. 找平层厚度、砂浆配合比； 3. 面层厚度、水泥石子浆配合比； 4. 防滑条材料种类、规格； 5. 石子种类、规格、颜色； 6. 颜料种类、颜色； 7. 磨光、酸洗、打蜡要求		1. 清理基层； 2. 铺设垫层； 3. 抹找平层； 4. 抹面层； 5. 贴嵌防滑条； 6. 打磨、酸洗、打蜡； 7. 材料运输
	说明：项目特征描述取消原来的"垫层材料种类、厚度"。工作内容取消原来的"铺设垫层"					
6	13规范	011107006	剁假石台阶面	1. 找平层厚度、砂浆配合比； 2. 面层厚度、砂浆配合比； 3. 剁假石要求	按设计图示尺寸以台阶（包括最上层踏步边沿加300mm）水平投影面积计算（计量单位：m²）	1. 清理基层； 2. 抹找平层； 3. 抹面层； 4. 剁假石； 5. 材料运输
	08规范	020108005	剁假石台阶面	1. 垫层材料种类、厚度； 2. 找平层厚度、砂浆配合比； 3. 面层厚度、砂浆配合比； 4. 剁假石要求		1. 清理基层； 2. 铺设垫层； 3. 抹找平层； 4. 抹面层； 5. 剁假石； 6. 材料运输
	说明：项目特征描述取消原来的"垫层材料种类、厚度"。工作内容取消原来的"铺设垫层"					

注：1. 在描述碎石材项目的面层材料特征时可不用描述规格、颜色。
2. 石材、块料与粘结材料的结合面刷防渗材料的种类在防护材料种类中描述。

1.1.8 零星装饰项目

零星装饰项目工程量清单项目的设置、项目特征描述的内容、计量单位及工程量计算规则等的变化对照情况，见表1-8。

零星装饰项目（编码：011108） 表 1-8

序号	版别	项目编码	项目名称	项目特征	工程量计算规则与计量单位	工作内容
1	13规范	011108001	石材零星项目	1. 工程部位；2. 找平层厚度、砂浆配合比；3. 贴结合层厚度、材料种类；4. 面层材料品种、规格、品牌、颜色；5. 勾缝材料种类；6. 防护材料种类；7. 酸洗、打蜡要求	按设计图示尺寸以面积计算（计量单位：m²）	1. 清理基层；2. 抹找平层；3. 面层铺贴、磨边；4. 勾缝；5. 刷防护材料；6. 酸洗、打蜡；7. 材料运输
	08规范	020109001	石材零星项目			1. 清理基层；2. 抹找平层；3. 面层铺贴；4. 勾缝；5. 刷防护材料；6. 酸洗、打蜡；7. 材料运输
	说明：工作内容将原来的"面层铺贴"扩展为"面层铺贴、磨边"					
2	13规范	011108002	拼碎石材零星项目	1. 工程部位；2. 找平层厚度、砂浆配合比；3. 贴结合层厚度、材料种类；4. 面层材料品种、规格、颜色；5. 勾缝材料种类；6. 防护材料种类；7. 酸洗、打蜡要求	按设计图示尺寸以面积计算（计量单位：m²）	1. 清理基层；2. 抹找平层；3. 面层铺贴、磨边；4. 勾缝；5. 刷防护材料；6. 酸洗、打蜡；7. 材料运输
	08规范	020109002	碎拼石材零星项目			1. 清理基层；2. 抹找平层；3. 面层铺贴；4. 勾缝；5. 刷防护材料；6. 酸洗、打蜡；7. 材料运输
	说明：工作内容将原来的"面层铺贴"扩展为"面层铺贴、磨边"					
3	13规范	011108003	块料零星项目	1. 工程部位；2. 找平层厚度、砂浆配合比；3. 贴结合层厚度、材料种类；4. 面层材料品种、规格、颜色；5. 勾缝材料种类；6. 防护材料种类；7. 酸洗、打蜡要求	按设计图示尺寸以面积计算（计量单位：m²）	1. 清理基层；2. 抹找平层；3. 面层铺贴、磨边；4. 勾缝；5. 刷防护材料；6. 酸洗、打蜡；7. 材料运输
	08规范	020109003	块料零星项目			1. 清理基层；2. 抹找平层；3. 面层铺贴；4. 勾缝；5. 刷防护材料；6. 酸洗、打蜡；7. 材料运输
	说明：工作内容将原来的"面层铺贴"扩展为"面层铺贴、磨边"					

续表

序号	版别	项目编码	项目名称	项目特征	工程量计算规则与计量单位	工作内容
4	13 规范	011108004	水泥砂浆零星项目	1. 工程部位； 2. 找平层厚度、砂浆配合比； 3. 面层厚度、砂浆厚度	按设计图示尺寸以面积计算（计量单位：m²）	1. 清理基层； 2. 抹找平层； 3. 抹面层； 4. 材料运输
	08 规范	020109004	水泥砂浆零星项目			
	说明：各项目内容未做修改					

注：1. 楼梯、台阶牵边和侧面镶贴块料面层，不大于 0.5m² 的少量分散的楼地面镶贴块料面层，应按本表执行。
2. 石材、块料与粘结材料的结合面刷防渗材料的种类在防护材料种类中描述。

1.2 工程量清单编制实例

1.2.1 实例 1-1

1. 背景资料

图 1-1 为某工程平面图，其地面、台阶施工做法如表 1-9 所示。门窗洞口尺寸为 C1：1800mm×1200mm，M1：900mm×2100mm，M2：1200mm×2100mm，M3：1500mm×2100mm。

计算时，步骤计算结果保留三位小数，最终计算结果保留两位小数。

工程做法　　　　　　　　　　　　　　　　　　　　　表 1-9

部位	做法	备注
地面	600mm×600mm 瓷质耐磨地砖面层； 20mm 厚 1：4 干硬性水泥砂浆结合层； 60mm 厚 C20 细石混凝土找平层； 聚氨酯三遍涂膜防水层，四周卷起 150mm 高； 20mm 厚 1：3 水泥砂浆找平层； 3：7 灰土垫层 100mm 厚	白水泥擦缝
台阶	20mm 厚 1：2.5 水泥砂浆面层； 素水泥浆一道（内掺建筑胶）； 60mm 厚 C15 混凝土，台阶面向外坡 1%； 300mm 厚粒径 5～32mm 的卵石（砾石）灌 M2.5 混合砂浆宽出面层 300mm； 素土夯实	铝合金防滑条

2. 问题

根据以上背景资料及现行国家标准《建设工程工程量清单计价规范》（GB 50500—2013）、《房屋建筑与装饰工程工程量计算规范》（GB 50854—2013），试列出该工程地面分部分项工程量清单。

3. 参考答案（表1-10和表1-11）

清单工程量计算表　　　　　　　　　　表 1-10

工程名称：某装饰工程

序号	项目编码	清单项目名称	计算式	工程量合计	计量单位
1	010404001001	垫层	$V=24.96\times11.76\times0.1=29.35m^3$	29.35	m^3
2	011102003001	块料地砖面层	1. 室内投影面积： $S_1=24.96\times11.76=293.53m^2$ 2. 扣除内墙所占面积： $S_2=(4.86\times12+24.96\times2-3.36)\times0.24=25.171m^2$ 3. 增加门洞口面积： $S_3=(0.9\times13+1.2\times2+1.5)\times0.24=3.744m^2$ 4. 小计： $S=293.53+25.171+3.744=322.45m^2$	322.45	m^2
3	011101001001	水泥砂浆室外平台	最上一级台阶外沿扣减300mm为平台的计算范围。 $S=(3.2-0.3\times2)\times(1.0-0.3)+(1.0-0.3)\times2\times1.8$ $=4.34m^2$	4.34	m^2
4	011107004001	水泥砂浆台阶面	$S=4.4\times1.6-2.6\times0.7+0.9\times1.8\times2=8.46m^2$	8.46	m^2

注：台阶最上层踏步边沿加300mm，为台阶计算范围。

分部分项工程和单价措施项目清单与计价表　　　　表 1-11

工程名称：某装饰工程

序号	项目编码	项目名称	项目特征描述	计量单位	工程量	综合单价	合价	其中暂估价
1	010404001001	垫层	垫层材料种类、配合比、厚度：3：7灰土垫层100mm厚	m^3	29.35			
2	011102003001	块料地砖面层	1. 找平层厚度、砂浆配合比：20mm厚1：3水泥砂浆； 2. 结合层厚度、砂浆配合比：20mm厚1：4干硬性水泥砂浆； 3. 面层材料品种、规格、颜色：600mm×600mm米黄色瓷质耐磨地砖； 4. 嵌缝材料种类：白水泥擦缝	m^2	322.45			
3	011101001001	水泥砂浆室外平台	1. 素水泥浆遍数：一道； 2. 面层厚度、砂浆配合比：20mm厚1：2.5水泥砂浆面层； 3. 面层做法要求：台阶面向外坡1%	m^2	4.34			
4	011107004001	水泥砂浆台阶面	1. 面层厚度、砂浆配合比：20mm厚1：2.5水泥砂浆； 2. 防滑条材料种类：铝合金防滑条	m^2	8.46			

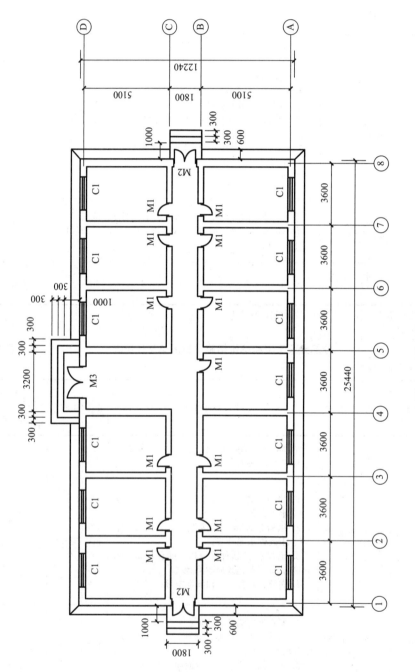

图1-1 平面图

1.2.2 实例1-2

1. 背景资料

某一层会议室地面装饰工程施工图如图1-2和图1-3所示。房间外墙厚度为240mm。地面做法，如表1-12所示。

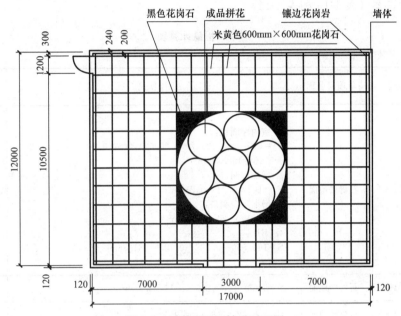

图1-2 花岗石地面铺设平面图

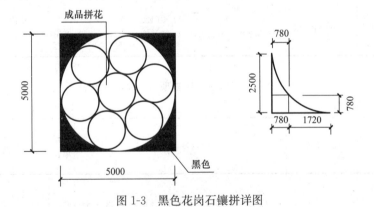

图1-3 黑色花岗石镶拼详图

地面做法　　　　　　　　　　　　　　　　　　　　　　　　表1-12

部位	做法	备注
地面	酸洗打蜡和成品保护； 20mm厚磨光石材板（颜色见图），水泥浆擦缝； 30mm厚1:3干硬性水泥砂浆结合层，表面撒水泥粉； 1.5mm厚聚氨酯防水层； 1:3水泥砂浆找坡层抹平； 水泥浆一道（内掺建筑胶）； 60mm厚C15混凝土垫层；150mm厚碎石夯土中	石材底面刷养护液； 石材表面刷保护液； 镶边花岗石为褐色

计算时，步骤计算结果保留三位小数，最终计算结果保留两位小数。

2. 问题

根据以上背景资料及现行国家标准《建设工程工程量清单计价规范》（GB 50500—2013）、《房屋建筑与装饰工程工程量计算规范》（GB 50854—2013），试列出该工程地面分部分项工程量清单。

3. 参考答案（表 1-13 和表 1-14）

清单工程量计算表 表 1-13

工程名称：某装饰工程

序号	项目编码	清单项目名称	计算式	工程量合计	计量单位
1	011102001001	石材楼地面	1. 室内净面积： $S_1=(17.0-0.12\times2-0.20\times2)\times(12.0-0.12\times2-0.20\times2)-5\times5=160.850m^2$ 2. 增加门洞口： $S_2=1.2\times0.24=0.288m^2$ 3. 增加阳台洞口： $S_3=3.0\times0.24=0.720m^2$ 4. 小计： $S=160.850+0.288+0.720=161.86m^2$	161.86	m²
2	011102001002	石材楼地面	$S=5\times5-2.5\times2.5\times3.14=5.38m^2$	5.38	m²
3	011102001003	石材楼地面	$S=2.5\times2.5\times3.14=19.63m^2$	19.63	m²
4	011102001004	花岗石镶边	$S=(17.0-0.12\times2)\times(12.0-0.12\times2)-(17.0-0.12\times2-0.2\times2)\times(12.0-0.12\times2-0.2\times2)=11.25m^2$	11.25	m²

分部分项工程和单价措施项目清单与计价表 表 1-14

工程名称：某装饰工程

序号	项目编码	项目名称	项目特征描述	计量单位	工程量	金额（元）		
						综合单价	合价	其中 暂估价
1	011102001001	石材楼地面	1. 找平层厚度、砂浆配合比：1∶3 水泥砂浆； 2. 结合层厚度、砂浆配合比：30mm 厚 1∶3 干硬性水泥砂浆； 3. 面层材料品种、规格、颜色：20mm 厚磨光花岗石石材板，米黄色； 4. 嵌缝材料种类：水泥浆； 5. 防护材料种类：石材底面刷养护液；石材表面刷保护液 6. 酸洗、打蜡要求：酸洗打蜡和成品保护	m²	161.86			

续表

序号	项目编码	项目名称	项目特征描述	计量单位	工程量	金额（元）		
						综合单价	合价	其中
								暂估价
2	011102001002	石材楼地面	1. 找平层厚度、砂浆配合比：1∶3 水泥砂浆； 2. 结合层厚度、砂浆配合比：30mm 厚 1∶3 干硬性水泥砂浆； 3. 面层材料品种、规格、颜色：20mm 厚磨光花岗石石材板，黑色； 4. 嵌缝材料种类：水泥浆； 5. 防护材料种类：石材底面刷养护液；石材表面刷保护液 6. 酸洗、打蜡要求：酸洗打蜡和成品保护	m²	5.38			
3	011102001003	石材楼地面	1. 找平层厚度、砂浆配合比：1∶3 水泥砂浆； 2. 结合层厚度、砂浆配合比：30mm 厚 1∶3 干硬性水泥砂浆； 3. 面层材料品种、规格、颜色：20mm 厚成品花岗石拼花石材板； 4. 嵌缝材料种类：水泥浆； 5. 防护材料种类：石材底面刷养护液；石材表面刷保护液 6. 酸洗、打蜡要求：酸洗打蜡和成品保护	m²	19.63			
4	011102001004	花岗石镶边	1. 找平层厚度、砂浆配合比：1∶3 水泥砂浆； 2. 结合层厚度、砂浆配合比：30mm 厚 1∶3 干硬性水泥砂浆； 3. 面层材料品种、规格、颜色：20mm 厚磨光花岗石拼花石材板，褐色； 4. 嵌缝材料种类：水泥浆； 5. 防护材料种类：石材底面刷养护液；石材表面刷保护液 6. 酸洗、打蜡要求：酸洗打蜡和成品保护	m²	11.25			

1.2.3 实例 1-3

1. 背景资料

图 1-4 为某游艺室室内地面拼花平面图。该室外墙厚度为 200mm，地面做法如表 1-15 所示。

计算时，步骤计算结果保留三位小数，最终计算结果保留两位小数。

2. 问题

根据以上背景资料及现行国家标准《建设工程工程量清单计价规范》（GB 50500—2013）、《房屋建筑与装饰工程工程量计算规范》（GB 50854—2013），试列出该工程地面分部分项工程量清单。

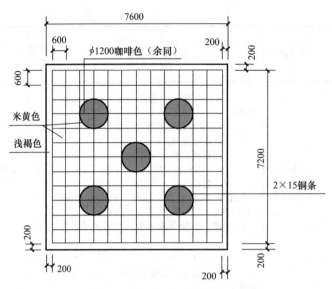

图 1-4 某工程地面拼花平面图

地面做法   表 1-15

部位	做法	备注
地面	10mm 厚 1：2.5 水泥彩色石子（中小八厘石子，白色）地面，表面磨光打蜡； 30mm 厚 1：3 水泥砂浆结合层； 1.5mm 厚聚氨酯防水层（两道）； 最薄处 20mm 厚 1：3 水泥砂浆找坡层，抹平； 水泥浆一道（内掺建筑胶）； 80mm 厚 C15 混凝土垫层； 150mm 厚碎石夯入土中	

3. 参考答案（表 1-16 和表 1-17）

清单工程量计算表   表 1-16

工程名称：某装饰工程

序号	项目编码	清单项目名称	计算式	工程量合计	计量单位
1	011101002001	浅褐色现制水磨石楼地面	$S=7.6 \times 7.6-(7.6-0.2 \times 2) \times (7.6-0.2 \times 2)=5.92 \text{m}^2$	5.92	m²
2	011101002002	米黄色现制水磨石楼地面	取镶贴图形外围矩形尺寸来计算面积，所以这里的工程量应按 $0.6 \times 0.6 \times 4 \times 5$ 来计算。 1. 整块米黄色水磨石面积： $S_1=(7.6-0.2 \times 2) \times (7.6-0.2 \times 2)-0.6 \times 0.6 \times 4 \times 5=44.640 \text{m}^2$ 2. 咖啡色图案四角的米黄色水磨石面积： $S_2=0.6 \times 0.6 \times 4 \times 5-5.65=1.550 \text{m}^2$ 3. 小计： $S=44.640+1.550=46.19 \text{m}^2$	46.19	m²
3	011101002003	咖啡色现制水磨石楼地面	$S=0.6 \times 0.6 \times 3.14 \times 5=5.65 \text{m}^2$	5.65	m²

分部分项工程和单价措施项目清单与计价表　　　　　　　表 1-17

工程名称：某装饰工程

序号	项目编码	项目名称	项目特征描述	计量单位	工程量	金额（元）		
						综合单价	合价	其中暂估价
1	011101002001	浅褐色现制水磨石楼地面	1. 找平层厚度、砂浆配合比：最薄处20mm厚1：3水泥砂浆； 2. 面层厚度、水泥石子浆配合比：10mm厚1：2.5水泥彩色石子； 3. 嵌条材料种类、规格：铜条； 4. 石子种类、规格、颜色：中小八厘石子，白色； 5. 颜料种类、颜色：浅褐色； 6. 磨光、酸洗、打蜡要求：磨光、打蜡出光	m²	5.92			
2	011101002002	米黄色现制水磨石楼地面	1. 找平层厚度、砂浆配合比：最薄处20mm厚1：3水泥砂浆； 2. 面层厚度、水泥石子浆配合比：10mm厚1：2.5水泥彩色石子； 3. 嵌条材料种类、规格：铜条； 4. 石子种类、规格、颜色：中小八厘石子，白色； 5. 颜料种类、颜色：米黄色； 6. 磨光、酸洗、打蜡要求：磨光、打蜡出光	m²	46.19			
3	011101002003	咖啡色现制水磨石楼地面	1. 找平层厚度、砂浆配合比：最薄处20mm厚1：3水泥砂浆； 2. 面层厚度、水泥石子浆配合比：10mm厚1：2.5水泥彩色石子； 3. 嵌条材料种类、规格：铜条； 4. 石子种类、规格、颜色：中小八厘石子，白色； 5. 颜料种类、颜色：咖啡色； 6. 磨光、酸洗、打蜡要求：磨光、打蜡出光	m²	5.65			

1.2.4　实例 1-4

1. 背景资料

图 1-5 为某住宅地面设计平面图，其装修施工做法，如表 1-18 所示。

墙体厚度除卫生间内墙为 120mm 外，其余均为 240mm；门洞宽度：除进户门为 1000mm 外其余均为 800mm。

计算时，步骤计算结果保留三位小数，最终计算结果保留两位小数。

2. 问题

根据以上背景资料及现行国家标准《建设工程工程量清单计价规范》（GB 50500—2013）、《房屋建筑与装饰工程工程量计算规范》（GB 50854—2013），试列出该工程地面分部分项工程量清单。

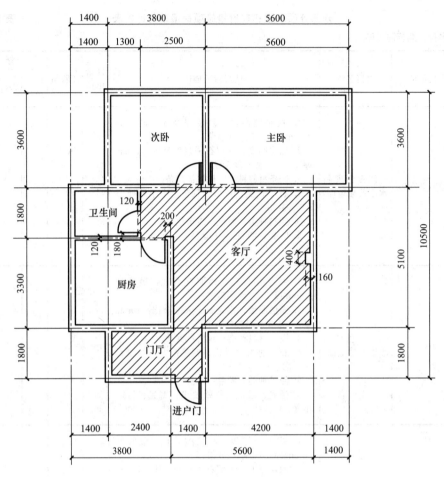

图 1-5　某住宅地面设计平面图

装修施工做法（部分）　　　　　　　　　　　　　表 1-18

部位	做法	备注
主卧、次卧地面（强化复合木地板）	$200\mu m$ 厚聚氨酯漆； 100mm×25mm 长条松木地板或 100mm×18mm 长条硬木企口地板（背面满刷氟化钠防腐剂）； 50mm×50mm 木龙骨@400，表面刷防腐剂； 60mm 厚 C15mm 混凝土垫层； 素土夯实	面层颜色为深褐色； 木龙骨与现浇楼板用 M8×80 膨胀螺栓固定，不设木垫块
主卧、次卧硬木踢脚线	$200\mu m$ 厚聚氨酯漆； 18mm 厚硬木踢脚板（背面满刷氟化钠防腐剂）； 墙内预埋防腐木砖中距 400mm	高度 120mm，红褐色，规格 18mm×120mm×500mm
厨房、卫生间	10mm 厚地砖，用聚合物水泥砂浆铺砌； 5mm 厚聚合物水泥砂浆结合层； 1.5mm 厚聚氨酯防水涂膜凝固前表面撒粘细砂； 最薄处 20mm 厚 1∶3 水泥砂浆找坡层，抹平； 聚合物水泥浆一道； 80mm 厚 C20 混凝土找坡层； 夯实土	250mm×250mm 防滑地砖，米黄色

续表

部位	做法	备注
客厅、门厅地面	10mm 厚地砖，用聚合物水泥砂浆铺砌； 5mm 厚聚合物水泥砂浆结合层； 20mm 厚 1:3 水泥砂浆找平层； 聚合物水泥砂浆一道； 80mm 厚 C15 混凝土垫层； 150mm 厚碎石夯入土中	600mm×600mm 防滑地砖，米白色

3. 参考答案（表 1-19 和表 1-20）

清单工程量计算表　　　　　　　　　　　　　　　　　　　　　　　表 1-19

工程名称：某装饰工程

序号	项目编码	清单项目名称	计算式	工程量合计	计量单位
1	011102003001	块料楼地面（厨房、卫生间）	门洞处开口按图示不计算。 1. 厨房： $S_1=(3.3-0.12-0.06)\times(3.8-0.24)=11.107\text{m}^2$ 2. 卫生间： $S_2=(1.4+1.3-0.24)\times(1.8-0.12-0.06)=3.985\text{m}^2$ 3. 小计： $S=11.107+3.985=15.09\text{m}^2$	15.09	m²
2	011102003002	块料楼地面（客厅＋门厅）	1. 客厅： 投影面积： $S_{1.1}=(1.80-0.12-0.06)\times(2.5+5.6-1.3-0.12)+(3.2-0.12+0.06)\times(1.4+4.2-0.24)$ $=27.652\text{m}^2$ 增加门洞面积：$S_{1.2}=0.24\times0.8\times2+0.12\times0.8\times2+0.24\times0.8=0.768\text{m}^2$ 扣除突出内墙面柱面积：$S_{1.3}=0.16\times0.4=0.064\text{m}^2$ 小计：$S_1=27.652+0.768-0.064=28.356\text{m}^2$ 2. 门厅： 投影面积：$S_{2.1}=(1.8-0.24)\times(2.4+1.4-0.24)=5.554\text{m}^2$ 增加门洞面积：$S_{2.2}=0.24\times1.0=0.240\text{m}^2$ 小计：$S_2=5.554+0.240=5.794\text{m}^2$ 3. 合计： $S=28.356+5.794=34.15\text{m}^2$	34.15	m²
3	011104002001	木地板地面（主卧、次卧）	门洞处开口按图示不计算。 1. 主卧： $S_1=(5.6-0.24)\times(3.6-0.24)=18.010\text{m}^2$ 2. 次卧： $S_2=(3.8-0.24)\times(3.6-0.24)=11.962\text{m}^2$ 3. 小计： $S=18.010+11.962=29.97\text{m}^2$	29.97	m²

续表

序号	项目编码	清单项目名称	计算式	工程量合计	计量单位
4	011105005001	硬木踢脚线（主卧、次卧）	门洞侧面不计算。 1. 主卧： $L_1=[(5.6-0.24)+(3.6-0.24)]\times2-0.8$ $=8.720\times2-0.8=16.640m$ 2. 次卧： $L_2=[(3.8-0.24)+(3.6-0.24)]\times2-0.8$ $=6.920\times2-0.8=13.040m$ 3. 小计： $L=16.640+13.040=29.68m$	29.68	m

分部分项工程和单价措施项目清单与计价表　　　　　表 1-20

工程名称：某装饰工程

序号	项目编码	项目名称	项目特征描述	计量单位	工程量	金额（元）		
						综合单价	合价	其中 暂估价
1	011102003001	块料楼地面（厨房、卫生间）	1. 找平层厚度、砂浆配合比：最薄处20mm厚1∶3水泥砂浆； 2. 结合层厚度、砂浆配合比：5mm厚聚合物水泥砂浆； 3. 面层材料品种、规格、颜色：10mm厚地砖，250mm×250mm，米黄色； 4. 嵌缝材料种类：白水泥嵌缝	m²	15.09			
2	011102003002	块料楼地面（客厅、门厅）	1. 找平层厚度、砂浆配合比：20mm厚1∶3水泥砂浆； 2. 结合层厚度、砂浆配合比：5mm厚聚合物水泥砂浆； 3. 面层材料品种、规格、颜色：10mm厚地砖，250mm×250mm，米白色； 4. 嵌缝材料种类：白水泥嵌缝	m²	34.15			
3	011104002001	木地板地面（主卧、次卧）	1. 龙骨材料种类、规格、铺设间距：木龙骨，50mm×50mm@400； 2. 面层材料品种、规格、颜色：100mm×25mm长条松木地板，深褐色； 3. 防护材料种类：200μm厚聚酯漆	m²	29.97			
4	011105005001	硬木踢脚线（主卧、次卧）	1. 踢脚线高度：120mm； 2. 面层材料品种、规格、颜色：18mm×120mm×500mm，硬木踢脚板，红褐色	m	29.68			

1.2.5 实例1-5

1. 背景资料

图1-6为某门卫室平面图，地面采用现浇水磨石面层（米黄色），做法如图1-7所示。预制水磨石踢脚线（褐色）高为120mm，做法为15mm厚预制水磨石板稀水泥浆擦缝；10mm厚1：2水泥砂浆粘结层。回填土厚度为450mm，防潮层反起450mm。

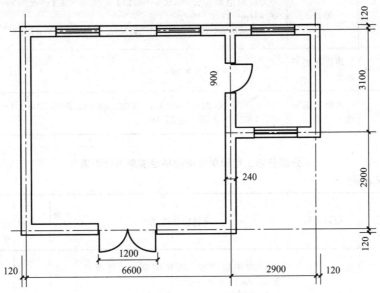

图1-6　某工程平面图

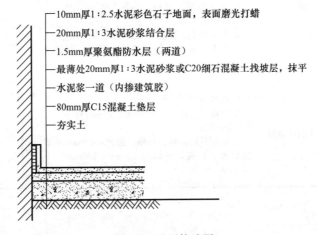

—10mm厚1：2.5水泥彩色石子地面，表面磨光打蜡
—20mm厚1：3水泥砂浆结合层
—1.5mm厚聚氨酯防水层（两道）
—最薄处20mm厚1：3水泥砂浆或C20细石混凝土找坡层，抹平
—水泥浆一道（内掺建筑胶）
—80mm厚C15混凝土垫层
—夯实土

图1-7　地面构造图

计算时，步骤计算结果保留三位小数，最终计算结果保留两位小数。

2. 问题

根据以上背景资料及现行国家标准《建设工程工程量清单计价规范》（GB 50500—2013）、《房屋建筑与装饰工程工程量计算规范》（GB 50854—2013），试列出该工程地面分部分项工程量清单。

3. 参考答案（表 1-21 和表 1-22）

清单工程量计算表　　　　　　　　　　　　　　　　　　　表 1-21

工程名称：某装饰工程

序号	项目编码	清单项目名称	计算式	工程量合计	计量单位
		基数	大房间地面：$S_1=(6.6-0.24)\times(2.9+3.1-0.24)=36.634\mathrm{m}^2$ 小房间地面：$S_2=(2.9-0.24)\times(3.1-0.24)=7.608\mathrm{m}^2$		
1	011101002001	现浇水磨石地面	$S=36.634+7.608=44.24\mathrm{m}^2$	44.24	m^2
2	011105003001	水磨石踢脚线	$L=(6.6-0.24+2.9+3.1-0.24)\times2+(2.9-0.24+3.1-0.24)\times2-1.2-0.9=33.18\mathrm{m}$	33.18	m

分部分项工程和单价措施项目清单与计价表　　　　　　　　　表 1-22

工程名称：某装饰工程

序号	项目编码	项目名称	项目特征描述	计量单位	工程量	金额（元）		
						综合单价	合价	其中暂估价
1	011101002001	现浇水磨石楼地面	1. 找平层厚度、砂浆配合比：最薄处20mm厚1：3水泥砂浆； 2. 面层厚度、水泥石子浆配合比：10mm厚1：2.5水泥彩色石子； 3. 嵌条材料种类、规格：铜条； 4. 石子类、规格、颜色：中小八厘石子，白色； 5. 颜料种类、颜色：米黄色； 6. 磨光、酸洗、打蜡要求：磨光、打蜡出光	m^2	44.24			
2	011105003001	块料踢脚线	1. 踢脚线高度：120mm； 2. 粘贴层厚度、材料种类：10mm厚1：2水泥砂浆； 3. 面层材料品种、规格、颜色：15mm厚预制水磨石板，规格为15mm×120mm×500mm，褐色	m	33.18			

1.2.6　实例 1-6

1. 背景资料

某砖混结构的二层建筑物的一层及二层平面图如图 1-8 和图 1-9 所示，墙体均为 240mm，轴线居中。地面装饰做法，如表 1-23 所示。

计算说明：

（1）休息平台计入楼梯面积。

（2）计算时，步骤计算结果保留三位小数，最终计算结果保留两位小数。

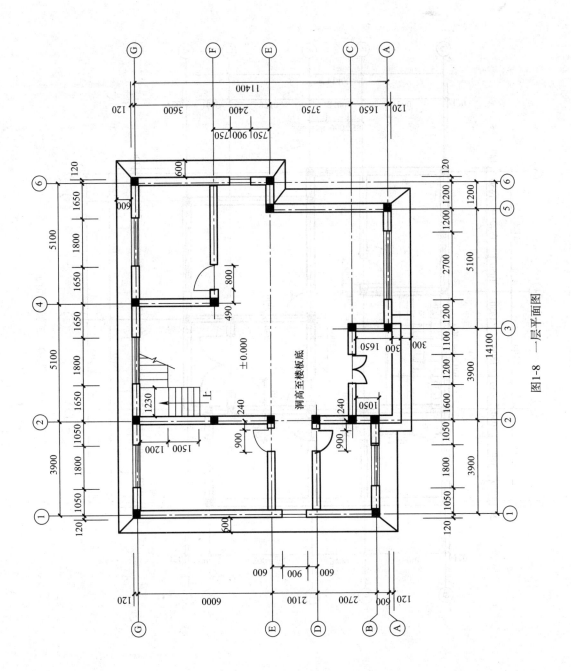

图1-8 一层平面图

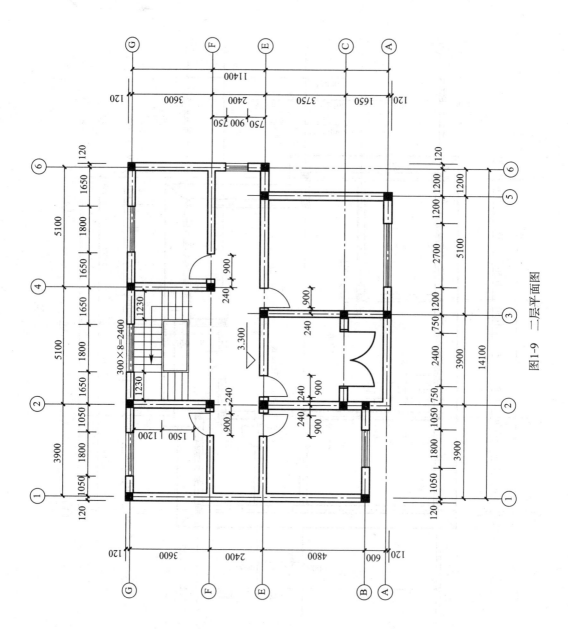

图1-9 二层平面图

地面装饰做法（部分）   表 1-23

部位	做法	备注
地面	15mm 厚 1：2.5 水泥砂浆； 35mm 厚 C15 细石混凝土； 1.5mm 厚聚氨酯防水层； 1：3 水泥砂浆找坡层抹平； 水泥浆一道（内掺建筑胶）； 60mm 厚 C15 混凝土垫层； 80mm 厚 3：7 灰土； 素土弃实	混凝土为商品混凝土
楼面	15mm 厚 1：2.5 水泥砂浆； 35mm 厚 C15 细石混凝土； 1.5mm 厚聚氨酯防水层； 1：3 水泥砂浆找坡层抹平； 60mm 厚 1：6 水泥焦渣； 预制楼板现浇叠合层	混凝土为商品混凝土
楼梯	1：2.5 水泥砂浆抹面	楼梯踏步宽 260mm，成品铝合金防滑条

2. 问题

根据以上背景资料及现行国家标准《建设工程工程量清单计价规范》（GB 50500—2013)、《房屋建筑与装饰工程工程量计算规范》（GB 50854—2013)，试列出改工程地面、楼面及楼梯项目的分部分项工程量清单。

3. 参考答案（表 1-24 和表 1-25)

清单工程量计算表   表 1-24

工程名称：某装饰工程

序号	项目编码	清单项目名称	计算式	工程量合计	计量单位
		基数	建筑面积： 1. 一层： 方法一： $S_1 = (14.1 + 0.24) \times (11.4 + 0.24) - 1.2 \times (1.65 + 3.75) - 0.6 \times (3.9 + 0.24) - 1.65 \times (3.9 - 0.24) = 151.915 \text{m}^2$ 方法二： $S_1 = (14.1 + 0.24) \times (6.0 + 0.24) + (2.1 + 2.7) \times (3.9 + 0.24) + 3.75 \times (3.9 - 0.24) + (5.1 + 0.24) \times (1.65 + 3.75) = 151.915 \text{m}^2$ 2. 二层：$S_2 = 151.915 \text{m}^2$ 3. 阳台： $S_3 = 0.5 \times [(3.9 - 0.24) \times 1.65 + 0.6 \times 0.24] = 3.092 \text{m}^2$ 4. 小计： $S = 151.915 \times 2 + 3.092 = 306.92 \text{m}^2$	306.92	m²
			外墙外边线长： 方法一： $L = (14.1 + 0.12 \times 2 + 11.4 + 0.12 \times 2) \times 2 + 1.05 + 1.65 - 0.6 = 54.06 \text{m}$ 方法二： $L = (14.1 + 11.4) \times 2 + 1.05 + 1.65 - 0.6 + 4 \times 0.24 = 54.06 \text{m}$	54.06	m

续表

序号	项目编码	清单项目名称	计算式	工程量合计	计量单位
		基数	外墙中心线长： $L=(14.1+11.4)\times2+1.05+1.65-0.6=53.10m$	53.10	m
			内墙净长： 1. 一层： $L_1=(3.9-0.24)\times2+(2.7-1.05)+6.0+3.6+5.1-0.24$ $=23.430m$ 2. 二层： $L_2=(3.9-0.24)\times3+(5.1-0.24)\times2+3.6\times4=35.100m$ 3. 小计： $L=23.430+35.100=58.53m$	58.53	m
1	010501001001	室内地面混凝土垫层	$V=(151.915-53.1\times0.24-23.43\times0.24)\times0.08$ $=133.548\times0.08=10.68m^3$	10.68	m^3
2	011101001002	水泥砂浆楼地面	一层： $S_1=151.91-53.1\times0.24-23.43\times0.24=133.54m^2$	133.54	m^2
3	011101001002	水泥砂浆楼地面	二层： $S_2=151.91-53.1\times0.24-35.1\times0.24-(5.1-0.24)\times$ $(1.2+0.30\times4)$ $=119.08m^2$	119.08	m^2
4	011106004001	水泥砂浆楼梯面层	休息平台计入楼梯面积。 $S=1.20\times(5.1-0.24)+1.23\times(0.3\times5)+1.23\times(0.3\times4)$ $=9.15m^2$	9.15	m^2

分部分项工程和单价措施项目清单与计价表

表 1-25

工程名称：某装饰工程

序号	项目编码	项目名称	项目特征描述	计量单位	工程量	金额（元）		
						综合单价	合价	其中暂估价
1	010501001001	室内地面混凝土垫层	1. 混凝土种类：商品混凝土； 2. 混凝土强度等级：C15	m^3	10.68			
2	011101001001	水泥砂浆地面	1. 素水泥浆遍数：一道； 2. 面层厚度、砂浆配合比：15mm 厚 1：2.5 水泥砂浆	m^2	133.54			
3	011101001002	水泥砂浆楼面	面层厚度、砂浆配合比：15mm 厚 1：2.5 水泥砂浆	m^2	119.08			
4	011106004001	水泥砂浆楼梯面层	1. 面层厚度、砂浆配合比：15mm 厚 1：2.5 水泥砂浆； 2. 防滑条材料种类、规格：成品铝合金防滑条	m^2	9.15			

1.2.7 实例1-7

1. 背景资料

图1-10为某机修车间平面图。层高3.50m，钢筋混凝土楼板厚150mm，墙体为240mm厚空心砖砖墙，地面做法如表1-26所示。

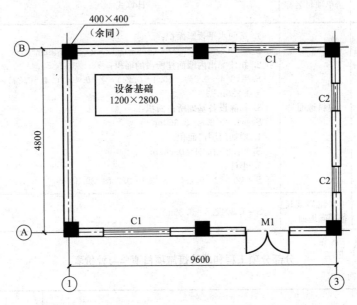

图1-10 某机修车间平面图

地面装饰做法（部分） 表1-26

部位	做法	备注
地面（预制水磨石板）	稀水泥浆灌缝，打蜡出光； 25mm厚600mm×600mm预制水磨石板； 1.5mm厚聚氨酯防水层（两道） 最薄处20mm厚1:3水泥砂浆找坡层，抹平； 水泥浆一道（内掺建筑胶）； 80mm厚C15混凝土垫层； 夯实土	混凝土采用商品混凝土
设备基础（水泥砂浆）	15mm厚1:2.5水泥砂浆，表面撒适量水泥粉，抹压平整； 35mm厚C20细石混凝土； 1.5mm厚聚氨酯防水层； 最薄处20mm厚1:3水泥砂浆或C20细石混凝土找坡层，抹平； 刷水泥浆一道（内掺建筑胶）； 80mm厚C15混凝土垫层； 夯实土	混凝土采用商品混凝土

计算时，步骤计算结果保留三位小数，最终计算结果保留两位小数。

2. 问题

根据以上背景资料及现行国家标准《建设工程工程量清单计价规范》（GB 50500—2013）、《房屋建筑与装饰工程工程量计算规范》（GB 50854—2013），试列出该工程地面及设备基础项目的分部分项工程量清单。

3. 参考答案（表 1-27 和表 1-28）

清单工程量计算表
表 1-27

工程名称：某装饰工程

序号	项目编码	清单项目名称	计算式	工程量合计	计量单位
1	011102003001	块料地面	1. 房间水平投影面积： $S_1=(9.6-0.12\times2)\times(4.8-0.12\times2)=42.682m^2$ 2. 扣住突出内墙面柱所占的面积： $S_2=(0.4-0.24)\times(0.4-0.24)\times4+0.4\times(0.4-0.24)\times2$ $=0.230m^2$ 3. 扣除设备基础所占面积： $S_3=1.2\times2.8=3.360m^2$ 4. 增加门洞口面积： $S_4=1.2\times0.24=0.288m^2$ 5. 小计： $S=42.682-0.230-3.360+0.288=39.38m^2$	39.38	m^2
2	011101001001	水泥砂浆设备基础地面	$S=1.2\times2.8=3.36m^2$	3.36	m^2

分部分项工程和单价措施项目清单与计价表
表 1-28

工程名称：某装饰工程

序号	项目编码	项目名称	项目特征描述	计量单位	工程量	金额（元）		
						综合单价	合价	其中 暂估价
1	011102003001	块料地面	1. 找平层厚度、砂浆配合比：最薄处20mm厚1：3 水泥砂浆找坡层，抹平； 2. 面层材料品种、规格、颜色：25mm厚600mm×600mm预制水磨石板； 3. 嵌缝材料种类：稀水泥浆灌缝； 4. 酸洗、打蜡要求：打蜡出光	m^2	39.38			
2	011101001001	水泥砂浆设备基础地面	1. 找平层厚度、砂浆配合比：最薄处20mm厚1：3 水泥砂浆或 C20 细石混凝土找坡层，抹平； 2. 素水泥浆遍数：一道； 3. 面层厚度、砂浆配合比：15mm厚1：2.5 水泥砂浆； 4. 面层做法要求：表面撒适量水泥粉，抹压平整	m^2	3.36			

1.2.8 实例 1-8

1. 背景资料

图 1-11 为某库房平面图，层高 4.20m，墙体厚度为 240mm，轴线居中。该库房地面做法如表 1-29 所示。

计算时，步骤计算结果保留三位小数，最终计算结果保留两位小数。

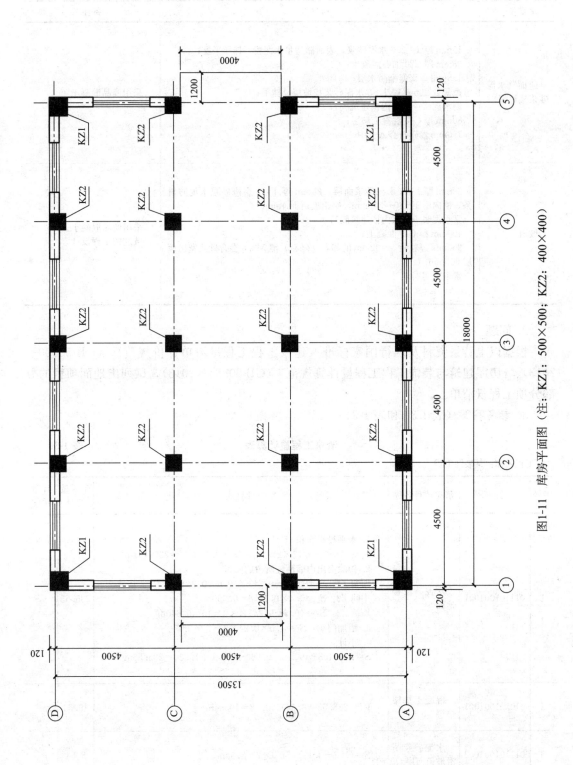

图1-11 库房平面图（注：KZ1：500×500；KZ2：400×400）

地面装饰做法（部分） 表 1-29

部位	做法	备注
地面（水泥砂浆楼地面）	15mm 厚 1:2.5 水泥砂浆，表面撒适量水泥粉，抹压平整； 35mm 厚 C20 细石混凝土； 1.5mm 厚聚氨酯防水层； 最薄处 20mm 厚 1:3 水泥砂浆找坡层，抹平； 刷水泥浆一道（内掺建筑胶）； 80mm 厚 C15 混凝土垫层； 150mm 厚碎石夯入土中	采用商品混凝土
坡道	20mm 厚 1:2 水泥砂浆面层，20mm 厚 1:1 金刚砂粒水泥防滑条，横向中距 160～300mm，突出坡道面 4mm； 素水泥浆一道（内掺建筑胶）； 100mm 厚 C15 混凝土； 300mm 厚粒径 5～32mm 的卵石（砾石）灌 M2.5 混合砂浆宽出面层 300mm； 素土夯实	采用商品混凝土；坡度按工程设计

2. 问题

根据以上背景资料及现行国家标准《建设工程工程量清单计价规范》（GB 50500—2013）、《房屋建筑与装饰工程工程量计算规范》（GB 50854—2013），试列出地面项目的分部分项工程量清单。

3. 参考答案（表 1-30 和表 1-31）

清单工程量计算表 表 1-30

工程名称：某装饰工程

序号	项目编码	清单项目名称	计算式	工程量合计	计量单位
1	011101001001	水泥砂浆楼地面	1. 水平投影面积： $S_1=(18.0-0.12\times2)\times(13.50-0.12\times2)=235.498\text{m}^2$ 2. 扣除突出内墙面柱所占的面积： 四角 Z1：$S_2=(0.5-0.24)\times(0.5-0.24)\times4=0.270\text{m}^2$ 中间 Z2：$S_3=0.4\times0.4\times6=0.960\text{m}^2$ 墙侧 Z2：$S_4=(0.4-0.24)\times0.4\times10=0.640\text{m}^2$ 3. 增加门洞：$S_5=4.0\times0.24\times2=1.920\text{m}^2$ 4. 小计： $S=235.498-0.270-0.960-0.640+1.920=235.55\text{m}^2$	235.55	m²
2	010501001001	混凝土垫层垫层	$V=(235.55+8.64)\times0.08=19.54\text{m}^3$	19.54	m³
3	011101001002	水泥砂浆防滑坡道面层	$S=(1.2-0.12)\times4.0\times2=8.64\text{m}^2$	8.64	m²

注：水泥砂浆防滑坡道面层借用水泥砂浆楼地面项目。

分部分项工程和单价措施项目清单与计价表　　　　　　　　表 1-31

工程名称：某装饰工程

序号	项目编码	项目名称	项目特征描述	计量单位	工程量	金额（元）		
						综合单价	合价	其中 暂估价
1	011101001001	水泥砂浆楼地面	1. 找平层厚度、砂浆配合比：最薄处 20mm 厚 1∶3 水泥砂浆； 2. 素水泥浆遍数：一遍； 3. 面层厚度、砂浆配合比：15mm 厚 1∶2.5 水泥砂浆； 4. 面层做法要求：表面撒适量水泥粉，抹压平整	m²	235.55			
2	010501001001	混凝土垫层垫层	1. 混凝土种类：商品混凝土； 2. 混凝土强度等级：C15	m³	19.54			
3	011101001002	水泥砂浆防滑坡道面层	1. 素水泥浆遍数：一遍； 2. 面层厚度、砂浆配合比：20mm 厚 1∶2 水泥砂浆； 3. 面层做法要求：20mm 厚 1∶1 金刚砂粒水泥防滑条，横向中距 160～300mm，突出坡道面 4mm	m²	8.64			

1.2.9　实例 1-9

1. 背景资料

某单层砖混建筑平面图，如图 1-12 所示。空心砖墙体厚度为 240mm，轴线居中。地面、踢脚线做法及门窗尺寸如表 1-32 所示。计算时踢脚线工程量应虑门洞口侧边，并扣除门框宽度。

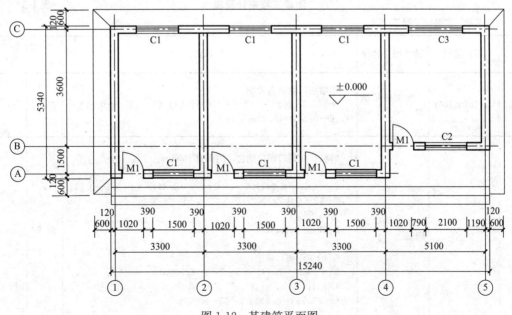

图 1-12　某建筑平面图

地面及踢脚线做法及门窗尺寸   表 1-32

部位	做法	备注
地面	15mm 厚 1：2.5 水泥砂浆，表面撒适量水泥粉，抹压平整； 35mm 厚 C20 细石混凝土； 1.5mm 厚聚氨酯防水层； 最薄处 20mm 厚 C20 细石混凝土找坡层，抹平； 刷水泥浆一道（内掺建筑胶）； 80mm 厚 C15 混凝土垫层； 150mm 厚碎石灌 M2.5 混合砂浆，振捣密实； 夯实土	有防水
踢脚线	6mm 厚 1：2.5 水泥砂浆抹面压实赶光； 素水泥浆一道； 6mm 厚 1：3 水泥砂浆打底划出纹道	高 120mm
门窗	门窗洞口尺寸（宽×高）： M1：900mm×2100mm； C1：1500mm×1500mm； C2：2100mm×1500mm； C3：2200mm×1500mm	门窗框厚度为 100mm

计算时，步骤计算结果保留三位小数，最终计算结果保留两位小数。

2. 问题

根据以上背景资料及现行国家标准《建设工程工程量清单计价规范》（GB 50500—2013）、《房屋建筑与装饰工程工程量计算规范》（GB 50854—2013），试列出该工程地面和踢脚线项目的分部分项工程量清单。

3. 参考答案（表 1-33 和表 1-34）

清单工程量计算表   表 1-33

工程名称：某装饰工程

序号	项目编码	清单项目名称	计算式	工程量合计	计量单位
1	011101001001	水泥砂浆地面	不增加门洞所占面积。 $S=(3.3-0.24)\times(1.5+3.6-0.24)\times3+(5.1-0.24)\times(3.6-0.24)=60.94m^2$	60.94	m²
2	011105001001	水泥砂浆踢脚线	踢脚线应虑门洞口侧边，门框宽 100mm。 1. 室内内墙踢脚线长： $L_1=(3.3-0.24)\times6+(1.5+3.6-0.24)\times6+(5.1-0.24)\times2+(3.6-0.24)\times2$ $=63.960m$ 2. 扣除门洞口长度： $L_2=0.9\times4=3.600m$ 3. 增加门洞口侧边： $L_3=(0.24-0.1)\times0.5\times2\times4=0.560m$ 4. 小计： $L=63.960-3.600+0.560=60.92m$	60.92	m

分部分项工程和单价措施项目清单与计价表 表 1-34

工程名称：某装饰工程

序号	项目编码	项目名称	项目特征描述	计量单位	工程量	金额（元）		
						综合单价	合价	其中 暂估价
1	011101001001	水泥砂浆地面	1. 找平层厚度、砂浆配合比：最薄处20mm厚C20细石混凝土找坡层，抹平； 2. 素水泥浆遍数：一道； 3. 面层厚度、砂浆配合比：15mm厚1∶2.5水泥砂浆； 4. 面层做法要求：表面撒适量水泥粉，抹压平整	m^2	60.94			
2	011105001001	水泥砂浆踢脚线	1. 踢脚线高度：120mm； 2. 底层厚度、砂浆配合比：6mm厚1∶3水泥砂浆； 3. 面层厚度、砂浆配合比：6mm厚1∶2.5水泥砂浆	m	60.92			

1.2.10 实例 1-10

1. 背景资料

某建筑物内直线双跑现浇混凝土楼梯如图1-13所示，空心砖墙体厚240mm，楼板为现浇混凝土楼板，楼梯梯井宽300mm，楼梯踏步铺块料面层，做法：成品铝合金防滑条；20mm厚1∶2.5水泥砂浆；刷素水泥浆（内掺建筑胶）；清理基层。

计算说明：

(1) 计算时，楼梯与楼地面连接时，无梯口梁者，算至最上一层踏步边沿加300mm，休息平台计入楼梯面积，深入墙内部分不计算。

(2) 计算时，步骤计算结果保留三位小数，最终计算结果保留两位小数。

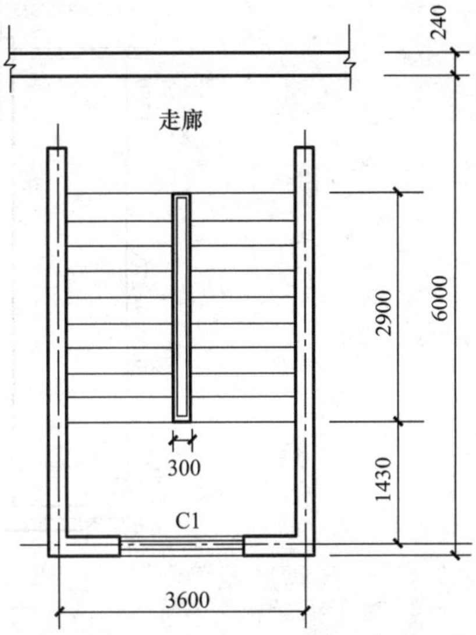

图1-13 某楼梯示意图

2. 问题

根据以上背景资料及现行国家标准《建设工程工程量清单计价规范》(GB 50500—2013)、《房屋建筑与装饰工程工程量计算规范》(GB 50854—2013)，试列出该楼梯项目分部分项工程量清单。

3. 参考答案（表1-35和表1-36）

清单工程量计算表 表 1-35

工程名称：某装饰工程

项目编码	清单项目名称	计算式	工程量合计	计量单位
011106004001	水泥砂浆楼梯面层	$S=(3.6-0.24)\times(0.30+2.9+1.43-0.12)=15.15m^2$	15.15	m^2

分部分项工程和单价措施项目清单与计价表   表 1-36

工程名称：某装饰工程

项目编码	项目名称	项目特征描述	计量单位	工程量	金额（元）		
					综合单价	合价	其中
							暂估价
011106004001	水泥砂浆楼梯面层	1. 面层厚度、砂浆配合比：20mm 厚 1：2.5 水泥砂浆； 2. 防滑条材料种类、规格：成品铝合金防滑条	m²	15.15			

1.2.11 实例 1-11

1. 背景资料

某建筑物内一现浇混凝土楼梯如图 1-14 所示，空心砖墙体厚 240mm，楼梯梯井宽 400mm，楼梯踏步铺块料面层，做法为：成品铝合金防滑条；40mm 厚 C20 细石混凝土，表面撒 1：1 水泥砂子随打随抹光；刷素水泥浆（内掺建筑胶）；清理基层。

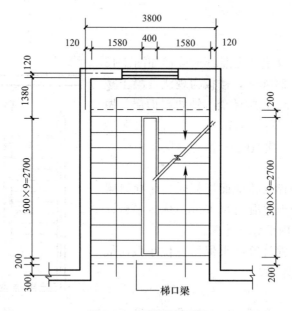

图 1-14　某楼梯平面图

计算说明：

（1）计算时，楼梯与楼地面连接时，有梯口梁者，算至梯口梁内侧边沿，休息平台计入楼梯面积，深入墙内部分不计算。

（2）计算时，步骤计算结果保留三位小数，最终计算结果保留两位小数。

2. 问题

根据以上背景资料及现行国家标准《建设工程工程量清单计价规范》（GB 50500—2013）、《房屋建筑与装饰工程工程量计算规范》（GB 50854—2013），试列出该楼梯面层项目的分部分项工程量清单。

3. 参考答案（表 1-37 和表 1-38）

清单工程量计算表　　　　　　　　　　　　　　　表 1-37

工程名称：某装饰工程

项目编码	清单项目名称	计算式	工程量合计	计量单位
011106004001	水泥砂浆楼梯面层	$S=(1.58\times2+0.4)\times(0.20+2.70+1.38)=15.24m^2$	15.24	m^2

分部分项工程和单价措施项目清单与计价表　　　　　　　表 1-38

工程名称：某装饰工程

项目编码	项目名称	项目特征描述	计量单位	工程量	金额（元）		
					综合单价	合价	其中
							暂估价
011106004001	水泥砂浆楼梯面层	1. 面层厚度、砂浆配合比：40mm 厚 C20 细石混凝土； 2. 防滑条材料种类、规格：成品铝合金防滑条	m^2	15.24			

1.2.12　实例 1-12

1. 背景资料

图 1-15 为某一层砖混建筑的卫生间平面图，空心砖墙体厚度为 240mm，轴线居中，地面做法为：白水泥擦缝；5mm 厚陶瓷锦砖（600mm×600mm），用聚合物水泥砂浆铺砌；5mm 厚聚合物水泥砂浆结合层；20mm 厚 1：3 水泥砂浆找平层；聚合物水泥浆一道；80mm 厚 C15 混凝土垫层；150mm 厚碎石夯入土中。

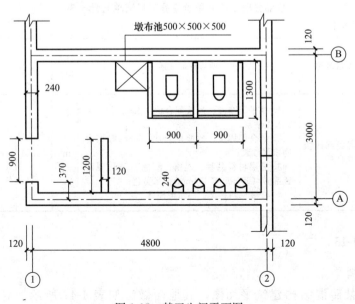

图 1-15　某卫生间平面图

计算说明：

（1）计算时，蹲台、墩布池、屏蔽墙所占面积需扣除，地漏、管线所占面积不考虑，门洞口所占面积计入地面工程量。

（2）计算时，步骤计算结果保留三位小数，最终计算结果保留两位小数。

2. 问题

根据以上背景资料及现行国家标准《建设工程工程量清单计价规范》（GB 50500—2013）、《房屋建筑与装饰工程工程量计算规范》（GB 50854—2013），试列出该卫生间地面项目的分部分项工程量清单。

3. 参考答案（表1-39和表1-40）

清单工程量计算表 表 1-39

工程名称：某装饰工程

项目编码	清单项目名称	计算式	工程量合计	计量单位
011102003001	陶瓷锦砖块料楼地面	1. 厕所水平投影面积： $S_1=(3.0-0.12\times2)\times(4.8-0.12\times2)=12.586\text{m}^2$ 2. 扣除蹲台面积： $S_2=1.3\times1.8=2.340\text{m}^2$ 3. 扣除墩布池所占面积： $S_3=0.5\times0.5=0.250\text{m}^2$ 4. 扣除屏蔽墙所占面积： $S_4=0.12\times1.2=0.1440\text{m}^2$ 5. 增加门洞面积： $S_5=0.24\times0.9=0.216\text{m}^2$ 6. 小计 $S=12.586+2.340+0.250+0.144+0.216=15.54\text{m}^2$	15.54	m²

分部分项工程和单价措施项目清单与计价表 表 1-40

工程名称：某装饰工程

项目编码	项目名称	项目特征描述	计量单位	工程量	金额（元）综合单价	合价	其中暂估价
011102003001	陶瓷锦砖块料楼地面	1. 找平层厚度、砂浆配合比：20mm厚1：3水泥砂浆； 2. 结合层厚度、砂浆配合比：5mm厚聚合物水泥砂浆； 3. 面层材料品种、规格、颜色：5mm厚陶瓷锦砖（600mm×600mm），米黄色； 4. 嵌缝材料种类：白水泥擦缝	m²	15.54			

1.2.13 实例1-13

1. 背景资料

图1-16为某砖混结构建筑平面图，其地面做法如表1-41所示。空心砖墙墙厚为240mm，门洞口尺寸1000×2500，踢脚板高150mm。

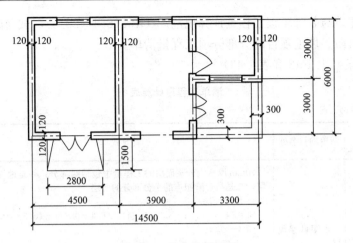

图 1-16　某建筑平面图

地面装饰做法（部分）　　　　　　　　　　　　　　　　　表 1-41

部位	做法	备注
水泥砂浆楼地面	15mm 厚 1：2.5 水泥砂浆，表面撒适量水泥粉，抹压平整； 35mm 厚 C20 细石混凝土； 1.5mm 厚聚氨酯防水层； 最薄处 20mm 厚 1：3 水泥砂浆或 C20 细石混凝土找坡层，抹平； 刷水泥浆一道（内掺建筑胶）； 80mm 厚 C15 混凝土垫层； 150mm 厚碎石灌 M2.5 混合砂浆，振捣密实； 夯实土	采用现场搅拌混凝土
彩色水泥砂浆踢脚线	1mm 厚建筑胶水泥（掺褐色）面层（三遍做法）； 8mm 厚 1：0.5：2.5 水泥石灰膏砂浆抹面压实赶平； 8～10mm 厚 1：3 水泥砂浆打底划出纹道	踢脚线高度为 120mm
水泥砂浆面层台阶	20mm 厚 1：2.5 水泥砂浆面层； 素水泥浆一道（内掺建筑胶）； 60mm 厚 C15 混凝土，台阶面向外坡 1%； 300mm 厚粒径 5～32mm 的卵石（砾石）灌 M2.5 混合砂浆宽出面层 300mm； 素土夯实	采用现场搅拌混凝土
水泥砂浆坡道	20mm 厚 1：2 水泥砂浆表面扫毛； 素水泥浆一道（内掺建筑胶）； 60mm 厚 C15 混凝土； 300mm 厚粒径 5～32mm 的卵石（砾石）灌 M2.5 混合砂浆宽出面层 300mm； 素土夯实（坡度按工程设计）	坡度按工程设计

计算说明：

（1）踢脚线计算时，不考虑门洞侧面增加的长度

（2）计算时，步骤计算结果保留三位小数，最终计算结果保留两位小数。

2. 问题

根据以上背景资料及现行国家标准《建设工程工程量清单计价规范》（GB 50500—

2013)、《房屋建筑与装饰工程工程量计算规范》（GB 50854—2013），试列出该工程地面面层、踢脚线、台阶、坡道项目的分部分项工程量清单。

3. 参考答案（表 1-42 和表 1-43）

清单工程量计算表   表 1-42

工程名称：某装饰工程

序号	项目编码	清单项目名称	计算式	工程量合计	计量单位
1	011101001001	水泥砂浆面层	20mm 厚水泥砂浆面层的工程量中包括两部分：一是地面面层，二是与台阶相连的平台部分的面层。 1. 地面面层： $S_1=(4.5-0.24+3.9-0.24)\times(6.4-0.24)+(3.3-0.24)\times(3.0-0.24)$ $=57.233m^2$ 2. 室外台阶平台： $S_2=(3.3-0.3\times2)\times(3.0-0.3\times2)=6.480m^2$ 3. 小计： $S=57.233+6.480=63.71m^2$	63.71	m²
2	010501001001	C15 混凝土地面垫层	1. 80mm 厚 C15 混凝土地面垫层： $V_1=$主墙间净空面积×垫层厚度 $=57.233\times0.08=4.579$（m^3） 2. 60mm 厚 C15 混凝土台阶垫层： $V_2=(1.80+6.48)\times0.06=0.497m^3$ 3. 60mm 厚 C15 混凝土坡道垫层： $V_3=2.8\times0.15\times0.06=0.252m^3$ 4. 小计： $V=4.579+0.497+0.252=5.33m^3$	5.33	m³
3	011105001001	水泥砂浆踢脚	不考虑门洞侧面增加的长度。 踢脚板工程量＝实贴长度×实贴高度 $L=(4.5-0.24+6.0-0.24)\times2+(3.9-0.24+6.0-0.24)$ $\times2+(3.3-0.24+3.0-0.24)\times2-1.0\times3$ $=47.52m$	47.52	m
4	011101001002	水泥砂浆防滑坡道面层	$S=2.8\times1.5=4.20m^2$	4.20	m²
5	011107004001	水泥砂浆台阶	$S=3.0\times0.3+(3.3-0.3)\times0.3=1.80m^2$	1.8	m²

注：1. 现行国家标准《房屋建筑与装饰工程工程量计算规范》（GB 50854—2013）规定"楼地面混凝土垫层另按附录 E.1 垫层项目编码列项"。

2. 水泥砂浆防滑坡道面层借用水泥砂浆楼地面项目。

分部分项工程和单价措施项目清单与计价表   表 1-43

工程名称：某装饰工程

序号	项目编码	项目名称	项目特征描述	计量单位	工程量	金额（元）		
						综合单价	合价	其中 暂估价
1	011101001001	水泥砂浆面层	1. 素水泥浆遍数：一遍； 2. 面层厚度、砂浆配合比：15mm 厚 1：2.5 水泥砂浆； 3. 面层做法要求：表面撒适量水泥粉，抹压平整	m²	63.71			

序号	项目编码	项目名称	项目特征描述	计量单位	工程量	金额（元）		
						综合单价	合价	其中
								暂估价
2	010501001001	C15 混凝土地面垫层	1. 混凝土种类：现场搅拌； 2. 混凝土强度等级：C15	m³	5.33			
3	011105001001	水泥砂浆踢脚	1. 踢脚线高度：120mm； 2. 底层厚度、砂浆配合比：10mm 厚 1：3 水泥砂浆； 3. 面层厚度、砂浆配合比：8mm 厚 1：0.5：2.5 水泥石灰膏砂浆抹面压实赶平；1mm 厚建筑胶水泥（掺色）面层（三遍做法）	m	47.52			
4	011101001002	水泥砂浆防滑坡道	1. 素水泥浆遍数：一道； 2. 面层厚度、砂浆配合比：20mm 厚 1：2 水泥砂浆； 3. 面层做法要求：表面扫毛	m²	4.20			
5	011107004001	水泥砂浆台阶	1. 面层厚度、砂浆配合比：20mm 厚 1：2.5 水泥砂浆； 2. 防滑条材料种类：成品铝合金防滑条	m²	1.80			

2 墙、柱面装饰与隔断、幕墙工程

本章依据《房屋建筑与装饰工程工程量计算规范》（GB 50854—2013）（以下简称"13规范"）、《建设工程工程量清单计价规范》（GB 50500—2008）（以下简称"08规范"）。"13规范"在项目编码、项目名称、项目特征、计量单位、工程量计算规则、工作内容等方面，均有变化。

1. 清单项目变化

"13规范"在"08规范"的基础上，墙、柱面装饰与隔断、幕墙工程新增10个项目，具体如下：

（1）墙面抹灰增加了"立面砂浆找平层"。柱（梁）抹灰增加"柱、梁面砂浆找平"，零星抹灰增加"零星项目砂浆找平"。

（2）墙饰面增加"墙面装饰浮雕"，柱（梁）饰面增加"成品装饰柱"。

（3）将"08规范"的隔断项目拆分为木隔断、金属隔断、玻璃隔断、塑料隔断、成品隔断、其他隔断等6个项目。

2. 应注意的问题

（1）墙、柱面的抹灰项目，工作内容仍包括"底层抹灰"；墙、柱（梁）的镶贴块料项目，工作内容仍包括"粘结层"，"13规范"附录列有"立面砂浆找平层"、"柱、梁面砂浆找平"及"零星项目砂浆找平"项目，只适用于仅做找平层的立面抹灰。

（2）飘窗凸出外墙面增加的抹灰并入外墙工程量内，以外墙线作为分界线。

（3）应按"13规范"所列的一般抹灰与装饰抹灰进行区别编码列项。

（4）凡不属于仿古建筑工程的项目，可按本附录"墙面装饰浮雕"项目编码列项。

（5）有关墙面装饰项目，不含立面防腐、防水、保温以及刷油漆的工作内容。

防水按"13规范"附录J屋面及防水工程相应项目编码列项；保温按"13规范"附录K保温、隔热、防腐工程相应项目编码列项；刷油漆按"13规范"附录P油漆、涂料、裱糊工程相应项目编码列项。

2.1 工程量计算依据六项变化及说明

2.1.1 墙面抹灰

墙面抹灰工程量清单项目的设置、项目特征描述的内容、计量单位及工程量计算规则等的变化对照情况，见表2-1。

2.1.2 柱（梁）面抹灰

柱（梁）面抹灰工程量清单项目的设置、项目特征描述的内容、计量单位及工程量计算规则等的变化对照情况，见表2-2。

墙面抹灰（编码：011201）   表 2-1

序号	版别	项目编码	项目名称	项目特征	工程量计算规则与计量单位	工作内容
1	13规范	011201001	墙面一般抹灰	1. 墙体类型； 2. 底层厚度、砂浆配合比； 3. 面层厚度、砂浆配合比； 4. 装饰面材料种类、遍数； 5. 分格缝宽度、材料种类	按设计图示尺寸以面积计算（计量单位：m²）。扣除墙裙、门窗洞口及单个＞0.3m²的孔洞面积，不扣除踢脚线、挂镜线和墙与构件交接处的面积，门窗洞口和孔洞的侧壁及顶面不增加面积。附墙柱、梁、垛、烟囱侧壁并入相应的墙面面积内。 1. 外墙抹灰面积按外墙垂直投影面积计算； 2. 外墙裙抹灰面积按其长度乘以高度计算； 3. 内墙抹灰面积按主墙间的净长乘以高度计算。 （1）无墙裙的，高度按室内楼地面至天棚底面计算； （2）有墙裙的，高度按墙裙顶至天棚底面计算； （3）有吊顶天棚抹灰，高度算至天棚底。 4. 内墙裙抹灰面按内墙净长乘以高度计算	1. 基层清理； 2. 砂浆制作、运输； 3. 底层抹灰； 4. 抹面层； 5. 抹装饰面； 6. 勾分格缝
	08规范	020201001	墙面一般抹灰	1. 墙体类型； 2. 底层厚度、砂浆配合比； 3. 面层厚度、砂浆配合比； 4. 装饰面材料种类； 5. 分格缝宽度、材料种类		
	说明：项目特征描述将原来的"装饰面材料种类"扩展为"装饰面材料种类、遍数"					
2	13规范	011201002	墙面装饰抹灰	1. 墙体类型； 2. 底层厚度、砂浆配合比； 3. 面层厚度、砂浆配合比； 4. 装饰面材料种类、遍数； 5. 分格缝宽度、材料种类	按设计图示尺寸以面积计算（计量单位：m²）。扣除墙裙、门窗洞口及单个＞0.3m²的孔洞面积，不扣除踢脚线、挂镜线和墙与构件交接处的面积，门窗洞口和孔洞的侧壁及顶面不增加面积。附墙柱、梁、垛、烟囱侧壁并入相应的墙面面积内。 1. 外墙抹灰面积按外墙垂直投影面积计算； 2. 外墙裙抹灰面积按其长度乘以高度计算； 3. 内墙抹灰面积按主墙间的净长乘以高度计算。 （1）无墙裙的，高度按室内楼地面至天棚底面计算； （2）有墙裙的，高度按墙裙顶至天棚底面计算； （3）有吊顶天棚抹灰，高度算至天棚底。 4. 内墙裙抹灰面按内墙净长乘以高度计算	1. 基层清理； 2. 砂浆制作、运输； 3. 底层抹灰； 4. 抹面层； 5. 抹装饰面； 6. 勾分格缝
	08规范	020201002	墙面装饰抹灰	1. 墙体类型； 2. 底层厚度、砂浆配合比； 3. 面层厚度、砂浆配合比； 4. 装饰面材料种类； 5. 分格缝宽度、材料种类		
	说明：项目特征描述将原来的"装饰面材料种类"扩展为"装饰面材料种类、遍数"					

序号	版别	项目编码	项目名称	项目特征	工程量计算规则与计量单位	工作内容
3	13规范	011201003	墙面勾缝	1. 勾缝类型; 2. 勾缝材料种类	按设计图示尺寸以面积计算(计量单位:m²)。 扣除墙裙、门窗洞口及单个>0.3m²的孔洞面积,不扣除踢脚线、挂镜线和墙与构件交接处的面积,门窗洞口和孔洞的侧壁及顶面不增加面积。附墙柱、梁、垛、烟囱侧壁并入相应的墙面面积内。 1. 外墙抹灰面积按外墙垂直投影面积计算; 2. 外墙裙抹灰面积按其长度乘以高度计算; 3. 内墙抹灰面积按主墙间的净长乘以高度计算。 (1)无墙裙的,高度按室内楼地面至天棚底面计算; (2)有墙裙的,高度按墙裙顶至天棚底面计算; (3)有吊顶天棚抹灰,高度算至天棚底。 4. 内墙裙抹灰面按内墙净长乘以高度计算	1. 基层清理; 2. 砂浆制作、运输; 3. 勾缝
	08规范	020201003	墙面勾缝	1. 墙体类型; 2. 勾缝类型; 3. 勾缝材料种类		
	说明:项目特征描述取消原来的"墙体类型"					
4	13规范	011201004	立面砂浆找平层	1. 基层类型; 2. 找平层砂浆厚度、配合比	按设计图示尺寸以面积计算(计量单位:m²)。 扣除墙裙、门窗洞口及单个>0.3m²的孔洞面积,不扣除踢脚线、挂镜线和墙与构件交接处的面积,门窗洞口和孔洞的侧壁及顶面不增加面积。附墙柱、梁、垛、烟囱侧壁并入相应的墙面面积内。 1. 外墙抹灰面积按外墙垂直投影面积计算; 2. 外墙裙抹灰面积按其长度乘以高度计算; 3. 内墙抹灰面积按主墙间的净长乘以高度计算。 (1)无墙裙的,高度按室内楼地面至天棚底面计算; (2)有墙裙的,高度按墙裙顶至天棚底面计算; (3)有吊顶天棚抹灰,高度算至天棚底。 4. 内墙裙抹灰面按内墙净长乘以高度计算	1. 基层清理; 2. 砂浆制作、运输; 3. 抹灰找平
	08规范	—	—	—	—	—
	说明:增添项目内容					

注:1. 立面砂浆找平项目适用于仅做找平层的立面抹灰。
2. 墙面抹石灰砂浆、水泥砂浆、混合砂浆、聚合物水泥砂浆、麻刀石灰浆、石膏灰浆等按本表中墙面一般抹灰列项;墙面水刷石、斩假石、干粘石、假面砖等按本表中墙面装饰抹灰列项。
3. 飘窗凸出外墙面增加的抹灰并入外墙工程量内。
4. 有吊顶天棚的内墙面抹灰,抹至吊顶以上部分在综合单价中考虑。

柱（梁）面抹灰（编码：011202） 表2-2

序号	版别	项目编码	项目名称	项目特征	工程量计算规则与计量单位	工作内容
1	13规范	011202001	柱、梁面一般抹灰	1. 柱（梁）体类型； 2. 底层厚度、砂浆配合比； 3. 面层厚度、砂浆配合比； 4. 装饰面材料种类； 5. 分格缝宽度、材料种类	1. 柱面抹灰：按设计图示柱断面周长乘高度以面积计算（计量单位：m²）； 2. 梁面抹灰：按设计图示梁断面周长乘长度以面积计算（计量单位：m²）	1. 基层清理； 2. 砂浆制作、运输； 3. 底层抹灰； 4. 抹面层； 5. 勾分格缝
	08规范	020202001	柱面一般抹灰	1. 柱体类型； 2. 底层厚度、砂浆配合比； 3. 面层厚度、砂浆配合比； 4. 装饰面材料种类； 5. 分格缝宽度、材料种类	按设计图示柱断面周长乘以高度以面积计算（计量单位：m²）	1. 基层清理； 2. 砂浆制作、运输； 3. 底层抹灰； 4. 抹面层； 5. 抹装饰面； 6. 勾分格缝
			说明：项目名称修改为"柱、梁面一般抹灰"。项目特征描述将原来的"柱体类型"修改为"柱（梁）体类型"。工程量计算规则与计量单位细化说明。工作内容取消原来的"抹装饰面"			
2	13规范	011202002	柱、梁面装饰抹灰	1. 柱（梁）体类型； 2. 底层厚度、砂浆配合比； 3. 面层厚度、砂浆配合比； 4. 装饰面材料种类； 5. 分格缝宽度、材料种类	1. 柱面抹灰：按设计图示柱断面周长乘高度以面积计算（计量单位：m²）； 2. 梁面抹灰：按设计图示梁断面周长乘长度以面积计算（计量单位：m²）	1. 基层清理； 2. 砂浆制作、运输； 3. 底层抹灰； 4. 抹面层； 5. 勾分格缝
	08规范	020202002	柱面装饰抹灰	1. 柱体类型； 2. 底层厚度、砂浆配合比； 3. 面层厚度、砂浆配合比； 4. 装饰面材料种类； 5. 分格缝宽度、材料种类	按设计图示柱断面周长乘以高度以面积计算（计量单位：m²）	1. 基层清理； 2. 砂浆制作、运输； 3. 底层抹灰； 4. 抹面层； 5. 抹装饰面； 6. 勾分格缝
			说明：项目名称修改为"柱、梁面装饰抹灰"。项目特征描述将原来的"柱体类型"修改为"柱（梁）体类型"。工程量计算规则与计量单位细化说明。工作内容取消原来的"抹装饰面"			

续表

序号	版别	项目编码	项目名称	项目特征	工程量计算规则与计量单位	工作内容
3	13规范	011202003	柱、梁面砂浆找平	1. 柱（梁）体类型； 2. 找平的砂浆厚度、配合比	1. 柱面抹灰：按设计图示柱断面周长乘高度以面积计算（计量单位：m²）； 2. 梁面抹灰：按设计图示梁断面周长乘长度以面积计算（计量单位：m²）	1. 基层清理； 2. 砂浆制作、运输； 3. 抹灰找平
	08规范	—	—	—	—	—
	说明：增添项目内容					
4	13规范	011202004	柱面勾缝	1. 勾缝类型； 2. 勾缝材料种类	按设计图示柱断面周长乘高度以面积计算（计量单位：m²）	1. 基层清理； 2. 砂浆制作、运输； 3. 勾缝
	08规范	020202003	柱面勾缝	1. 墙体类型； 2. 勾缝类型； 3. 勾缝材料种类		
	说明：项目特征描述取消原来的"墙体类型"					

注：1. 砂浆找平项目适用于仅做找平层的柱（梁）面抹灰。
　　2. 柱（梁）面抹石灰砂浆、水泥砂浆、混合砂浆、聚合物水泥砂浆、麻刀石灰砂浆、石膏灰浆等按本表中柱（梁）面一般抹灰编码列项；柱（梁）面水刷石、斩假石、干粘石、假面砖等按本表中柱（梁）面装饰抹灰项目编码列项。

2.1.3 零星抹灰

零星抹灰工程量清单项目的设置、项目特征描述的内容、计量单位及工程量计算规则等的变化对照情况，见表2-3。

零星抹灰（编码：011203）　　　　　　　　　　　　表2-3

序号	版别	项目编码	项目名称	项目特征	工程量计算规则与计量单位	工作内容
1	13规范	011203001	零星项目一般抹灰	1. 基层类型、部位； 2. 底层厚度、砂浆配合比； 3. 面层厚度、砂浆配合比； 4. 装饰面材料种类； 5. 分格缝宽度、材料种类	按设计图示尺寸以面积计算（计量单位：m²）	1. 基层清理； 2. 砂浆制作、运输； 3. 底层抹灰； 4. 抹面层； 5. 抹装饰面； 6. 勾分格缝
	08规范	020203001	零星项目一般抹灰	1. 墙体类型； 2. 底层厚度、砂浆配合比； 3. 面层厚度、砂浆配合比； 4. 装饰面材料种类； 5. 分格缝宽度、材料种类		
	说明：项目特征描述将原来的"墙体类型"修改为"基层类型、部位"					

续表

序号	版别	项目编码	项目名称	项目特征	工程量计算规则与计量单位	工作内容
2	13规范	011203002	零星项目装饰抹灰	1. 基层类型、部位； 2. 底层厚度、砂浆配合比； 3. 面层厚度、砂浆配合比； 4. 装饰面材料种类； 5. 分格缝宽度、材料种类	按设计图示尺寸以面积计算（计量单位：m²）	1. 基层清理； 2. 砂浆制作、运输； 3. 底层抹灰； 4. 抹面层； 5. 抹装饰面； 6. 勾分格缝
	08规范	020203002	零星项目装饰抹灰	1. 墙体类型； 2. 底层厚度、砂浆配合比； 3. 面层厚度、砂浆配合比； 4. 装饰面材料种类； 5. 分格缝宽度、材料种类		
	说明：项目特征描述将原来的"墙体类型"修改为"基层类型、部位"					
3	13规范	2013计量规	零星项目砂浆找平	1. 基层类型、部位； 2. 找平的砂浆厚度、配合比	按设计图示尺寸以面积计算（计量单位：m²）	1. 基层清理； 2. 砂浆制作、运输； 3. 抹灰找平
	08规范	—	—	—	—	—
	说明：增添项目内容					

注：1. 零星项目抹石灰砂浆、水泥砂浆、混合砂浆、聚合物水泥砂浆、麻刀石灰浆、石膏灰浆等按本表中零星项目一般抹灰编码列项，水刷石、斩假石、干粘石、假面砖等按本表中零星项目装饰抹灰编码列项。
　　2. 墙、柱（梁）面≤0.5m² 的少量分散的抹灰按本表中零星抹灰项目编码列项。

2.1.4　墙面块料面层

　　墙面块料面层工程量清单项目的设置、项目特征描述的内容、计量单位及工程量计算规则等的变化对照情况，见表2-4。

墙面块料面层（编码：011204）

表2-4

序号	版别	项目编码	项目名称	项目特征	工程量计算规则与计量单位	工作内容
1	13规范	011204001	石材墙面	1. 墙体类型； 2. 安装方式； 3. 面层材料品种、规格、颜色； 4. 缝宽、嵌缝材料种类； 5. 防护材料种类； 6. 磨光、酸洗、打蜡要求	按镶贴表面积计算（计量单位：m²）	1. 基层清理； 2. 砂浆制作、运输； 3. 粘结层铺贴； 4. 面层安装； 5. 嵌缝； 6. 刷防护材料； 7. 磨光、酸洗、打蜡

续表

序号	版别	项目编码	项目名称	项目特征	工程量计算规则与计量单位	工作内容
1	08规范	020204001	石材墙面	1. 墙体类型； 2. 底层厚度、砂浆配合比； 3. 贴结层厚度、材料种类； 4. 挂贴方式； 5. 干挂方式（膨胀螺栓、钢龙骨）； 6. 面层材料品种、规格、品牌、颜色； 7. 缝宽、嵌缝材料种类； 8. 防护材料种类； 9. 磨光、酸洗、打蜡要求	按设计图示尺寸以镶贴表面积计算（计量单位：m²）	1. 基层清理； 2. 砂浆制作、运输； 3. 底层抹灰； 4. 结合层铺贴； 5. 面层铺贴； 6. 面层挂贴； 7. 面层干挂； 8. 嵌缝； 9. 刷防护材料； 10. 磨光、酸洗、打蜡

说明：项目特征描述增添"安装方式"，将原来的"面层材料品种、规格、品牌、颜色"简化为"面层材料品种、规格、颜色"，取消原来的"底层厚度、砂浆配合比"、"贴结层厚度、材料种类"、"挂贴方式"和"干挂方式（膨胀螺栓、钢龙骨）"。工程量计算规则与计量单位将原来的"按设计图示尺寸以镶贴表面积计算"简化为"按镶贴表面积计算"。工作内容增添"粘结层铺贴"和"面层安装"，取消原来的"底层抹灰"、"结合层铺贴"、"面层铺贴"、"面层挂贴"和"面层干挂"

序号	版别	项目编码	项目名称	项目特征	工程量计算规则与计量单位	工作内容
2	13规范	011204002	拼碎石材墙面	1. 墙体类型； 2. 安装方式； 3. 面层材料品种、规格、颜色； 4. 缝宽、嵌缝材料种类； 5. 防护材料种类； 6. 磨光、酸洗、打蜡要求	按镶贴表面积计算（计量单位：m²）	1. 基层清理； 2. 砂浆制作、运输； 3. 粘结层铺贴； 4. 面层安装； 5. 嵌缝； 6. 刷防护材料； 7. 磨光、酸洗、打蜡
	08规范	320204002	碎拼石材墙面	1. 墙体类型； 2. 底层厚度、砂浆配合比； 3. 贴结层厚度、材料种类； 4. 挂贴方式； 5. 干挂方式（膨胀螺栓、钢龙骨）； 6. 面层材料品种、规格、品牌、颜色； 7. 缝宽、嵌缝材料种类； 8. 防护材料种类； 9. 磨光、酸洗、打蜡要求	按设计图示尺寸以镶贴表面积计算（计量单位：m²）	1. 基层清理； 2. 砂浆制作、运输； 3. 底层抹灰； 4. 结合层铺贴； 5. 面层铺贴； 6. 面层挂贴； 7. 面层干挂； 8. 嵌缝； 9. 刷防护材料； 10. 磨光、酸洗、打蜡

说明：项目特征描述增添"安装方式"，将原来的"面层材料品种、规格、品牌、颜色"简化为"面层材料品种、规格、颜色"，取消原来的"底层厚度、砂浆配合比"、"贴结层厚度、材料种类"、"挂贴方式"和"干挂方式（膨胀螺栓、钢龙骨）"。工程量计算规则与计量单位将原来的"按设计图示尺寸以镶贴表面积计算"简化为"按镶贴表面积计算"。工作内容增添"粘结层铺贴"和"面层安装"，取消原来的"底层抹灰"、"结合层铺贴"、"面层铺贴"、"面层挂贴"和"面层干挂"

序号	版别	项目编码	项目名称	项目特征	工程量计算规则与计量单位	工作内容
3	13规范	011204003	块料墙面	1. 墙体类型； 2. 安装方式； 3. 面层材料品种、规格、颜色； 4. 缝宽、嵌缝材料种类； 5. 防护材料种类； 6. 磨光、酸洗、打蜡要求	按镶贴表面积计算（计量单位：m²）	1. 基层清理； 2. 砂浆制作、运输； 3. 粘结层铺贴； 4. 面层安装； 5. 嵌缝； 6. 刷防护材料； 7. 磨光、酸洗、打蜡
	08规范	020204003	块料墙面	1. 墙体类型； 2. 底层厚度、砂浆配合比； 3. 贴结层厚度、材料种类； 4. 挂贴方式； 5. 干挂方式（膨胀螺栓、钢龙骨）； 6. 面层材料品种、规格、品牌、颜色； 7. 缝宽、嵌缝材料种类； 8. 防护材料种类； 9. 磨光、酸洗、打蜡要求	按设计图示尺寸以镶贴表面积计算（计量单位：m²）	1. 基层清理； 2. 砂浆制作、运输； 3. 底层抹灰； 4. 结合层铺贴； 5. 面层铺贴； 6. 面层挂贴； 7. 面层干挂； 8. 嵌缝； 9. 刷防护材料； 10. 磨光、酸洗、打蜡

说明：项目特征描述增添"安装方式"，将原来的"面层材料品种、规格、品牌、颜色"简化为"面层材料品种、规格、颜色"，取消原来的"底层厚度、砂浆配合比"、"贴结层厚度、材料种类"、"挂贴方式"和"干挂方式（膨胀螺栓、钢龙骨）"。工程量计算规则与计量单位将原来的"按设计图示尺寸以镶贴表面积计算"简化为"按镶贴表面积计算"。工作内容增添"粘结层铺贴"和"面层安装"，取消原来的"底层抹灰"、"结合层铺贴"、"面层铺贴"、"面层挂贴"和"面层干挂"

序号	版别	项目编码	项目名称	项目特征	工程量计算规则与计量单位	工作内容
4	13规范	011204004	干挂石材钢骨架	1. 骨架种类、规格； 2. 防锈漆品种遍数	按设计图示以质量计算（计量单位：t）	1. 骨架制作、运输、安装； 2. 刷漆
	08规范	020204004	干挂石材钢骨架	1. 骨架种类、规格； 2. 油漆品种、刷油遍数		1. 骨架制作、运输、安装； 2. 骨架油漆

说明：项目特征描述将原来的"油漆品种、刷油遍数"修改为"防锈漆品种遍数"。工作内容将原来的"骨架油漆"修改为"刷漆"

注：1. 在描述碎块项目的面层材料特征时可不用描述规格、颜色。
　　2. 石材、块料与粘结材料的结合面刷防渗材料的种类在防护层材料种类中描述。
　　3. 安装方式可描述为砂浆或粘结剂粘贴、挂贴、干挂等，不论哪种安装方式，都要详细描述与组价相关的内容。

2.1.5 柱（梁）面镶贴块料

柱（梁）面镶贴块料工程量清单项目的设置、项目特征描述的内容、计量单位及工程量计算规则等的变化对照情况，见表2-5。

柱（梁）面镶贴块料（编码：011205） 表2-5

序号	版别	项目编码	项目名称	项目特征	工程量计算规则与计量单位	工作内容
1	13规范	011205001	石材柱面	1. 柱截面类型、尺寸； 2. 安装方式； 3. 面层材料品种、规格、颜色； 4. 缝宽、嵌缝材料种类； 5. 防护材料种类； 6. 磨光、酸洗、打蜡要求	按镶贴表面积计算（计量单位：m²）	1. 基层清理； 2. 砂浆制作、运输； 3. 粘结层铺贴； 4. 面层安装； 5. 嵌缝； 6. 刷防护材料； 7. 磨光、酸洗、打蜡
	08规范	020205001	石材柱面	1. 柱体材料； 2. 柱截面类型、尺寸； 3. 底层厚度、砂浆配合比； 4. 粘结层厚度、材料种类； 5. 挂贴方式； 6. 干贴方式； 7. 面层材料品种、规格、品牌、颜色； 8. 缝宽、嵌缝材料种类； 9. 防护材料种类； 10. 磨光、酸洗、打蜡要求	按设计图示尺寸以镶贴表面积计算（计量单位：m²）	1. 基层清理； 2. 砂浆制作、运输； 3. 底层抹灰； 4. 结合层铺贴； 5. 面层铺贴； 6. 面层挂贴； 7. 面层干挂； 8. 嵌缝； 9. 刷防护材料； 10. 磨光、酸洗、打蜡
	说明：项目特征描述增添"安装方式"，将原来的"面层材料品种、规格、品牌、颜色"简化为"面层材料品种、规格、颜色"，取消原来的"柱体材料"、"底层厚度、砂浆配合比"、"粘结层厚度、材料种类"、"挂贴方式"和"干贴方式"。工程量计算规则与计量单位将原来的"按设计图示尺寸以镶贴表面积计算"简化为"按镶贴表面积计算"。工作内容增添"粘结层铺贴"和"面层安装"，取消原来的"底层抹灰"、"结合层铺贴"、"面层铺贴"、"面层挂贴"和"面层干挂"					
2	13规范	011205002	块料柱面	1. 柱截面类型、尺寸； 2. 安装方式； 3. 面层材料品种、规格、颜色； 4. 缝宽、嵌缝材料种类； 5. 防护材料种类； 6. 磨光、酸洗、打蜡要求	按镶贴表面积计算（计量单位：m²）	1. 基层清理； 2. 砂浆制作、运输； 3. 粘结层铺贴； 4. 面层安装； 5. 嵌缝； 6. 刷防护材料； 7. 磨光、酸洗、打蜡

序号	版别	项目编码	项目名称	项目特征	工程量计算规则与计量单位	工作内容
2	08规范	020205003	块料柱面	1. 柱体材料； 2. 柱截面类型、尺寸； 3. 底层厚度、砂浆配合比； 4. 粘结层厚度、材料种类； 5. 挂贴方式； 6. 干贴方式； 7. 面层材料品种、规格、品牌、颜色； 8. 缝宽、嵌缝材料种类； 9. 防护材料种类； 10. 磨光、酸洗、打蜡要求	按设计图示尺寸以镶贴表面积计算（计量单位：m²）	1. 基层清理； 2. 砂浆制作、运输； 3. 底层抹灰； 4. 结合层铺贴； 5. 面层铺贴； 6. 面层挂贴； 7. 面层干挂； 8. 嵌缝； 9. 刷防护材料； 10. 磨光、酸洗、打蜡

说明：项目特征描述增添"安装方式"，将原来的"面层材料品种、规格、品牌、颜色"简化为"面层材料品种、规格、颜色"，取消原来的"柱体材料"、"底层厚度、砂浆配合比"、"粘结层厚度、材料种类"、"挂贴方式"和"干贴方式"。工程量计算规则与计量单位将原来的"按设计图示尺寸以镶贴表面积计算"简化为"按镶贴表面积计算"。工作内容增添"粘结层铺贴"和"面层安装"，取消原来的"底层抹灰"、"结合层铺贴"、"面层铺贴"、"面层挂贴"和"面层干挂"

序号	版别	项目编码	项目名称	项目特征	工程量计算规则与计量单位	工作内容
	13规范	011205003	拼碎块柱面	1. 柱截面类型、尺寸； 2. 安装方式； 3. 面层材料品种、规格、颜色； 4. 缝宽、嵌缝材料种类； 5. 防护材料种类； 6. 磨光、酸洗、打蜡要求	按镶贴表面积计算（计量单位：m²）	1. 基层清理； 2. 砂浆制作、运输； 3. 粘结层铺贴； 4. 面层安装； 5. 嵌缝； 6. 刷防护材料； 7. 磨光、酸洗、打蜡
3	08规范	020205002	拼碎石材柱面	1. 柱体材料； 2. 柱截面类型、尺寸； 3. 底层厚度、砂浆配合比； 4. 粘结层厚度、材料种类； 5. 挂贴方式； 6. 干贴方式； 7. 面层材料品种、规格、品牌、颜色； 8. 缝宽、嵌缝材料种类； 9. 防护材料种类； 10. 磨光、酸洗、打蜡要求	按设计图示尺寸以镶贴表面积计算（计量单位：m²）	1. 基层清理； 2. 砂浆制作、运输； 3. 底层抹灰； 4. 结合层铺贴； 5. 面层铺贴； 6. 面层挂贴； 7. 面层干挂； 8. 嵌缝； 9. 刷防护材料； 10. 磨光、酸洗、打蜡

说明：项目名称简化为"拼碎块柱面"。项目特征描述增添"安装方式"，将原来的"面层材料品种、规格、品牌、颜色"简化为"面层材料品种、规格、颜色"，取消原来的"柱体材料"、"底层厚度、砂浆配合比"、"粘结层厚度、材料种类"、"挂贴方式"和"干贴方式"。工程量计算规则与计量单位将原来的"按设计图示尺寸以镶贴表面积计算"简化为"按镶贴表面积计算"。工作内容增添"粘结层铺贴"和"面层安装"，取消原来的"底层抹灰"、"结合层铺贴"、"面层铺贴"、"面层挂贴"和"面层干挂"

续表

序号	版别	项目编码	项目名称	项目特征	工程量计算规则与计量单位	工作内容
4	13规范	011205004	石材梁面	1. 安装方式； 2. 面层材料品种、规格、颜色； 3. 缝宽、嵌缝材料种类； 4. 防护材料种类； 5. 磨光、酸洗、打蜡要求	按镶贴表面积计算（计量单位：m²）	1. 基层清理； 2. 砂浆制作、运输； 3. 粘结层铺贴； 4. 面层安装； 5. 嵌缝； 6. 刷防护材料； 7. 磨光、酸洗、打蜡
	08规范	020205004	石材梁面	1. 底层厚度、砂浆配合比； 2. 粘结层厚度、材料种类； 3. 面层材料品种、规格、品牌、颜色； 4. 缝宽、嵌缝材料种类； 5. 防护材料种类； 6. 磨光、酸洗、打蜡要求	按设计图示尺寸以镶贴表面积计算（计量单位：m²）	1. 基层清理； 2. 砂浆制作、运输； 3. 底层抹灰； 4. 结合层铺贴； 5. 面层铺贴； 6. 面层挂贴； 7. 嵌缝； 8. 刷防护材料； 9. 磨光、酸洗、打蜡

说明：项目特征描述增添"安装方式"，将原来的"面层材料品种、规格、品牌、颜色"简化为"面层材料品种、规格、颜色"，取消原来的"底层厚度、砂浆配合比"和"粘结层厚度、材料种类"。工程量计算规则与计量单位将原来的"按设计图示尺寸以镶贴表面积计算"简化为"按镶贴表面积计算"。工作内容增添"粘结层铺贴"和"面层安装"，取消原来的"底层抹灰"、"结合层铺贴"、"面层铺贴"和"面层挂贴"

序号	版别	项目编码	项目名称	项目特征	工程量计算规则与计量单位	工作内容
5	13规范	011205005	块料梁面	1. 安装方式； 2. 面层材料品种、规格、颜色； 3. 缝宽、嵌缝材料种类； 4. 防护材料种类； 5. 磨光、酸洗、打蜡要求	按镶贴表面积计算（计量单位：m²）	1. 基层清理； 2. 砂浆制作、运输； 3. 粘结层铺贴； 4. 面层安装； 5. 嵌缝； 6. 刷防护材料； 7. 磨光、酸洗、打蜡
	08规范	020205005	块料梁面	1. 底层厚度、砂浆配合比； 2. 粘结层厚度、材料种类； 3. 面层材料品种、规格、品牌、颜色； 4. 缝宽、嵌缝材料种类； 5. 防护材料种类； 6. 磨光、酸洗、打蜡要求	按设计图示尺寸以镶贴表面积计算（计量单位：m²）	1. 基层清理； 2. 砂浆制作、运输； 3. 底层抹灰； 4. 结合层铺贴； 5. 面层铺贴； 6. 面层挂贴； 7. 嵌缝； 8. 刷防护材料； 9. 磨光、酸洗、打蜡

说明：项目特征描述增添"安装方式"，将原来的"面层材料品种、规格、品牌、颜色"简化为"面层材料品种、规格、颜色"，取消原来的"底层厚度、砂浆配合比"和"粘结层厚度、材料种类"。工程量计算规则与计量单位将原来的"按设计图示尺寸以镶贴表面积计算"简化为"按镶贴表面积计算"。工作内容增添"粘结层铺贴"和"面层安装"，取消原来的"底层抹灰"、"结合层铺贴"、"面层铺贴"和"面层挂贴"

注：1. 在描述碎块项目的面层材料特征时可不用描述规格、颜色。
　　2. 石材、块料与粘接材料的结合面刷防渗材料的种类在防护层材料种类中描述。
　　3. 柱梁面干挂石材的钢骨架按表2-4相应项目编码列项。

2.1.6 镶贴零星块料

镶贴零星块料工程量清单项目的设置、项目特征描述的内容、计量单位及工程量计算规则等的变化对照情况，见表2-6。

镶贴零星块料（编码：011206）　　　　　　　　　　表2-6

序号	版别	项目编码	项目名称	项目特征	工程量计算规则与计量单位	工作内容
1	13规范	011206001	石材零星项目	1. 基层类型、部位； 2. 安装方式； 3. 面层材料品种、规格、颜色； 4. 缝宽、嵌缝材料种类； 5. 防护材料种类； 6. 磨光、酸洗、打蜡要求	按镶贴表面积计算（计量单位：m²）	1. 基层清理； 2. 砂浆制作、运输； 3. 面层安装； 4. 嵌缝； 5. 刷防护材料； 6. 磨光、酸洗、打蜡
	08规范	020206001	石材零星项目	1. 柱、墙体类型； 2. 底层厚度、砂浆配合比； 3. 粘结层厚度、材料种类； 4. 挂贴方式； 5. 干挂方式； 6. 面层材料品种、规格、品牌、颜色； 7. 缝宽、嵌缝材料种类； 8. 防护材料种类； 9. 磨光、酸洗、打蜡要求	按设计图示尺寸以镶贴表面积计算（计量单位：m²）	1. 基层清理； 2. 砂浆制作、运输； 3. 底层抹灰； 4. 结合层铺贴； 5. 面层铺贴； 6. 面层挂贴； 7. 面层干挂； 8. 嵌缝； 9. 刷防护材料； 10. 磨光、酸洗、打蜡
	说明：项目特征描述增添"基层类型、部位"和"安装方式"，将原来的"面层材料品种、规格、品牌、颜色"简化为"面层材料品种、规格、颜色"，取消原来的"柱、墙体类型"、"底层厚度、砂浆配合比"、"粘结层厚度、材料种类"、"挂贴方式"和"干挂方式"。工程量计算规则与计量单位将原来的"按设计图示尺寸以镶贴表面积计算"简化为"按镶贴表面积计算"。工作内容增添"面层安装"，取消原来的"底层抹灰"、"结合层铺贴"、"面层铺贴"、"面层挂贴"和"面层干挂"					
2	13规范	011206002	块料零星项目	1. 基层类型、部位； 2. 安装方式； 3. 面层材料品种、规格、颜色； 4. 缝宽、嵌缝材料种类； 5. 防护材料种类； 6. 磨光、酸洗、打蜡要求	按镶贴表面积计算（计量单位：m²）	1. 基层清理； 2. 砂浆制作、运输； 3. 面层安装； 4. 嵌缝； 5. 刷防护材料； 6. 磨光、酸洗、打蜡

序号	版别	项目编码	项目名称	项目特征	工程量计算规则与计量单位	工作内容
2	08规范	020206003	块料零星项目	1. 柱、墙体类型； 2. 底层厚度、砂浆配合比； 3. 粘结层厚度、材料种类； 4. 挂贴方式； 5. 干挂方式； 6. 面层材料品种、规格、品牌、颜色； 7. 缝宽、嵌缝材料种类； 8. 防护材料种类； 9. 磨光、酸洗、打蜡要求	按设计图示尺寸以镶贴表面积计算（计量单位：m²）	1. 基层清理； 2. 砂浆制作、运输； 3. 底层抹灰； 4. 结合层铺贴； 5. 面层铺贴； 6. 面层挂贴； 7. 面层干挂； 8. 嵌缝； 9. 刷防护材料； 10. 磨光、酸洗、打蜡

说明：项目特征描述增添"基层类型、部位"和"安装方式"，将原来的"面层材料品种、规格、品牌、颜色"简化为"面层材料品种、规格、颜色"，取消原来的"柱、墙体类型"、"底层厚度、砂浆配合比"、"粘结层厚度、材料种类"、"挂贴方式"和"干挂方式"。工程量计算规则与计量单位将原来的"按设计图示尺寸以镶贴表面积计算"简化为"按镶贴表面积计算"。工作内容增添"面层安装"，取消原来的"底层抹灰"、"结合层铺贴"、"面层铺贴"、"面层挂贴"和"面层干挂"

| 3 | 13规范 | 011206003 | 拼碎块零星项目 | 1. 基层类型、部位；
2. 安装方式；
3. 面层材料品种、规格、颜色；
4. 缝宽、嵌缝材料种类；
5. 防护材料种类；
6. 磨光、酸洗、打蜡要求 | 按镶贴表面积计算（计量单位：m²） | 1. 基层清理；
2. 砂浆制作、运输；
3. 面层安装；
4. 嵌缝；
5. 刷防护材料；
6. 磨光、酸洗、打蜡 |
| | 08规范 | 020206002 | 拼碎石材零星项目 | 1. 柱、墙体类型；
2. 底层厚度、砂浆配合比；
3. 粘结层厚度、材料种类；
4. 挂贴方式；
5. 干挂方式；
6. 面层材料品种、规格、品牌、颜色；
7. 缝宽、嵌缝材料种类；
8. 防护材料种类；
9. 磨光、酸洗、打蜡要求 | 按设计图示尺寸以镶贴表面积计算（计量单位：m²） | 1. 基层清理；
2. 砂浆制作、运输；
3. 底层抹灰；
4. 结合层铺贴；
5. 面层铺贴；
6. 面层挂贴；
7. 面层干挂；
8. 嵌缝；
9. 刷防护材料；
10. 磨光、酸洗、打蜡 |

说明：项目特征描述增添"基层类型、部位"和"安装方式"，将原来的"面层材料品种、规格、品牌、颜色"简化为"面层材料品种、规格、颜色"，取消原来的"柱、墙体类型"、"底层厚度、砂浆配合比"、"粘结层厚度、材料种类"、"挂贴方式"和"干挂方式"。工程量计算规则与计量单位将原来的"按设计图示尺寸以镶贴表面积计算"简化为"按镶贴表面积计算"。工作内容增添"面层安装"，取消原来的"底层抹灰"、"结合层铺贴"、"面层铺贴"、"面层挂贴"和"面层干挂"

注：1. 在描述碎块项目的面层材料特征时可不用描述规格、颜色。
2. 石材、块料与粘接材料的结合面刷防渗材料的种类在防护材料种类中描述。
3. 零星项目干挂石材的钢骨架按表2-4相应项目编码列项。
4. 墙柱面≤0.5m²的少量分散的镶贴块料面层按本表中零星项目执行。

2.1.7 墙饰面

墙饰面工程量清单项目的设置、项目特征描述的内容、计量单位及工程量计算规则等的变化对照情况，见表 2-7。

墙饰面（编码：011207） 表 2-7

序号	版别	项目编码	项目名称	项目特征	工程量计算规则与计量单位	工作内容
1	13规范	011207001	墙面装饰板	1. 龙骨材料种类、规格、中距； 2. 隔离层材料种类、规格； 3. 基层材料种类、规格； 4. 面层材料品种、规格、颜色； 5. 压条材料种类、规格	按设计图示墙净长乘净高以面积计算。扣除门窗洞口及单个>0.3m² 的孔洞所占面积（计量单位：m²）	1. 基层清理； 2. 龙骨制作、运输、安装； 3. 钉隔离层； 4. 基层铺钉； 5. 面层铺贴
	08规范	020207001	装饰板墙面	1. 墙体类型； 2. 底层厚度、砂浆配合比； 3. 龙骨材料种类、规格、中距； 4. 隔离层材料种类、规格； 5. 基层材料种类、规格； 6. 面层材料品种、规格、品牌、颜色； 7. 压条材料种类、规格； 8. 防护材料种类； 9. 油漆品种、刷漆遍数	按设计图示墙净长乘以净高以面积计算。扣除门窗洞口及单个 0.3m² 以上的孔洞所占面积（计量单位：m²）	1. 基层清理； 2. 砂浆制作、运输； 3. 底层抹灰； 4. 龙骨制作、运输、安装； 5. 钉隔离层； 6. 基层铺钉； 7. 面层铺贴； 8. 刷防护材料、油漆
	说明：项目名称修改为"墙面装饰板"。项目特征描述将原来的"面层材料品种、规格、品牌、颜色"简化为"面层材料品种、规格、颜色"，取消原来的"墙体类型"、"底层厚度、砂浆配合比"、"防护材料种类"和"油漆品种、刷漆遍数"。工程量计算规则与计量单位将原来的"扣除门窗洞口及单个 0.3m² 以上的孔洞所占面积"修改为"扣除门窗洞口及单个 0.3m² 以上的孔洞所占面积"。工作内容取消原来的"砂浆制作、运输"、"底层抹灰"和"刷防护材料、油漆"						
2	13规范	011207002	墙面装饰浮雕	1. 基层类型； 2. 浮雕材料种类； 3. 浮雕样式	按设计图示尺寸以面积计算（计量单位：m²）	1. 基层清理； 2. 材料制作、运输； 3. 安装成型
	08规范	—	—	—	—	—
	说明：增添项目内容						

2.1.8 柱（梁）饰面

柱（梁）饰面工程量清单项目的设置、项目特征描述的内容、计量单位及工程量计算规则等的变化对照情况，见表 2-8。

柱（梁）饰面（编码：011208）

表 2-8

序号	版别	项目编码	项目名称	项目特征	工程量计算规则与计量单位	工作内容
1	13规范	011208001	柱（梁）面装饰	1. 龙骨材料种类、规格、中距； 2. 隔离层材料种类； 3. 基层材料种类、规格； 4. 面层材料品种、规格、颜色； 5. 压条材料种类、规格	按设计图示饰面外围尺寸以面积计算。柱帽、柱墩并入相应柱饰面工程量内（计量单位：m²）	1. 清理基层； 2. 龙骨制作、运输、安装； 3. 钉隔离层； 4. 基层铺钉； 5. 面层铺贴
	08规范	020208001	柱（梁）面装饰	1. 柱（梁）体类型； 2. 底层厚度、砂浆配合比； 3. 龙骨材料种类、规格、中距； 4. 隔离层材料种类； 5. 基层材料种类、规格； 6. 面层材料品种、规格、品种、颜色； 7. 压条材料种类、规格； 8. 防护材料种类； 9. 油漆品种、刷漆遍数		1. 清理基层； 2. 砂浆制作、运输； 3. 底层抹灰； 4. 龙骨制作、运输、安装； 5. 钉隔离层； 6. 基层铺钉； 7. 面层铺贴； 8. 刷防护材料、油漆
	说明：项目特征描述将原来的"面层材料品种、规格、品牌、颜色"简化为"面层材料品种、规格、颜色"，取消原来的"柱（梁）体类型"、"底层厚度、砂浆配合比"、"防护材料种类"和"油漆品种、刷漆遍数"。工作内容取消原来的"砂浆制作、运输"、"底层抹灰"和"刷防护材料、油漆"					
2	13规范	011208002	成品装饰柱	1. 柱截面、高度尺寸； 2. 柱材质	1. 以根计量，按设计数量计算（计量单位：根）； 2. 以米计量，按设计长度计算（计量单位：m）	柱运输、固定、安装
	08规范	—	—	—	—	—
	说明：增添项目内容					

2.1.9 幕墙工程

幕墙工程工程量清单项目的设置、项目特征描述的内容、计量单位及工程量计算规则等的变化对照情况，见表 2-9。

幕墙工程（编码：011209） 表2-9

序号	版别	项目编码	项目名称	项目特征	工程量计算规则与计量单位	工作内容
1	13规范	011209001	带骨架幕墙	1. 骨架材料种类、规格、中距； 2. 面层材料品种、规格、颜色； 3. 面层固定方式； 4. 隔离带、框边封闭材料品种、规格； 5. 嵌缝、塞口材料种类	按设计图示框外围尺寸以面积计算。与幕墙同种材质的窗所占面积不扣除（计量单位：m²）	1. 骨架制作、运输、安装； 2. 面层安装； 3. 隔离带、框边封闭； 4. 嵌缝、塞口； 5. 清洗
	08规范	020210001	带骨架幕墙	1. 骨架材料种类、规格、中距； 2. 面层材料品种、规格、品种、颜色； 3. 面层固定方式； 4. 嵌缝、塞口材料种类		1. 骨架制作、运输、安装； 2. 面层安装； 3. 嵌缝、塞口； 4. 清洗
	说明：项目特征描述增添"隔离带、框边封闭材料品种、规格"，将原来的"面层材料品种、规格、品牌、颜色"简化为"面层材料品种、规格、颜色"。工作内容增添"隔离带、框边封闭"					
2	13规范	011209002	全玻（无框玻璃）幕墙	1. 玻璃品种、规格、颜色； 2. 粘结塞口材料种类； 3. 固定方式	按设计图示尺寸以面积计算。带肋全玻幕墙按展开面积计算（计量单位：m²）	1. 幕墙安装； 2. 嵌缝、塞口； 3. 清洗
	08规范	020210002	全玻幕墙			
	说明：项目名称修改为"全玻（无框玻璃）幕墙"					

注：幕墙钢骨架按表2-4干挂石材钢骨架编码列项。

2.1.10 隔断

隔断工程量清单项目的设置、项目特征描述的内容、计量单位及工程量计算规则等的变化对照情况，见表2-10。

隔断（编码：011210） 表2-10

版别	项目编码	项目名称	项目特征	工程量计算规则与计量单位	工作内容
13规范	011210001	木隔断	1. 骨架、边框材料种类、规格； 2. 隔板材料品种、规格、颜色； 3. 嵌缝、塞口材料品种； 4. 压条材料种类	按设计图示框外围尺寸以面积计算。不扣除单个≤0.3m²的孔洞所占面积；浴厕门的材质与隔断相同时，门的面积并入隔断面积内（计量单位：m²）	1. 骨架及边框制作、运输、安装； 2. 隔板制作、运输、安装； 3. 嵌缝、塞口； 4. 装钉压条
	011210002	金属隔断	1. 骨架、边框材料种类、规格； 2. 隔板材料品种、规格、颜色； 3. 嵌缝、塞口材料品种		1. 骨架及边框制作、运输、安装； 2. 隔板制作、运输、安装； 3. 嵌缝、塞口

续表

版别	项目编码	项目名称	项目特征	工程量计算规则与计量单位	工作内容
13规范	011210003	玻璃隔断	1. 边框材料种类、规格； 2. 玻璃品种、规格、颜色； 3. 嵌缝、塞口材料品种	按设计图示框外围尺寸以面积计算。不扣除单个≤0.3m² 的孔洞所占面积（计量单位：m²）	1. 边框制作、运输、安装； 2. 玻璃制作、运输、安装； 3. 嵌缝、塞口
	011210004	塑料隔断	1. 边框材料种类、规格； 2. 隔板材料品种、规格、颜色； 3. 嵌缝、塞口材料品种		1. 骨架及边框制作、运输、安装； 2. 隔板制作、运输、安装； 3. 嵌缝、塞口
	011210005	成品隔断	1. 隔断材料品种、规格、颜色； 2. 配件品种、规格	1. 以平方米计量，按设计图示框外围尺寸以面积计算（计量单位：m²）； 2. 以间计量，按设计间的数量计算（计量单位：间）	1. 隔断运输、安装； 2. 嵌缝、塞口
	011210006	其他隔断	1. 骨架、边框材料种类、规格； 2. 隔板材料品种、规格、颜色； 3. 嵌缝、塞口材料品种	按设计图示框外围尺寸以面积计算。不扣除单个≤0.3m² 的孔洞所占面积（计量单位：m²）	1. 骨架及边框安装； 2. 隔板安装； 3. 嵌缝、塞口
08规范	020209001	隔断	1. 骨架、边框材料种类、规格； 2. 隔板材料品种、规格、品牌、颜色； 3. 嵌缝、塞口材料品种； 4. 压条材料种类； 5. 防护材料种类； 6. 油漆品种、刷漆遍数	按设计图示框外围尺寸以面积计算。扣除单个0.3m²以上的孔洞所占面积；浴厕门的材质与隔断相同时，门的面积并入隔断面积内（计量单位：m²）	1. 骨架及边框制作、运输、安装； 2. 隔板制作、运输、安装； 3. 嵌缝、塞口； 4. 装钉压条； 5. 刷防护材料、油漆

说明：项目名称拆分为"木隔断"、"金属隔断"、"玻璃隔断"、"塑料隔断"、"成品隔断"和"其他隔断"。项目特征描述取消原来的"防护材料种类"和"油漆品种、刷漆遍数"。工程量计算规则与计量单位增添"以间计量，按设计间的数量计算（计量单位：间）"。工作内容取消原来的"刷防护材料、油漆"

2.2 工程量清单编制实例

2.2.1 实例2-1

1. 背景资料

图2-1和图2-2为某房间平面图、剖面图和墙裙施工图，已知：空心砖墙墙厚为240mm，

门洞尺寸为 2000×900mm，窗台高 900mm，墙裙、踢脚线做法，如表 2-11 所示。

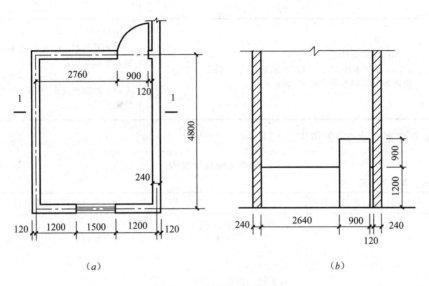

图 2-1　平面图及剖面图

（a）平面图；（b）1-1 剖面图

　　门窗侧壁做法同墙裙（门框宽 100mm 高度同墙裙，门洞口其他做法暂不考虑，窗台下墙裙同样有压顶线封边）。

　　计算说明：

　　（1）计算龙骨工程量时不考虑自身厚度，计算基层、面层工程量时仅考虑龙骨的厚度。

　　（2）计算时，步骤计算结果保留三位小数，最终计算结果保留两位小数。

　　2. 问题

根据以上背景资料及现行国家标准《建设工程工程量清单计价规范》（GB 50500—2013）、《房屋建筑与装饰工程工程量计算规范》（GB 50854—2013），试列出该工程木墙裙和木踢脚线项目的分部分项工程量清单。

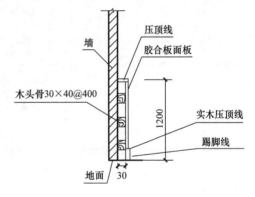

图 2-2　墙裙施工图

墙裙、踢脚线做法 表 2-11

部位	做法	备注
木墙裙	刷油漆饰面； 5mm 厚胶合板面层与木龙骨固定； 30mm×40mm 木龙骨正面刨光满涂氟化钠防腐剂双向中距 400mm×400mm 与膨胀螺栓固定； 高分子防水涂膜防潮层； 墙体基面打入 M6×75 膨胀螺栓中距 400mm×400mm； 10mm 厚 1：0.5：3 水泥石灰膏砂浆分层抹平	油漆做法、油漆颜色及品种在施工图中注明； 墙裙压顶采用 50mm×80mm 的成品压顶线

续表

部位	做法	备注
木踢脚线	$200\mu m$ 厚聚氨酯漆； 18mm 厚硬木踢脚板（背面满刷氟化钠防腐剂），褐色； 墙内预埋防腐木砖中距 400mm	踢脚线高 150mm； 踢脚线用细木工板钉在木龙骨上，外贴硬木踢脚板； 踢脚线为断面 150mm×20mm 的硬木毛料，踢脚线上钉 15mm×15mm 的红松阴角线

3. 参考答案（表 2-12 和表 2-13）

清单工程量计算表　　　　　　　　　　　　表 2-12

工程名称：某装饰工程

序号	项目编码	清单项目名称	计算式	工程量合计	计量单位
1	011207001001	装饰板墙面	1. 墙裙垂直投影面积： $S_1=(1.2\times2+1.5-0.12\times2+4.8-0.12\times2)$ $\times2\times1.2$ $=19.728m^2$ 2. 扣除门洞所占面积： $S_2=0.9\times1.2=1.080m^2$ 3. 扣除窗洞口所占面积： $S_3=1.5\times(1.2-0.9)=0.450m^2$ 4. 扣除踢脚线所占面积 $S_4=(16.20-0.9+0.2)\times0.15=2.325m^2$ 5. 小计： $S=19.728-1.080-0.450-2.325=15.87m^2$	15.87	m^2
2	011105005001	木质踢脚线	踢脚线计算时，考虑门洞侧面增加的长度，也要考虑墙裙龙骨的厚度，门框宽 100mm。 1. 踢脚线长度： $L_1=(1.2\times2+1.5-0.12\times2-0.03\times2+4.8-0.12\times2-0.03\times2)\times2=16.200m$ 2. 扣除门洞所占长度： $L_2=0.900m$ 3. 增加门洞侧面长度： $L_3=[(0.24-0.10)\times0.5+0.03]\times2=0.200m$ 4. 踢脚线净面积： $S=(16.200-0.900+0.200)\times0.15=2.33m^2$	2.33	m^2

分部分项工程和单价措施项目清单与计价表　　　　　　表 2-13

工程名称：某装饰工程

序号	项目编码	项目名称	项目特征描述	计量单位	工程量	金额（元）		
						综合单价	合价	其中 暂估价
1	011207001001	装饰板墙面	1. 龙骨材料种类、规格、中距：木龙骨断面 30mm×40mm、间距 400mm×400mm； 2. 面层材料品种、规格、颜色：5mm 厚胶合板； 3. 压条材料种类、规格：50mm×80mm 的成品压顶线	m^2	15.87			

续表

序号	项目编码	项目名称	项目特征描述	计量单位	工程量	综合单价	合价	其中暂估价
2	011105005001	木质踢脚线	1. 踢脚线高度：120mm； 2. 基层材料种类、规格：细木工板，2440mm×1220mm×17mm； 3. 面层材料品种、规格、颜色：18mm厚硬木踢脚板，150mm×20mm，褐色	m²	2.33			

2.2.2 实例2-2

1. 背景资料

某砖混一层建筑平面图、外墙墙身大样图，如图2-3和图2-4所示。

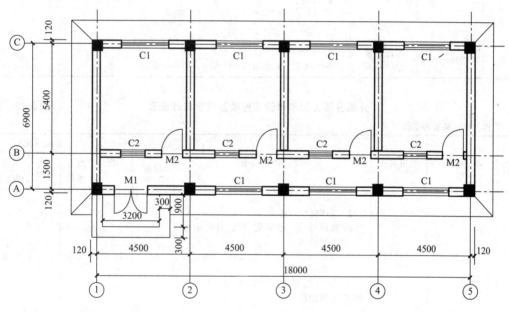

图2-3 平面图

窗台标高0.9m，外墙上有一个单元门，门洞尺寸为1500mm×2100mm，门洞底标高−0.30m。室外地坪（散）标高−0.6m，外墙裙水泥砂浆抹灰高度为900mm，采用13mm厚1∶3水泥砂浆打底，8mm厚1∶2.5水泥砂浆抹面压光。分格缝为10mm宽PVC硬质塑料条。腰线做法同外墙裙。

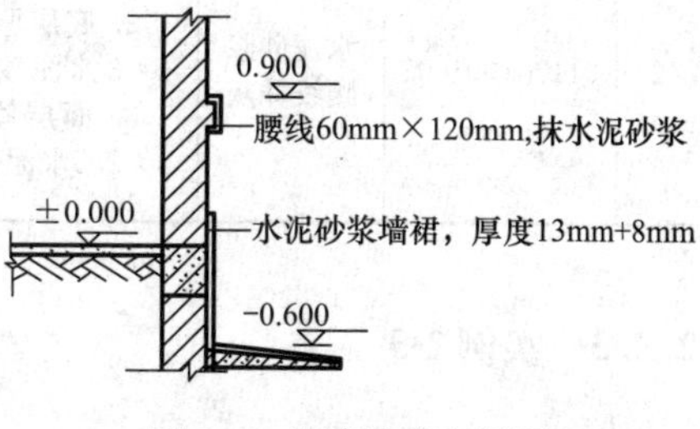

计算时，步骤计算结果保留三位小数，最终计算结果保留两位小数。

图2-4 外墙墙身大样图
注：本例中外墙腰线仅建筑正面设置

2. 问题

根据以上背景资料及现行国家标准《建设工程工程量清单计价规范》（GB 50500—

2013)、《房屋建筑与装饰工程工程量计算规范》(GB 50854—2013),试列出墙裙抹灰、腰线抹灰项目的分部分项工程量清单。

3. 参考答案 (表 2-14 和表 2-15)

清单工程量计算表

表 2-14

工程名称:某装饰工程

序号	项目编码	清单项目名称	计算式	工程量合计	计量单位
1	011201001001	外墙裙	1. 外墙外墙裙面积: $S_1=(18.0+0.24+6.9+0.24)\times2\times0.9=45.684m^2$ 2. 扣除门洞 M1 所占墙裙面积: $S_2=1.5\times(0.3+0.45)=1.125m^2$ 3. 扣除台阶所占墙裙面积: $S_3=(3.2+0.3\times2+3.2)\times0.15=1.050m^2$ 4. 小计: $S=45.684+1.125+1.050=47.86m^2$	47.86	m²
2	011201001002	水泥砂浆腰线抹灰	$L=(18.0+0.24)-1.5=16.740m$ $S=(0.12+0.06+0.06)\times16.740=4.02m^2$	4.02	m²

分部分项工程和单价措施项目清单与计价表

表 2-15

工程名称:某装饰工程

序号	项目编码	项目名称	项目特征描述	计量单位	工程量	综合单价	合价	暂估价
1	011201001001	外墙裙抹灰	1. 墙体类型:砖墙; 2. 底层厚度、砂浆配合比:13mm 厚 1:3水泥砂浆; 3. 面层厚度、砂浆配合比:8mm 厚 1:2.5水泥砂浆; 4. 分格缝宽度、材料种类:10mm,PVC硬质塑料	m²	47.86			
2	011201001002	水泥砂浆腰线抹灰	1. 墙体类型:砖墙; 2. 底层厚度、砂浆配合比:13mm 厚 1:3水泥砂浆; 3. 面层厚度、砂浆配合比:8mm 厚 1:2.5水泥砂浆	m²	4.02			

2.2.3 实例 2-3

1. 背景资料

某礼堂一侧墙面在钢骨架上干挂浅黄花岗石(密缝,稀水泥擦缝),如图 2-5 和图 2-6 所示。花岗石板材规格为 20mm×500mm×1000mm,稀水泥浆擦缝,打蜡出光;3.1~3.7m 标高处作吊顶。钢骨架材料理论质量,如表 2-16 所示。

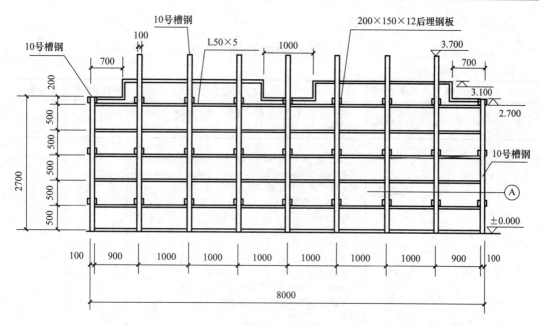

图 2-5　平面图

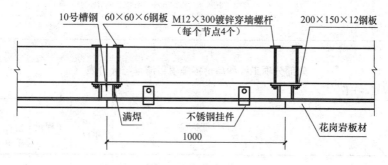

图 2-6　Ⓐ节点详图

计算说明：

(1) 计算钢骨架时，不考虑材料损耗，刷醇酸防锈漆两遍。

(2) 计算时，步骤计算结果保留三位小数，最终计算结果保留两位小数。

钢骨架材料理论质量　　　　　　　　　　　　　　表 2-16

骨架材料	理论质量	备注
10 号槽钢	10.01kg/m	只计算 10 号槽钢、L 56×5 角钢、200mm×150mm ×12mm 钢板、60mm×60mm×6mm 钢板，不考虑 材料损耗
L 56×5 角钢	4.25kg/m	
200mm×150mm×12mm 钢板	94.2kg/m²	
60mm×60mm×6mm 钢板	47.10kg/m²	

2. 问题

根据以上背景资料及现行国家标准《建设工程工程量清单计价规范》（GB 50500—2013）、《房屋建筑与装饰工程工程量计算规范》（GB 50854—2013），试列出该工程墙面、钢骨架项目的分部分项工程量清单。

3. 参考答案（表 2-17 和表 2-18）

清单工程量计算表　　　　　　　　　　　　　　　表 2-17

工程名称：某装饰工程

序号	项目编码	清单项目名称	计算式	工程量合计	计量单位
1	011204001001	干挂花岗岩	$S=2.7\times8.0+0.4\times(8.0-0.7\times2-1.0)=23.84\text{m}^2$	23.84	m^2
2	011204004001	干挂石材钢骨架	只计算 10 号槽钢、L56×5 角钢、200mm×150mm×12mm 钢板、60mm×60mm×6mm 钢板，不考虑材料损耗。 1. 10 号槽钢： $G_1=(3.7\times7+2.7\times2)\times10.01=313.313\text{kg}$ 2. L56×5 角钢： $G_2=[7\times(8-0.1\times2-0.1\times7)+0.4\times4]\times4.25=218.025\text{kg}$ 3. 钢板 200mm×150mm×12mm： $G_3=0.2\times0.15\times27\times94.2=76.302\text{kg}$ 4. 60mm×60mm×6mm 钢板（按每个节点 4 个计算）： $G_4=0.06\times0.06\times27\times4\times47.10=18.312\text{kg}$ 5. 小计： $G=313.313+218.025+76.302+18.312=625.952\text{kg}=0.63\text{t}$	0.63	t

分部分项工程和单价措施项目清单与计价表　　　　　　　　　表 2-18

工程名称：某装饰工程

序号	项目编码	项目名称	项目特征描述	计量单位	工程量	金额（元）		
						综合单价	合价	其中
								暂估价
1	011204001001	干挂花岗石	1. 墙体类型：混凝土空心砌块墙； 2. 安装方式：干挂； 3. 面层材料品种、规格、颜色：花岗石，20mm×500mm×1000mm，浅黄色； 4. 缝宽、嵌缝材料种类：密缝，稀水泥擦缝； 5. 磨光、酸洗、打蜡要求：打蜡出光	m^2	23.84			
2	011204004001	干挂石材钢骨架	1. 骨架种类、规格：钢骨架，规格见图； 2. 防锈漆品种、遍数：醇酸防锈漆，两遍	t	0.63			

2.2.4　实例 2-4

1. 背景资料

某建筑外墙采用点支玻璃幕墙，做法及尺寸如图 2-7 所示。玻璃棉板采用钢化夹层玻璃（6+8），分格尺寸 1600mm×2000mm，浅褐色；玻璃肋板采用钢化夹层玻璃（10+10），间距 16000mm；粘结塞口材料采用结构胶（透明）；所有钢型材热浸镀锌处理。

计算时，步骤计算结果保留三位小数，最终计算结果保留两位小数。

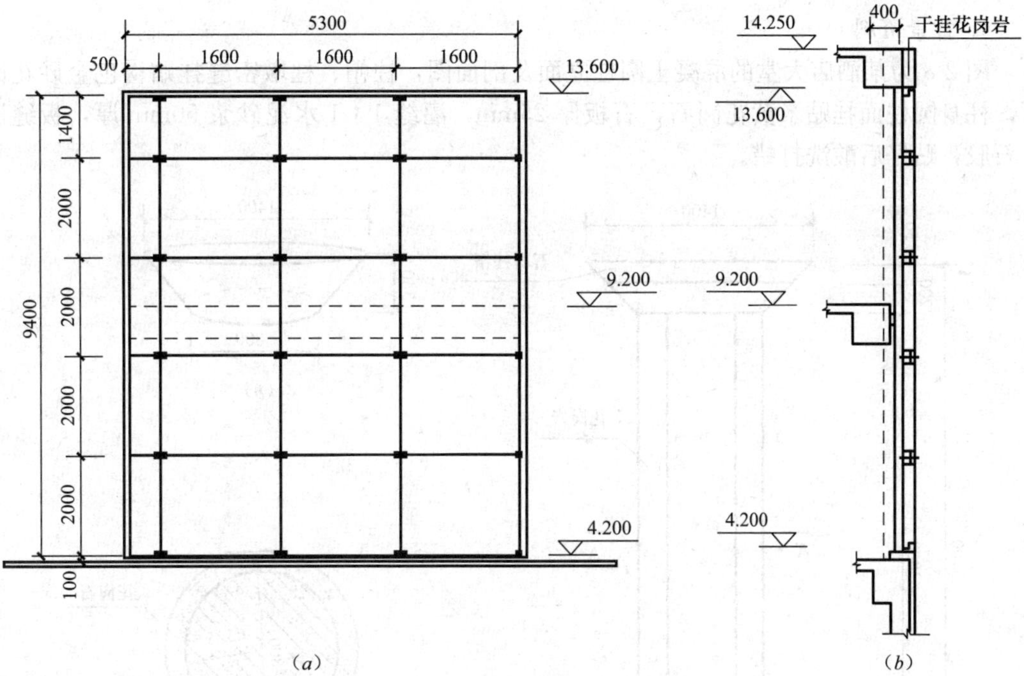

图 2-7 某建筑全玻幕墙立面与剖面图
(a) 立面图；(b) 剖面图

2. 问题

根据以上背景资料及现行国家标准《建设工程工程量清单计价规范》（GB 50500—2013）、《房屋建筑与装饰工程工程量计算规范》（GB 50854—2013），试列出该幕墙项目的分部分项工程量清单。

3. 参考答案（表 2-19 和表 2-20）

清单工程量计算表　　　　　　　　　　　　表 2-19

工程名称：某装饰工程

项目编码	清单项目名称	计算式	工程量合计	计量单位
011209002001	全玻幕墙	$S=5.3\times9.40=49.82$（m²）	49.82	m²

分部分项工程和单价措施项目清单与计价表　　　　表 2-20

工程名称：某装饰工程

项目编码	项目名称	项目特征描述	计量单位	工程量	综合单价	合价	暂估价
					金额（元）		其中
011209002001	全玻幕墙	1. 玻璃品种、规格、颜色：钢化夹层玻璃（6＋8），玻璃面板分格尺寸 1600mm×2000mm，浅褐色； 2. 粘结塞口材料种类：结构胶（透明）； 3. 固定方式：点支	m²	49.82			

73

2.2.5 实例 2-5

1. 背景资料

图 2-8 为某酒店大堂的混凝土圆柱立面及剖面图，柱帽、柱墩密缝挂贴褐色金砂花岗石，柱身圆柱面挂贴米黄花岗石，石板厚 25mm，灌缝 1:1 水泥砂浆 50mm 厚，板缝嵌云石胶，贴好后酸洗打蜡。

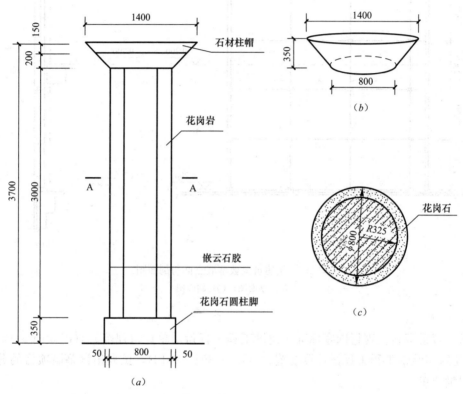

图 2-8 某混凝土圆柱立面及剖面图

(a) 柱立面图；(b) 柱帽；(c) A-A

计算时，步骤计算结果保留三位小数，最终计算结果保留两位小数。

2. 问题

根据以上背景资料及现行国家标准《建设工程工程量清单计价规范》（GB 50500—2013）、《房屋建筑与装饰工程工程量计算规范》（GB 50854—2013），试列出混凝土柱面装饰项目的分部分项工程量清单。

3. 参考答案（表 2-21 和表 2-22）

清单工程量计算表   表 2-21

工程名称：某装饰工程

项目编码	清单项目名称	计算式	工程量合计	计量单位
011205001001	石材柱饰面	1. 柱帽： $S_1 = 3.14 \times (0.7 + 0.4) \times [(0.7 - 0.4) \times (0.7 - 0.4) + 0.35 \times 0.35]^{0.5}$ $= 1.592\text{m}^2$	18.78	m^2

续表

项目编码	清单项目名称	计算式	工程量合计	计量单位
011205001001	石材柱饰面	2. 柱脚： 柱脚侧面：$S_2=2\times3.14\times(0.8+0.05\times2)\times0.35=$ 1.978m^2 柱脚上表面： $S_3=3.14\times(0.45\times0.45-0.4\times0.4)=0.133$m^2 3. 柱身： $S_4=2\times3.14\times0.8\times3.0=15.072$m^2 4. 小计： $S=1.592+1.978+0.133+15.072=18.78$m^2	18.78	m^2

分部分项工程和单价措施项目清单与计价表 表 2-22

工程名称：某装饰工程

项目编码	项目名称	项目特征描述	计量单位	工程量	金额（元）		
					综合单价	合价	其中暂估价
011205001001	石材柱饰面	1. 柱截面类型、尺寸：混凝土圆柱，直径为 750mm，柱身饰面直径为 900mm，全高 3700mm； 2. 安装方式：挂贴； 3. 面层材料品种、规格、颜色：柱帽、柱墩挂贴褐色金砂花岗石，柱身挂贴米黄花岗石； 4. 缝宽、嵌缝材料种类：灌缝 50mm 厚 1：1 水泥砂浆； 5. 磨光、酸洗、打蜡要求：酸洗打蜡	m^2	18.78			

2.2.6 实例 2-6

1. 背景资料

图 2-9 为某车间建筑平面图，室内地坪标高±0.000m，散水标高−0.300m，页岩标砖外墙墙体厚度为 370mm，空心砖内墙墙体厚度为 240mm，檐口高度 3.6m，台阶单层高度 0.150m，KZ 截面尺寸 400mm×400mm。其墙面抹灰做法如表 2-23 所示；其门窗洞口尺寸，如表 2-24 所示。

工程量计算时，门洞口底面不计算；步骤计算结果保留三位小数，最终计算结果保留两位小数。

2. 问题

根据以上背景资料及现行国家标准《建设工程工程量清单计价规范》（GB 50500—2013）、《房屋建筑与装饰工程工程量计算规范》（GB 50854—2013），试列出该工程内、外墙面项目的分部分项工程量清单。

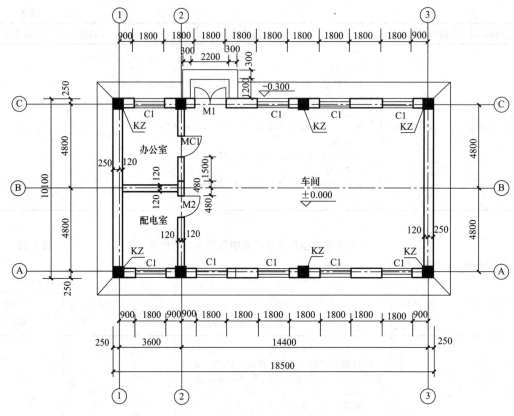

图 2-9　某车间建筑平面图

墙面抹灰做法　　表 2-23

部位	做法	备注
内墙	面浆饰面； 2mm 厚纸筋灰罩面； 14mm 厚 1∶3∶9 水泥石灰膏砂浆打底分层抹平	抹灰高度按 3.6m 计算
外墙面	1∶1 水泥砂浆（细砂）勾缝（密缝）； 贴 3mm 厚外墙陶瓷饰面砖在砖粘贴面上随贴随涂刷一遍混凝土界面处理剂增强粘结力； 6mm 厚 1∶2.5 水泥砂浆（掺建筑胶）； 12mm 厚 1∶3 水泥砂浆打底扫毛或划出纹道	设计要求采用现场搅拌砂浆，陶瓷饰面砖规格 240mm×50mm×3mm

门窗洞口尺寸详表　　表 2-24

名称	编号	洞口尺寸（宽×高）（mm）	备注
铝合金平开门	M1	1800×2700	
铝合金平开门	M2	1000×2400	
铝合金平开门	MC1	门：900×2400； 窗：1500×1500	门窗框宽为 100mm
铝合金推拉窗	C1	1800×1800	

3. 参考答案（表 2-25 和表 2-26）

2.2.7 实例 2-7

1. 背景资料

图 2-10 和图 2-11 为某建筑平面图及立面图，室外地坪标高为 -0.300m，室内地坪标高 ±0.000，轻骨料混凝土空心砌块墙墙体厚度均为 240mm。

其墙面抹灰做法如表 2-27 所示；其门窗洞口尺寸，如表 2-28 所示。

清单工程量计算表

表 2-25

工程名称：某装饰工程

序号	项目编码	清单项目名称	计算式	工程量合计	计量单位
1	011201001001	内墙一般抹灰	一、办公室： 1. 内墙垂直投影： $S_{1.1}=[(4.8-0.12\times2)\times2+(3.6-0.12\times2)\times2]\times3.6=57.024m^2$ 2. 扣除 C1 窗洞口所占面积： $S_{1.2}=1.8\times1.8=3.240m^2$ 3. 扣除 MC1 门连窗洞口所占面积： $S_{1.3}=0.9\times2.4+1.5\times1.5=4.410m^2$ 4. 小计： $S_1=57.024-3.240-4.410=49.374m^2$ 二、配电室： 1. 内墙垂直投影： $S_{2.1}=[(4.8-0.12\times2)\times2+(3.6-0.12\times2)\times2]\times3.6=57.024m^2$ 2. 扣除 C1 窗洞口所占面积： $S_{2.2}=1.8\times1.8=3.240m^2$ 3. 扣除 M2 门洞口所占面积： $S_{2.3}=1.0\times2.4=2.400m^2$ 4. 小计： $S_2=57.024-3.240-2.400=51.384m^2$ 三、车间： 1. 内墙垂直投影： $S_{3.1}=[(14.4-0.12\times2)\times2+(9.6-0.12\times2)\times2]\times3.6=169.344m^2$ 2. 扣除 C1 窗洞口所占面积： $S_{3.2}=1.8\times1.8\times7=22.680m^2$ 3. 扣除 M1 门洞口所占面积： $S_{3.3}=1.8\times2.7=4.860m^2$ 4. 扣除 MC1 门连窗洞口所占面积： $S_{3.4}=0.9\times2.4+1.5\times1.5=4.410m^2$ 5. 扣除 M2 门洞口所占面积： $S_{3.5}=1.0\times2.4=2.400m^2$ 6. 增加突出内墙面 KZ 柱侧面面积： $S_{3.6}=(0.4-0.37)\times2\times3.6\times2=0.432m^2$ 7. 小计： $S_3=169.344-22.680-4.860-4.410-2.400+0.432$ $=135.426m^2$ 四、合计： $S=49.374+51.384+135.426=236.18m^2$	236.18	m²

续表

序号	项目编码	清单项目名称	计算式	工程量合计	计量单位
2	011204003001	外墙贴釉面砖	门窗框宽100mm，贴砖宽度为（0.37－0.1）×0.5＝0.135m 1. 外墙垂直投影面积： $S_1＝(18.5＋10.1)×2×(0.3＋3.9)＝240.240m^2$ 2. 扣除C1窗洞所占面积： $S_2＝1.8×1.8×9＝29.160m^2$ 3. 扣除M1门洞所占面积： $S_3＝1.8×2.4＝4.320m^2$ 4. 扣除台阶所占面积： $S_4＝(2.2＋2.2＋0.3×2)×0.15＝0.750m^2$ 5. 增加C1洞口底面、侧面、顶面贴砖面积： $S_5＝(1.8＋1.8)×2×0.135×9＝8.748m^2$ 6. 增加M1洞口侧面、顶面贴砖面积： $S_6＝(1.8＋2.7×2)×0.135＝0.972m^2$ 7. 小计： $S＝240.240－29.160－4.320－0.750＋8.748＋0.972＝215.73m^2$	215.73	m²

分部分项工程和单价措施项目清单与计价表　　　　表 2-26

工程名称：某装饰工程

序号	项目编码	项目名称	项目特征描述	计量单位	工程量	金额（元）		
						综合单价	合价	其中 暂估价
1	011201001001	内墙一般抹灰	1. 墙体类型：砖墙； 2. 底层厚度、砂浆配合比：14mm厚1：3：9水泥石灰膏砂浆； 3. 面层厚度、砂浆配合比：2mm厚纸筋灰	m²	236.18			
2	011204003001	外墙贴釉面砖	1. 墙体类型：砖墙； 2. 安装方式：粘贴； 3. 面层材料品种、规格、颜色：外墙陶瓷饰面砖，240mm×50mm×3mm，褐色； 4. 缝宽、嵌缝材料种类：密缝，1：1水泥砂浆（细砂）	m²	215.73			

　　工程量计算时，门窗洞口侧面、顶面、底面不计算；步骤计算结果保留三位小数，最终计算结果保留两位小数。

　　2. 问题

　　根据以上背景资料及现行国家标准《建设工程工程量清单计价规范》（GB 50500—2013）、《房屋建筑与装饰工程工程量计算规范》（GB 50854—2013），试列出内、外墙面抹灰项目的分部分项工程量清单。

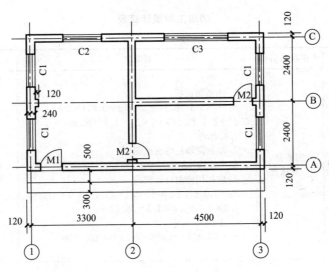

图 2-10 某建筑平面图

3. 参考答案（表 2-29 和表 2-30）

2.2.8 实例 2-8

1. 背景资料

图 2-12 和图 2-13 为某建筑平面图及剖面图，室外地坪标高为－0.300m，室内地坪标高为±0.000，空心砖墙墙体厚度均为 240mm，台阶踏步高度为 150mm。

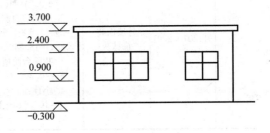

图 2-11 ③～①立面图

墙面抹灰做法　　　　　　　　　　　　　　　　　　　　　表 2-27

部位	做法	备注
内墙面	2mm 厚面层专用粉刷石膏罩面； 8mm 厚粉刷石膏砂浆打底分遍抹平； 刷素水泥浆一道（内掺建筑胶）	内墙面为粉刷石膏抹灰
外墙面	12mm 厚 1∶2.5 水泥小豆石面层； 刷素水泥浆一道（内掺水重 5％的建筑胶）； 12mm 厚 1∶3 水泥砂浆打底扫毛或划出纹道； 刷聚合物水泥浆一道	外墙面为普通水泥小豆石， 小豆石粒径以 5～8mm 为宜

门窗洞口尺寸详表　　　　　　　　　　　　　　　　　　　表 2-28

名称	代号	门窗洞口尺寸（宽×高）（mm）	备注
铝合金平开门	M1	1100×2400	门框不计
铝合金平开门	M2	900×2100	
铝合金推拉窗	C1	1500×1500	
铝合金推拉窗	C2	1800×1500	窗框不计
铝合金推拉窗	C3	3000×1500	

清单工程量计算表 表 2-29

工程名称：某装饰工程

序号	项目编码	清单项目名称	计算式	工程量合计	计量单位
1	011201001001	内墙面一般抹灰	1. 内墙面面积： $S_1=[(3.3-0.24+2.4\times2-0.24)\times2+(4.5-0.24+2.4-0.24)\times2\times2]\times3.7=40.920\times3.7=151.404m^2$ 2. 增加附墙柱侧面面积： $S_2=0.12\times2\times3.7=0.888m^2$ 3. 应扣门窗洞口面积： $S_3=1.1\times2.4+0.9\times2.1\times2\times2+1.5\times1.5\times4+1.8\times1.5+3.0\times1.5=26.400m^2$ 4. 小计： $S=151.404+0.888-26.400=125.89m^2$	125.89	m^2
2	011201002001	外墙面装饰抹灰	1. 外墙面垂直投影面积： $S_1=(3.3+4.5+0.24+2.4\times2+0.24)\times2\times(3.7+0.3)=104.640m^2$ 2. 应扣门窗洞口面积： $S_2=1.5\times1.5\times4+1.8\times1.5+3.0\times1.5+1.1\times2.4=18.840m^2$ 3. 扣除台阶所占外墙面积： $S_3=0.30\times(0.12\times2+3.3+4.5)=2.412m^2$ 4. 小计： $S=104.640-18.840-2.412=83.39m^2$	83.39	m^2

分部分项工程和单价措施项目清单与计价表 表 2-30

工程名称：某装饰工程

序号	项目编码	项目名称	项目特征描述	计量单位	工程量	金额（元）		
						综合单价	合价	其中暂估价
1	011201001001	内墙面一般抹灰	1. 墙体类型：空心砌块墙； 2. 底层厚度、砂浆配合比：8mm 厚粉刷石膏砂浆； 3. 面层厚度、砂浆配合比：2mm 厚面层专用粉刷石膏	m^2	125.89			
2	011201002001	外墙面装饰抹灰	1. 墙体类型：空心砌块墙； 2. 底层厚度、砂浆配合比：12mm 厚 1:3 水泥砂浆； 3. 面层厚度、砂浆配合比：12mm 厚 1:2.5 水泥小豆石	m^2	83.39			

其墙面抹灰做法如表 2-31 所示；其门窗洞口尺寸如表 2-32 所示。

计算说明：

（1）工程量计算时，门窗洞口侧面、顶面、底面不计算；檐口立面、底面抹灰不计算。

（2）步骤计算结果保留三位小数，最终计算结果保留两位小数。

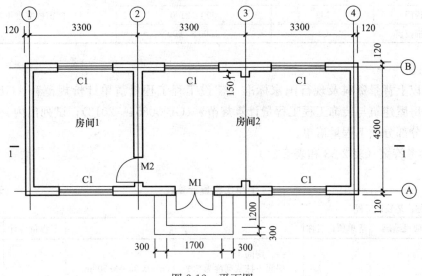

图 2-12　平面图

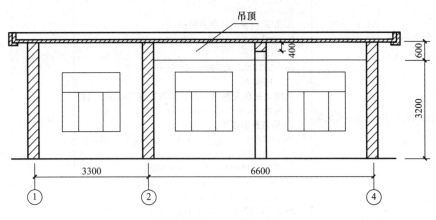

图 2-13　1—1 剖面图

墙面抹灰做法　　　　　　　　　　　　　　　　　　　　　　表 2-31

部位	做法	备注
内墙面	面浆饰面： 5mm 厚 1：0.5：2.5 水泥石灰膏砂浆找平； 9mm 厚 1：0.5：3 水泥石灰膏砂浆打底扫毛或划出纹道	内墙面为水泥石灰砂浆抹灰，房间 2 吊顶以上内墙抹灰高度 150mm
外墙面	斧剁斩毛两遍成活； 10mm 厚 1：2 水泥石子（米粒石内掺 30％石屑）面层赶平压实； 刷素水泥浆一道（内掺水重 5％的建筑胶）； 12mm 厚 1：3 水泥砂浆打底扫毛或划出纹道	外墙面为剁斧石

门窗洞口尺寸详表

表 2-32

名称	代号	门窗洞口尺寸（宽×高）(mm)	备注
铝合金平开门	M1	1200×2100	门窗框宽度不计
胶合板门	M2	900×2100	
铝合金推拉窗	C1	1500×1800	

2.问题

根据以上背景资料及现行国家标准《建设工程工程量清单计价规范》（GB 50500—2013）、《房屋建筑与装饰工程工程量计算规范》（GB 50854—2013），试列出内、外墙面抹灰项目的分部分项工程量清单。

3.参考答案（表 2-33 和表 2-34）

清单工程量计算表

表 2-33

工程名称：某装饰工程

序号	项目编码	清单项目名称	计算式	工程量合计	计量单位
1	011201001001	内墙一般抹灰	一、房间 1： 房间 1 抹灰高度为 3.2+0.6−0.30＝3.500m。 1. 垂直投影面积： $S_{1.1}=(3.3-0.12\times2+4.5-0.12\times2)\times2\times3.500=51.240m^2$ 2. 扣除门窗洞口所占面积： $S_{1.2}=1.5\times1.8+0.9\times2.1=4.590m^2$ 3. 小计： $S_1=51.240-4.590=46.650m^2$ 二、房间 2： 房间 2 吊顶天棚以上内墙抹灰高度 150mm，抹灰高度为 3.2+0.15−0.30＝3.050m。 1. 垂直投影面积： $S_{2.1}=(6.6-0.12\times2+4.5-0.12\times2)\times2\times3.050=64.782m^2$ 2. 增加突出内墙面柱的侧面面积： $S_{2.2}=0.15\times2\times2\times3.050=1.830m^2$ 3. 扣除门窗洞口所占面积： $S_{2.3}=1.5\times1.8\times3+1.2\times2.1+0.9\times2.1=12.510m^2$ 4. 小计： $S_2=64.782+1.830-12.510=54.102m^2$ 三、合计： $S=46.650+54.102=100.75m^2$	100.75	m²
2	011201002001	外墙装饰抹灰	1. 外墙垂直投影面积： $S_1=(3.3\times3+0.12\times2+4.5+0.12\times2)\times2\times(3.2+0.6)$ $=113.088m^2$ 2. 扣除门窗洞口所占外墙面积： $S_2=1.2\times2.1+1.5\times1.8\times5=16.020m^2$ 3. 扣除台阶所占外墙面积： $S_3=(1.7+1.7+0.3\times2)\times0.15=0.600m^2$ 4. 小计： $S=113.088-16.020-0.600=96.47m^2$	96.47	m²

分部分项工程和单价措施项目清单与计价表 表 2-34

工程名称：某装饰工程

序号	项目编码	项目名称	项目特征描述	计量单位	工程量	金额（元）		
						综合单价	合价	其中 暂估价
1	011201001001	内墙一般抹灰	1. 墙体类型：空心砖墙； 2. 底层厚度、砂浆配合比：9mm 厚 1：0.5：3 水泥石灰膏砂浆； 3. 面层厚度、砂浆配合比：5mm 厚 1：0.5：2.5 水泥石灰膏砂浆	m²	100.75			
2	011201002001	外墙装饰抹灰	1. 墙体类型：空心砖墙； 2. 底层厚度、砂浆配合比：12mm 厚 1：3 水泥砂浆； 3. 面层厚度、砂浆配合比：10mm 厚 1：2 水泥石子（米粒石内掺 30％石屑）； 4. 装饰面材料种类：剁斧石	m²	96.47			

2.2.9 实例 2-9

1. 背景资料

图 2-14 和图 2-15 为某住宅楼厕所平面图及立面图，隔断采用成品银灰色聚酯板卫生间隔断，规格为 900mm×1220mm×2000mm，五金配件采用铝合金整体型材、不锈钢配件。厕门单独定制，其面积不计入隔断工程量。

计算时，步骤计算结果保留三位小数，最终计算结果保留两位小数。

2. 问题

根据以上背景资料及现行国家标准《建设工程工程量清单计价规范》（GB 50500—2013）、《房屋建筑与装饰工程工程量计算规范》（GB 50854—2013），试列出该工程隔断项目的分部分项工程量清单。

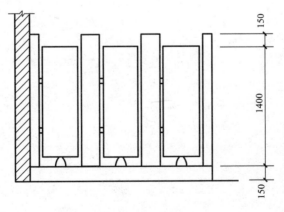

图 2-14 立面图

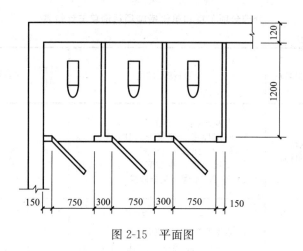

图 2-15　平面图

3. 参考答案（表 2-35 和表 2-36）

清单工程量计算表 　　　　　　　　　　　　　　　　　　　　　　　　　表 2-35

工程名称：某装饰工程

项目编码	清单项目名称	计算式	工程量合计	计量单位
011210005001	成品隔断	$S=(0.15\times2+0.3\times2+1.2)\times(1.4+0.15)=3.26\text{m}^2$	3.26	m^2

分部分项工程和单价措施项目清单与计价表 　　　　　　　　　　　　表 2-36

工程名称：某装饰工程

项目编码	项目名称	项目特征描述	计量单位	工程量	金额（元）		
					综合单价	合价	其中 暂估价
011210005001	成品隔断	1. 隔断材料品种、规格、颜色：成品银灰色聚酯板卫生间隔断，规格为 900mm×1220mm×2000mm； 2. 配件品种、规格：铝合金整体型材、不锈钢配件	m^2	3.26			

3 天棚工程

本章依据《房屋建筑与装饰工程工程量计算规范》（GB 50854—2013）（以下简称"13规范"）、《建设工程工程量清单计价规范》（GB 50500—2008）（以下简称"08规范"）。"13规范"在项目编码、项目名称、项目特征、计量单位、工程量计算规则、工作内容等方面，均有变化。

1. 清单项目变化

"13规范"在"08规范"的基础上，天棚工程增加"采光天棚"1个项目。项目名称"灯槽"改为"灯带（槽）"。

2. 应注意的问题

（1）采光天棚骨架不包括在工作内容中，应按"13规范"附录F金属结构工程相应项目编码列项。

（2）天棚装饰刷油漆、涂料以及裱糊，按"13规范"附录P油漆、涂料、裱糊工程相应项目编码列项。

3.1 工程量计算依据六项变化及说明

3.1.1 天棚抹灰

天棚抹灰工程量清单项目的设置、项目特征描述的内容、计量单位及工程量计算规则等的变化对照情况，见表3-1。

天棚抹灰（编码：011301）　　　　　　　　　　　　表 3-1

版别	项目编码	项目名称	项目特征	工程量计算规则与计量单位	工作内容
13规范	011301001	天棚抹灰	1. 基层类型； 2. 抹灰厚度、材料种类； 3. 砂浆配合比	按设计图示尺寸以水平投影面积计算。不扣除间壁墙、垛、柱、附墙烟囱、检查口和管道所占的面积，带梁天棚的梁两侧抹灰面积并入天棚面积内，板式楼梯底面抹灰按斜面积计算，锯齿形楼梯底板抹灰按展开面积计算（计量单位：m²）	1. 基层清理； 2. 底层抹灰； 3. 抹面层
08规范	020301001	天棚抹灰	1. 基层类型； 2. 抹灰厚度、材料种类； 3. 装饰线条道数； 4. 砂浆配合比		1. 基层清理； 2. 底层抹灰； 3. 抹面层； 4. 抹装饰线条
说明：项目特征描述取消原来的"装饰线条道数"。工作内容取消原来的"抹装饰线条"					

3.1.2 天棚吊顶

天棚吊顶工程量清单项目的设置、项目特征描述的内容、计量单位及工程量计算规则等的变化对照情况，见表3-2。

天 棚 吊 顶（编码：011302）

表 3-2

序号	版别	项目编码	项目名称	项目特征	工程量计算规则与计量单位	工作内容
1	13规范	011302001	吊顶天棚	1. 吊顶形式、吊杆规格、高度； 2. 龙骨材料种类、规格、中距； 3. 基层材料种类、规格； 4. 面层材料品种、规格； 5. 压条材料种类、规格； 6. 嵌缝材料种类； 7. 防护材料种类	按设计图示尺寸以水平投影面积计算（计量单位：m²）。天棚面中的灯槽及跌级、锯齿形、吊挂式、藻井式天棚面积不展开计算。 不扣除间壁墙、检查口、附墙烟囱、柱垛和管道所占面积，扣除单个＞0.3m²的孔洞、独立柱与天棚相连的窗帘盒所占的面积	1. 基层清理、吊杆安装； 2. 龙骨安装； 3. 基层板铺贴； 4. 面层铺贴； 5. 嵌缝； 6. 刷防护材料
	08规范	020302001	天棚吊顶	1. 吊顶形式； 2. 龙骨类型、材料种类、规格、中距； 3. 基层材料种类、规格； 4. 面层材料品种、规格、品牌、颜色； 5. 压条材料种类、规格； 6. 嵌缝材料种类； 7. 防护材料种类； 8. 油漆品种、刷漆遍数	按设计图示尺寸以水平投影面积计算（计量单位：m²）。天棚面中的灯槽及跌级、锯齿形、吊挂式、藻井式天棚面积不展开计算。 不扣除间壁墙、检查口、附墙烟囱、柱垛和管道所占面积，扣除单个0.3m²以外的孔洞、独立柱及与天棚相连的窗帘盒所占的面积	1. 基层清理； 2. 龙骨安装； 3. 基层板铺贴； 4. 面层铺贴； 5. 嵌缝； 6. 刷防护材料、油漆
				说明：项目名称修改为"吊顶天棚"。项目特征描述将原来的"吊顶形式"扩展为"吊顶形式、吊杆规格、高度"，"龙骨类型、材料种类、规格、中距"简化为"龙骨材料种类、规格、中距"，"面层材料品种、规格、品牌、颜色"简化为"面层材料品种、规格"，取消原来的"油漆品种、刷漆遍数"。工程量计算规则与计量单位将原来的"扣除单个0.3m²以外的孔洞、独立柱及与天棚相连的窗帘盒所占的面积"修改为"扣除单个＞0.3m²的孔洞、独立柱及与天棚相连的窗帘盒所占的面积"。工作内容将原来的"基层清理"扩展为"基层清理、吊杆安装"，"刷防护材料、油漆"简化为"刷防护材料"			
2	13规范	011302002	格栅吊顶	1. 龙骨材料种类、规格、中距； 2. 基层材料种类、规格； 3. 面层材料品种、规格； 4. 防护材料种类	按设计图示尺寸以水平投影面积计算（计量单位：m²）	1. 基层清理； 2. 安装龙骨； 3. 基层板铺贴； 4. 面层铺贴； 5. 刷防护材料
	08规范	020302002	格栅吊顶	1. 龙骨类型、材料种类、规格、中距； 2. 基层材料种类、规格； 3. 面层材料品种、规格、品牌、颜色； 4. 防护材料种类； 5. 油漆品种、刷漆遍数		1. 基层清理； 2. 底层抹灰； 3. 安装龙骨； 4. 基层板铺贴； 5. 面层铺贴； 6. 刷防护材料、油漆
				说明：项目特征描述将原来的"龙骨类型、材料种类、规格、中距"简化为"龙骨材料种类、规格、中距"，"面层材料品种、规格、品牌、颜色"简化为"面层材料品种、规格"，取消原来的"油漆品种、刷漆遍数"。工作内容将原来的"刷防护材料、油漆"简化为"刷防护材料"，取消原来的"底层抹灰"			

续表

序号	版别	项目编码	项目名称	项目特征	工程量计算规则与计量单位	工作内容
3	13规范	011302003	吊筒吊顶	1. 吊筒形状、规格; 2. 吊筒材料种类; 3. 防护材料种类	按设计图示尺寸以水平投影面积计算（计量单位：m²）	1. 基层清理; 2. 吊筒制作安装; 3. 刷防护材料
	08规范	020302003	吊筒吊顶	1. 底层厚度、砂浆配合比; 2. 吊筒形状、规格、颜色、材料种类; 3. 防护材料种类; 4. 油漆品种、刷漆遍数		1. 基层清理; 2. 底层抹灰; 3. 吊筒安装; 4. 刷防护材料、油漆
				说明：项目特征描述将原来的"吊筒形状、规格、颜色、材料种类"修改为"吊筒形状、规格"和"吊筒材料种类"，取消原来的"底层厚度、砂浆配合比"和"油漆品种、刷漆遍数"。工作内容将原来的"吊筒安装"修改为"吊筒制作安装"，"刷防护材料、油漆"简化为"刷防护材料"，取消原来的"底层抹灰"		
4	13规范	011302004	藤条造型悬挂吊顶	1. 骨架材料种类、规格; 2. 面层材料品种、规格	按设计图示尺寸以水平投影面积计算（计量单位：m²）	1. 基层清理; 2. 龙骨安装; 3. 铺贴面层
	08规范	020302004	藤条造型悬挂吊顶	1. 底层厚度、砂浆配合比; 2. 骨架材料种类、规格; 3. 面层材料品种、规格、颜色; 4. 防护层材料种类; 5. 油漆品种、刷漆遍数		1. 基层清理; 2. 底层抹灰; 3. 龙骨安装; 4. 铺贴面层; 5. 刷防护材料、油漆
				说明：项目特征描述将原来的"面层材料品种、规格、颜色"简化为"面层材料品种、规格"，取消原来的"底层厚度、砂浆配合比"、"防护层材料种类"和"油漆品种、刷漆遍数"。工作内容取消原来的"底层抹灰"和"刷防护材料、油漆"		
5	13规范	011302005	织物软雕吊顶	1. 骨架材料种类、规格; 2. 面层材料品种、规格	按设计图示尺寸以水平投影面积计算（计量单位：m²）	1. 基层清理; 2. 龙骨安装; 3. 铺贴面层
	08规范	020302005	织物软雕吊顶	1. 底层厚度、砂浆配合比; 2. 骨架材料种类、规格; 3. 面层材料品种、规格、颜色; 4. 防护层材料种类; 5. 油漆品种、刷漆遍数		1. 基层清理; 2. 底层抹灰; 3. 龙骨安装; 4. 铺贴面层; 5. 刷防护材料、油漆
				说明：项目特征描述将原来的"面层材料品种、规格、颜色"简化为"面层材料品种、规格"，取消原来的"底层厚度、砂浆配合比"、"防护层材料种类"和"油漆品种、刷漆遍数"。工作内容取消原来的"底层抹灰"和"刷防护材料、油漆"		

序号	版别	项目编码	项目名称	项目特征	工程量计算规则与计量单位	工作内容
6	13规范	011302006	装饰网架吊顶	网架材料品种、规格	按设计图示尺寸以水平投影面积计算（计量单位：m²）	1. 基层清理； 2. 网架制作安装
	08规范	020302006	网架（装饰）吊顶	1. 底层厚度、砂浆配合比； 2. 面层材料品种、规格、颜色； 3. 防护材料品种； 4. 油漆品种、刷漆遍数		1. 基层清理； 2. 底面抹灰； 3. 面层安装； 4. 刷防护材料、油漆

说明：项目名称修改为"装饰网架吊顶"。项目特征描述将原来的"面层材料品种、规格、颜色"修改为"网架材料品种、规格"，取消原来的"底层厚度、砂浆配合比"、"防护材料品种"和"油漆品种、刷漆遍数"。工作内容增添"网架制作安装"，取消原来的"底层抹灰"、"面层安装"和"刷防护材料、油漆"

3.1.3 采光天棚

采光天棚工程量清单项目的设置、项目特征描述的内容、计量单位及工程量计算规则等的变化对照情况，见表3-3。

采光天棚（编码：011303） 表3-3

版别	项目编码	项目名称	项目特征	工程量计算规则与计量单位	工作内容
13规范	011303001	采光天棚	1. 骨架类型； 2. 固定类型、固定材料品种、规格； 3. 面层材料品种、规格； 4. 嵌缝、塞口材料种类	按框外围展开面积计算（计量单位：m²）	1. 清理基层； 2. 面层制安； 3. 嵌缝、塞口； 4. 清洗
08规范	—	—	—	—	—

说明：增添项目内容

注：采光天棚骨架不包括在本节中，应单独按《房屋建筑与装饰工程工程量计算规范》（GB 50854—2013）附录F相关项目编码列项。

3.1.4 天棚其他装饰

天棚其他装饰工程量清单项目的设置、项目特征描述的内容、计量单位及工程量计算规则等的变化对照情况，见表3-4。

天棚其他装饰（编码：011304）   表 3-4

序号	版别	项目编码	项目名称	项目特征	工程量计算规则与计量单位	工作内容
1	13规范	011304001	灯带（槽）	1. 灯带形式、尺寸； 2. 格栅片材料品种、规格； 3. 安装固定方式	按设计图示尺寸以框外围面积计算（计量单位：m²）	安装、固定
	08规范	020303001	灯带	1. 灯带形式、尺寸； 2. 格栅片材料品种、规格、品牌、颜色； 3. 安装固定方式		
	说明：项目名称修改为"灯带（槽）"。项目特征描述将原来的"格栅片材料品种、规格、品牌、颜色"简化为"格栅片材料品种、规格"						
2	13规范	011304002	送风口、回风口	1. 风口材料品种、规格； 2. 安装固定方式； 3. 防护材料种类	按设计图示数量计算（计量单位：个）	1. 安装、固定； 2. 刷防护材料
	08规范	020303002	送风口、回风口	1. 风口材料品种、规格、品牌、颜色； 2. 安装固定方式； 3. 防护材料种类		
	说明：项目特征描述将原来的"风口材料品种、规格、品牌、颜色"简化为"风口材料品种、规格"						

注：采光天棚骨架不包括在本节中，应单独按《房屋建筑与装饰工程工程量计算规范》（GB 50854—2013）附录 F 相关项目编码列项。

3.2 工程量清单编制实例

3.2.1 实例 3-1

1. 背景资料

图 3-1 和图 3-2 为某酒店大堂天棚吊顶平面图及剖面图。采用单层 T 型轻钢龙骨不上人穿孔石膏板吸声吊顶，其做法如表 3-5 所示。

计算时，步骤计算结果保留三位小数，最终计算结果保留两位小数。

2. 问题

根据以上背景资料及现行国家标准《建设工程工程量清单计价规范》（GB 50500—2013）、《房屋建筑与装饰工程工程量计算规范》（GB 50854—2013），试列出该天棚吊顶及送风口项目的分部分项工程量清单。

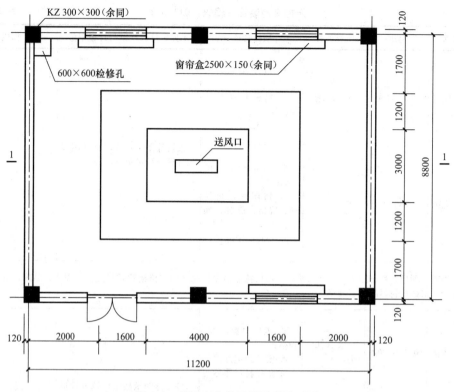

图 3-1 某酒店大堂天棚吊顶平面图

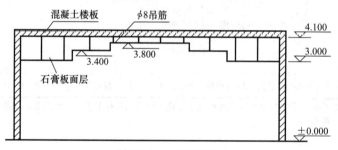

图 3-2 1—1 剖面图

3. 参考答案（表 3-6 和表 3-7）

工 程 做 法   表 3-5

部位	做法	备注
天棚吊顶	5mm 厚穿孔板材 500mm×500mm； 50mm 厚超细玻璃丝棉吸声层，玻璃丝布袋装填于龙骨间； T 形轻钢横撑龙骨 TB24mm×28mm 间距 600mm，与主龙骨插接； T 形轻钢主龙骨 TB24mm×38mm，间距 600mm，用吊件与钢筋吊杆连接后找平； φ8 钢筋吊杆，双向中距≤1200mm，吊杆上部与板底预留吊环固定； 现浇钢筋混凝土板底预留 φ10 钢筋吊环，双向中距≤1200mm	石膏板穿孔孔径、孔距及穿孔图案，不予考虑； 嵌缝采用刮嵌缝腻子
送风口	铝合金送风口，规格 1800mm×600mm； 自攻螺钉固定	规格定制

清单工程量计算表　　　　　　　　　　　　表 3-6

工程名称：某装饰工程

序号	项目编码	清单项目名称	计算式	工程量合计	计量单位
1	011302001001	吊顶天棚	跌级天棚不展开计算，不扣除检查口、柱垛的面积，扣除与天棚相连的窗帘盒的面积。 1. 吊顶天棚水平投影面积： $S_1=(11.2-0.12)\times(8.8-0.12)=96.174\text{m}^2$ 2. 扣除与天棚相连的窗帘盒的面积： $S_2=2.5\times0.15\times4=1.500\text{m}^2$ 3. 小计： $S=96.174-1.500=94.67\text{m}^2$	94.67	m²
2	011304002001	送风口		1	个

分部分项工程和单价措施项目清单与计价表　　　　　　表 3-7

工程名称：某装饰工程

序号	项目编码	项目名称	项目特征描述	计量单位	工程量	综合单价	合价	其中暂估价
1	011302001001	吊顶天棚	1. 吊顶形式、吊杆规格、高度：单层T形轻钢龙骨不上人穿孔石膏板吸声吊顶，$\phi 8$钢筋吊杆，900mm、700mm、300mm； 2. 龙骨材料种类、规格、中距：T形轻钢横撑龙骨TB24mm×28mm间距600mm，与主龙骨插接；T形轻钢主龙骨TB24mm×38mm，间距600mm； 3. 基层材料种类、规格：50mm厚超细玻璃丝棉吸声层，玻璃丝布袋装填于龙骨间； 4. 面层材料品种、规格：5mm厚穿孔板材500mm×500mm； 5. 嵌缝材料种类：刮嵌缝腻子	m²	94.67			
2	011304002001	送风口	1. 风口材料品种、规格：铝合金送风口，规格1800mm×600mm； 2. 安装固定方式：自攻螺钉	个	1			

3.2.2 实例 3-2

1. 背景资料

图 3-3 和图 3-4 为某会议室天棚吊顶平面图及剖面图。该会议室拟采用单层C形轻钢龙骨吸顶式普通纸面石膏板吊顶，室内净高 4.2m，钢筋混凝土柱截面尺寸为 500mm×500mm，200mm 厚空心砖墙，天棚做法，如表 3-8 所示。

计算时，步骤计算结果保留三位小数，最终计算结果保留两位小数。

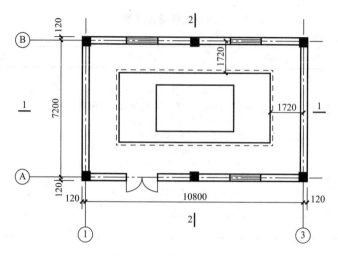

图 3-3　天棚吊顶平面图

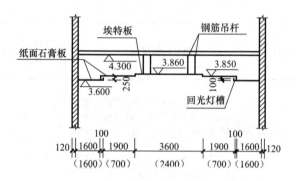

图 3-4　1—1（2—2）剖面图

工　程　做　法　　　　　　　　　　　　　　　　　　　　　　　　　　表 3-8

部位	做法	备注
天棚吊顶	满刮 2mm 厚面层耐水腻子找平，面板接缝处贴嵌缝带，刮腻子抹平； 满刷乳胶漆两道，横纵向各刷一道； 板材用自攻螺钉与龙骨固定，中距 200mm，螺钉距板边长边 15mm，短边 20mm； C 形轻钢覆面层横撑龙骨 CB60mm×27mm，中距 1200mm，用挂插件与次龙骨连接； C 形轻钢覆面次龙骨 CB60mm×27mm，间距 400mm，用吊件与钢筋吊杆连接后找平； φ6 钢筋吊杆，中距横向 400mm，纵向 800mm，吊杆上部与预留钢筋环固定； 现浇钢筋混凝土板内预留 φ8 钢筋吊环，中距横向 400mm，纵向 800mm	单层 C 形轻钢龙骨不上人吊顶（跌级），面层刷乳胶漆两遍； 普通纸面石膏板规格为 2400mm×1200mm×9.5mm； 中密度埃特板规格为 2440mm×1220mm×7.5mm； 回光灯槽，不计算； 天棚顶四周石膏装饰线，不计算

2. 问题

根据以上背景资料及现行国家标准《建设工程工程量清单计价规范》（GB 50500—2013）、《房屋建筑与装饰工程工程量计算规范》（GB 50854—2013），试列出该天棚吊顶项目的分部分项工程量清单。

3. 参考答案（表 3-9 和表 3-10）

清单工程量计算表　　　　　　　　　　　　　　　　表 3-9

工程名称：某装饰工程

序号	项目编码	清单项目名称	计算式	工程量合计	计量单位
1	011302001001	吊顶天棚	1. 吊顶投影面积： $S_1=(10.8-0.12\times2)\times(7.2-0.12\times2)=$ 73.498m² 2. 扣除埃特板吊顶面积： $S_2=3.6\times2.4=8.640$m² 3. 小计： $S=73.498-8.640=64.86$m²	64.86	m²
2	011302001002	波纹玻璃吊顶	$S=3.6\times2.4=8.64$m²	8.64	m²

分部分项工程和单价措施项目清单与计价表　　　　　　表 3-10

工程名称：某装饰工程

序号	项目编码	项目名称	项目特征描述	计量单位	工程量	综合单价	合价	其中 暂估价
1	011302001001	吊顶天棚	1. 吊顶形式、吊杆规格、高度：单层 C 形轻钢龙骨不上人普通纸面石膏板吊顶（跌级），$\phi6$ 钢筋吊杆，700mm，450mm； 2. 龙骨材料种类、规格、中距：C 形轻钢覆面横撑龙骨 CB60mm×27mm，中距 1200mm，用挂插件与次龙骨连接；C 形轻钢覆面次龙骨 CB60mm×27mm，间距 400mm，用吊件与钢筋吊杆连接后找平； 3. 基层材料种类、规格：普通纸面石膏板，2400mm×1200mm×9.5mm； 4. 面层材料品种、规格：满刮 2mm 厚面层耐水腻子找平，面板接缝处贴嵌缝带，刮腻子抹平，满刷乳胶漆两道，横纵向各刷一道； 5. 嵌缝材料种类：贴嵌缝带	m²	64.86			
2	011302001002	波纹玻璃吊顶	1. 吊顶形式、吊杆规格、高度：单层 C 形轻钢龙骨不上人埃特板吊顶，$\phi6$ 钢筋吊杆，440mm； 2. 龙骨材料种类、规格、中距：C 形轻钢覆面横撑龙骨 CB60mm×27mm，中距 1200mm，用挂插件与次龙骨连接；C 形轻钢覆面次龙骨 CB60mm×27mm，间距 400mm，用吊件与钢筋吊杆连接后找平； 3. 基层材料种类、规格：中密度埃特板 2440mm×1220mm×7.5mm； 4. 面层材料品种、规格：满刮 2mm 厚面层耐水腻子找平，面板接缝处贴嵌缝带，刮腻子抹平，满刷乳胶漆两道，横纵向各刷一道； 5. 嵌缝材料种类：贴嵌缝带	m²	8.64			

3.2.3 实例 3-3

1. 背景资料

某小会议室天棚吊顶平面图及剖面图，如图 3-5 和图 3-6 所示。采用单层 C 形轻钢龙骨不上人普通纸面石膏板吊顶，室内净高 4.3m，200mm 厚空心砖墙，天棚做法，如表 3-11 所示。

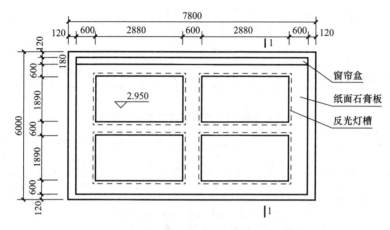

图 3-5　吊顶平面图

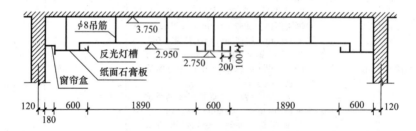

图 3-6　1—1 剖面图

计算时，步骤计算结果保留三位小数，最终计算结果保留两位小数。

工 程 做 法　　　　　　　　　　　　　　　　　　表 3-11

部位	做法	备注
天棚吊顶	满刮 2mm 厚面层耐水腻子找平，面板接缝处贴嵌缝带，刮腻子抹平； 满刷乳胶漆两道，横纵向各刷一道； 板材用自攻螺钉与龙骨固定，中距 180mm，螺钉距板边长边 10mm，短边 15mm； C 形轻钢覆面横撑龙骨 CB50mm×20mm，中距 1000mm，用挂插件与次龙骨连接； C 形轻钢覆面次龙骨 CB50mm×20mm，间距 350mm，用吊件与钢筋吊杆连接后找平； φ8 钢筋吊杆，中距横向 350mm，纵向 700mm，吊杆上部与预留钢筋吊环固定； 现浇钢筋混凝土板内预留 φ10 钢筋吊环，中距横向 350mm，纵向 700mm	单层 C 形轻钢龙骨不上人普通纸面石膏板吊顶，刷白色乳胶漆三遍； 普通纸面石膏板规格为 2400mm×1200mm×9.5mm； 窗帘盒用细木工板制作，刷乳胶漆两遍； 反光灯槽，不计算； 天棚顶四周石膏装饰线，不计算

2. 问题

根据以上背景资料及现行国家标准《建设工程工程量清单计价规范》（GB 50500—2013）、《房屋建筑与装饰工程工程量计算规范》（GB 50854—2013），试列出该天棚吊顶项目的分部分项工程量清单。

3. 参考答案（表 3-12 和表 3-13）

清单工程量计算表　　　　　　　　　　　　表 3-12

工程名称：某装饰工程

序号	项目编码	清单项目名称	计算式	工程量合计	计量单位
1	011302001001	吊顶天棚	装配 0.8m 长吊筋的吊顶： $S=(2.88+0.2\times2)\times(1.89+0.2\times2)\times4=30.04m^2$	30.04	m^2
2	011302001002	吊顶天棚	装配 1m 长吊筋的吊顶： 1. 房间吊顶天棚水平投影面积： $S_1=(7.8-0.12\times2)\times(6.0-0.12\times2)=43.546m^2$ 2. 扣除 0.8m 高天棚面积： $S_2=30.04m^2$ 3. 扣除与吊顶相连的窗帘盒所占的面积： $S_3=(7.8-0.12\times2)\times0.18=1.361m^2$ 4. 小计： $S=43.546-30.04-1.361=12.15m^2$	12.15	m^2
3	010810002001	木窗帘盒	$S=(7.8-0.12\times2)\times0.18=1.36m^2$	1.36	m^2

分部分项工程和单价措施项目清单与计价表　　　　　　　　表 3-13

工程名称：某装饰工程

序号	项目编码	项目名称	项目特征描述	计量单位	工程量	金额（元）		
						综合单价	合价	其中 暂估价
1	011302001001	吊顶天棚	1. 吊顶形式、吊杆规格、高度：单层 C 形轻钢龙骨不上人普通纸面石膏板吊顶；$\phi8$ 钢筋吊杆，中距横向 350mm，纵向 700mm，吊杆上部与预留钢筋吊环固定，800mm； 2. 龙骨材料种类、规格、中距：C 形轻钢覆面横撑龙骨 CB50mm×20mm，中距 1000mm，用挂插件与次龙骨连接； C 形轻钢覆面次龙骨 CB50mm×20mm，间距 350mm，用吊件与钢筋吊杆连接后找平； 3. 基层材料种类、规格：普通纸面石膏板，2400mm×1200mm×9.5mm； 4. 面层材料品种、规格：满刮 2mm 厚面层耐水腻子找平，面板接缝处贴嵌缝带，刮腻子抹平，满刷防潮涂料两道，横纵向各刷一道； 5. 嵌缝材料种类：贴嵌缝带	m^2	30.04			

续表

序号	项目编码	项目名称	项目特征描述	计量单位	工程量	金额（元）		
						综合单价	合价	其中暂估价
2	011302001002	吊顶天棚	1. 吊顶形式、吊杆规格、高度：单层C形轻钢龙骨不上人普通纸面石膏板吊顶；φ8钢筋吊杆，中距横向350mm，纵向700mm，吊杆上部与预留钢筋吊环固定，1000mm； 2. 龙骨材料种类、规格、中距：C型轻钢覆面横撑龙骨CB50mm×20mm，中距1000mm，用挂插件与次龙骨连接；C形轻钢覆面次龙骨CB50mm×20mm，间距350mm，用吊件与钢筋吊杆连接后找平； 3. 基层材料种类、规格：普通纸面石膏板，2400mm×1200mm×9.5mm； 4. 面层材料品种、规格：满刮2mm厚面层耐水腻子找平，面板接缝处贴嵌缝带，刮腻子抹平；满刷防潮涂料两道，横纵向各刷一道； 5. 嵌缝材料种类：贴嵌缝带	m²	12.15			
3	010810002001	木窗帘盒	1. 窗帘盒材质、规格：木工板，180mm×7800mm； 2. 防护材料种类：乳胶漆两遍	m²	1.36			

3.2.4 实例3-4

1. 背景资料

图3-7和图3-8为某综合楼的会议室装饰天棚吊顶平面图及剖面图。钢筋混凝土柱断面为500×500mm，空心砖墙墙体厚度为240mm，天棚吊顶工程做法如表3-14所示。

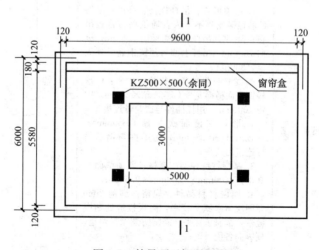

图3-7 某吊顶天棚平面图

计算时，步骤计算结果保留三位小数，最终计算结果保留两位小数。

2. 问题

根据以上背景资料及现行国家标准《建设工程工程量清单计价规范》（GB 50500—2013）、《房屋建筑与装饰工程工程量计算规范》（GB 50854—2013），试列出天棚吊顶的分部分项工程量清单。

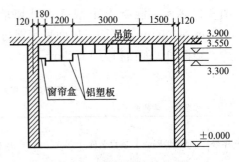

图 3-8 某吊顶天棚剖面图

3. 参考答案（表 3-15）

天棚吊顶工程做法   表 3-14

部位	做法	备注
天棚吊顶	3mm 厚穿孔铝塑板板材 600mm×600mm； 50mm 厚超细玻璃丝棉吸声层，玻璃丝布袋装填于龙骨间； T 形轻钢横撑龙骨 TB24mm×28mm，间距 500mm，与主龙骨插接； T 形轻钢主龙骨 TB24mm×28mm，间距 600mm，用吊件与钢筋吊杆联结后找平； $\phi 8$ 钢筋吊杆，双向中距 1200mm，吊杆上部与板底预留吊环固定； 现浇钢筋混凝土板底预留 $\phi 10$ 钢筋吊环，双向中距 1200mm	穿孔的孔径、孔距及穿孔图案详见设计； 单层 T 形轻钢龙骨不上人单层铝塑板吊顶（跌级）； 天棚与墙交接处采用铝合金角线，规格为 30mm×25mm×3mm； 窗帘盒用细木工板制作，刷乳胶漆两遍

清单工程量计算表   表 3-15

工程名称：某装饰工程

序号	项目编码	清单项目名称	计算式	工程量合计	计量单位
1	011302001001	吊顶天棚	装配 350mm 长吊筋的吊顶： $S=3.0\times5.0=15.00\text{m}^2$	15.00	m²
2	011302001002	吊顶天棚	装配 600mm 长吊筋的吊顶： 1. 吊顶天棚水平投影面积： $S_1=(9.6-0.12\times2)\times(6.0-0.12\times2)=53.914\text{m}^2$ 2. 扣除 $\phi8$ 吊筋 350mm 的纸面石膏板吊顶面积： $S_2=15.0\text{m}^2$ 3. 扣除窗帘盒所占面积： $S_3=(9.6-0.12\times2)\times0.18=1.685\text{m}^2$ 4. 扣除独立柱所占面积： $S_4=0.5\times0.5\times4=1.000\text{m}^2$ 5. 小计： $S=53.914-15.0-1.685-1.000=36.23\text{m}^2$	36.23	m²
3	010810002001	木窗帘盒	$S=(9.6-0.12\times2)\times0.18=1.69\text{m}^2$	1.69	m²

3.2.5 实例 3-5

1. 背景资料

某二层框架结构建筑，其一层结构图、二层平面图、屋顶结构平面图，如图 3-9～

图 3-11 所示。混凝土小型砌块外墙墙体厚度为 240mm，轴线居中，KZ 截面尺寸为 400mm×400mm，楼面、屋面采用钢筋混凝土预制板，楼梯间板式楼梯、休息平台、梯口梁、楼板的底面面积为 18.20m²。

分部分项工程和单价措施项目清单与计价表 表 3-16

工程名称：某装饰工程

序号	项目编码	项目名称	项目特征描述	计量单位	工程量	综合单价	合价	其中 暂估价
1	011302001001	吊顶天棚	1. 吊顶形式、吊杆规格、高度：单层 T 型轻钢龙骨不上人单层铝塑板吊顶（跌级），ϕ8 钢筋吊杆，350mm； 2. 龙骨材料种类、规格、中距：T 型轻钢横撑龙骨 TB24mm×28mm，间距 500mm，与主龙骨插接；T 形轻钢主龙骨 TB24mm×28mm，间距 600mm，用吊件与钢筋吊杆连接后找平； 3. 基层材料种类、规格：50mm 厚超细玻璃丝棉吸声层； 4. 面层材料品种、规格：穿孔铝塑板板材 600mm×600mm×3mm； 5. 压条材料种类、规格：铝合金压条	m²	15.00			
2	011302001002	吊顶天棚	1. 吊顶形式、吊杆规格、高度：单层 T 型轻钢龙骨不上人单层铝塑板吊顶（跌级），ϕ8 钢筋吊杆，600mm； 2. 龙骨材料种类、规格、中距：T 型轻钢横撑龙骨 TB24mm×28mm，间距 500mm，与主龙骨插接；T 形轻钢主龙骨 TB24mm×28mm，间距 600mm，用吊件与钢筋吊杆连接后找平； 3. 基层材料种类、规格：50mm 厚超细玻璃丝棉吸声层； 4. 面层材料品种、规格：穿孔铝塑板板材 600mm×600mm×3mm； 5. 压条材料种类、规格：铝合金压条	m²	36.23			
3	010810002001	木窗帘盒	1. 窗帘盒材质、规格：细木工板，180mm×9600mm； 2. 防护材料种类：乳胶漆两遍	m²	1.69			

天棚抹灰做法如表 3-17 所示，门窗洞口尺寸如表 3-18 所示。

计算说明：

（1）计算时，梁下无墙时梁侧抹灰面积并入天棚抹灰面积；墙上梁的抹灰工程量计算时，梁的侧面和底面中凸出墙面的部分，并入天棚抹灰工程量。外墙墙上梁的外侧面面积并入外墙抹灰工程量。

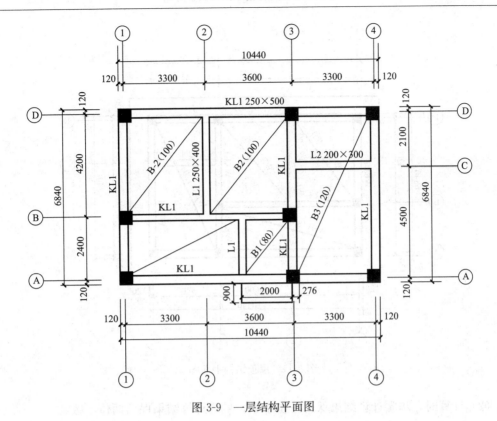

图 3-9 一层结构平面图

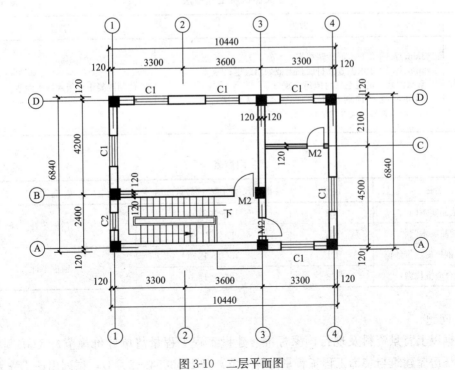

图 3-10 二层平面图

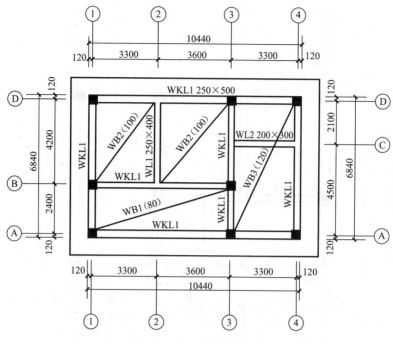

图 3-11 屋顶结构平面图

（2）计算时，步骤计算结果保留三位小数，最终计算结果保留两位小数。

天棚抹灰工程做法   表 3-17

部位	做法	备注
天棚抹灰	3mm厚1：2.5水泥砂浆找平； 5mm厚1：3水泥砂浆打底扫毛或划出纹道； 素水泥浆一道甩毛（内掺建筑胶）； 钢筋混凝土预制板用水加10%火碱清洗油渍，并用1：0.5：1水泥石灰膏砂浆将板缝嵌实抹平	预制混凝土板板底抹水泥浆

门窗表   表 3-18

名称	代号	洞口尺寸（宽×高）（mm）	备注
成品实木门	M1	1100×2100	门框不计
成品实木门	M2	900×2100	
铝合金推拉窗、带纱窗	C1	1500×1800	窗框不计
铝合金推拉窗	C2	1200×1800	

2. 问题

根据以上背景资料及现行国家标准《建设工程工程量清单计价规范》（GB 50500—2013）、《房屋建筑与装饰工程工程量计算规范》（GB 50854—2013），试列出该工程天棚抹灰项目的分部分项工程量清单。

3. 参考答案（表 3-19 和表 3-20）

清单工程量计算表　　　　　　　　　　　　　　表 3-19

工程名称：某装饰工程

序号	项目编码	清单项目名称	计算式	工程量合计	计量单位
1	011301001001	一层天棚抹灰	梁下无墙时梁侧抹灰面积并入天棚抹灰面积；墙上梁的抹灰工程量计算时，梁的侧面和底面中凸出墙面的部分，并入天棚抹灰工程量。外墙墙上梁的外侧面面积并入外墙抹灰工程量。 1. 天棚水平投影面积（不含楼梯间）： $S_1=(3.3+3.6-0.12\times2)\times(4.5-0.12\times2)+(3.3-0.12\times2)\times(4.5+2.1-0.12\times2)=47.833m^2$ 2. 增加 KL1 两侧抹灰面积： Ⓓ轴：$S_2=(3.3+3.6-0.28-0.20-0.25)\times(0.5-0.1)+(3.3-0.28-0.20)\times(0.5-0.12)=3.540m^2$ Ⓑ轴：$S_3=(3.3+3.6-0.28-0.28-0.25)\times(0.5-0.1)+(3.3+3.6-0.28-0.28-0.25)\times(0.5-0.08)=4.994m^2$ Ⓐ轴：$S_4=(3.3+3.6-0.28-0.2-0.25)\times(0.5-0.08)+(3.3-0.28-0.2)\times(0.5-0.12)=3.663m^2$ ①轴：$S_5=(2.4-0.28-0.2)\times(0.5-0.08)+(4.2-0.28-0.2)\times(0.5-0.1)=2.294m^2$ ③轴：$S_6=(2.4-0.28-0.2)\times(0.5-0.08)+(4.2-0.28-0.2)\times(0.5-0.1)+(4.5+2.1-0.28-0.28-0.2)\times(0.5-0.12)=4.514m^2$ ④轴：$S_7=(4.5+2.1-0.28\times2-0.2)\times(0.5-0.12)=2.219m^2$ 3. 增加 L1 两侧抹灰面积： $S_8=(4.2-0.13-0.25/2)\times(0.4-0.1)\times2+(2.4-0.13-0.25/2)\times(0.4-0.08)\times2=3.740m^2$ 4. 增加 L2 两侧抹灰面积： $S_9=(3.3-0.13-0.25/2)\times(0.3-0.12)\times2=1.096m^2$ 5. 增加楼梯间板式楼梯、休息平台、梯口梁、楼板的底面面积： $S_{10}=18.20m^2$ 6. 小计： $S=47.833+3.540+4.994+3.663+2.294+4.514+2.219+3.740+1.096+18.20=92.09m^2$	92.09	m²
2	011301001002	二层天棚抹灰	梁下无墙时梁侧抹灰面积并入天棚抹灰面积；墙上梁的抹灰工程量计算时，梁的侧面和底面中凸出墙面的部分，并入天棚抹灰工程量。外墙墙上梁的外侧面面积并入外墙抹灰工程量。 1. 天棚水平投影面积： $S_1=(3.3+3.6-0.12\times2)\times(4.5-0.12\times2)+(3.3+3.6-0.12\times2)\times(2.4-0.12\times2)+(3.3-0.12\times2)\times(4.5+2.1-0.12\times2)=62.219m^2$	87.12	m²

续表

序号	项目编码	清单项目名称	计算式	工程量合计	计量单位
2	011301001002	二层天棚抹灰	2. 增加 WKL1 两侧抹灰面积： Ⓓ轴：$S_2 = (3.3+3.6-0.28-0.20-0.25) \times (0.5-0.1) + (3.3-0.28-0.20) \times (0.5-0.12) = 3.540 \text{m}^2$ Ⓑ轴：$S_3 = (3.3+3.6-0.28-0.28-0.25) \times (0.5-0.1) + (3.3+3.6-0.28-0.28) \times (0.5-0.08) = 5.099 \text{m}^2$ Ⓐ轴：$S_4 = (3.3+3.6-0.28-0.20) \times (0.5-0.08) + (3.3-0.28-0.2) \times (0.5-0.12) = 3.768 \text{m}^2$ ①轴：$S_5 = (2.4-0.28-0.2) \times (0.5-0.08) + (4.2-0.28-0.2) \times (0.5-0.1) = 2.294 \text{m}^2$ ③轴：$S_6 = (2.4-0.28-0.2) \times (0.5-0.08) + (4.2-0.28-0.2) \times (0.5-0.1) + (4.5+2.1-0.28-0.28-0.2) \times (0.5-0.12) = 4.514 \text{m}^2$ ④轴：$S_7 = (4.5+2.1-0.28 \times 2 -0.2) \times (0.5-0.12) = 2.219 \text{m}^2$ 3. 增加 WL1 两侧抹灰面积： $S_8 = (4.2-0.13-0.25/2) \times (0.4-0.1) \times 2 = 2.367 \text{m}^2$ 4. 增加 WL2 两侧抹灰面积： $S_9 = (3.3-0.13-0.25/2) \times (0.3-0.12) \times 2 = 1.096 \text{m}^2$ 5. 小计： $S = 62.219+3.540+5.099+3.768+2.294+4.514+2.219+2.367+1.096 = 87.12 \text{m}^2$	87.12	m²

分部分项工程和单价措施项目清单与计价表　　　　　表 3-20

工程名称：某装饰工程

序号	项目编码	项目名称	项目特征描述	计量单位	工程量	金额（元）		
						综合单价	合价	其中 暂估价
1	011301001001	一层天棚抹灰	1. 基层类型：钢筋混凝土预制板； 2. 抹灰厚度、材料种类及砂浆配合比：3mm 厚 1：2.5 水泥砂浆；5mm 厚 1：3 水泥砂浆打底扫毛或划出纹道；素水泥浆一道甩毛（内掺建筑胶）；钢筋混凝土预制板用水加 10% 火碱清洗油渍，并用 1：0.5：1 水泥石灰膏砂浆将板缝嵌实抹平	m²	92.09			
2	011301001002	二层天棚抹灰	1. 基层类型：钢筋混凝土预制板； 2. 抹灰厚度、材料种类及砂浆配合比：3mm 厚 1：2.5 水泥砂浆；5mm 厚 1：3 水泥砂浆打底扫毛或划出纹道；素水泥浆一道甩毛（内掺建筑胶）；钢筋混凝土预制板用水加 10% 火碱清洗油渍，并用 1：0.5：1 水泥石灰膏砂浆将板缝嵌实抹平	m²	87.12			

3.2.6 实例3-6

1. 背景资料

某单层框架结构建筑，其一层平面图、柱网平面图、楼板结构平面图，如图3-12～图3-14所示。空心砖墙墙体厚度为240mm，轴线居中，屋面采用钢筋混凝土预制板，天棚抹灰做法，如表3-21所示，门窗洞口尺寸如表3-22所示。

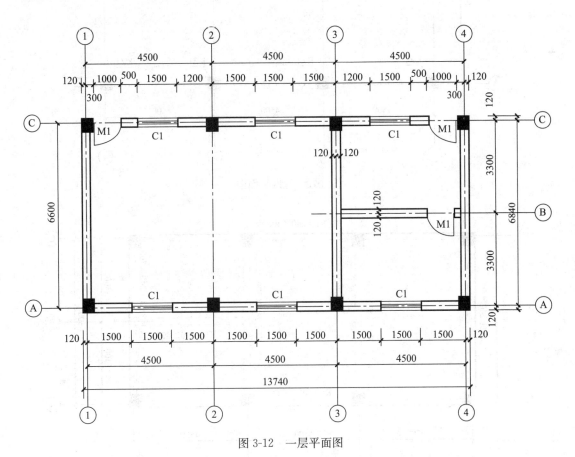

图 3-12 一层平面图

计算时，梁下无墙时梁侧抹灰面积并入天棚抹灰面积；墙上梁的抹灰工程量计算时，梁的侧面和底面中凸出墙面的部分，并入天棚抹灰工程量。外墙墙上梁的外侧面面积并入外墙抹灰工程量。

计算时，步骤计算结果保留三位小数，最终计算结果保留两位小数。

2. 问题

根据以上背景资料及现行国家标准《建设工程工程量清单计价规范》（GB 50500—2013）、《房屋建筑与装饰工程工程量计算规范》（GB 50854—2013），试列出该工程天棚抹灰项目的分部分项工程量清单。

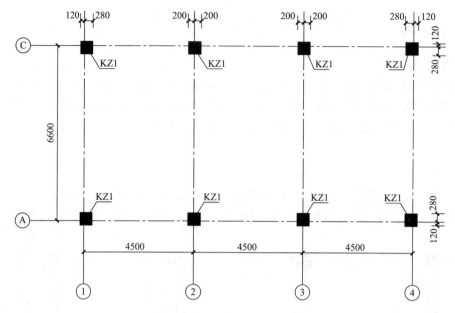

图 3-13　柱网平面图

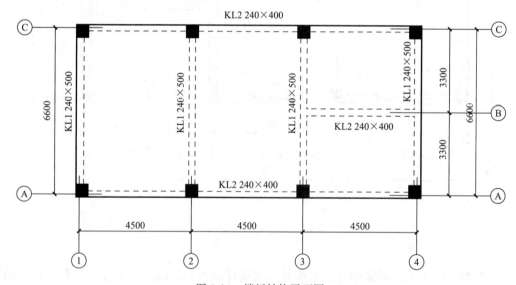

图 3-14　楼板结构平面图

注：标高为 3.000m，板厚为 100mm，KZ 为 400mm×400mm

天棚抹灰工程做法　　　　　　　　　　　　　　　　　　　表 3-21

部位	做法	备注
天棚抹灰	2mm 厚纸筋灰罩面； 8mm 厚 1：0.5：3 水泥石灰膏砂浆打底扫毛或划出纹道； 素水泥浆一道甩毛（内掺建筑胶）； 　钢筋混凝土预制板用水加 10% 火碱清洗油渍、并用 1：0.5：1 水泥石灰膏砂浆将板缝嵌实抹平	顶棚采用板底抹灰

门窗表 表 3-22

代号	洞口尺寸（宽×高）（mm）	类别
M1	1000×2100	铝合金平开门
C1	1500×1800	铝合金推拉窗、带纱窗，90系列，采用5mm厚浮法玻璃
C2	1200×1800	铝合金推拉窗，采用8mm厚钢化玻璃

3. 参考答案（表3-23和表3-24）

清单工程量计算表 表 3-23

工程名称：某装饰工程

项目编码	清单项目名称	计算式	工程量合计	计量单位
011301001001	天棚抹灰	梁下无墙时梁侧抹灰面积并入天棚抹灰面积；墙上梁的抹灰工程量计算时，且梁平墙，则梁的侧面并入相应的墙面面积内计算。 1. 天棚水平投影面积： $S_1 = (4.5 \times 2 - 0.12 \times 2) \times (6.6 - 0.12 \times 2) + (4.5 - 0.12 \times 2) \times (3.3 - 0.12 \times 2) \times 2 = 81.785 \text{m}^2$ 2. KL1侧面面积： ②轴：$S_2 = (6.6 + 0.12 \times 2 - 0.4 \times 2) \times (0.5 - 0.1) \times 2 = 4.832 \text{m}^2$ ③轴：$S_3 = (6.6 + 0.12 \times 2 - 0.4 \times 2) \times (0.5 - 0.1) + (6.6 + 0.12 \times 2 - 0.4 \times 2 - 0.24) \times (0.5 - 0.1) = 4.736 \text{m}^2$ 3. KL2侧面面积： Ⓑ轴：$S_4 = (4.5 - 0.12 \times 2) \times (0.4 - 0.1) \times 2 = 2.556 \text{m}^2$ 4. 小计： $S = 81.785 + 4.832 + 4.736 + 2.556 = 93.91 \text{m}^2$	93.91	m^2

分部分项工程和单价措施项目清单与计价表 表 3-24

工程名称：某装饰工程

项目编码	项目名称	项目特征描述	计量单位	工程量	综合单价	合价	其中暂估价
011301001001	天棚抹灰	1. 基层类型：钢筋混凝土预制板； 2. 抹灰厚度、材料种类及砂浆配合比：2mm厚纸筋灰罩面；8mm厚1：0.5：3水泥石灰膏砂浆打底扫毛或划出纹道；素水泥浆一道甩毛（内掺建筑胶）；钢筋混凝土预制板用水加10%火碱清洗油渍、并用1：0.5：1水泥石灰膏砂浆将板缝嵌实抹平	m^2	93.91			

3.2.7 实例3-7

1. 背景资料

图3-15为某砖混结构房屋建筑平面图，页岩标砖墙墙厚240mm，附墙垛断面为

105

120mm×240mm，屋面结构层为现浇钢筋混凝土板，厚120mm。

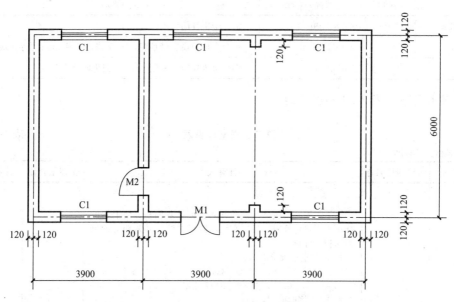

图 3-15　某建筑平面图

门窗均为铝合金材质，洞口尺寸：M1 为 1200mm × 2400mm，M2 为 900mm × 2000mm，C1 为 1500mm×1800mm。

天棚做法如表 3-25 所示。

计算时，步骤计算结果保留三位小数，最终计算结果保留两位小数。

天 棚 做 法　　　　　　　　　　　　　　　　表 3-25

部位	做法	备注
天棚	2mm 厚面层专用粉刷石膏罩面压实赶光； 6mm 厚粉刷石膏打底找平，木抹子抹毛面； 素水泥浆一道甩毛（内掺建筑胶）	天棚现浇混凝土板底粉刷石膏

2. 问题

根据以上背景资料及现行国家标准《建设工程工程量清单计价规范》（GB 50500—2013）、《房屋建筑与装饰工程工程量计算规范》（GB 50854—2013），试列出该工程天棚项目的分部分项工程量清单。

3. 参考答案（表 3-26 和表 3-27）

清单工程量计算表　　　　　　　　　　　　　　　　表 3-26

工程名称：某装饰工程

项目编码	清单项目名称	计算式	工程量合计	计量单位
011301001001	天棚抹灰	$S=(3.9-0.24)\times(6.0-0.24)+(6.0-0.24)\times(7.8-0.24)=64.63m^2$	64.63	m^2

分部分项工程和单价措施项目清单与计价表

表 3-27

工程名称：某装饰工程

项目编码	项目名称	项目特征描述	计量单位	工程量	金额（元）		
					综合单价	合价	其中
							暂估价
011301001001	天棚抹灰	1. 基层类型：现浇混凝土板； 2. 抹灰厚度、材料种类及砂浆配合比：2mm厚面层专用粉刷石膏罩面压实赶光；6mm厚粉刷石膏打底找平，木抹子抹毛面；素水泥浆一道甩毛（内掺建筑胶）	m²	64.63			

4 门 窗 工 程

本章依据《房屋建筑与装饰工程工程量计算规范》(GB 50854—2013)(以下简称"13规范")、《建设工程工程量清单计价规范》(GB 50500—2008)(以下简称"08规范")。"13规范"在项目编码、项目名称、项目特征、计量单位、工程量计算规则、工作内容等方面,均有变化。

1. 清单项目变化

"13规范"在"08规范"的基础上,门窗工程新增12个项目,减少16个项目,具体如下:

(1)新增项目:包括单独木门框、成品木质装饰门带套安装、门锁安装、成品钢质花饰大门安装、木(金属)橱窗、木(金属)飘(凸)窗、木质成品窗、金属纱窗、金属防火窗、断桥窗、成品木门窗套、窗帘等项目。

(2)取消金属窗里"特殊五金"项目。

(3)木门:将原镶板木门、企口板门、实木装饰门、胶合板门、夹板装饰门、木纱门、综合归并为"木质门"项目。

(4)金属门:将原金属平开门、金属推拉门、金属地弹门、全玻门(带金属扇框)、金属半玻门(带扇框)、塑钢门综合归并为"金属(塑钢)门"项目。

(5)木窗:将原木质平开窗、木质推拉窗、矩形木百叶窗、异形木百叶窗、木组合窗、木天窗、矩形木固定窗、异形木固定窗、装饰空花木窗综合归并为"木质窗"。

(6)金属窗:将原金属推拉窗、金属平开窗、金属固定窗、金属组合窗、塑钢窗、金属防盗窗综合归并为"金属(塑钢、断桥)窗"项目。

(7)将窗帘盒与轨分开单列项目。

(8)将原其他门中全玻门(带扇框)、半玻门(带扇框)分别移入木门和金属门项目中。

(9)将原金属卷帘门中"金属格栅门"移入厂库房大门小节中。

2. 应注意的问题

(1)门窗(除个别门窗外)工程均成品编制项目,若成品中已包含油漆,不再单独计算油漆,不含油漆应按"13规范"附录P油漆、涂料、裱糊工程相应项目编码列项。

(2)在编制清单列项时,应区分门的类别,分别编码列项;例如:木质门应区分镶板木门、企口板门、实木装饰门、胶合板门、夹板装饰门、木纱门、玻门(带木质扇框)、木质半玻门(带木质扇框)等项目,分别编码列项。

4.1 工程量计算依据六项变化及说明

4.1.1 木门

木门工程量清单项目设置、项目特征描述、计量单位及工程量计算规则等的变化对照情况，见表 4-1。

木门（编码：010801） 表 4-1

序号	版别	项目编码	项目名称	项目特征	工程量计算规则与计量单位	工作内容
1	13规范	010801001	木质门	1. 门代号及洞口尺寸； 2. 镶嵌玻璃品种、厚度	1. 按设计图示数量计算（计量单位：樘）； 2. 按设计图示洞口尺寸以面积计算（计量单位：m²）	1. 门安装； 2. 玻璃安装； 3. 五金安装
	08规范	020401001	镶板木门	1. 门类型； 2. 框截面尺寸、单扇面积； 3. 骨架材料种类； 4. 面层材料品种、规格、品牌、颜色； 5. 玻璃品种、厚度、五金材料、品种、规格； 6. 防护层材料种类； 7. 油漆品种、刷漆遍数	按设计图示数量或设计图示洞口尺寸以面积计算（计量单位：樘或m²）	1. 门制作、运输、安装； 2. 五金、玻璃安装； 3. 刷防护材料、油漆
		020401002	企口木板门			
		020401003	实木装饰门			
		020401004	胶合板门			
		020401005	夹板装饰门	1. 门类型； 2. 框截面尺寸、单扇面积； 3. 骨架材料种类； 4. 防火材料种类； 5. 门纱材料品种、规格； 6. 面层材料品种、规格、品牌、颜色； 7. 玻璃品种、厚度、五金材料、品种、规格； 8. 防护材料种类； 9. 油漆品种、刷漆遍数		
		020401007	木纱门			
	说明：项目名称归并为"木质门"。项目特征描述在原来的基础上综合归并为"门代号及洞口尺寸"和"镶嵌玻璃品种、厚度"。工程量计算规则与计量单位拆分介绍。工作内容将原来的"门制作、运输、安装"简化为"门安装"，"五金、玻璃安装"拆分为"玻璃安装"和"五金安装"，取消原来的"刷防护材料、油漆"					
2	13规范	010801002	木质门带套	1. 门代号及洞口尺寸； 2. 镶嵌玻璃品种、厚度	1. 按设计图示数量计算（计量单位：樘）； 2. 按设计图示洞口尺寸以面积计算（计量单位：m²）	1. 门安装； 2. 玻璃安装； 3. 五金安装
	08规范	—	—	—	—	—
	说明：增添项目内容					

序号	版别	项目编码	项目名称	项目特征	工程量计算规则与计量单位	工作内容
3	13规范	010801003	木质连窗门	1. 门代号及洞口尺寸； 2. 镶嵌玻璃品种、厚度	1. 按设计图示数量计算（计量单位：樘）； 2. 按设计图示洞口尺寸以面积计算（计量单位：m²）	1. 门安装； 2. 玻璃安装； 3. 五金安装
	08规范	020401008	连窗门	1. 门窗类型； 2. 框截面尺寸、单扇面积； 3. 骨架材料种类； 4. 面层材料品种、规格、品牌、颜色； 5. 玻璃品种、厚度、五金材料、品种、规格； 6. 防护材料种类； 7. 油漆品种、刷漆遍数	按设计图示数量或设计图示洞口尺寸以面积计算（计量单位：樘或m²）	1. 门制作、运输、安装； 2. 五金、玻璃安装； 3. 刷防护材料、油漆
	说明：项目名称扩展为"木质连窗门"。项目特征描述新添"门代号及洞口尺寸"，将原来的"玻璃品种、厚度、五金材料、品种、规格"修改为"镶嵌玻璃品种、厚度"，取消原来的"门窗类型"、"框截面尺寸、单扇面积"、"骨架材料种类"、"面层材料品种、规格、品牌、颜色"、"防护材料种类"和"油漆品种、刷漆遍数"。工程量计算规则与计量单位拆分介绍。工作内容将原来的"门制作、运输、安装"简化为"门安装"，"五金、玻璃安装"拆分为"玻璃安装"和"五金安装"，取消原来的"刷防护材料、油漆"						
4	13规范	010801004	木质防火门	1. 门代号及洞口尺寸； 2. 镶嵌玻璃品种、厚度	1. 按设计图示数量计算（计量单位：樘）； 2. 按设计图示洞口尺寸以面积计算（计量单位：m²）	1. 门安装； 2. 玻璃安装； 3. 五金安装
	08规范	020401006	木质防火门	1. 门类型； 2. 框截面尺寸、单扇面积； 3. 骨架材料种类； 4. 防火材料种类； 5. 门纱材料品种、规格； 6. 面层材料品种、规格、品牌、颜色； 7. 玻璃品种、厚度、五金材料、品种、规格； 8. 防护材料种类； 9. 油漆品种、刷漆遍数	按设计图示数量或设计图示洞口尺寸以面积计算（计量单位：樘或m²）	1. 门制作、运输、安装； 2. 五金、玻璃安装； 3. 刷防护材料、油漆
	说明：项目特征描述新添"门代号及洞口尺寸"，将原来的"玻璃品种、厚度、五金材料、品种、规格"修改为"镶嵌玻璃品种、厚度"，取消原来的"门类型"、"框截面尺寸、单扇面积"、"骨架材料种类"、"防火材料种类"、"门纱材料品种、规格"、"面层材料品种、规格、品牌、颜色"、"防护材料种类"和"油漆品种、刷漆遍数"。工程量计算规则与计量单位拆分介绍。工作内容将原来的"门制作、运输、安装"简化为"门安装"，"五金、玻璃安装"拆分为"玻璃安装"和"五金安装"，取消原来的"刷防护材料、油漆"						
5	13规范	010801005	木门框	1. 门代号及洞口尺寸； 2. 框截面尺寸； 3. 防护材料种类	1. 按设计图示数量计算（计量单位：樘）； 2. 按设计图示框的中心线以延长米计算（计量单位：m）	1. 木门框制作、安装； 2. 运输； 3. 刷防护材料
	08规范	—	—	—	—	—
	说明：增添项目内容						

续表

序号	版别	项目编码	项目名称	项目特征	工程量计算规则与计量单位	工作内容
6	13规范	010801006	门锁安装	1. 锁品种； 2. 锁规格	按设计图示数量计算（计量单位：个或套）	安装
	08规范	—	—	—	—	—
	说明：增添项目内容					

注：1. 木质门应区分镶板木门、企口木板门、实木装饰门、胶合板门、夹板装饰门、木纱门、全玻门（带木质扇框）、木质半玻门（带木质扇框）等项目，分别编码列项。

　　2. 木门五金应包括：折页、插销、门碰珠、弓背拉手、搭机、木螺丝、弹簧折页（自动门）、管子拉手（自由门、地弹门）、地弹簧（地弹门）、角铁、门轧头（地弹门、自由门）等。

　　3. 木质门带套计量按洞口尺寸以面积计算，不包括门套的面积，但门套应计算在综合单价中。

　　4. 以樘计量，项目特征必须描述洞口尺寸；以平方米计量，项目特征可不描述洞口尺寸。

　　5. 单独制作安装木门框按木门框项目编码列项。

4.1.2 金属门

金属门工程量清单项目设置、项目特征描述、计量单位及工程量计算规则等的变化对照情况，见表4-2。

金属门（编码：010802） 表4-2

序号	版别	项目编码	项目名称	项目特征	工程量计算规则与计量单位	工作内容
1	13规范	010802001	金属（塑钢）门	1. 门代号及洞口尺寸； 2. 门框或扇外围尺寸； 3. 门框、扇材质； 4. 玻璃品种、厚度	1. 以樘计量，按设计图示数量计算（计量单位：樘）； 2. 以平方米计量，按设计图示洞口尺寸以面积计算（计量单位：m²）	1. 门安装； 2. 五金安装； 3. 玻璃安装
	08规范	020402001	金属平开门	1. 门类型； 2. 框材质、外围尺寸； 3. 扇材质、外围尺寸； 4. 玻璃品种、厚度、五金材料、品种、规格； 5. 防护材料种类； 6. 油漆品种、刷漆遍数	按设计图示数量或设计图示洞口尺寸以面积计算（计量单位：樘或m²）	1. 门制作、运输、安装； 2. 五金、玻璃安装； 3. 刷防护材料、油漆
		020402002	金属推拉门			
		020402003	金属地弹门			
		020402005	塑钢门			1. 门制作、运输、安装； 2. 五金安装； 3. 刷防护材料、油漆
		020404005	全玻门（带金属扇框）			
		020404007	金属半玻门（带扇框）			
	说明：项目名称归并为"金属（塑钢）门"。项目特征描述增添"门代号及洞口尺寸"和"门框、扇材质"，将原来的"框材质、外围尺寸"和"扇材质、外围尺寸"归并为"门框或扇外围尺寸"，"玻璃品种、厚度、五金材料、品种、规格"修改为"玻璃品种、厚度"，取消原来的"门类型"、"防护材料种类"和"油漆品种、刷漆遍数"。工程量计算规则与计量单位拆分介绍。工作内容将原来的"五金安装"扩展为"五金、玻璃安装"					

续表

序号	版别	项目编码	项目名称	项目特征	工程量计算规则与计量单位	工作内容
2	13规范	010802002	彩板门	1. 门代号及洞口尺寸； 2. 门框或扇外围尺寸	1. 以樘计量，按设计图示数量计算（计量单位：樘）； 2. 以平方米计量，按设计图示洞口尺寸以面积计算（计量单位：m²）	1. 门安装； 2. 五金安装； 3. 玻璃安装
	08规范	020402004	彩板门	1. 门类型； 2. 框材质、外围尺寸； 3. 扇材质、外围尺寸； 4. 玻璃品种、厚度、五金材料、品种、规格； 5. 防护材料种类； 6. 油漆品种、刷漆遍数	按设计图示数量或设计图示洞口尺寸以面积计算（计量单位：樘或m²）	1. 门制作、运输、安装； 2. 五金、玻璃安装； 3. 刷防护材料、油漆

说明：项目特征描述增添"门代号及洞口尺寸"，将原来的"框材质、外围尺寸"和"扇材质、外围尺寸"归并为"门框或扇外围尺寸"，取消原来的"门类型"、"玻璃品种、厚度、五金材料、品种、规格"、"防护材料种类"和"油漆品种、刷漆遍数"。工程量计算规则与计量单位拆分介绍。工作内容将原来的"门制作、运输、安装"简化为"门安装"，"五金、玻璃安装"拆分为"玻璃安装"和"五金安装"，取消原来的"刷防护材料、油漆"

| 3 | 13规范 | 010802003 | 钢质防火门 | 1. 门代号及洞口尺寸；
2. 门框或扇外围尺寸；
3. 门框、扇材质 | 1. 以樘计量，按设计图示数量计算（计量单位：樘）；
2. 以平方米计量，按设计图示洞口尺寸以面积计算（计量单位：m²） | 1. 门安装；
2. 五金安装；
3. 玻璃安装 |
| | 08规范 | 020402007 | 钢质防火门 | 1. 门类型；
2. 框材质、外围尺寸；
3. 扇材质、外围尺寸；
4. 玻璃品种、厚度、五金材料、品种、规格；
5. 防护材料种类；
6. 油漆品种、刷漆遍数 | 按设计图示数量或设计图示洞口尺寸以面积计算（计量单位：樘或m²） | 1. 门制作、运输、安装；
2. 五金、玻璃安装；
3. 刷防护材料、油漆 |

说明：项目特征描述增添"门代号及洞口尺寸"和"门框、扇材质"，将原来的"框材质、外围尺寸"和"扇材质、外围尺寸"归并为"门框或扇外围尺寸"，取消原来的"门类型"、"玻璃品种、厚度、五金材料、品种、规格"、"防护材料种类"和"油漆品种、刷漆遍数"。工程量计算规则与计量单位拆分介绍。工作内容将原来的"门制作、运输、安装"简化为"门安装"，"五金、玻璃安装"拆分为"玻璃安装"和"五金安装"，取消原来的"刷防护材料、油漆"

续表

序号	版别	项目编码	项目名称	项目特征	工程量计算规则与计量单位	工作内容
	13规范	010802004	防盗门	1. 门代号及洞口尺寸； 2. 门框或扇外围尺寸； 3. 门框、扇材质	1. 以樘计量，按设计图示数量计算（计量单位：樘）； 2. 以平方米计量，按设计图示洞口尺寸以面积计算（计量单位：m²）	1. 门安装； 2. 五金安装
4	08规范	020402006	防盗门	1. 门类型； 2. 框材质、外围尺寸； 3. 扇材质、外围尺寸； 4. 玻璃品种、厚度、五金材料、品种、规格； 5. 防护材料种类； 6. 油漆品种、刷漆遍数	按设计图示数量或设计图示洞口尺寸以面积计算（计量单位：樘或m²）	1. 门制作、运输、安装； 2. 五金、玻璃安装； 3. 刷防护材料、油漆

说明：项目特征描述增添"门代号及洞口尺寸"和"门框、扇材质"，将原来的"框材质、外围尺寸"和"扇材质、外围尺寸"归并为"门框或扇外围尺寸"，取消原来的"门类型"、"玻璃品种、厚度、五金材料、品种、规格"、"防护材料种类"和"油漆品种、刷漆遍数"。工程量计算规则与计量单位拆分介绍。工作内容将原来的"门制作、运输、安装"简化为"门安装"，"五金、玻璃安装"简化为"五金安装"，取消原来的"刷防护材料、油漆"

注：1. 金属门应区分金属平开门、金属推拉门、金属地弹门、全玻门（带金属扇框）、金属半玻门（带扇框）等项目，分别编码列项。
2. 铝合金门五金包括：地弹簧、门锁、拉手、门插、门铰、螺丝等。
3. 金属门五金包括 L 型执手插锁（双舌）、执手锁（单舌）、门轨头、地锁、防盗门机、门眼（猫眼）、门碰珠、电子锁（磁卡锁）、闭门器、装饰拉手等。
4. 以樘计量，项目特征必须描述洞口尺寸，没有洞口尺寸必须描述门框或扇外围尺寸，以平方米计量，项目特征可不描述洞口尺寸及框、扇的外围尺寸。
5. 以平方米计量，无设计图示洞口尺寸，按门框、扇外围面积计算。

4.1.3 金属卷帘（闸）门

金属卷帘（闸）门工程量清单项目设置、项目特征描述、计量单位及工程量计算规则等的变化对照情况，见表4-3。

金属卷帘（闸）门（编码：010803）　　　　表4-3

序号	版别	项目编码	项目名称	项目特征	工程量计算规则与计量单位	工作内容
1	13规范	010803001	金属卷帘（闸）门	1. 门代号及洞口尺寸； 2. 门材质； 3. 启动装置品种、规格	1. 按设计图示数量计算（计量单位：樘）； 2. 按设计图示洞口尺寸以面积计算（计量单位：m²）	1. 门运输、安装； 2. 启动装置、活动小门、五金安装

续表

序号	版别	项目编码	项目名称	项目特征	工程量计算规则与计量单位	工作内容
1	08规范	020403001	金属卷闸门	1. 门材质、框外围尺寸； 2. 启动装置品种、规格、品牌； 3. 五金材料、品种、规格； 4. 刷防护材料种类； 5. 油漆品种、刷漆遍数	按设计图示数量或设计图示洞口尺寸以面积计算（计量单位：樘或 m²）	1. 门制作、运输、安装； 2. 启动装置、五金安装； 3. 刷防护材料、油漆

说明：项目名称修改为"金属卷帘（闸）门"。项目特征描述增添"门代号及洞口尺寸"，将原来的"门材质、框外围尺寸"修改为"门材质"，"启动装置品种、规格、品牌"简化为"启动装置品种、规格"，取消原来的"五金材料、品种、规格"、"防护材料种类"和"油漆品种、刷漆遍数"。工程量计算规则与计量单位拆分介绍。工作内容将原来的"门制作、运输、安装"简化为"门运输、安装"，"启动装置、五金安装"扩展为"启动装置、活动小门、五金安装"，取消原来的"刷防护材料、油漆"

序号	版别	项目编码	项目名称	项目特征	工程量计算规则与计量单位	工作内容
2	13规范	010803002	防火卷帘（闸）门	1. 门代号及洞口尺寸； 2. 门材质； 3. 启动装置品种、规格	1. 按设计图示数量计算（计量单位：樘）； 2. 按设计图示洞口尺寸以面积计算（计量单位：m²）	1. 门运输、安装； 2. 启动装置、活动小门、五金安装
	08规范	020403003	防火卷帘门	1. 门材质、框外围尺寸； 2. 启动装置品种、规格、品牌； 3. 五金材料、品种、规格； 4. 刷防护材料种类； 5. 油漆品种、刷漆遍数	按设计图示数量或设计图示洞口尺寸以面积计算（计量单位：樘或 m²）	1. 门制作、运输、安装； 2. 启动装置、五金安装； 3. 刷防护材料、油漆

说明：项目名称修改为"防火卷帘（闸）门"。项目特征描述增添"门代号及洞口尺寸"，将原来的"门材质、框外围尺寸"修改为"门材质"，"启动装置品种、规格、品牌"简化为"启动装置品种、规格"，取消原来的"五金材料、品种、规格"、"防护材料种类"和"油漆品种、刷漆遍数"。工程量计算规则与计量单位拆分介绍。工作内容将原来的"门制作、运输、安装"简化为"门运输、安装"，"启动装置、五金安装"扩展为"启动装置、活动小门、五金安装"，取消原来的"刷防护材料、油漆"

注：以樘计量，项目特征必须描述洞口尺寸；以平方米计量，项目特征可不描述洞口尺寸。

4.1.4 厂库房大门、特种门

厂库房大门、特种门工程量清单项目设置、项目特征描述、计量单位及工程量计算规则等的变化对照情况，见表4-4。

厂库房大门、特种门（编码：010804）   表 4-4

序号	版别	项目编码	项目名称	项目特征	工程量计算规则与计量单位	工作内容
1	13规范	010804001	木板大门	1. 门代号及洞口尺寸； 2. 门框或扇外围尺寸； 3. 门框、扇材质； 4. 五金种类、规格； 5. 防护材料种类	1. 按设计图示数量计算（计量单位：樘）； 2. 按设计图示洞口尺寸以面积计算（计量单位：m²）	1. 门（骨架）制作、运输； 2. 门、五金配件安装； 3. 刷防护材料
	08规范	010501001	木板大门	1. 开启方式； 2. 有框、无框； 3. 含门扇数； 4. 材料品种、规格； 5. 五金种类、规格； 6. 防护材料种类； 7. 油漆品种、刷漆遍数	按设计图示数量或设计图示洞口尺寸以面积计算（计量单位：樘或 m²）	1. 门（骨架）制作、运输； 2. 门、五金配件安装； 3. 刷防护材料、油漆
				说明：项目特征描述增添"门代号及洞口尺寸"、"门框或扇外围尺寸"和"门框、扇材质"，取消原来的"开启方式"、"有框、无框"、"含门扇数"、"材料品种、规格"和"油漆品种、刷漆遍数"。工程量计算规则与计量单位拆分介绍。工作内容将原来的"刷防护材料、油漆"简化为"刷防护材料"		
2	13规范	010804002	钢木大门	1. 门代号及洞口尺寸； 2. 门框或扇外围尺寸； 3. 门框、扇材质； 4. 五金种类、规格； 5. 防护材料种类	1. 按设计图示数量计算（计量单位：樘）； 2. 按设计图示洞口尺寸以面积计算（计量单位：m²）	1. 门（骨架）制作、运输； 2. 门、五金配件安装； 3. 刷防护材料
	08规范	010501002	钢木大门	1. 开启方式； 2. 有框、无框； 3. 含门扇数； 4. 材料品种、规格； 5. 五金种类、规格； 6. 防护材料种类； 7. 油漆品种、刷漆遍数	按设计图示数量或设计图示洞口尺寸以面积计算（计量单位：樘或 m²）	1. 门（骨架）制作、运输； 2. 门、五金配件安装； 3. 刷防护材料、油漆
				说明：项目特征描述增添"门代号及洞口尺寸"、"门框或扇外围尺寸"和"门框、扇材质"，取消了"开启方式"、"有框、无框"、"含门扇数"、"材料品种、规格"和"油漆品种、刷漆遍数"。工程量计算规则与计量单位拆分介绍。工作内容将原来的"刷防护材料、油漆"简化为"刷防护材料"		

续表

序号	版别	项目编码	项目名称	项目特征	工程量计算规则与计量单位	工作内容
3	13规范	010804003	全钢板大门	1. 门代号及洞口尺寸； 2. 门框或扇外围尺寸； 3. 门框、扇材质； 4. 五金种类、规格； 5. 防护材料种类	1. 按设计图示数量计算（计量单位：樘）； 2. 按设计图示洞口尺寸以面积计算（计量单位：m²）	1. 门（骨架）制作、运输； 2. 门、五金配件安装； 3. 刷防护材料
	08规范	010501003	全钢板大门	1. 开启方式； 2. 有框、无框； 3. 含门扇数； 4. 材料品种、规格； 5. 五金种类、规格； 6. 防护材料种类； 7. 油漆品种、刷漆遍数	按设计图示数量或设计图示洞口尺寸以面积计算（计量单位：樘或m²）	1. 门（骨架）制作、运输； 2. 门、五金配件安装； 3. 刷防护材料、油漆
	说明：项目特征描述增添"门代号及洞口尺寸"、"门框或扇外围尺寸"和"门框、扇材质"，取消了"开启方式"、"有框、无框"、"含门扇数"、"材料品种、规格"和"油漆品种、刷漆遍数"。工程量计算规则与计量单位拆分介绍。工作内容将原来的"刷防护材料、油漆"简化为"刷防护材料"						
4	13规范	010804004	防护铁丝门	1. 门代号及洞口尺寸； 2. 门框或扇外围尺寸； 3. 门框、扇材质； 4. 五金种类、规格； 5. 防护材料种类	1. 按设计图示数量计算（计量单位：樘）； 2. 按设计图示门框或扇以面积计算（计量单位：m²）	1. 门（骨架）制作、运输； 2. 门、五金配件安装； 3. 刷防护材料
	08规范	010501005	围墙铁丝门	1. 开启方式； 2. 有框、无框； 3. 含门扇数； 4. 材料品种、规格； 5. 五金种类、规格； 6. 防护材料种类； 7. 油漆品种、刷漆遍数	按设计图示数量或设计图示洞口尺寸以面积计算（计量单位：樘或m²）	1. 门（骨架）制作、运输； 2. 门、五金配件安装； 刷防护材料、油漆
	说明：项目名称修改为"防护铁丝门"。项目特征描述增添"门代号及洞口尺寸"、"门框或扇外围尺寸"和"门框、扇材质"，取消了"开启方式"、"有框、无框"、"含门扇数"、"材料品种、规格"和"油漆品种、刷漆遍数"。工程量计算规则与计量单位拆分介绍。工作内容将原来的"刷防护材料、油漆"简化为"刷防护材料"						
5	13规范	010804005	金属格栅门	1. 门代号及洞口尺寸； 2. 门框或扇外围尺寸； 3. 门框、扇材质； 4. 启动装置的品种、规格	1. 按设计图示数量计算（计量单位：樘）； 2. 按设计图示洞口尺寸以面积计算（计量单位：m²）	1. 门安装； 2. 启动装置、五金配件安装

4 门窗工程

序号	版别	项目编码	项目名称	项目特征	工程量计算规则与计量单位	工作内容
5	08规范	020403002	金属格栅门	1. 门材质、框外围尺寸； 2. 启动装置品种、规格、品牌； 3. 五金材料、品种、规格； 4. 刷防护材料种类； 5. 油漆品种、刷漆遍数	按设计图示数量或设计图示洞口尺寸以面积计算（计量单位：樘或m²）	1. 门制作、运输、安装； 2. 启动装置、五金安装； 3. 刷防护材料、油漆

说明：项目特征描述增添"门代号及洞口尺寸"、"门框或扇外围尺寸"和"门框、扇材质"，将原来的"启动装置品种、规格、品牌"简化为"启动装置的品种、规格"，取消了"门材质、框外围尺寸"、"五金材料、品种、规格"、"刷防护材料种类"和"油漆品种、刷漆遍数"。工程量计算规则与计量单位拆分介绍。工作内容将原来的"门制作、运输、安装"简化为"门安装"，"启动装置、五金安装"扩展为"启动装置、五金配件安装"，取消原来的"刷防护材料、油漆"

| 6 | 13规范 | 010804006 | 钢质花饰大门 | 1. 门代号及洞口尺寸；
2. 门框或扇外围尺寸；
3. 门框、扇材质 | 1. 按设计图示数量计算（计量单位：樘）；
2. 按设计图示门框或扇以面积计算（计量单位：m²） | 1. 门安装；
2. 五金配件安装 |
| | 08规范 | — | — | — | — | — |

说明：增添项目内容

| 7 | 13规范 | 010804007 | 特种门 | 1. 门代号及洞口尺寸；
2. 门框或扇外围尺寸；
3. 门框、扇材质 | 1. 按设计图示数量计算（计量单位：樘）；
2. 按设计图示洞口尺寸以面积计算（计量单位：m²） | 1. 门安装；
2. 五金配件安装 |
| | 08规范 | 010501004 | 特种门 | 1. 开启方式；
2. 有框、无框；
3. 含门扇数；
4. 材料品种、规格；
5. 五金种类、规格；
6. 防护材料种类；
7. 油漆品种、刷漆遍数 | 按设计图示数量或设计图示洞口尺寸以面积计算（计量单位：樘或m²） | 1. 门（骨架）制作、运输；
2. 门、五金配件安装；
3. 刷防护材料、油漆 |

说明：项目特征描述增添"门代号及洞口尺寸"、"门框或扇外围尺寸"和"门框、扇材质"，取消原来的"开启方式"、"有框、无框"、"含门扇数"、"材料品种、规格"、"五金种类、规格"、"防护材料种类"和"油漆品种、刷漆遍数"。工程量计算规则与计量单位拆分介绍。工作内容将原来的"门、五金配件安装"拆分为"门安装"和"五金配件安装"，取消原来的"门（骨架）制作、运输"和"刷防护材料、油漆"

注：1. 特种门应区分冷藏门、冷冻间门、保温门、变电室门、隔音门、防射线门、人防门、金库门等项目，分别编码列项。
2. 以樘计量，项目特征必须描述洞口尺寸，没有洞口尺寸必须描述门框或扇外围尺寸；以平方米计量，项目特征可不描述洞口尺寸及框、扇的外围尺寸。
3. 以平方米计量，无设计图示洞口尺寸，按门框、扇外围以面积计算。

4.1.5 其他门

其他门工程量清单项目设置、项目特征描述、计量单位及工程量计算规则等的变化对照情况，见表4-5。

其他门（编码：010805）　　　　表4-5

序号	版别	项目编码	项目名称	项目特征	工程量计算规则与计量单位	工作内容
1	13规范	010805001	电子感应门	1. 门代号及洞口尺寸； 2. 门框或扇外围尺寸； 3. 门框、扇材质； 4. 玻璃品种、厚度； 5. 启动装置的品种、规格； 6. 电子配件品种、规格	1. 按设计图示数量计算（计量单位：樘） 2. 按设计图示洞口尺寸以面积计算（计量单位：m²）	1. 门安装； 2. 启动装置、五金、电子配件安装
	08规范	020404001	电子感应门	1. 门材质、品牌、外围尺寸； 2. 玻璃品种、厚度、五金材料、品种、规格； 3. 电子配件品种、规格、品牌； 4. 防护材料种类； 5. 油漆品种、刷漆遍数	按设计图示数量或设计图示洞口尺寸以面积计算（计量单位：樘或m²）	1. 门制作、运输、安装； 2. 五金、电子配件安装； 3. 刷防护材料、油漆

说明：项目特征描述增添"门代号及洞口尺寸"、"门框或扇外围尺寸"、"门框、扇材质"和"启动装置的品种、规格"，将原来的"玻璃品种、厚度、五金材料、品种、规格"简化为"玻璃品种、厚度"，"电子配件品种、规格、品牌"简化为"电子配件品种、规格"，取消原来的"门材质、品牌、外围尺寸"、"防护材料种类"和"油漆品种、刷漆遍数"。工程量计算规则与计量单位拆分介绍。工作内容将原来的"门制作、运输、安装"简化为"门安装"，"五金、电子配件安装"扩展为"启动装置、五金、电子配件安装"，取消原来的"刷防护材料、油漆"

序号	版别	项目编码	项目名称	项目特征	工程量计算规则与计量单位	工作内容
2	13规范	010805002	旋转门	1. 门代号及洞口尺寸； 2. 门框或扇外围尺寸； 3. 门框、扇材质； 4. 玻璃品种、厚度； 5. 启动装置的品种、规格； 6. 电子配件品种、规格	1. 按设计图示数量计算（计量单位：樘）； 2. 按设计图示洞口尺寸以面积计算（计量单位：m²）	1. 门安装； 2. 启动装置、五金、电子配件安装

序号	版别	项目编码	项目名称	项目特征	工程量计算规则与计量单位	工作内容
2	08 规范	020404002	转门	1. 门材质、品牌、外围尺寸； 2. 玻璃品种、厚度、五金材料、品种、规格； 3. 电子配件品种、规格、品牌； 4. 防护材料种类； 5. 油漆品种、刷漆遍数	按设计图示数量或设计图示洞口尺寸以面积计算（计量单位：樘或 m²）	1. 门制作、运输、安装； 2. 五金、电子配件安装； 3. 刷防护材料、油漆

说明：项目名称扩展为"旋转门"。项目特征描述增添"门代号及洞口尺寸"、"门框或扇外围尺寸"、"门框、扇材质"和"启动装置的品种、规格"，将原来的"玻璃品种、厚度、五金材料、品种、规格"简化为"玻璃品种、厚度"，"电子配件品种、规格、品牌"简化为"电子配件品种、规格"，取消原来的"门材质、品牌、外围尺寸"、"防护材料种类"和"油漆品种、刷漆遍数"。工程量计算规则与计量单位拆分介绍。工作内容将原来的"门制作、运输、安装"简化为"门安装"，"五金、电子配件安装"扩展为"启动装置、五金、电子配件安装"，取消原来的"刷防护材料、油漆"

序号	版别	项目编码	项目名称	项目特征	工程量计算规则与计量单位	工作内容
3	13 规范	010805003	电子对讲门	1. 门代号及洞口尺寸； 2. 门框或扇外围尺寸； 3. 门材质； 4. 玻璃品种、厚度； 5. 启动装置的品种、规格； 6. 电子配件品种、规格	1. 按设计图示数量计算（计量单位：樘）； 2. 按设计图示洞口尺寸以面积计算（计量单位：m²）	1. 门安装； 2. 启动装置、五金、电子配件安装
	08 规范	020404003	电子对讲门	1. 门材质、品牌、外围尺寸； 2. 玻璃品种、厚度、五金材料、品种、规格； 3. 电子配件品种、规格、品牌； 4. 防护材料种类； 5. 油漆品种、刷漆遍数	按设计图示数量或设计图示洞口尺寸以面积计算（计量单位：樘或 m²）	1. 门制作、运输、安装； 2. 五金、电子配件安装； 3. 刷防护材料、油漆

说明：项目特征描述增添"门代号及洞口尺寸"、"门框或扇外围尺寸"和"启动装置的品种、规格"，将原来的"门材质、品牌、外围尺寸"简化为"门材质"，"玻璃品种、厚度、五金材料、品种、规格"简化为"玻璃品种、厚度"，"电子配件品种、规格、品牌"简化为"电子配件品种、规格"，取消原来的"防护材料种类"和"油漆品种、刷漆遍数"。工程量计算规则与计量单位拆分介绍。工作内容将原来的"门制作、运输、安装"简化为"门安装"，"五金、电子配件安装"扩展为"启动装置、五金、电子配件安装"，取消原来的"刷防护材料、油漆"

续表

序号	版别	项目编码	项目名称	项目特征	工程量计算规则与计量单位	工作内容
4	13规范	010805004	电动伸缩门	1. 门代号及洞口尺寸； 2. 门框或扇外围尺寸； 3. 门材质； 4. 玻璃品种、厚度； 5. 启动装置的品种、规格； 6. 电子配件品种、规格	1. 按设计图示数量计算（计量单位：樘）； 2. 按设计图示洞口尺寸以面积计算（计量单位：m²）	1. 门安装； 2. 启动装置、五金、电子配件安装
	08规范	020404004	电动伸缩门	1. 门材质、品牌、外围尺寸； 2. 玻璃品种、厚度、五金材料、品种、规格； 3. 电子配件品种、规格、品牌； 4. 防护材料种类； 5. 油漆品种、刷漆遍数	按设计图示数量或设计图示洞口尺寸以面积计算（计量单位：樘或m²）	1. 门制作、运输、安装； 2. 五金、电子配件安装； 3. 刷防护材料、油漆
	说明：项目特征描述增添"门代号及洞口尺寸"、"门框或扇外围尺寸"和"启动装置的品种、规格"，将原来的"门材质、品牌、外围尺寸"简化为"门材质"，"玻璃品种、厚度、五金材料、品种、规格"简化为"玻璃品种、厚度"，"电子配件品种、规格、品牌"简化为"电子配件品种、规格"，取消原来的"防护材料种类"和"油漆品种、刷漆遍数"。工程量计算规则与计量单位拆分介绍。工作内容将原来的"门制作、运输、安装"简化为"门安装"，"五金、电子配件安装"扩展为"启动装置、五金、电子配件安装"，取消原来的"刷防护材料、油漆"					
5	13规范	010805005	全玻自由门	1. 门代号及洞口尺寸； 2. 门框或扇外围尺寸； 3. 框材质； 4. 玻璃品种、厚度	1. 按设计图示数量计算（计量单位：樘）； 2. 按设计图示洞口尺寸以面积计算（计量单位：m²）	1. 门安装； 2. 五金安装
	08规范	020404006	全玻自由门（无扇框）	1. 门类型； 2. 框材质、外围尺寸； 3. 扇材质、外围尺寸； 4. 玻璃品种、厚度、五金材料、品种、规格； 5. 防护材料种类； 6. 油漆品种、刷漆遍数	按设计图示数量或设计图示洞口尺寸以面积计算（计量单位：樘或m²）	1. 门制作、运输、安装； 2. 五金、电子配件安装； 3. 刷防护材料、油漆
	说明：项目名称简化为"全玻自由门"。项目特征描述增添"门代号及洞口尺寸"和"门框或扇外围尺寸"，将原来的"框材质、外围尺寸"简化为"框材质"，"玻璃品种、厚度、五金材料、品种、规格"简化为"玻璃品种、厚度"，取消原来的"门类型"、"扇材质、外围尺寸"、"防护材料种类"和"油漆品种、刷漆遍数"。工程量计算规则与计量单位拆分介绍。工作内容将原来的"门制作、运输、安装"简化为"门安装"，"五金、电子配件安装"简化为"五金安装"，取消原来的"刷防护材料、油漆"					

4 门窗工程

续表

序号	版别	项目编码	项目名称	项目特征	工程量计算规则与计量单位	工作内容
6	13规范	010805006	镜面不锈钢饰面门	1. 门代号及洞口尺寸; 2. 门框或扇外围尺寸; 3. 框、扇材质; 4. 玻璃品种、厚度	1. 按设计图示数量计算（计量单位：樘）; 2. 按设计图示洞口尺寸以面积计算（计量单位：m²）	1. 门安装; 2. 五金安装
	08规范	020404008	镜面不锈钢饰面门	1. 门类型; 2. 框材质、外围尺寸; 3. 扇材质、外围尺寸; 4. 玻璃品种、厚度、五金材料、品种、规格; 5. 防护材料种类; 6. 油漆品种、刷漆遍数	按设计图示数量或设计图示洞口尺寸以面积计算（计量单位：樘或m²）	1. 门制作、运输、安装; 2. 五金、电子配件安装; 3. 刷防护材料、油漆
	说明：项目特征描述增添"门代号及洞口尺寸"、"门框或扇外围尺寸"和"框、扇材质"，将原来的"玻璃品种、厚度、五金材料、品种、规格"简化为"玻璃品种、厚度"，取消原来的"门类型"、"框材质、外围尺寸"、"扇材质、外围尺寸"、"防护材料种类"和"油漆品种、刷漆遍数"。工程量计算规则与计量单位拆分介绍。工作内容将原来的"门制作、运输、安装"简化为"门安装"，"五金、电子配件安装"简化为"五金安装"，取消原来的"刷防护材料、油漆"						
7	13规范	010805007	复合材料门	1. 门代号及洞口尺寸; 2. 门框或扇外围尺寸; 3. 框、扇材质; 4. 玻璃品种、厚度	1. 按设计图示数量计算（计量单位：樘）; 2. 按设计图示洞口尺寸以面积计算（计量单位：m²）	1. 门安装; 2. 五金安装
	08规范	—	—	—	—	—
	说明：增添项目内容						

注：1. 以樘计量，项目特征必须描述洞口尺寸，没有洞口尺寸必须描述门框或扇外围尺寸；以平方米计量，项目特征可不描述洞口尺寸及框、扇的外围尺寸。
2. 以平方米计量，无设计图示洞口尺寸，按门框、扇外围以面积计算。

4.1.6 木窗

木窗工程量清单项目设置、项目特征描述、计量单位及工程量计算规则等的变化对照情况，见表4-6。

木窗（编码：010806） 表4-6

序号	版别	项目编码	项目名称	项目特征	工程量计算规则与计量单位	工作内容
1	13规范	010806001	木质窗	1. 窗代号及洞口尺寸; 2. 玻璃品种、厚度	1. 按设计图示数量计算（计量单位：樘）; 2. 按设计图示洞口尺寸以面积计算（计量单位：m²）	1. 窗安装; 2. 五金、玻璃安装

续表

序号	版别	项目编码	项目名称	项目特征	工程量计算规则与计量单位	工作内容
1	08规范	020405001	木质平开窗	1. 窗类型; 2. 框材质、外围尺寸; 3. 扇材质、外围尺寸; 4. 玻璃品种、厚度、五金材料、品种、规格; 5. 防护材料种类; 6. 油漆品种、刷漆遍数	按设计图示数量或设计图示洞口尺寸以面积计算（计量单位：樘或 m²）	1. 窗制作、运输、安装; 2. 五金、玻璃安装; 3. 刷防护材料、油漆
		020405002	木质推拉窗			
		020405003	矩形木百叶窗			
		020405004	异形木百叶窗			
		020405005	木组合窗			
		020405006	木天窗			
		020405007	矩形木固定窗			
		020405008	异形木固定窗			
		020405009	装饰空花木窗			

说明：项目名称归并为"木质窗"。项目特征描述增添"窗代号及洞口尺寸"，将原来的"玻璃品种、厚度、五金材料、品种、规格"简化为"玻璃品种、厚度"，取消原来的"窗类型"、"框材质、外围尺寸"、"扇材质、外围尺寸"、"防护材料种类"和"油漆品种、刷漆遍数"。工程量计算规则与计量单位拆分介绍。工作内容将原来的"窗制作、运输、安装"简化为"窗安装"，取消原来的"刷防护材料、油漆"

序号	版别	项目编码	项目名称	项目特征	工程量计算规则与计量单位	工作内容
2	13规范	010806002	木飘（凸）窗	1. 窗代号及洞口尺寸; 2. 玻璃品种、厚度	1. 按设计图示数量计算（计量单位：樘）; 2. 按设计图示尺寸以框外围展开面积计算（计量单位：m²）	1. 窗安装; 2. 五金、玻璃安装
	08规范	—	—	—	—	—

说明：增添项目内容

序号	版别	项目编码	项目名称	项目特征	工程量计算规则与计量单位	工作内容
3	13规范	010806003	木橱窗	1. 窗代号; 2. 框截面及外围展开面积; 3. 玻璃品种、厚度; 4. 防护材料种类	按设计图示数量或设计图示洞口尺寸以面积计算（计量单位：樘或 m²）	1. 窗制作、运输、安装; 2. 五金、玻璃安装; 3. 刷防护材料
	08规范	—	—	—	—	—

说明：增添项目内容

序号	版别	项目编码	项目名称	项目特征	工程量计算规则与计量单位	工作内容
4	13规范	010806004	木纱窗	1. 窗代号及框的外、围尺寸; 2. 窗纱材料品种、规格	1. 按设计图示数量计算（计量单位：樘）; 2. 按框的外围尺寸以面积计算（计量单位：m²）	1. 窗安装; 2. 五金安装
	08规范	—	—	—	—	—

说明：增添项目内容

注：1. 木质窗应区分木百叶窗、木组合窗、木天窗、木固定窗、木装饰空花窗等项目，分别编码列项。
　　2. 以樘计量，项目特征必须描述洞口尺寸，没有洞口尺寸必须描述窗框外围尺寸；以平方米计量，项目特征可不描述洞口尺寸及框的外围尺寸。
　　3. 以平方米计量，无设计图示洞口尺寸，按窗框外围以面积计算。
　　4. 木橱窗、木飘（凸）窗以樘计量，项目特征必须描述框截面及外围展开面积。
　　5. 木窗五金包括：折页、插销、风钩、木螺钉、滑轮滑轨（推拉窗）等。

4.1.7 金属窗

金属窗工程量清单项目设置、项目特征描述、计量单位及工程量计算规则等的变化对照情况，见表 4-7。

金属窗（编码：010807）　　　　　　　　　　　　　　　　表 4-7

序号	版别	项目编码	项目名称	项目特征	工程量计算规则与计量单位	工作内容
1	13 规范	010807001	金属（塑钢、断桥）窗	1. 窗代号及洞口尺寸； 2. 框、扇材质； 3. 玻璃品种、厚度	1. 按设计图示数量计算（计量单位：樘）； 2. 以平方米计量，按设计图示洞口尺寸以面积计算（计量单位：m²）	1. 窗安装； 2. 五金、玻璃安装
	08 规范	020406001	金属推拉窗	1. 窗类型； 2. 框材质、外围尺寸； 3. 扇材质、外围尺寸； 4. 玻璃品种、厚度、五金材料、品种、规格； 5. 防护材料种类； 6. 油漆品种、刷漆遍数	按设计图示数量或设计图示洞口尺寸以面积计算（计量单位：樘或 m²）	1. 窗制作、运输、安装； 2. 五金、玻璃安装； 3. 刷防护材料、油漆
		020406002	金属平开窗			
		020406003	金属固定窗			
		020406005	金属组合窗			
		020406007	塑钢窗			
		020406008	金属防盗窗			
	说明：项目名称归并为"金属（塑钢、断桥）窗"。项目特征描述增添"窗代号及洞口尺寸"和"框、扇材质"，将原来的"玻璃品种、厚度、五金材料、品种、规格"简化为"玻璃品种、厚度"，取消原来的"窗类型"、"框材质、外围尺寸"、"扇材质、外围尺寸"、"防护材料种类"和"油漆品种、刷漆遍数"。工程量计算规则与计量单位拆分介绍。工作内容将原来的"窗制作、运输、安装"简化为"窗安装"，取消原来的"刷防护材料、油漆"					
2	13 规范	010807002	金属防火窗	1. 窗代号及洞口尺寸； 2. 框、扇材质； 3. 玻璃品种、厚度	1. 按设计图示数量计算（计量单位：樘）； 2. 以平方米计量，按设计图示洞口尺寸以面积计算（计量单位：m²）	1. 窗安装； 2. 五金、玻璃安装
	08 规范	—	—	—	—	—
	说明：增添项目内容					
3	13 规范	010807003	金属百叶窗	1. 窗代号及洞口尺寸； 2. 框、扇材质； 3. 玻璃品种、厚度	1. 按设计图示数量计算（计量单位：樘）； 2. 按设计图示洞口尺寸以面积计算（计量单位：m²）	1. 窗安装； 2. 五金安装

续表

序号	版别	项目编码	项目名称	项目特征	工程量计算规则与计量单位	工作内容
3	08规范	020406004	金属百叶窗	1. 窗类型； 2. 框材质、外围尺寸； 3. 扇材质、外围尺寸； 4. 玻璃品种、厚度、五金材料、品种、规格； 5. 防护材料种类； 6. 油漆品种、刷漆遍数	按设计图示数量或设计图示洞口尺寸以面积计算（计量单位：樘或m²）	1. 窗制作、运输、安装； 2. 五金、玻璃安装； 3. 刷防护材料、油漆

说明：项目特征描述增添"窗代号及洞口尺寸"和"框、扇材质"，将原来的"玻璃品种、厚度、五金材料、品种、规格"简化为"玻璃品种、厚度"，取消原来的"窗类型"、"框材质、外围尺寸"、"扇材质、外围尺寸"、"防护材料种类"和"油漆品种、刷漆遍数"。工程量计算规则与计量单位拆分介绍。工作内容将原来的"窗制作、运输、安装"简化为"窗安装"，取消原来的"刷防护材料、油漆"

序号	版别	项目编码	项目名称	项目特征	工程量计算规则与计量单位	工作内容
4	13规范	010807004	金属纱窗	1. 窗代号及框的外围尺寸； 2. 框材质； 3. 窗纱材料品种、规格	1. 按设计图示数量计算（计量单位：樘）； 2. 按框的外围尺寸以面积计算（计量单位：m²）	1. 窗安装； 2. 五金安装
	08规范	—	—	—	—	—

说明：增添项目内容

序号	版别	项目编码	项目名称	项目特征	工程量计算规则与计量单位	工作内容
5	13规范	010807005	金属格栅窗	1. 窗代号及洞口尺寸； 2. 框外围尺寸； 3. 框、扇材质	1. 按设计图示数量计算（计量单位：樘）； 2. 按设计图示洞口尺寸以面积计算（计量单位：m²）	1. 窗安装； 2. 五金安装
	08规范	020406009	金属格栅窗	1. 窗类型； 2. 框材质、外围尺寸； 3. 扇材质、外围尺寸； 4. 玻璃品种、厚度、五金材料、品种、规格； 5. 防护材料种类； 6. 油漆品种、刷漆遍数	按设计图示数量或设计图示洞口尺寸以面积计算（计量单位：樘或m²）	1. 窗制作、运输、安装； 2. 五金、玻璃安装； 3. 刷防护材料、油漆

说明：项目特征描述增添"窗代号及洞口尺寸"和"框、扇材质"，将原来的"框材质、外围尺寸"简化为"框外围尺寸"，取消原来的"窗类型"、"扇材质、外围尺寸"、"玻璃品种、厚度、五金材料、品种、规格"、"防护材料种类"和"油漆品种、刷漆遍数"。工程量计算规则与计量单位拆分介绍。工作内容将原来的"窗制作、运输、安装"简化为"窗安装"，"五金、玻璃安装"简化为"五金安装"，取消原来的"刷防护材料、油漆"

4 门窗工程

续表

序号	版别	项目编码	项目名称	项目特征	工程量计算规则与计量单位	工作内容
6	13规范	010807006	金属（塑钢、断桥）橱窗	1. 窗代号； 2. 框外围展开面积； 3. 框、扇材质； 4. 玻璃品种、厚度； 5. 防护材料种类	1. 按设计图示数量计算（计量单位：樘）； 2. 按设计图示尺寸以框外围展开面积计算（计量单位：m²）	1. 窗制作、运输、安装； 2. 五金、玻璃安装； 3. 刷防护材料
	08规范	—	—	—	—	—
	说明：增添项目内容					
7	13规范	010807007	金属（塑钢、断桥）飘（凸）窗	1. 窗代号； 2. 框外围展开面积； 3. 框、扇材质； 4. 玻璃品种、厚度	1. 按设计图示数量计算（计量单位：樘）； 2. 按设计图示尺寸以框外围展开面积计算（计量单位：m²）	1. 窗安装； 2. 五金、玻璃安装
	08规范	—	—	—	—	—
	说明：增添项目内容					
8	13规范	010807008	彩板窗	1. 窗代号及洞口尺寸； 2. 框外围尺寸； 3. 框、扇材质； 4. 玻璃品种、厚度	1. 按设计图示数量计算（计量单位：樘）； 2. 按设计图示洞口尺寸或框外围以面积计算（计量单位：m²）	1. 窗安装； 2. 五金、玻璃安装
	08规范	020406006	彩板窗	1. 窗类型； 2. 框材质、外围尺寸； 3. 扇材质、外围尺寸； 4. 玻璃品种、厚度、五金材料、品种、规格； 5. 防护材料种类； 6. 油漆品种、刷漆遍数	按设计图示数量或设计图示洞口尺寸以面积计算（计量单位：樘或m²）	1. 窗制作、运输、安装； 2. 五金、玻璃安装； 3. 刷防护材料、油漆
	说明：项目特征描述增添"窗代号及洞口尺寸"和"框、扇材质"，将原来的"框材质、外围尺寸"简化为"框外围尺寸"，"玻璃品种、厚度、五金材料、品种、规格"简化为"玻璃品种、厚度"，取消原来的"窗类型"、"扇材质、外围尺寸"、"防护材料种类"和"油漆品种、刷漆遍数"。工程量计算规则与计量单位拆分介绍。工作内容将原来的"窗制作、运输、安装"简化为"窗安装"，取消原来的"刷防护材料、油漆"					
9	13规范	010807009	复合材料窗	1. 窗代号及洞口尺寸； 2. 框外围尺寸； 3. 框、扇材质； 4. 玻璃品种、厚度	1. 按设计图示数量计算（计量单位：樘）； 2. 按设计图示洞口尺寸或框外围以面积计算（计量单位：m²）	1. 窗安装； 2. 五金、玻璃安装
	08规范	—	—	—	—	—
	说明：增添项目内容					

续表

序号	版别	项目编码	项目名称	项目特征	工程量计算规则与计量单位	工作内容
10	13规范	—	—	—	—	—
	08规范	020406010	特殊五金	1. 五金名称、用途； 2. 五金材料、品种、规格	按设计图示数量计算（计量单位：个或套）	1. 五金安装； 2. 刷防护材料、油漆
	说明：取消原来的项目规范					

注：1. 金属窗应区分金属组合窗、防盗窗等项目，分别编码列项。
2. 以樘计量，项目特征必须描述洞口尺寸，没有洞口尺寸必须描述窗框外围尺寸；以平方米计量，项目特征可不描述洞口尺寸及框的外围尺寸。
3. 以平方米计量，无设计图示洞口尺寸，按窗框外围以面积计算。
4. 金属橱窗、飘（凸）窗以樘计量，项目特征必须描述框外围展开面积。
5. 金属窗五金包括：折页、螺钉、执手、卡锁、铰拉、风撑、滑轮、滑轨、拉把、拉手、角码、牛角制等。

4.1.8 门窗套

门窗套工程量清单项目设置、项目特征描述、计量单位及工程量计算规则等的变化对照情况，见表4-8。

门窗套（编码：010808）   表4-8

序号	版别	项目编码	项目名称	项目特征	工程量计算规则与计量单位	工作内容
1	13规范	010808001	木门窗套	1. 窗代号及洞口尺寸； 2. 门窗套展开宽度； 3. 基层材料种类； 4. 面层材料品种、规格； 5. 线条品种、规格； 6. 防护材料种类	1. 按设计图示数量计算（计量单位：樘）； 2. 按设计图示尺寸以展开面积计算（计量单位：m²）； 3. 按设计图示中心以延长米计算（计量单位：m）	1. 清理基层； 2. 立筋制作、安装； 3. 基层板安装； 4. 面层铺贴； 5. 线条安装； 6. 刷防护材料
	08规范	020407001	木门窗套	1. 底层厚度、砂浆配合比； 2. 立筋材料种类、规格； 3. 基层材料种类； 4. 面层材料品种、规格、品种、品牌、颜色； 5. 防护材料种类； 6. 油漆品种、刷油遍数	按设计图示尺寸以展开面积计算（计量单位：m²）	1. 清理基层； 2. 底层抹灰； 3. 立筋制作、安装； 4. 基层板安装； 5. 面层铺贴； 6. 刷防护材料、油漆
	说明：项目特征描述增添"窗代号及洞口尺寸"、"门窗套展开宽度"和"线条品种、规格"，将原来的"面层材料品种、规格、品种、品牌、颜色"简化为"面层材料品种、规格"，取消原来的"底层厚度、砂浆配合比"、"立筋材料种类、规格"和"油漆品种、刷油遍数"。工程量计算规则与计量单位增添"按设计图示数量计算（计量单位：樘）"和"按设计图示中心以延长米计算（计量单位：m）"。工作内容增添"线条安装"，将原来的"刷防护材料、油漆"简化为"刷防护材料"，取消原来的"底层抹灰"					

续表

序号	版别	项目编码	项目名称	项目特征	工程量计算规则与计量单位	工作内容
	13规范	010808002	木筒子板	1. 筒子板宽度； 2. 基层材料种类； 3. 面层材料品种、规格； 4. 线条品种、规格； 5. 防护材料种类	1. 按设计图示数量计算（计量单位：樘）； 2. 按设计图示尺寸以展开面积计算（计量单位：m²）； 3. 按设计图示中心以延长米计算（计量单位：m）	1. 清理基层； 2. 立筋制作、安装； 3. 基层板安装； 4. 面层铺贴； 5. 线条安装； 6. 刷防护材料
2	08规范	020407005	硬木筒子板	1. 底层厚度、砂浆配合比； 2. 立筋材料种类、规格； 3. 基层材料种类； 4. 面层材料品种、规格、品种、品牌、颜色； 5. 防护材料种类； 6. 油漆品种、刷油遍数	按设计图示尺寸以展开面积计算（计量单位：m²）	1. 清理基层； 2. 底层抹灰； 3. 立筋制作、安装； 4. 基层板安装； 5. 面层铺贴； 6. 刷防护材料、油漆

说明：项目名称简化为"木筒子板"。项目特征描述增添"筒子板宽度"和"线条品种、规格"，将原来的"面层材料品种、规格、品种、品牌、颜色"简化为"面层材料品种、规格"，取消了原来的"底层厚度、砂浆配合比"、"立筋材料种类、规格"和"油漆品种、刷油遍数"。工程量计算规则与计量单位增添"按设计图示数量计算（计量单位：樘）"和"按设计图示中心以延长米计算（计量单位：m）"。工作内容增添"线条安装"，将原来的"刷防护材料、油漆"简化为"刷防护材料"，取消原来的"底层抹灰"

序号	版别	项目编码	项目名称	项目特征	工程量计算规则与计量单位	工作内容
	13规范	010808003	饰面夹板筒子板	1. 筒子板宽度； 2. 基层材料种类； 3. 面层材料品种、规格； 4. 线条品种、规格； 5. 防护材料种类	1. 按设计图示数量计算（计量单位：樘）； 2. 按设计图示尺寸以展开面积计算（计量单位：m²）； 3. 按设计图示中心以延长米计算（计量单位：m）	1. 清理基层； 2. 立筋制作、安装； 3. 基层板安装； 4. 面层铺贴； 5. 线条安装； 6. 刷防护材料
3	08规范	020407006	饰面夹板筒子板	1. 底层厚度、砂浆配合比； 2. 立筋材料种类、规格； 3. 基层材料种类； 4. 面层材料品种、规格、品种、品牌、颜色； 5. 防护材料种类； 6. 油漆品种、刷油遍数	按设计图示尺寸以展开面积计算（计量单位：m²）	1. 清理基层； 2. 底层抹灰； 3. 立筋制作、安装； 4. 基层板安装； 5. 面层铺贴； 6. 刷防护材料、油漆

说明：项目特征描述增添"筒子板宽度"和"线条品种、规格"，将原来的"面层材料品种、规格、品种、品牌、颜色"简化为"面层材料品种、规格"，取消了原来的"底层厚度、砂浆配合比"、"立筋材料种类、规格"和"油漆品种、刷油遍数"。工程量计算规则与计量单位增添"按设计图示数量计算（计量单位：樘）"和"按设计图示中心以延长米计算（计量单位：m）"。工作内容增添"线条安装"，将原来的"刷防护材料、油漆"简化为"刷防护材料"，取消原来的"底层抹灰"

续表

序号	版别	项目编码	项目名称	项目特征	工程量计算规则与计量单位	工作内容
4	13规范	010808004	金属门窗套	1. 窗代号及洞口尺寸； 2. 门窗套展开宽度； 3. 基层材料种类； 4. 面层材料品种、规格； 5. 防护材料种类	1. 按设计图示数量计算（计量单位：樘）； 2. 按设计图示尺寸以展开面积计算（计量单位：m²）； 3. 按设计图示中心以延长米计算（计量单位：m）	1. 清理基层； 2. 立筋制作、安装； 3. 基层板安装； 4. 面层铺贴； 5. 刷防护材料
	08规范	020407002	金属门窗套	1. 底层厚度、砂浆配合比； 2. 立筋材料种类、规格； 3. 基层材料种类； 4. 面层材料品种、规格、品种、品牌、颜色； 5. 防护材料种类； 6. 油漆品种、刷油遍数	按设计图示尺寸以展开面积计算（计量单位：m²）	1. 清理基层； 2. 底层抹灰； 3. 立筋制作、安装； 4. 基层板安装； 5. 面层铺贴； 6. 刷防护材料、油漆

说明：项目特征描述增添"窗代号及洞口尺寸"和"门窗套展开宽度"，将原来的"面层材料品种、规格、品种、品牌、颜色"简化为"面层材料品种、规格"，取消了原来的"底层厚度、砂浆配合比"、"立筋材料种类、规格"和"油漆品种、刷油遍数"。工程量计算规则与计量单位增添"按设计图示数量计算（计量单位：樘）"和"按设计图示中心以延长米计算（计量单位：m）"。工作内容将原来的"刷防护材料、油漆"简化为"刷防护材料"，取消原来的"底层抹灰"

序号	版别	项目编码	项目名称	项目特征	工程量计算规则与计量单位	工作内容
5	13规范	010808005	石材门窗套	1. 窗代号及洞口尺寸； 2. 门窗套展开宽度； 3. 粘结层厚度、砂浆配合比； 4. 面层材料品种、规格； 5. 线条品种、规格	1. 按设计图示数量计算（计量单位：樘）； 2. 按设计图示尺寸以展开面积计算（计量单位：m²）； 3. 按设计图示中心以延长米计算（计量单位：m）	1. 清理基层； 2. 立筋制作、安装； 3. 基层抹灰； 4. 面层铺贴； 5. 线条安装
	08规范	020407003	石材门窗套	1. 底层厚度、砂浆配合比； 2. 立筋材料种类、规格； 3. 基层材料种类； 4. 面层材料品种、规格、品种、品牌、颜色； 5. 防护材料种类； 6. 油漆品种、刷油遍数	按设计图示尺寸以展开面积计算（计量单位：m²）	1. 清理基层； 2. 底层抹灰； 3. 立筋制作、安装； 4. 基层板安装； 5. 面层铺贴； 6. 刷防护材料、油漆

说明：项目特征描述增添"窗代号及洞口尺寸"、"门窗套展开宽度"、"粘结层厚度、砂浆配合比"和"线条品种、规格"，将原来的"面层材料品种、规格、品种、品牌、颜色"简化为"面层材料品种、规格"，取消了原来的"底层厚度、砂浆配合比"、"立筋材料种类、规格"、"基层材料种类"、"防护材料种类"和"油漆品种、刷油遍数"。工程量计算规则与计量单位增添"按设计图示数量计算（计量单位：樘）"和"按设计图示中心以延长米计算（计量单位：m）"。工作内容增添"基层抹灰"和"线条安装"，取消原来的"底层抹灰"、"基层板安装"和"刷防护材料、油漆"

续表

序号	版别	项目编码	项目名称	项目特征	工程量计算规则与计量单位	工作内容
6	13规范	010808006	门窗木贴脸	1. 门窗代号及洞口尺寸； 2. 贴脸板宽度； 3. 防护材料种类	1. 按设计图示数量计算（计量单位：樘）； 2. 按设计图示尺寸以延长米计算（计量单位：m）	安装
	08规范	020407004	门窗木贴脸	1. 底层厚度、砂浆配合比； 2. 立筋材料种类、规格； 3. 基层材料种类； 4. 面层材料品种、规格、品种、品牌、颜色； 5. 防护材料种类； 6. 油漆品种、刷油遍数	按设计图示尺寸以展开面积计算（计量单位：m²）	1. 清理基层； 2. 底层抹灰； 3. 立筋制作、安装； 4. 基层板安装； 5. 面层铺贴； 6. 刷防护材料、油漆

说明：项目特征描述增添"门窗代号及洞口尺寸"和"贴脸板宽度"，取消原来的"底层厚度、砂浆配合比"、"立筋材料种类、规格"、"基层材料种类"、"面层材料品种、规格、品种、品牌、颜色"和"油漆品种、刷油遍数"。工程量计算规则与计量单位增添"按设计图示数量计算（计量单位：樘）"和"按设计图示尺寸以延长米计算（计量单位：m）"，取消原来的"按设计图示尺寸以展开面积计算（计量单位：m²）"。工作内容将原来的"立筋制作、安装"和"基层板安装"归并为"安装"，取消原来的"清理基层"、"底层抹灰"、"面层铺贴"和"刷防护材料、油漆"

序号	版别	项目编码	项目名称	项目特征	工程量计算规则与计量单位	工作内容
7	13规范	010808007	成品木门窗套	1. 门窗代号及洞口尺寸； 2. 门窗套展开宽度； 3. 门窗套材料品种、规格	1. 按设计图示数量计算（计量单位：樘）； 2. 按设计图示尺寸以展开面积计算（计量单位：m²）； 3. 按设计图示中心以延长米计算（计量单位：m）	1. 清理基层； 2. 立筋制作、安装； 3. 板安装
	08规范	—			—	—

说明：增添项目内容

注：1. 以樘计量，项目特征必须描述洞口尺寸、门窗套展开宽度。
2. 以平方米计量，项目特征可不描述洞口尺寸、门窗套展开宽度。
3. 以米计量，项目特征必须描述门窗套展开宽度、筒子板及贴脸宽度。
4. 木门窗套适用于单独门窗套的制作、安装。

4.1.9 窗台板

窗台板工程量清单项目设置、项目特征描述、计量单位及工程量计算规则等的变化对照情况，见表4-9。

窗台板（编码：010809）　　　　表4-9

序号	版别	项目编码	项目名称	项目特征	工程量计算规则与计量单位	工作内容
1	13规范	010809001	木窗台板	1. 基层材料种类； 2. 窗台面板材质、规格、颜色； 3. 防护材料种类	按设计图示尺寸以展开面积计算（计量单位：m²）	1. 基层清理； 2. 基层制作、安装； 3. 窗台板制作、安装； 4. 刷防护材料

序号	版别	项目编码	项目名称	项目特征	工程量计算规则与计量单位	工作内容
1	08规范	020409001	木窗台板	1. 找平层厚度、砂浆配合比； 2. 窗台板材质、规格、颜色； 3. 防护材料种类； 4. 油漆种类、刷漆遍数	按设计图示尺寸以长度计算（计量单位：m）	1. 基层清理； 2. 抹找平层； 3. 窗台板制作、安装； 4. 刷防护材料、油漆
	说明：项目特征描述增添"基层材料种类"，取消原来的"找平层厚度、砂浆配合比"和"油漆种类、刷漆遍数"。工程量计算规则与计量单位由原来的"以长度计算（计量单位：m）"修改为"寸以展开面积计算（计量单位：m²）"。工作内容增添"基层制作、安装"，将原来的"刷防护材料、油漆"简化为"刷防护材料"，取消原来的"抹找平层"					
2	13规范	010809002	铝塑窗台板	1. 基层材料种类； 2. 窗台面板材质、规格、颜色； 3. 防护材料种类	按设计图示尺寸以展开面积计算（计量单位：m²）	1. 基层清理； 2. 基层制作、安装； 3. 窗台板制作、安装； 4. 刷防护材料
	08规范	020409002	铝塑窗台板	1. 找平层厚度、砂浆配合比； 2. 窗台板材质、规格、颜色； 3. 防护材料种类； 4. 油漆种类、刷漆遍数	按设计图示尺寸以长度计算（计量单位：m）	1. 基层清理； 2. 抹找平层； 3. 窗台板制作、安装； 4. 刷防护材料、油漆
	说明：项目特征描述增添"基层材料种类"，取消原来的"找平层厚度、砂浆配合比"和"油漆种类、刷漆遍数"。工程量计算规则与计量单位由原来的"以长度计算（计量单位：m）"修改为"寸以展开面积计算（计量单位：m²）"。工作内容增添"基层制作、安装"，将原来的"刷防护材料、油漆"简化为"刷防护材料"，取消原来的"抹找平层"					
3	13规范	010809003	金属窗台板	1. 基层材料种类； 2. 窗台面板材质、规格、颜色； 3. 防护材料种类	按设计图示尺寸以展开面积计算（计量单位：m²）	1. 基层清理； 2. 基层制作、安装； 3. 窗台板制作、安装； 4. 刷防护材料
	08规范	020409004	金属窗台板	1. 找平层厚度、砂浆配合比； 2. 窗台板材质、规格、颜色； 3. 防护材料种类； 4. 油漆种类、刷漆遍数	按设计图示尺寸以长度计算（计量单位：m）	1. 基层清理； 2. 抹找平层； 3. 窗台板制作、安装； 4. 刷防护材料、油漆
	说明：项目特征描述增添"基层材料种类"，取消原来的"找平层厚度、砂浆配合比"和"油漆种类、刷漆遍数"。工程量计算规则与计量单位由原来的"以长度计算（计量单位：m）"修改为"寸以展开面积计算（计量单位：m²）"。工作内容增添"基层制作、安装"，将原来的"刷防护材料、油漆"简化为"刷防护材料"，取消原来的"抹找平层"					

序号	版别	项目编码	项目名称	项目特征	工程量计算规则与计量单位	工作内容
4	13规范	010809004	石材窗台板	1. 粘结层厚度、砂浆配合比； 2. 窗台板材质、规格、颜色	按设计图示尺寸以展开面积计算（计量单位：m²）	1. 基层清理； 2. 抹找平层； 3. 窗台板制作、安装
	08规范	020409003	石材窗台板	1. 找平层厚度、砂浆配合比； 2. 窗台板材质、规格、颜色； 3. 防护材料种类； 4. 油漆种类、刷漆遍数	按设计图示尺寸以长度计算（计量单位：m）	1. 基层清理； 2. 抹找平层； 3. 窗台板制作、安装； 4. 刷防护材料、油漆
	说明：项目特征描述增添"粘结层厚度、砂浆配合比"，取消原来的"找平层厚度、砂浆配合比"、"防护材料种类"和"油漆种类、刷漆遍数"。工程量计算规则与计量单位由原来的"以长度计算（计量单位：m）"修改为"寸以展开面积计算（计量单位：m²）"。工作内容取消原来的"刷防护材料、油漆"						

4.1.10 窗帘、窗帘盒、轨

窗帘、窗帘盒、轨工程量清单项目设置、项目特征描述、计量单位及工程量计算规则等的变化对照情况，见表4-10。

窗帘、窗帘盒、轨（编码：010810）

表4-10

序号	版别	项目编码	项目名称	项目特征	工程量计算规则与计量单位	工作内容
1	13规范	010810001	窗帘	1. 窗帘材质； 2. 窗帘高度、宽度； 3. 窗帘层数； 4. 带幔要求	1. 以米计量，按设计图示尺寸以成活后长度计算（计量单位：m）； 2. 以平方米计量，按图示尺寸以成活后展开面积计算（计量单位：m²）	1. 制作、运输； 2. 安装
	08规范	—	—	—	—	—
	说明：增添项目内容						
2	13规范	010810002	木窗帘盒	1. 窗帘盒材质、规格； 2. 防护材料种类	按设计图示尺寸以长度计算（计量单位：m）	1. 制作、运输、安装； 2. 刷防护材料
	08规范	020408001	木窗帘盒	1. 窗帘盒材质、规格、颜色； 2. 窗帘轨材质、规格； 3. 防护材料种类； 4. 油漆种类、刷漆遍数		1. 制作、运输、安装； 2. 刷防护材料、油漆
	说明：项目特征描述将原来的"窗帘盒材质、规格、颜色"简化为"窗帘盒材质、规格"，取消原来的"窗帘轨材质、规格"和"油漆种类、刷漆遍数"。工作内容将原来的"刷防护材料、油漆"简化为"刷防护材料"						

序号	版别	项目编码	项目名称	项目特征	工程量计算规则与计量单位	工作内容
3	13规范	010810003	饰面夹板、塑料窗帘盒	1. 窗帘盒材质、规格； 2. 防护材料种类	按设计图示尺寸以长度计算（计量单位：m）	1. 制作、运输、安装； 2. 刷防护材料
	08规范	020408002	饰面夹板、塑料窗帘盒	1. 窗帘盒材质、规格、颜色； 2. 窗帘轨材质、规格； 3. 防护材料种类； 4. 油漆种类、刷漆遍数		1. 制作、运输、安装； 2. 刷防护材料、油漆

说明：项目特征描述将原来的"窗帘盒材质、规格、颜色"简化为"窗帘盒材质、规格"，取消原来的"窗帘轨材质、规格"和"油漆种类、刷漆遍数"。工作内容将原来的"刷防护材料、油漆"简化为"刷防护材料"

序号	版别	项目编码	项目名称	项目特征	工程量计算规则与计量单位	工作内容
4	13规范	010810004	铝合金窗帘盒	1. 窗帘盒材质、规格； 2. 防护材料种类	按设计图示尺寸以长度计算（计量单位：m）	1. 制作、运输、安装； 2. 刷防护材料
	08规范	020408003	金属窗帘盒	1. 窗帘盒材质、规格、颜色； 2. 窗帘轨材质、规格； 3. 防护材料种类； 4. 油漆种类、刷漆遍数		1. 制作、运输、安装； 2. 刷防护材料、油漆

说明：项目名称修改为"铝合金窗帘盒"。项目特征描述将原来的"窗帘盒材质、规格、颜色"简化为"窗帘盒材质、规格"，取消原来的"窗帘轨材质、规格"和"油漆种类、刷漆遍数"。工作内容将原来的"刷防护材料、油漆"简化为"刷防护材料"

序号	版别	项目编码	项目名称	项目特征	工程量计算规则与计量单位	工作内容
5	13规范	010810005	窗帘轨	1. 窗帘轨材质、规格； 2. 轨的数量； 3. 防护材料种类	按设计图示尺寸以长度计算（计量单位：m）	1. 制作、运输、安装； 2. 刷防护材料
	08规范	020408004	窗帘轨	1. 窗帘盒材质、规格、颜色； 2. 窗帘轨材质、规格； 3. 防护材料种类； 4. 油漆种类、刷漆遍数		1. 制作、运输、安装； 2. 刷防护材料、油漆

说明：项目特征描述增添"轨的数量"，将原来的"窗帘盒材质、规格、颜色"简化为"窗帘盒材质、规格"，取消原来的"窗帘轨材质、规格"和"油漆种类、刷漆遍数"。工作内容将原来的"刷防护材料、油漆"简化为"刷防护材料"

注：1. 窗帘若是双层，项目特征必须描述每层材质。
　　2. 窗帘以米计量，项目特征必须描述窗帘高度和宽。

4.2 工程量清单编制实例

4.2.1 实例 4-1

1. 背景资料

某建筑采用 A 型－90 系列铝合金推拉窗 30 樘（代号 C1），配套中空玻璃（5＋12＋5），含锁和普通五金，如图 4-1 所示。门采用夹板装饰外平开门 10 樘（代号 M1），配套 6mm 浮法玻璃，门洞口尺寸为 900mm×2100mm，含锁和普通五金；框边安装成品木门套，展开宽度为 350mm。

计算时，步骤计算结果保留三位小数，最终计算结果保留两位小数。

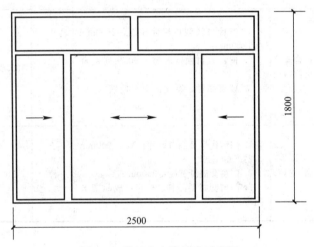

图 4-1 某铝合金推拉窗示意图

2. 问题

根据以上背景资料及现行国家标准《建设工程工程量清单计价规范》（GB 50500—2013）、《房屋建筑与装饰工程工程量计算规范》（GB 50854—2013），试列出该门窗、门窗套的分部分项工程量清单。

3. 参考答案（表 4-11 和表 4-12）

清单工程量计算表 表 4-11

工程名称：某装饰工程

序号	项目编码	清单项目名称	计算式	工程量合计	计量单位
1	010801002001	木质门带套	$S=0.9×2.1×10=18.90m^2$	18.90	m²
2	010807001001	铝合金推拉窗	$S=1.8×2.5×30=135.00m^2$	135.00	m²
3	010808007001	成品木门套		10	樘

4.2.2 实例 4-2

1. 背景资料

某砖混平房平面图，如图 4-2 所示，室外标高为－0.15m，空心砖墙墙厚 240mm。

成品实木门框边安装成品门套，展开宽度为 350mm，该工程门窗洞口尺寸，如表 4-13 所示。

计算时，步骤计算结果保留三位小数，最终计算结果保留两位小数。

分部分项工程和单价措施项目清单与计价表　　　　　　表 4-12

工程名称：某装饰工程

序号	项目编码	项目名称	项目特征描述	计量单位	工程量	金额（元）		
						综合单价	合价	其中暂估价
1	010801002001	木质门带套	1. 门代号及洞口尺寸：M1，900mm×2100mm； 2. 镶嵌玻璃品种、厚度：浮法玻璃、6mm	m²	18.90			
2	010807001001	铝合金推拉窗	1. 窗代号及洞口尺寸：C1，2500mm×1800mm； 2. 框、扇材质：A 型－90 系列铝合金； 3. 玻璃品种、厚度：中空玻璃（5＋12＋5）	m²	135.00			
3	010808007001	成品木门套	1. 门窗代号及洞口尺寸：M1，900mm×2100mm； 2. 门窗套展开宽度：350mm； 3. 门窗套材料品种、规格：成品实木门套	樘	10			

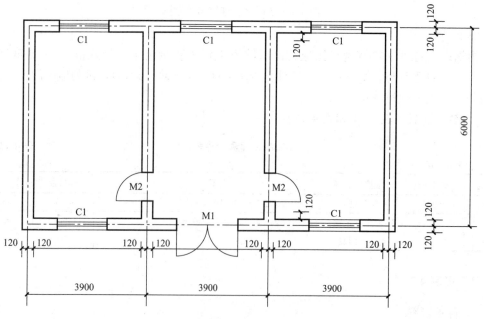

图 4-2　某建筑平面图

门窗表   表 4-13

名称	代号	洞口尺寸（宽×高）（mm）	备注
成品钢质制防盗门	M1	1200×2400	含锁、五金
成品实木门带套	M2	900×2000	含锁、普通五金
铝合金节能内平开窗	C1	1500×1800	夹胶玻璃（5＋12＋5），型材为70系列，含锁、普通五金

2. 问题

根据以上背景资料及现行国家标准《建设工程工程量清单计价规范》（GB 50500—2013）、《房屋建筑与装饰工程工程量计算规范》（GB 50854—2013），试列出该工程门窗项目的分部分项工程量清单。

3. 参考答案（表 4-14 和表 4-15）

清单工程量计算表   表 4-14

工程名称：某装饰工程

序号	项目编码	清单项目名称	计算式	工程量合计	计量单位
1	010802001001	成品钢质制防盗门	M1：$S=1.2\times2.4=2.88m^2$	2.88	m^2
2	010801002001	成品实木门带套	M2：$S=2\times0.9\times2.0=3.60m^2$	3.60	m^2
3	010807001001	铝合金节能内平开窗	C1：$S=1.5\times1.8\times5=13.50m^2$	13.50	m^2

分部分项工程和单价措施项目清单与计价表   表 4-15

工程名称：某装饰工程

序号	项目编码	项目名称	项目特征描述	计量单位	工程量	综合单价	合价	其中 暂估价
1	010802001001	成品钢质制防盗门	1. 门代号及洞口尺寸：M1，1200mm×2400mm； 2. 门框、扇材质：钢质	m^2	2.88			
2	010801002001	成品实木门带套	1. 门代号及洞口尺寸：M2，900mm×2000mm； 2. 镶嵌玻璃品种、厚度：6mm 浮法玻璃	m^2	3.60			
3	010807001001	铝合金节能内平开窗	1. 窗代号及洞口尺寸：C1，1500mm×1800mm； 2. 框、扇材质：铝合金70系列； 3. 玻璃品种、厚度：夹胶玻璃（5＋12＋5）	m^2	13.50			

续表

序号	项目编码	项目名称	项目特征描述	计量单位	工程量	金额（元）		
						综合单价	合价	其中
								暂估价
4	010808007001	成品木门套	1. 门窗代号及洞口尺寸：M2，900mm×2000mm； 2. 门窗套展开宽度：350mm； 3. 门窗套材料品种、规格：成品实木门套	樘	1			

4.2.3 实例 4-3

1. 背景资料

某单层砖混结构建筑平面图，如图 4-3 所示。空心砖墙墙体厚度为 240mm，门窗框厚为 100mm，均按墙中心线设置。门窗表如表 4-16 所示。

计算时，步骤计算结果保留三位小数，最终计算结果保留两位小数。

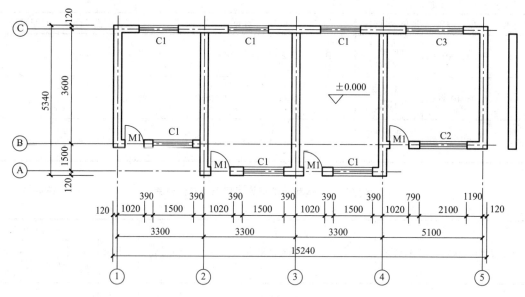

图 4-3 某建筑平面图

门窗表   表 4-16

名称	代号	洞口尺寸（宽×高）(mm)	备注
成品钢制防盗门	M1	900×2100	含锁、五金
内平开浇铸式铝合金窗	C1	1500×1500	夹胶玻璃（5+12+5），型材为内平开浇铸式铝合金窗-65系列，含锁、普通五金
内平开浇铸式铝合金窗	C2	2100×1500	
内平开浇铸式铝合金窗	C3	2200×1500	

2. 问题

根据以上背景资料及现行国家标准《建设工程工程量清单计价规范》（GB 50500—2013）、《房屋建筑与装饰工程工程量计算规范》（GB 50854—2013），试列出该工程门窗项目的分部分项工程量清单。

3. 参考答案（表 4-17 和表 4-18）

清单工程量计算表　　　　　　　　　　　　　　　　表 4-17

工程名称：某装饰工程

序号	项目编码	清单项目名称	计算式	工程量合计	计量单位
1	010802001001	成品钢制防盗门	M1：$S=0.9\times2.1\times2=3.78$（$m^2$）	3.78	m^2
2	010807001001	内平开浇铸式铝合金窗	C1：$S=1.5\times1.5\times6=13.50m^2$	13.50	m^2
3	010807001002	内平开浇铸式铝合金窗	C2：$S=2.1\times1.5=3.15m^2$	3.15	m^2
4	010807001003	内平开浇铸式铝合金窗	C3：$S=2.2\times1.5=3.30m^2$	3.30	m^2

分部分项工程和单价措施项目清单与计价表　　　　　　　表 4-18

工程名称：某装饰工程

序号	项目编码	项目名称	项目特征描述	计量单位	工程量	综合单价	合价	其中 暂估价
1	010802001001	成品钢制防盗门	1. 门代号及洞口尺寸：M1，900mm×2100mm； 2. 门框、扇材质：钢质	m^2	3.78			
2	010807001001	内平开浇铸式铝合金窗	1. 窗代号及洞口尺寸：C1，1500mm×1500mm； 2. 框、扇材质：铝合金—65系列； 3. 玻璃品种、厚度：夹胶玻璃（5＋12＋5）	m^2	13.50			
3	010807001002	内平开浇铸式铝合金窗	1. 窗代号及洞口尺寸：C2，2100mm×1500mm； 2. 框、扇材质：铝合金—65系列； 3. 玻璃品种、厚度：夹胶玻璃（5＋12＋5）	m^2	3.15			
4	010807001003	内平开浇铸式铝合金窗	1. 窗代号及洞口尺寸：C3，2200mm×1500mm； 2. 框、扇材质：铝合金—65系列； 3. 玻璃品种、厚度：夹胶玻璃（5＋12＋5）	m^2	3.30			

4.2.4　实例 4-4

1. 背景资料

图 4-4 为某单层砖混建筑平面图。室外地坪标高−0.300m，室内地坪标高±0.000，台阶单层高度 0.150m，门窗框宽为 100mm，均按墙中心线设置。门窗洞口尺寸，如

表 4-19 所示。

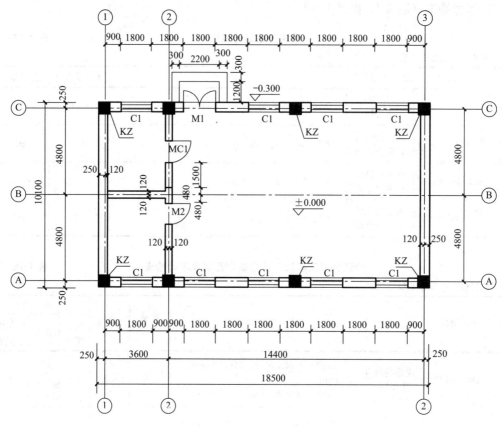

图 4-4 某建筑平面图

计算时, 步骤计算结果保留三位小数, 最终计算结果保留两位小数。

2. 问题

根据以上背景资料及现行国家标准《建设工程工程量清单计价规范》 (GB 50500—2013)、《房屋建筑与装饰工程工程量计算规范》 (GB 50854—2013), 试列出该工程门窗项目的分部分项工程量清单。

门窗表

表 4-19

名称	代号	洞口尺寸（宽×高）(mm)	备注
成品钢制防盗门	M1	1800×2400	含锁、五金
实木装饰门	M2	1000×2400	6mm 浮法玻璃, 含锁、普通五金
成品塑钢门带窗	MC1	门：900×2400 窗：1500×1500	夹胶玻璃（5+12+5）, 型材为 65 系列平开塑钢窗, 含锁、普通五金
塑钢平开窗	C1	1800×1800	夹胶玻璃（5+12+5）, 型材为 65 系列平开塑钢窗, 含锁、普通五金

3. 参考答案（表 4-20 和表 4-21）

清单工程量计算表 表 4-20

工程名称：某装饰工程

序号	项目编码	清单项目名称	计算式	工程量合计	计量单位
1	010702004001	成品钢制防盗门	M1：$S=1.8 \times 2.4=4.32m^2$	4.32	m^2
2	010801001001	实木装饰门	M2：$S=1.0 \times 2.4=2.40m^2$	2.40	m^2
3	010802001001	成品塑钢连窗门	MC1：$S=0.9 \times 2.4+1.5 \times 1.5=4.41m^2$	4.41	m^2
4	010807001001	塑钢平开窗	C1：$S=1.8 \times 1.8 \times 9=29.16m^2$	19.16	m^2

分部分项工程和单价措施项目清单与计价表 表 4-21

工程名称：某装饰工程

序号	项目编码	项目名称	项目特征描述	计量单位	工程量	综合单价	合价	其中暂估价
1	010702004001	成品钢制防盗门	1. 门代号及洞口尺寸：M1，1800mm ×2400mm； 2 门框、扇材质：钢质	m^2	4.32			
2	010801001001	实木装饰门	1. 门代号及洞口尺寸：M2，1000× 2400； 2. 镶嵌玻璃品种、厚度：浮法玻璃、6mm	m^2	2.40			
3	010802001001	成品塑钢连窗门	1. 门代号及洞口尺寸：MC1，洞口尺寸见门窗表； 2. 门框、扇材质：塑钢65系列； 3. 玻璃品种、厚度：夹胶玻璃（5+12+5）	m^2	4.41			
4	010807001001	塑钢平开窗	1. 窗代号及洞口尺寸：C1，1800mm ×1800mm； 2. 框、扇材质：塑钢65系列； 3. 玻璃品种、厚度：夹胶玻璃（5+12+5）	m^2	19.16			

4.2.5 实例 4-5

1. 背景资料

某单层建筑平面图如图 4-5 所示，空心砖墙墙体厚度为 240mm，门窗框宽为 100mm，均按墙中心线设置。门窗洞口尺寸，如表 4-22 所示。

计算时，步骤计算结果保留三位小数，最终计算结果保留两位小数。

2. 问题

根据以上背景资料及现行国家标准《建设工程工程量清单计价规范》（GB 50500—

2013)、《房屋建筑与装饰工程工程量计算规范》（GB 50854—2013），试列出该工程门窗项目的分部分项工程量清单。

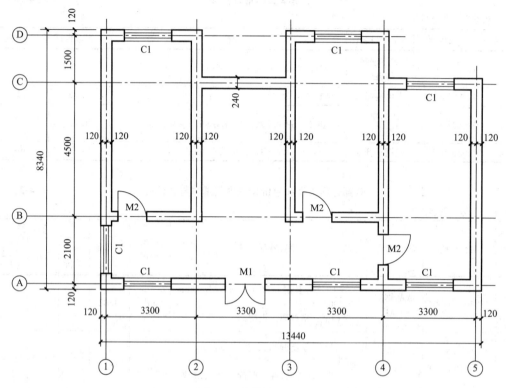

图 4-5　某建筑平面图

门窗表　　　　　　　　　　　　　　　　　　　　　　表 4-22

名称	代号	洞口尺寸（宽×高）(mm)	备注
铝合金门	M1	1200×2100	夹胶玻璃（5＋12A＋5），型材为A型－60系列，含锁、普通五金
胶合板门	M2	1000×2100	6mm浮法玻璃，含锁、普通五金
铝合金窗	C1	1500×1800	夹胶玻璃（5＋12＋5），型材为B型－EAHX50系列内铝合金平开窗，含锁、普通五金

3. 参考答案（表 4-23 和表 4-24）

清单工程量计算表　　　　　　　　　　　　　　　　表 4-23

工程名称：某装饰工程

序号	项目编码	清单项目名称	计算式	工程量合计	计量单位
1	010801001001	胶合板门	M2：$S=1.0×2.1×3=6.30m^2$	6.30	m²
2	010802001001	铝合金门	M1：$S=1.2×2.1=2.52m^2$	2.52	m²
3	010807001001	铝合金窗	C1：$S=1.5×1.8×7=18.90m^2$	18.90	m²

4 门窗工程

分部分项工程和单价措施项目清单与计价表 表 4-24

工程名称：某装饰工程

序号	项目编码	项目名称	项目特征描述	计量单位	工程量	金额（元）			
						综合单价	合价	其中	
								暂估价	
1	010801001001	胶合板门	1. 门代号及洞口尺寸：M2，1000mm ×2100mm； 2. 镶嵌玻璃品种、厚度：浮法玻璃、6mm	m²	6.30				
2	010802001001	铝合金门	1. 门代号及洞口尺寸：M1，1200× 2100； 2. 门框、扇材质：铝合金 A 型－60 系列； 3. 玻璃品种、厚度：夹胶玻璃（5＋12A＋5）	m²	2.52				
3	010807001001	铝合金窗	1. 窗代号及洞口尺寸：C1，1500× 1800； 2. 框、扇材质：铝合金 B 型－EAHX50 系列； 3. 玻璃品种、厚度：夹胶玻璃（5＋12＋5）	m²	18.90				

5 油漆、涂料、裱糊工程

本章依据《房屋建筑与装饰工程工程量计算规范》（GB 50854—2013）（以下简称"13规范"）、《建设工程工程量清单计价规范》（GB 50500—2008）（以下简称"08 规范"）。"13规范"在项目编码、项目名称、项目特征、计量单位、工程量计算规则、工作内容等方面，均有变化。

1. 清单项目变化

"13规范"在"08规范"的基础上，油漆、涂料、裱糊工程新增 6 个项目，具体如下：

（1）门油漆：细分为"木门油漆"、"金属门油漆"，增加 1 个项目。

（2）窗油漆：细分为"木窗油漆"、"金属窗油漆"，增加 1 个项目。

（3）抹灰面油漆：增加"满刮腻子" 1 个项目。

（4）喷刷涂料：细分为"墙面喷刷涂料"、"天棚喷刷涂料"、"金属物体刷防火涂料"、"木材构件喷刷防水涂料"，增加 3 个项目。

2. 应注意的问题

（1）"13规范"附录 P 列有"木扶手"和"木栏杆"的油漆项目，若是木栏杆带扶手，木扶手不应单独列项，应包括在木栏杆油漆中。

（2）"13规范"附录 P 抹灰面油漆和刷涂料工作内容中包括"刮腻子"，但又单独列有"满刮腻子"项目，此项目只适用于仅做"满刮腻子"的项目，不得将抹灰面油漆和刷涂料中"刮腻子"内容单独分出执行满刮腻子项目。

5.1 工程量计算依据六项变化及说明

5.1.1 门油漆

门油漆工程量清单项目设置、项目特征描述的内容、计量单位及工程量计算规则等的变化对照情况，见表 5-1。

门油漆（编码：011401）　　　　　　　　　　　　　　　　　　　　表 5-1

版别	项目编码	项目名称	项目特征	工程量计算规则与计量单位	工作内容
13规范	011401001	木门油漆	1. 门类型； 2. 门代号及洞口尺寸； 3. 腻子种类； 4. 刮腻子遍数； 5. 防护材料种类； 6. 油漆品种、刷漆遍数	1. 按设计图示数量计量（计量单位：樘）； 2. 按设计图示洞口尺寸以面积计算（计量单位：m²）	1. 基层清理； 2. 刮腻子； 3. 刷防护材料、油漆
	011401002	金属门油漆			1. 除锈、基层清理； 2. 刮腻子； 3. 刷防护材料、油漆

版别	项目编码	项目名称	项目特征	工程量计算规则与计量单位	工作内容
08规范	020501001	门油漆	1. 门类型； 2. 腻子种类； 3. 刮腻子要求； 4. 防护材料种类； 5. 油漆品种、刷漆遍数	按设计图示数量或设计图示单面洞口面积计算（计量单位：樘或m²）	1. 基层清理； 2. 刮腻子； 3. 刷防护材料、油漆

说明：项目名称拆分为"木门油漆"和"金属门油漆"。项目特征描述增添"门代号及洞口尺寸"。工程量计算规则与计量单位拆分说明。工作内容增添"除锈、基层清理"

注：1. 木门油漆应区分木大门、单层木门、双层（一玻一纱）木门、双层（单裁口）木门、全玻自由门、半玻自由门、装饰门及有框门或无框门等项目，分别编码列项。
　　2. 金属门油漆应区分平开门、推拉门、钢制防火门等项目，分别编码列项。
　　3. 以平方米计量，项目特征可不必描述洞口尺寸。

5.1.2 窗油漆

窗油漆工程量清单项目设置、项目特征描述的内容、计量单位及工程量计算规则等的变化对照情况，见表5-2。

窗油漆（编码：011402）　　　　　　　　　　　　　表5-2

版别	项目编码	项目名称	项目特征	工程量计算规则与计量单位	工作内容
13规范	011402001	木窗油漆	1. 窗类型； 2. 窗代号及洞口尺寸； 3. 腻子种类； 4. 刮腻子遍数； 5. 防护材料种类； 6. 油漆品种、刷漆遍数	1. 以樘计量，按设计图示数量计算（计量单位：樘）； 2. 以平方米计量，按设计图示洞口尺寸以面积计算（计量单位：m²）	1. 基层清理； 2. 刮腻子； 3. 刷防护材料、油漆
	011402002	金属窗油漆			1. 除锈、基层清理； 2. 刮腻子； 3. 刷防护材料、油漆
08规范	020502001	窗油漆	1. 窗类型； 2. 腻子种类； 3. 刮腻子要求； 4. 防护材料种类； 5. 油漆品种、刷漆遍数	按设计图示数量或设计图示单面洞口面积计算（计量单位：樘或m²）	1. 基层清理； 2. 刮腻子； 3. 刷防护材料、油漆

说明：项目名称拆分为"木窗油漆"和"金属窗油漆"。项目特征描述增添"门代号及洞口尺寸"。工程量计算规则与计量单位拆分说明。工作内容增添"除锈、基层清理"

注：1. 木窗油漆应区分单层木门、双层（一玻一纱）木窗、双层框扇（单裁口）木窗、双层框三层（二玻一纱）木窗、单层组合窗、双层组合窗、木百叶窗、木推拉窗等项目，分别编码列项。
　　2. 金属窗油漆应区分平开窗、推拉窗、固定窗、组合窗、金属隔栅窗等项目，分别编码列项。
　　3. 以平方米计量，项目特征可不必描述洞口尺寸。

5.1.3 木扶手及其他板条、线条油漆

木扶手及其他板条、线条油漆工程量清单项目设置、项目特征描述的内容、计量单位及工程量计算规则等的变化对照情况，见表5-3。

木扶手及其他板条、线条油漆（编码：011403）　　表5-3

序号	版别	项目编码	项目名称	项目特征	工程量计算规则与计量单位	工作内容
1	13规范	011403001	木扶手油漆	1. 断面尺寸； 2. 腻子种类； 3. 刮腻子遍数； 4. 防护材料种类； 5. 油漆品种、刷漆遍数	按设计图示尺寸以长度计算（计量单位：m）	1. 基层清理； 2. 刮腻子； 3. 刷防护材料、油漆
	08规范	020503001	木扶手油漆	1. 腻子种类； 2. 刮腻子要求； 3. 油漆体单位展开面积； 4. 油漆部位长度； 5. 防护材料种类； 6. 油漆品种、刷漆遍数		
	说明：项目特征描述增添"断面尺寸"，取消原来的"油漆体单位展开面积"和"油漆部位长度"					
2	13规范	011403002	窗帘盒油漆	1. 断面尺寸； 2. 腻子种类； 3. 刮腻子遍数； 4. 防护材料种类； 5. 油漆品种、刷漆遍数	按设计图示尺寸以长度计算（计量单位：m）	1. 基层清理； 2. 刮腻子； 3. 刷防护材料、油漆
	08规范	020503002	窗帘盒油漆	1. 腻子种类； 2. 刮腻子要求； 3. 油漆体单位展开面积； 4. 油漆部位长度； 5. 防护材料种类； 6. 油漆品种、刷漆遍数		
	说明：项目特征描述增添"断面尺寸"，取消原来的"油漆体单位展开面积"和"油漆部位长度"					
3	13规范	011403003	封檐板、顺水板油漆	1. 断面尺寸； 2. 腻子种类； 3. 刮腻子遍数； 4. 防护材料种类； 5. 油漆品种、刷漆遍数	按设计图示尺寸以长度计算（计量单位：m）	1. 基层清理； 2. 刮腻子； 3. 刷防护材料、油漆

序号	版别	项目编码	项目名称	项目特征	工程量计算规则与计量单位	工作内容
3	08规范	020503003	封檐板、顺水板油漆	1. 腻子种类； 2. 刮腻子要求； 3. 油漆体单位展开面积； 4. 油漆部位长度； 5. 防护材料种类； 6. 油漆品种、刷漆遍数	按设计图示尺寸以长度计算（计量单位：m）	1. 基层清理； 2. 刮腻子； 3. 刷防护材料、油漆
	说明：项目特征描述增添"断面尺寸"，取消原来的"油漆体单位展开面积"和"油漆部位长度"					
4	13规范	011403004	挂衣板、黑板框油漆	1. 断面尺寸； 2. 腻子种类； 3. 刮腻子遍数； 4. 防护材料种类； 5. 油漆品种、刷漆遍数	按设计图示尺寸以长度计算（计量单位：m）	1. 基层清理； 2. 刮腻子； 3. 刷防护材料、油漆
	08规范	020503004	挂衣板、黑板框油漆	1. 腻子种类； 2. 刮腻子要求； 3. 油漆体单位展开面积； 4. 油漆部位长度； 5. 防护材料种类； 6. 油漆品种、刷漆遍数		
	说明：项目特征描述增添"断面尺寸"，取消原来的"油漆体单位展开面积"和"油漆部位长度"					
5	13规范	011403005	挂镜线、窗帘棍、单独木线油漆	1. 断面尺寸； 2. 腻子种类； 3. 刮腻子遍数； 4. 防护材料种类； 5. 油漆品种、刷漆遍数	按设计图示尺寸以长度计算（计量单位：m）	1. 基层清理； 2. 刮腻子； 3. 刷防护材料、油漆
	08规范	020503005	挂镜线、窗帘棍、单独木线油漆	1. 腻子种类； 2. 刮腻子要求； 3. 油漆体单位展开面积； 4. 油漆部位长度； 5. 防护材料种类； 6. 油漆品种、刷漆遍数		
	说明：项目特征描述增添"断面尺寸"，取消原来的"油漆体单位展开面积"和"油漆部位长度"					

注：木扶手应区分带托板与不带托板，分别编码列项，若是木栏杆带扶手，木扶手不应单独列项，应包含在木栏杆油漆中。

5.1.4 木材面油漆

木材面油漆工程量清单项目设置、项 B 特征描述的内容、计量单位及工程量计算规则等的变化对照情况，见表 5-4。

木材面油漆（编码：011404）

表 5-4

序号	版别	项目编码	项目名称	项目特征	工程量计算规则与计量单位	工作内容
1	13 规范	011404001	木护墙、木墙裙油漆	1. 腻子种类； 2. 刮腻子遍数； 3. 防护材料种类； 4. 油漆品种、刷漆遍数	按设计图示尺寸以面积计算（计量单位：m²）	1. 基层清理； 2. 刮腻子； 3. 刷防护材料、油漆
1	08 规范	020504002	木护墙、木墙裙油漆			
	说明：各项目内容均未做修改					
2	13 规范	011404002	窗台板、筒子板、盖板、门窗套、踢脚线油漆	1. 腻子种类； 2. 刮腻子遍数； 3. 防护材料种类； 4. 油漆品种、刷漆遍数	按设计图示尺寸以面积计算（计量单位：m²）	1. 基层清理； 2. 刮腻子； 3. 刷防护材料、油漆
2	08 规范	020504003	窗台板、筒子板、盖板、门窗套、踢脚线油漆	1. 腻子种类； 2. 刮腻子要求； 3. 防护材料种类； 4. 油漆品种、刷漆遍数		
	说明：项目名称修改为"窗台板、筒子板、盖板、门窗套、踢脚线油漆"，项目特征描述将原来的"刮腻子要求"修改为"刮腻子遍数"					
3	13 规范	011404003	清水板条天棚、檐口油漆	1. 腻子种类； 2. 刮腻子遍数； 3. 防护材料种类； 4. 油漆品种、刷漆遍数	按设计图示尺寸以面积计算（计量单位：m²）	1. 基层清理； 2. 刮腻子； 3. 刷防护材料、油漆
3	08 规范	020504004	清水板条天棚、檐口油漆	1. 腻子种类； 2. 刮腻子要求； 3. 防护材料种类； 4. 油漆品种、刷漆遍数		
	说明：项目特征描述将原来的"刮腻子要求"修改为"刮腻子遍数"					
4	13 规范	011404004	木方格吊顶天棚油漆	1. 腻子种类； 2. 刮腻子遍数； 3. 防护材料种类； 4. 油漆品种、刷漆遍数	按设计图示尺寸以面积计算（计量单位：m²）	1. 基层清理； 2. 刮腻子； 3. 刷防护材料、油漆

续表

序号	版别	项目编码	项目名称	项目特征	工程量计算规则与计量单位	工作内容
4	08规范	020504005	木方格吊顶天棚油漆	1. 腻子种类; 2. 刮腻子要求; 3. 防护材料种类; 4. 油漆品种、刷漆遍数	按设计图示尺寸以面积计算（计量单位：m²）	1. 基层清理; 2. 刮腻子; 3. 刷防护材料、油漆
	说明：项目特征描述将原来的"刮腻子要求"修改为"刮腻子遍数"					
5	13规范	011404005	吸声板墙面、天棚面油漆	1. 腻子种类; 2. 刮腻子遍数; 3. 防护材料种类; 4. 油漆品种、刷漆遍数	按设计图示尺寸以面积计算（计量单位：m²）	1. 基层清理; 2. 刮腻子; 3. 刷防护材料、油漆
	08规范	020504006	吸声板墙面、天棚面油漆	1. 腻子种类; 2. 刮腻子要求; 3. 防护材料种类; 4. 油漆品种、刷漆遍数		
	说明：项目特征描述将原来的"刮腻子要求"修改为"刮腻子遍数"					
6	13规范	011404006	暖气罩油漆	1. 腻子种类; 2. 刮腻子遍数; 3. 防护材料种类; 4. 油漆品种、刷漆遍数	按设计图示尺寸以面积计算（计量单位：m²）	1. 基层清理; 2. 刮腻子; 3. 刷防护材料、油漆
	08规范	020504007	暖气罩油漆	1. 腻子种类; 2. 刮腻子要求; 3. 防护材料种类; 4. 油漆品种、刷漆遍数		
	说明：项目特征描述将原来的"刮腻子要求"修改为"刮腻子遍数"					
7	13规范	011404007	其他木材面	1. 腻子种类; 2. 刮腻子遍数; 3. 防护材料种类; 4. 油漆品种、刷漆遍数	按设计图示尺寸以面积计算（计量单位：m²）	1. 基层清理; 2. 刮腻子; 3. 刷防护材料、油漆
	08规范	020504001	木板、纤维板胶合板油漆	1. 腻子种类; 2. 刮腻子要求; 3. 防护材料种类; 4. 油漆品种、刷漆遍数		
	说明：项目名称修改为"其他木材面"。项目特征描述将原来的"刮腻子要求"修改为"刮腻子遍数"					

序号	版别	项目编码	项目名称	项目特征	工程量计算规则与计量单位	工作内容
8	13规范	011404008	木间壁、木隔断油漆	1. 腻子种类； 2. 刮腻子遍数； 3. 防护材料种类； 4. 油漆品种、刷漆遍数	按设计图示尺寸以单面外围面积计算（计量单位：m²）	1. 基层清理； 2. 刮腻子； 3. 刷防护材料、油漆
	08规范	020504008	木间壁、木隔断油漆	1. 腻子种类； 2. 刮腻子要求； 3. 防护材料种类； 4. 油漆品种、刷漆遍数		
	说明：项目特征描述将原来的"刮腻子要求"修改为"刮腻子遍数"					
9	13规范	011404009	玻璃间壁露明墙筋油漆	1. 腻子种类； 2. 刮腻子遍数； 3. 防护材料种类； 4. 油漆品种、刷漆遍数	按设计图示尺寸以单面外围面积计算（计量单位：m²）	1. 基层清理； 2. 刮腻子； 3. 刷防护材料、油漆
	08规范	020504009	玻璃间壁露明墙筋油漆	1. 腻子种类； 2. 刮腻子要求； 3. 防护材料种类； 4. 油漆品种、刷漆遍数		
	说明：项目特征描述将原来的"刮腻子要求"修改为"刮腻子遍数"					
10	13规范	011404010	木栅栏、木栏杆（带扶手）油漆	1. 腻子种类； 2. 刮腻子遍数； 3. 防护材料种类； 4. 油漆品种、刷漆遍数	按设计图示尺寸以单面外围面积计算（计量单位：m²）	1. 基层清理； 2. 刮腻子； 3. 刷防护材料、油漆
	08规范	020504010	木栅栏、木栏杆（带扶手）油漆	1. 腻子种类； 2. 刮腻子要求； 3. 防护材料种类； 4. 油漆品种、刷漆遍数		
	说明：项目特征描述将原来的"刮腻子要求"修改为"刮腻子遍数"					
11	13规范	011404011	衣柜、壁柜油漆	1. 腻子种类； 2. 刮腻子遍数； 3. 防护材料种类； 4. 油漆品种、刷漆遍数	按设计图示尺寸以单面外围面积计算（计量单位：m²）	1. 基层清理； 2. 刮腻子； 3. 刷防护材料、油漆

序号	版别	项目编码	项目名称	项目特征	工程量计算规则与计量单位	工作内容
11	08 规范	020504011	衣柜、壁柜油漆	1. 腻子种类； 2. 刮腻子要求； 3. 防护材料种类； 4. 油漆品种、刷漆遍数	按设计图示尺寸以单面外围面积计算（计量单位：m²）	1. 基层清理； 2. 刮腻子； 3. 刷防护材料、油漆
	说明：项目特征描述将原来的"刮腻子要求"修改为"刮腻子遍数"					
12	13 规范	011404012	梁柱饰面油漆	1. 腻子种类； 2. 刮腻子遍数； 3. 防护材料种类； 4. 油漆品种、刷漆遍数	按设计图示尺寸以单面外围面积计算（计量单位：m²）	1. 基层清理； 2. 刮腻子； 3. 刷防护材料、油漆
	08 规范	020504012	梁柱饰面油漆	1. 腻子种类； 2. 刮腻子要求； 3. 防护材料种类； 4. 油漆品种、刷漆遍数		
	说明：项目特征描述将原来的"刮腻子要求"修改为"刮腻子遍数"					
13	13 规范	011404013	零星木装修油漆	1. 腻子种类； 2. 刮腻子遍数； 3. 防护材料种类； 4. 油漆品种、刷漆遍数	按设计图示尺寸以单面外围面积计算（计量单位：m²）	1. 基层清理； 2. 刮腻子； 3. 刷防护材料、油漆
	08 规范	020504013	零星木装修油漆	1. 腻子种类； 2. 刮腻子要求； 3. 防护材料种类； 4. 油漆品种、刷漆遍数		
	说明：项目特征描述将原来的"刮腻子要求"修改为"刮腻子遍数"					
14	13 规范	011404014	木地板油漆	1. 腻子种类； 2. 刮腻子遍数； 3. 防护材料种类； 4. 油漆品种、刷漆遍数	按设计图示尺寸以面积计算。空洞、空圈、暖气包槽、壁龛的开口部分并入相应的工程量内（计量单位：m²）	1. 基层清理； 2. 刮腻子； 3. 刷防护材料、油漆
	08 规范	020504014	木地板油漆	1. 腻子种类； 2. 刮腻子要求； 3. 防护材料种类； 4. 油漆品种、刷漆遍数		
	说明：项目特征描述将原来的"刮腻子要求"修改为"刮腻子遍数"					
15	13 规范	011404015	木地板烫硬蜡面	1. 硬蜡品种； 2. 面层处理要求	按设计图示尺寸以面积计算。空洞、空圈、暖气包槽、壁龛的开口部分并入相应的工程量内（计量单位：m²）	1. 基层清理； 2. 烫蜡
	08 规范	020504015	木地板烫硬蜡面			
	说明：各项目内容均未做修改					

5.1.5 金属面油漆

金属面油漆工程量清单项目设置、项目特征描述的内容、计量单位及工程量计算规则等的变化对照情况，见表5-5。

金属面油漆（编码：011405）　　　　　　表 5-5

版别	项目编码	项目名称	项目特征	工程量计算规则与计量单位	工作内容
13规范	011405001	金属面油漆	1. 构件名称； 2. 腻子种类； 3. 刮腻子要求； 4. 防护材料种类； 5. 油漆品种、刷漆遍数	1. 按设计图示尺寸以质量计算（计量单位：t）； 2. 按设计展开面积计算（计量单位：m²）	1. 基层清理； 2. 刮腻子； 3. 刷防护材料、油漆
08规范	020505001	金属面油漆	1. 腻子种类； 2. 刮腻子要求； 3. 防护材料种类； 4. 油漆品种、刷漆遍数	按设计图示尺寸以质量计算（计量单位：t）	

说明：项目特征描述增添"构件名称"。工程量计算规则与计量单位增添"按设计展开面积计算（计量单位：m²）"

5.1.6 抹灰面油漆

抹灰面油漆工程量清单项目设置、项目特征描述的内容、计量单位及工程量计算规则等的变化对照情况，见表5-6。

抹灰面油漆（编码：011406）　　　　　　表 5-6

序号	版别	项目编码	项目名称	项目特征	工程量计算规则与计量单位	工作内容
1	13规范	011406001	抹灰面油漆	1. 基层类型； 2. 腻子种类； 3. 刮腻子遍数； 4. 防护材料种类； 5. 油漆品种、刷漆遍数； 6. 部位	按设计图示尺寸以面积计算（计量单位：m²）	1. 基层清理； 2. 刮腻子； 3. 刷防护材料、油漆
	08规范	020506001	抹灰面油漆	1. 基层类型； 2. 线条宽度、道数； 3. 腻子种类； 4. 刮腻子要求； 5. 防护材料种类； 6. 油漆品种、刷漆遍数		

说明：项目特征描述增添"部位，"将原来的"刮腻子要求"修改为"刮腻子遍数"，取消原来的"线条宽度、道数"

续表

序号	版别	项目编码	项目名称	项目特征	工程量计算规则与计量单位	工作内容
2	13 规范	011406002	抹灰线条油漆	1. 线条宽度、道数； 2. 腻子种类； 3. 刮腻子遍数； 4. 防护材料种类； 5. 油漆品种、刷漆遍数	按设计图示尺寸以长度计算（计量单位：m）	1. 基层清理； 2. 刮腻子； 3. 刷防护材料、油漆
	08 规范	020506002	抹灰线条油漆	1. 基层类型； 2. 线条宽度、道数； 3. 腻子种类； 4. 刮腻子要求； 5. 防护材料种类； 6. 油漆品种、刷漆遍数		
	说明：将原来的"刮腻子要求"修改为"刮腻子遍数"，取消原来的"基层类型"					
3	13 规范	011406003	满刮腻子	1. 基层类型； 2. 腻子种类； 3. 刮腻子遍数	按设计图示尺寸以面积计算（计量单位：m²）	1. 基层清理； 2. 刮腻子
	08 规范	—	—	—	—	—
	说明：增添项目内容					

5.1.7　喷刷涂料

喷刷涂料工程量清单项目设置、项目特征描述的内容、计量单位及工程量计算规则等的变化对照情况，见表5-7。

喷刷涂料（编码：011407）　　　　　　　　　　　　　　表 5-7

序号	版别	项目编码	项目名称	项目特征	工程量计算规则与计量单位	工作内容
1	13 规范	011407001	墙面喷刷涂料	1. 基层类型； 2. 喷刷涂料部位； 3. 腻子种类； 4. 刮腻子要求； 5. 涂料品种、喷刷遍数	按设计图示尺寸以面积计算（计量单位：m²）	1. 基层清理； 2. 刮腻子； 3. 刷、喷涂料
		011407002	天棚喷刷涂料			
		011407005	金属构件刷防火涂料	1. 喷刷防火涂料构件名称； 2. 防火等级要求； 3. 涂料品种、喷刷遍数	1. 按设计图示尺寸以质量计算（计量单位：t） 2. 按设计展开面积计算（计量单位：m²）	1. 基层清理； 2. 刷防护材料、油漆
		011407006	木材构件喷刷防火涂料		按设计图示尺寸以面积计算（计量单位：m²）	1. 基层清理； 2. 刷防火材料

序号	版别	项目编码	项目名称	项目特征	工程量计算规则与计量单位	工作内容
1	08规范	020507001	刷喷涂料	1. 基层类型; 2. 腻子种类; 3. 刮腻子要求; 4. 涂料品种、刷喷遍数	按设计图示尺寸以面积计算(计量单位:m²)	1. 基层清理; 2. 刮腻子; 3. 刷、喷涂料
	说明:项目名称拆分为"墙面喷刷涂料"、"天棚喷刷涂料"、"金属构件刷防火涂料"和"木材构件喷刷防火涂料"。项目特征描述增添"喷刷涂料部位"和"防火等级要求"。工程量计算规则与计量单位增添"按设计图示尺寸以质量计算(计量单位:t)"。工作内容增添"刷防护材料、油漆"					
2	13规范	011407003	空花格、栏杆刷涂料	1. 腻子种类; 2. 刮腻子遍数; 3. 涂料品种、刷喷遍数	按设计图示尺寸以单面外围面积计算(计量单位:m²)	1. 基层清理; 2. 刮腻子; 3. 刷、喷涂料
	08规范	020508001	空花格、栏杆刷涂料	1. 腻子种类; 2. 线条宽度; 3. 刮腻子要求; 4. 涂料品种、刷喷遍数		
	说明:项目特征描述将原来的"刮腻子要求"修改为"刮腻子遍数",取消原来的"线条宽度"					
3	13规范	011407004	线条刷涂料	1. 基层清理; 2. 线条宽度; 3. 刮腻子遍数; 4. 刷防护材料、油漆	按设计图示尺寸以长度计算(计量单位:m)	1. 基层清理; 2. 刮腻子; 3. 刷、喷涂料
	08规范	020508002	线条刷涂料	1. 腻子种类; 2. 线条宽度; 3. 刮腻子要求; 4. 涂料品种、刷喷遍数		
	说明:项目特征描述增添"基层清理",将原来的"刮腻子要求"修改为"刮腻子遍数",取消原来的"腻子种类"					

5.1.8 裱糊

裱糊工程量清单项目设置、项目特征描述的内容、计量单位及工程量计算规则等的变化对照情况,见表5-8。

裱糊(编码:011408)   表5-8

序号	版别	项目编码	项目名称	项目特征	工程量计算规则与计量单位	工作内容
1	13规范	011408001	墙纸裱糊	1. 基层类型; 2. 裱糊部位; 3. 腻子种类; 4. 刮腻子遍数; 5. 粘结材料种类; 6. 防护材料种类; 7. 面层材料品种、规格、颜色	按设计图示尺寸以面积计算(计量单位:m²)	1. 基层清理; 2. 刮腻子; 3. 面层铺粘; 4. 刷防护材料

序号	版别	项目编码	项目名称	项目特征	工程量计算规则与计量单位	工作内容
1	08规范	020509001	墙纸裱糊	1. 基层类型； 2. 裱糊构件部位； 3. 腻子种类； 4. 刮腻子要求； 5. 粘结材料种类； 6. 防护材料种类； 7. 面层材料品种、规格、品牌、颜色	按设计图示尺寸以面积计算（计量单位：m²）	1. 基层清理； 2. 刮腻子； 3. 面层铺粘； 4. 刷防护材料
	说明：项目特征描述将原来的"裱糊构件部位"修改为"裱糊部位"，"刮腻子要求"修改为"刮腻子遍数"，"面层材料品种、规格、品牌、颜色"简化为"面层材料品种、规格、颜色"					
2	13规范	011408002	织锦缎裱糊	1. 基层类型； 2. 裱糊部位； 3. 腻子种类； 4. 刮腻子遍数； 5. 粘结材料种类； 6. 防护材料种类； 7. 面层材料品种、规格、颜色	按设计图示尺寸以面积计算（计量单位：m²）	1. 基层清理； 2. 刮腻子； 3. 面层铺粘； 4. 刷防护材料
	08规范	020509002	织锦缎裱糊	1. 基层类型； 2. 裱糊构件部位； 3. 腻子种类； 4. 刮腻子要求； 5. 粘结材料种类； 6. 防护材料种类； 7. 面层材料品种、规格、品牌、颜色		
	说明：项目特征描述将原来的"裱糊构件部位"修改为"裱糊部位"，"刮腻子要求"修改为"刮腻子遍数"，"面层材料品种、规格、品牌、颜色"简化为"面层材料品种、规格、颜色"					

5.2 工程量清单编制实例

5.2.1 实例 5-1

1. 背景资料

某框架结构建筑，其一、二层建筑平面图、剖面图、挑檐详图，如图 5-1～图 5-4 所示。

（1）室外地坪标高为−0.450m，室内地坪标高为±0.000，室外台阶踏步每层高度为 150mm，多孔砖墙墙体厚度为 240mm。

（2）KZ1 截面尺寸为 400mm×400mm；KZ2 截面尺寸为 240mm×240mm；所有墙上轴线居中，即距外墙皮 120mm，框架柱为偏轴线，距柱边分别为 120mm 和 280mm。

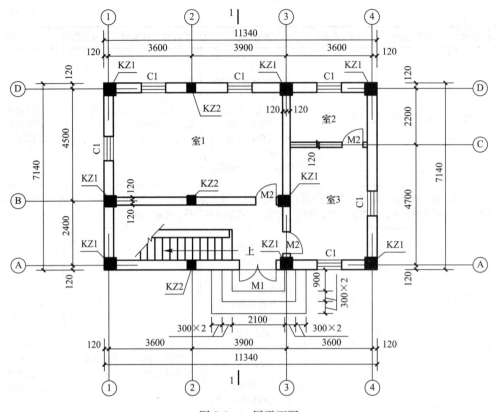

图 5-1　一层平面图

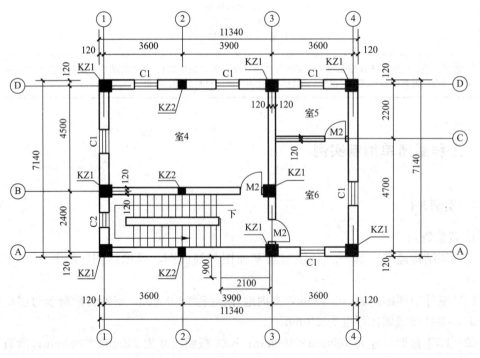

图 5-2　二层平面图

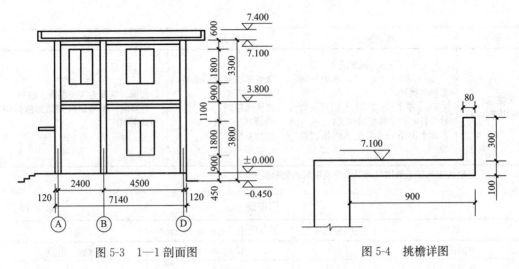

图 5-3　1—1 剖面图　　　　　　　　　　图 5-4　挑檐详图

（3）楼板为现浇钢筋混凝土板，厚度为 120mm；楼梯间板式楼梯、休息平台、梯口梁、楼板的底面面积为 15.20m²；雨篷外立面面积 0.34m²。

（4）墙面、天棚装饰做法及计算说明如表 5-9 所示。门窗洞口尺寸，如表 5-10 所示。

（5）计算时，步骤计算结果保留三位小数，最终计算结果保留两位小数。

墙面、天棚装饰做法及计算说明　　　　　　　　　　　　　　　　　　　表 5-9

部位	抹灰做法	涂饰做法	计算说明
内墙面（氨酯磁漆）	2mm 厚面层耐水腻子分遍刮平； 9mm 厚 1：0.5：3 水泥石灰膏砂浆分遍抹平	涂饰第三遍磁漆； 涂饰第二遍磁漆； 涂饰磁漆、磨平； 刷底油一遍； 满刮第二遍腻子； 满刮腻子、磨平； 局部腻子、磨平； 清理基层	楼梯间内墙不计算，楼板、屋面板厚度均为 100mm； 一层喷刷涂料高度算至楼板底面（楼面施工做法厚度忽略不计）； 二层喷刷涂料高度自楼板面层算至屋面板底面； 240mm 墙上门窗洞口侧面、顶面、窗洞口底面内抹灰、涂刷涂料计算宽度为 80mm； 120mm 墙上门窗洞口侧面、顶面、窗洞口底面内抹灰、涂刷涂料计算宽度为 35mm
外墙面（丙烯酸涂料）（溶剂型）	6mm 厚 1：2.5 水泥砂浆抹平； 12mm 厚 1：3 水泥砂浆打底扫毛或划出纹道	涂饰面层涂料二遍； 复补腻子、磨平、找色； 涂饰底层涂料； 满刮腻子、磨平； 填补缝隙、局部腻子、磨平； 清理基层	240mm 墙上门窗洞口侧面、顶面、窗洞口底面外抹灰、涂料涂刷计算宽度为 80mm
挑檐（内立面）（丙烯酸涂料）（溶剂型）	6mm 厚 1：2.5 水泥砂浆抹平； 12mm 厚 1：3 水泥砂浆打底扫毛或划出纹道； 刷素水泥浆一道（内掺建筑胶）	涂饰面层丙烯酸涂料； 涂饰底涂料； 填补缝隙、局部腻子、磨平； 清理基层	挑檐外立面按外墙面计算，挑檐顶面不计算

155

续表

部位	抹灰做法	涂饰做法	计算说明
天棚（水性耐擦洗涂料）	封底漆一道（与面漆配套产品）； 3mm 厚 1∶0.5∶2.5 水泥石灰膏砂浆找平； 5mm 厚 1∶0.5∶3 水泥石灰膏砂浆打底扫毛或划出纹道； 素水泥浆一道甩毛（内掺建筑胶）	涂饰第二遍面层涂料； 涂饰面层涂料； 涂饰底涂料； 局部腻子、磨平； 清理基层	楼面、屋面为现浇混凝土楼板；计算时，不考虑框架梁梁侧面增加的面积

注：涂饰做法中的腻子采用与面层油漆或涂料的配套腻子。

门窗表 表 5-10

名称	门窗代号	洞口尺寸（宽×高）（mm）	备注
成品防盗门	M1	1200×2400	含锁、五金
成品实木门	M2	900×2100	
铝合金推拉窗、带纱窗	C1	1500×1800	6mm 浮法玻璃，含锁、普通五金
铝合金推拉窗	C2	1200×1800	

2. 问题

根据以上背景资料及现行国家标准《建设工程工程量清单计价规范》（GB 50500—2013）、《房屋建筑与装饰工程工程量计算规范》（GB 50854—2013），试列出该工程内墙抹灰面油漆、外墙面喷刷涂料、天棚喷刷涂料项目的分部分项工程量清单。

3. 参考答案（表 5-11 和表 5-12）

清单工程量计算表 表 5-11

工程名称：某装饰工程

序号	项目编码	清单项目名称	计算式	工程量合计	计量单位
1	011407001001	外墙面喷刷涂料	雨篷外立面面积 0.34m²，挑檐外立面按外墙面计算。240mm 墙上门窗洞口侧面、顶面，窗洞口底面外抹灰、涂刷涂料计算宽度为 80mm。 1. 外墙垂直投影面积： $S_1 = (11.34+7.14) \times 2 \times (7.40+0.45) = 290.136\text{m}^2$ 2. 扣除门窗洞口面积： $S_2 = (1.2 \times 2.4) + (1.5+1.8) \times 6 \times 2 + (1.2 \times 1.8) = 44.640\text{m}^2$ 3. 扣除台阶立面所占面积： $S_3 = [(2.1+0.3 \times 2 \times 2) + (2.1+0.3 \times 2) + 2.1] \times 0.15 = 1.215\text{m}^2$ 4. 增加阳台面积： $S_4 = 0.340(\text{m}^2)$ 5. 增加门窗洞口侧面、顶面，窗洞口底面面积： $S_5 = (1.2+2.4 \times 2) \times 0.08 + (1.5+1.8) \times 2 \times 6 \times 2 \times 0.08 + (1.2+1.8) \times 2 \times 0.08 = 7.296\text{m}^2$ 6. 小计： $S = 290.136+44.640+1.215+0.340+7.296 = 343.63\text{m}^2$	343.63	m²

序号	项目编码	清单项目名称	计算式	工程量合计	计量单位
	011407001002	挑檐内立面喷刷涂料	挑檐顶面不计算。 $S=[11.340+(0.9-0.08)\times2+7.140+(0.9-0.08)\times2]\times2\times0.3=13.06m^2$	13.06	m^2
2	011406001001	内墙面抹灰面油漆	楼梯间内墙不计算，楼板、屋面板厚度均为100mm。一层喷刷涂料高度算至楼板底面（楼面施工做法厚度忽略不计），即3.8-0.1=3.7m；二层喷刷涂料高度自楼板面层算至屋面板底面，即7.1-3.8-0.1=3.2m；240墙上门窗洞口侧面、顶面，窗洞口底面内抹灰、涂刷涂料计算宽度为80mm；120mm墙上门窗洞口侧面、顶面，窗洞口底面内抹灰、涂刷涂料计算宽度为35mm。 方法一： 一、一层 1. 室1： （1）内墙面垂直面积： $S_{1.1}=(3.6+3.9-0.12\times2+4.5-0.12\times2)\times2\times3.7=85.248m^2$ （2）扣除门窗洞口所占的面积： $S_{1.2}=(0.9\times2.1)+(1.5\times1.8)\times3=9.990m^2$ （3）增加门窗洞口侧面、顶面，窗洞口底面面积： $S_{1.3}=[(0.9+2.1\times2)+(1.5+1.8)\times2\times3]\times0.08=1.992m^2$ （4）小计： $S_1=85.248-9.990+1.990=77.248m^2$ 2. 室2： （1）内墙面垂直面积： $S_{2.1}=(3.6-0.12\times2+2.2-0.12-0.06)\times2\times3.7=39.812m^2$ （2）扣除门窗洞口所占的面积： $S_{2.2}=(0.9\times2.1)+(1.5\times1.8)=4.590m^2$ （3）增加门窗洞口侧面、顶面，窗洞口底面面积： $S_{2.3}=(0.9+2.1\times2)\times0.035+(1.5+1.8)\times2\times0.08=0.707m^2$ （4）小计 $S_2=39.812-4.590+0.707=35.929m^2$ 3. 室3内墙面垂直面积： （1）内墙面垂直面积： $S_{3.1}=(3.6-0.12\times2+4.7-0.12-0.06)\times2\times3.7=58.312m^2$ （2）扣除门窗洞口所占的面积： $S_{3.2}=(0.9\times2.1)\times2+(1.5\times1.8)\times2=9.180m^2$ （3）增加门窗洞口侧面、顶面，窗洞口底面面积： $S_{3.3}=(0.9+2.1\times2)\times2\times0.035+(1.5+1.8)\times2\times0.08\times2=1.413m^2$ （4）小计： $S_3=58.312-9.180+1.413=50.545m^2$	302.67	m^2

序号	项目编码	清单项目名称	计算式	工程量合计	计量单位
2	011406001001	内墙面抹灰面油漆	二、二层 1. 室 4： （1）内墙面垂直面积： $S_{4.1}=(3.6+3.9-0.12\times2+4.5-0.12\times2)\times2\times3.2=73.728m^2$ （2）扣除门窗洞口所占的面积： $S_{4.2}=(0.9\times2.1)+(1.5\times1.8)\times3=9.990m^2$ （3）增加门窗洞口侧面、顶面，窗洞口底面面积： $S_{4.3}=[(0.9+2.1\times2)+(1.5+1.8)\times2\times3]\times0.08=1.992m^2$ （4）小计： $S_4=73.728-9.990+1.992=65.730m^2$ 2. 室 5： （1）内墙面垂直面积： $S_{5.1}=(3.6-0.12\times2+2.2-0.12-0.06)\times2\times3.2=34.432m^2$ （2）扣除门窗洞口所占的面积： $S_{5.2}=(0.9\times2.1)+(1.5\times1.8)=4.590m^2$ （3）增加门窗洞口侧面、顶面，窗洞口底面面积： $S_{5.3}=(0.9+2.1\times2)\times0.035+(1.5+1.8)\times2\times0.08=0.707m^2$ （4）小计： $S_5=34.432-4.590+0.707=30.549m^2$ 3. 室 6： （1）内墙面垂直面积： $S_{6.1}=(3.6-0.12\times2+4.7-0.12-0.06)\times2\times3.2=50.432m^2$ （2）扣除门窗洞口所占的面积： $S_{6.2}=(0.9\times2.1)\times2+(1.5\times1.8)\times2=9.180m^2$ （3）增加门窗洞口侧面、顶面，窗洞口底面面积： $S_{6.3}=(0.9+2.1\times2)\times0.035\times2+(1.5+1.8)\times2\times0.08\times2=1.413m^2$ 4. 小计： $S_6=50.432-9.180+1.413=42.665m^2$ 三、合计 $S=(77.248+35.929+50.545)+(65.730+30.549+42.665)=302.67m^2$ 方法二： 一、室 1、室 4： 1. 内墙面垂直面积： $S_{1.1}=(3.6+3.9-0.12\times2+4.5-0.12\times2)\times2\times(3.7+3.2)=158.976m^2$ 2. 扣除门窗洞口所占的面积： $S_{1.2}=(0.9\times2.1)\times2+(1.5\times1.8)\times3\times2=19.980m^2$ 3. 增加门窗洞口侧面、顶面，窗洞口底面面积： $S_{1.3}=[(0.9+2.1\times2)\times2+(1.5+1.8)\times2\times3\times2]\times0.08=3.984m^2$		

序号	项目编码	清单项目名称	计算式	工程量合计	计量单位
2	011406001001	内墙面抹灰面油漆	4. 小计： $S_1=158.976-19.980+3.984=142.980m^2$ 二、室2、室5： 1. 内墙面垂直面积： $S_{2.1}=(3.6-0.12\times2+2.2-0.12-0.06)\times2\times(3.7+3.2)=74.244m^2$ 2. 扣除门窗洞口所占的面积： $S_{2.2}=(0.9\times2.1)\times2+(1.5\times1.8)\times2=9.180m^2$ 3. 增加门窗洞口侧面、顶面，窗洞口底面面积： $S_{2.3}=(0.9+2.1\times2)\times0.035\times2+(1.5+1.8)\times2\times0.08\times2=1.413m^2$ 4. 小计： $S_2=74.244-9.180+1.413=66.477m^2$ 三、室3、室6： 1. 内墙面垂直面积： $S_{3.1}=(3.6-0.12\times2+4.7-0.12-0.06)\times2\times(3.7+3.2)=108.744m^2$ 2. 扣除门窗洞口所占的面积： $S_{3.2}=(0.9\times2.1)\times2\times2+(1.5\times1.8)\times2\times2=18.360m^2$ 3. 增加门窗洞口侧面、顶面，窗洞口底面面积： $S_{3.3}=(0.9+2.1\times2)\times2\times2\times0.035+(1.5+1.8)\times2\times2\times0.080=2.826m^2$ 4. 小计： $S_3=108.744-18.360+2.826=93.210m^2$ 四、合计： $S=142.980+66.477+93.210=302.67m^2$	302.67	m²
3	011407002001	天棚喷刷涂料	楼梯间板式楼梯、休息平台、梯口梁、楼板的底面面积为15.20m²。 不考虑框架梁梁侧面增加的面积。 1. 一层天棚喷刷涂料水平投影面积： $S_1=(11.34-0.24\times2)\times(7.14-0.24\times2)-(3.6+3.9-0.12\times2)\times(2.4-0.12\times2)=56.646m^2$ 2. 二层天棚喷刷涂料水平投影面积： $S_2=(11.34-0.24\times2)\times(7.14-0.24\times2)=72.328m^2$ 3. 扣除一层、二层内墙所占面积： $S_3=(3.6+3.9-0.12\times2)\times0.24\times2+(4.7+2.2)\times0.24\times2+(3.6-0.12\times2)\times0.12\times2=7.603m^2$ 4. 扣除框架柱KZ1突出墙面部分所占面积： $S_4=(0.4-0.24)\times(0.4-0.24)\times16=0.410m^2$ 5. 增加楼梯间板式楼梯、休息平台、梯口梁、楼板的底面面积： $S_5=15.20m^2$ 6. 小计： $S=56.646+72.328-7.603-0.410+15.20=136.16m^2$	136.16	m²

分部分项工程和单价措施项目清单与计价表 表 5-12

工程名称：某装饰工程

序号	项目编码	项目名称	项目特征描述	计量单位	工程量	综合单价	合价	其中暂估价
1	011407001001	外墙面喷刷涂料	1. 基层类型：砖墙面一般抹灰面； 2. 喷刷涂料部位：外墙面； 3. 腻子种类：配套腻子； 4. 刮腻子要求：清理基层，填补缝隙、局部腻子、磨平、满刮腻子、磨平、复补腻子、磨平； 5. 涂料品种、喷刷遍数：丙烯酸涂料（溶剂型），三遍	m²	343.63			
2	011407001002	挑檐内立面喷刷涂料	1. 基层类型：砖墙面一般抹灰面； 2. 喷刷涂料部位：挑檐内立面； 3. 腻子种类：配套腻子； 4. 刮腻子要求：清理基层，填补缝隙、局部腻子、磨平； 5. 涂料品种、喷刷遍数：丙烯酸涂料，两遍	m²	13.06			
3	011406001001	内墙面抹灰面油漆	1. 基层类型：砖墙面一般抹灰面； 2. 腻子种类：配套腻子； 3. 刮腻子遍数：满刮两遍； 4. 油漆品种、刷漆遍数：聚氨酯磁漆，三遍； 5. 部位：内墙面	m²	302.67			
4	011407002001	天棚喷刷涂料	1. 基层类型：现浇钢筋混凝土板一般抹灰面； 2. 喷刷涂料部位：天棚底面； 3. 腻子种类：配套腻子； 4. 刮腻子要求：清理基层，局部腻子、磨平； 5. 涂料品种、喷刷遍数：水性耐擦洗涂料，底层一遍，面层两遍	m²	136.16			

5.2.2 实例 5-2

1. 背景资料

某框架结构建筑，其建筑平面图、剖面图、柱网平面图、楼板结构平面图，如图 5-5～图 5-8 所示。

（1）室外地坪标高为−0.300m，室内地坪标高为±0.000，室外台阶每层踏步高度为 150mm，多孔砖墙墙体厚度为 240mm。

（2）KZ 截面尺寸为 400mm×400mm，所有墙上轴线居中，即距外墙皮 120mm。

（3）墙面、天棚装饰做法及计算说明，如表 5-13 所示。门窗洞口尺寸，如表 5-14 所示。

（4）计算时，步骤计算结果保留三位小数，最终计算结果保留两位小数。

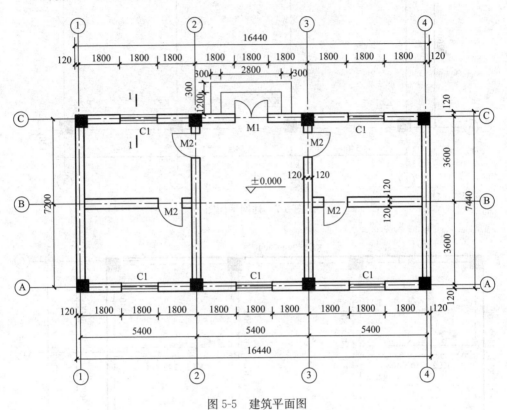

图 5-5 建筑平面图

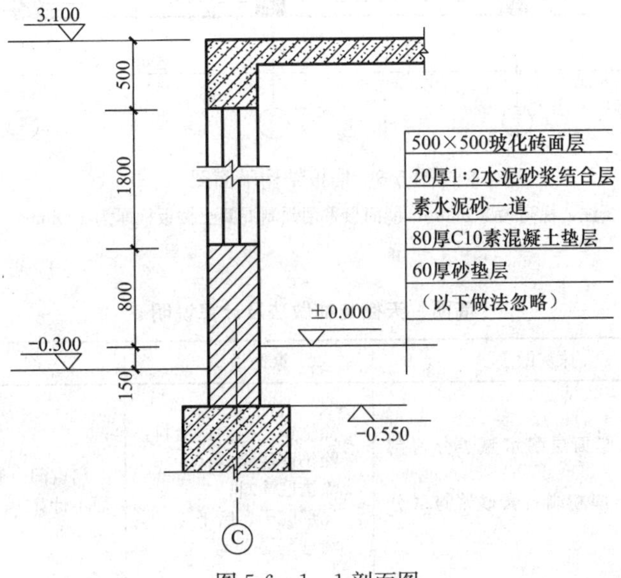

图 5-6 1—1 剖面图

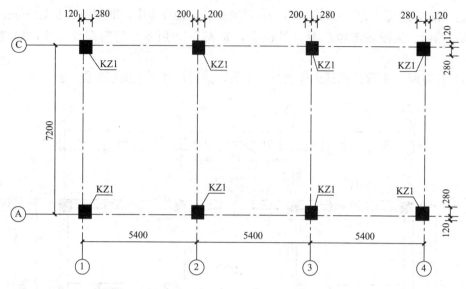

图 5-7 柱网平面图

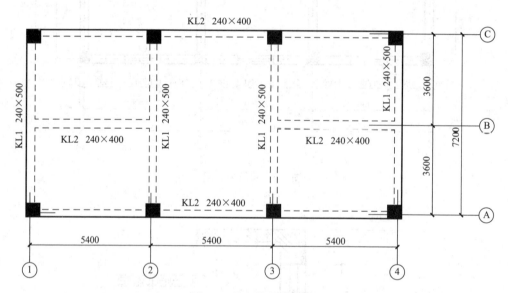

图 5-8 楼板结构平面图

注：标高为 3.000m，屋面板采用预制混凝土楼板板厚为 100mm

墙面、天棚装饰做法及计算说明   表 5-13

部位	抹灰做法	涂饰做法	计算说明
内墙面（聚醋酸乙烯涂料）	2mm 厚面层耐水腻子分遍刮平； 12mm 厚粉刷石膏砂浆打底分遍抹平	涂饰第二遍面层涂料； 涂饰面层涂料； 涂饰底涂料； 局部腻子、磨平； 清理基层	门窗洞口侧面、顶面及窗洞口底面不计算

续表

部位	抹灰做法	涂饰做法	计算说明
外墙面（苯丙涂料）（薄型）	6mm 厚 1：2.5 水泥砂浆抹平；12mm 厚 1：3 水泥砂浆打底扫毛或划出纹道	涂饰第二遍面层涂料；涂饰面层涂料；涂饰底涂料；满刮腻子、磨平；填补缝隙、局部腻子、磨平；清理基层	门窗洞口侧面、顶面及窗洞口底面不计算
天棚（水性耐擦洗涂料）	封底漆一道（与面漆配套产品）；3mm 厚 1：0.5：2.5 水泥石灰膏砂浆找平；5mm 厚 1：0.5：3 水泥石灰膏砂浆打底扫毛或划出纹道；素水泥浆一道甩毛（内掺建筑胶）；钢筋混凝土预制板用水加 10% 火碱清洗油渍，并用 1：0.5：1 水泥石灰膏砂浆将板缝嵌实抹平	涂饰第二遍面层涂料；涂饰面层涂料；涂饰底涂料；局部腻子、磨平；清理基层	计算时，梁下无墙时梁侧抹灰面积并入天棚抹灰面积；墙上梁的抹灰工程量计算时，梁的侧面和底面中凸出墙面的部分，并入天棚抹灰工程量。外墙墙上梁的外侧面面积并入外墙抹灰工程量；梁与墙同宽（即梁平墙），则梁的侧面并入相应的墙面面积内计算

注：涂饰做法中的腻子采用与面层涂料的配套腻子。

门窗表 表 5-14

名称	门窗代号	洞口尺寸（宽×高）(mm)	备注
铝合金平开门	M1	1200×2400	5mm 浮法玻璃，含锁、普通五金
成品实木门	M2	900×2100	含锁、普通五金
铝合金推拉窗	C1	1500×1800	5mm 厚浮法玻璃，含锁、普通五金，型材采用 90 系列

2. 问题

根据以上背景资料及现行国家标准《建设工程工程量清单计价规范》（GB 50500—2013）、《房屋建筑与装饰工程工程量计算规范》（GB 50854—2013），试列出外墙面、内墙面、天棚的涂料喷刷项目的分部分项工程量清单。

3. 参考答案（表 5-15 和表 5-16）

清单工程量计算表 表 5-15

工程名称：某装饰工程

序号	项目编码	清单项目名称	计算式	工程量合计	计量单位
1	011407001001	外墙面喷刷涂料	门窗洞口侧面、顶面及窗洞口底面不计算。 1. 外墙面垂直投影面积： $S_1=(16.44+7.44)\times2\times(3.1+0.30)=162.384m^2$ 2. 扣除门窗洞口所占面积： $S_2=1.2\times2.4+1.5\times1.8\times5=16.380m^2$ 3. 扣除台阶垂直面所占面积： $S_3=(2.8+2.8+0.3\times2\times2)\times0.15=1.020m^2$ 4. 小计： $S=162.384-16.380-1.020=144.98m^2$	144.98	m^2

续表

序号	项目编码	清单项目名称	计算式	工程量合计	计量单位
2	011407001002	内墙面喷刷涂料	门窗洞口侧面、顶面及窗洞口底面不计算。内墙喷刷涂料计算高度为 $3.1-0.10=3.0\text{m}$。 1. 内墙面垂直投影面积： $S_1=(5.4-0.12\times2+3.6+3.6-0.12\times2-0.24)\times2\times2\times3.0+(5.4-0.12\times2)\times2\times2\times3.0+(5.4-0.12\times2+3.6+3.6-0.12\times2)\times2\times3.0=277.200\text{m}^2$ 2. 扣除门窗洞口所占面积： $S_2=1.2\times2.4+1.5\times1.8\times5+(0.9\times2.1)\times4\times2=31.500\text{m}^2$ 3. 小计： $S=277.200-31.500=245.70\text{m}^2$	245.70	m²
3	011407002001	天棚喷刷涂料	梁下无墙时梁侧抹灰面积并入天棚抹灰面积；墙上梁的抹灰工程量计算时，且梁平墙，则梁的侧面并入相应的墙面面积内计算。 1. 天棚水平投影面积： $S_1=(5.4\times3-0.12\times2)\times(3.6\times2-0.12\times2)=111.082\text{m}^2$ 2. 扣除内墙所占面积： $S_2=(5.4-0.12\times2)\times0.24\times2+(3.6+3.6-0.12\times2)\times0.24\times2=5.818\text{m}^2$ 3. 扣除框架柱突出墙面部分所占面积： $S_3=(0.4-0.24)\times(0.4-0.24)\times12=0.307\text{m}^2$ 4. 小计： $S=111.082-5.818-0.307=104.96\text{m}^2$	104.96	m²

分部分项工程和单价措施项目清单与计价表

表 5-16

工程名称：某装饰工程

序号	项目编码	项目名称	项目特征描述	计量单位	工程量	综合单价	合价	其中 暂估价
1	011407001001	外墙面喷刷涂料	1. 基层类型：砖墙面一般抹灰面； 2. 喷刷涂料部位：外墙面； 3. 腻子种类：配套腻子； 4. 刮腻子要求：清理基层、填补缝隙、局部腻子、磨平、满刮腻子、磨平； 5. 涂料品种、喷刷遍数：苯丙涂料（薄型），底层一遍，面层两遍	m²	144.98			

续表

序号	项目编码	项目名称	项目特征描述	计量单位	工程量	金额（元）			
						综合单价	合价	其中	
								暂估价	
2	011407001002	内墙面喷刷涂料	1. 基层类型：砖墙面一般抹灰面； 2. 喷刷涂料部位：内墙面； 3. 腻子种类：配套腻子； 4. 刮腻子要求：清理基层，局部腻子、磨平； 5. 涂料品种、喷刷遍数：聚醋酸乙烯涂料，底层一遍，面层两遍	m²	245.70				
3	011407002001	天棚喷刷涂料	1. 基层类型：钢筋混凝土预制板一般抹灰面； 2. 喷刷涂料部位：天棚底面； 3. 腻子种类：配套腻子； 4. 刮腻子要求：清理基层，局部腻子、磨平； 5. 涂料品种、喷刷遍数：水性耐擦洗涂料，底层一遍，面层两遍	m²	104.96				

5.2.3 实例 5-3

1. 背景资料

图 5-9 和图 5-10 为某换热站建筑平面图及剖面图。

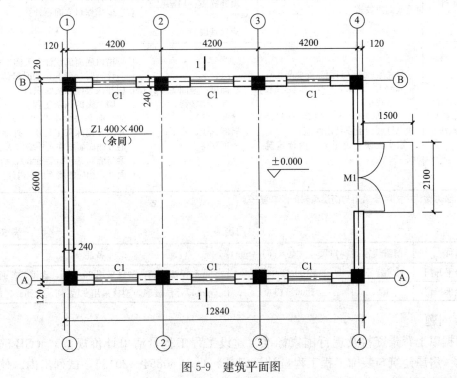

图 5-9 建筑平面图

说明：雨篷梁 240mm×240mm×2600mm

图 5-10　1—1 剖面图

（1）室外地坪标高为－0.200m，室内地坪标高为±0.000，页岩标准砖墙墙体厚度为240mm，轴线尺寸均为墙中心线。

（2）框架梁断面为250mm×400mm（含板厚），屋面板下墙体为一道钢筋混凝土圈梁240mm×240mm。屋面采用100mm厚现浇钢筋混凝土板。

（3）墙面、天棚装饰做法及计算说明，如表5-17所示。门窗洞口尺寸如表5-18所示。

（4）计算时，步骤计算结果保留三位小数，最终计算结果保留两位小数。

墙面、天棚装饰做法及计算说明　　　　　　　表 5-17

部位	抹灰做法	涂饰做法	计算说明
内墙面（无机建筑涂料）	5mm厚1：2.5水泥砂浆抹平； 9mm厚1：3水泥砂浆打底扫毛或划出纹道	涂饰第二遍面层涂料； 涂饰面层涂料； 涂饰底涂料； 局部腻子、磨平； 清理基层	门窗洞口侧面、顶面及窗洞口底面不计算
外墙面（无机建筑涂料）	6mm厚1：2.5水泥砂浆抹平； 12mm厚1：3水泥砂浆打底扫毛或划出纹道	涂饰第二遍面层涂料 涂饰面层涂料； 涂饰底涂料； 填补缝隙、局部腻子、磨平； 清理基层	门窗洞口侧面、顶面及窗洞口底面不计算； 屋檐檐口立面不计算
天棚（乙酸乙烯涂料）（普通做法）	封底漆一道（与面漆配套产品）； 3mm厚1：0.5：2.5水泥石灰膏砂浆找平； 5mm厚1：0.5：3水泥石灰膏砂浆打底扫毛或划出纹道； 素水泥浆一道甩毛（内掺建筑胶）	涂饰第二遍面层涂料； 涂饰面层涂料； 涂饰底涂料； 局部腻子、磨平； 清理基层	檐口底面面积计入天棚工程量； 计算时，梁下无墙时梁侧抹灰面积计入天棚抹灰面积； 墙上梁的抹灰工程量计算时，梁的侧面和底面中凸出墙面的部分，并入天棚抹灰工程量。外墙墙上梁的外侧面面积并入外墙抹灰工程量；梁与墙同宽（即梁平墙），则梁的侧面并入相应的墙面面积内计算

注：涂饰做法中的腻子采用与面层涂料的配套腻子。

门窗表　　　　　　　表 5-18

名称	门窗代号	洞口尺寸（宽×高）(mm)	备注
铝合金平开门	M1	2100×2400	5mm浮法玻璃，型材采用90系列，含锁、普通五金
铝合金推拉窗	C1	1800×1800	5mm厚浮法玻璃，型材采用90系列，含锁、普通五金

2. 问题

根据以上背景资料及现行国家标准《建设工程工程量清单计价规范》（GB 50500—2013）、《房屋建筑与装饰工程工程量计算规范》（GB 50854—2013），试列出内、外墙面、天棚涂料项目的分部分项工程量清单。

3. 参考答案（表 5-19 和表 5-20）

清单工程量计算表 　　　　　　　　　　　　　　　　　　　　表 5-19

工程名称：某装饰工程

序号	项目编码	清单项目名称	计算式	工程量合计	计量单位
1	011407001001	外墙面喷刷涂料	屋檐檐口立面不计算，外墙面喷刷涂料高度算至屋面板底面。 1. 外墙面垂直投影面积： $S_1=(12.84+6.0+0.24)\times2\times(4.2+0.2)=167.904m^2$ 2. 扣除门窗洞口所占面积： $S_2=(2.1\times2.4)+(1.8\times1.8\times6)=24.480m^2$ 3. 扣除坡道垂直面所占面积： $S_3=2.1\times0.2=0.420m^2$ 4. 小计： $S=167.904-24.480-0.420=143.00m^2$	143.00	m^2
2	011407001002	内墙面喷刷涂料	框架柱 KZ 截面尺寸 400mm×400mm。 1. 内墙面垂直投影面积： $S_1=(12.84+6.0+0.24)\times2\times4.2=160.272m^2$ 2. 扣除门窗洞口所占面积： $S_2=(2.1\times2.4)+(1.8\times1.8\times6)=24.480m^2$ 3. 增加框架柱 KZ 突出墙面的部分所占的面积： $S_3=(0.4-0.24)\times4.2\times8=5.376m^2$ 4. 扣除框架柱与梁交接处的面积： $S_4=0.25\times0.4\times4=0.400m^2$ 5. 小计： $S=160.272-24.480+5.376-0.400=140.77m^2$	140.77	m^2
3	011407002001	天棚喷刷涂料	框架梁断面尺寸为 250mm×400mm（含板厚），板厚为 100mm，梁侧面面积计入天棚喷刷涂料面积，檐口底面计入天棚喷刷涂料面积。 1. 天棚水平投影面积： $S_1=(12.84-0.24\times2)\times(6.0-0.12\times2)=71.194m^2$ 2. 增加梁侧面面积： $S_2=(0.4-0.1)\times(6.6+0.12\times2-0.4\times2)\times2\times2=7.248m^2$ 3. 扣除框架柱突出墙面的部分所占的面积： $S_3=(0.4-0.24)\times(0.4-0.24)\times4+(0.4-0.24)\times0.4\times4=0.358m^2$ 4. 增加檐口底面面积： $S_4=(12.84+0.25\times2+6.0+0.12\times2+0.25)\times2\times0.5=19.830m^2$ 5. 小计： $S=71.194+7.248-0.358+19.830=97.91m^2$	97.91	m^2

分部分项工程和单价措施项目清单与计价表　　　　　　　表 5-20

工程名称：某装饰工程

序号	项目编码	项目名称	项目特征描述	计量单位	工程量	金额（元）		
						综合单价	合价	其中 暂估价
1	011407001001	外墙面喷刷涂料	1. 基层类型：砖墙一般抹灰面； 2. 喷刷涂料部位：外墙面； 3. 腻子种类：配套腻子； 4. 刮腻子要求：清理基层，填补缝隙、局部腻子、磨平； 5. 涂料品种、喷刷遍数：无机建筑涂料，底层一遍，面层两遍	m²	143.00			
2	011407001002	内墙面喷刷涂料	1. 基层类型：砖墙一般抹灰面； 2. 喷刷涂料部位：内墙面； 3. 腻子种类：配套腻子； 4. 刮腻子要求：清理基层，局部腻子、磨平； 5. 涂料品种、喷刷遍数：无机建筑涂料，底层一遍，面层两遍	m²	140.77			
3	011407002001	天棚喷刷涂料	1. 基层类型：现浇钢筋混凝土板一般抹灰面； 2. 喷刷涂料部位：天棚底面； 3. 腻子种类：配套腻子； 4. 刮腻子要求：清理基层，局部腻子、磨平； 5. 涂料品种、喷刷遍数：乙酸乙烯涂料（普通做法），底层一遍，面层两遍	m²	97.91			

5.2.4　实例 5-4

1. 背景资料

图 5-11～图 5-14 为某框架结构建筑的建筑平面图、立面图、挑檐大样图及屋面结构平面图。

（1）室外地坪标高为 -0.450m，室内地坪标高为 ±0.000，室外台阶每层踏步高度为 150mm，空心砖墙墙体厚度为 240mm，墙裙高 900mm。

（2）KZ1 截面尺寸为 300mm×300mm；所有墙上轴线居中，即距外墙皮 120mm；预制钢筋混凝土屋面板板厚为 100mm。

（3）墙面、天棚装饰做法及计算说明，如表 5-21 所示。门窗表尺寸如表 5-22 所示。

（4）计算时，步骤计算结果保留三位小数，最终计算结果保留两位小数。

2. 问题

根据以上背景资料及现行国家标准《建设工程工程量清单计价规范》（GB 50500—2013）、《房屋建筑与装饰工程工程量计算规范》（GB 50854—2013），试列出该工程外墙面涂料、内墙面涂料、天棚涂料项目的分部分项工程量清单。

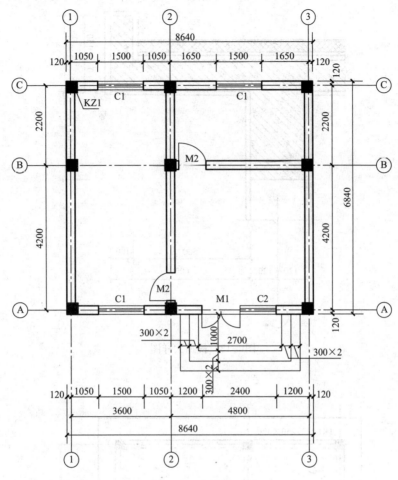

图 5-11 建筑平面图

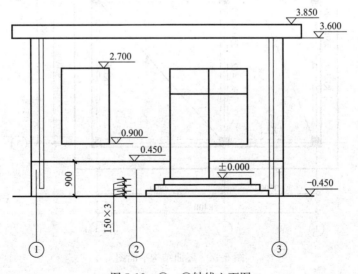

图 5-12 ①～③轴线立面图

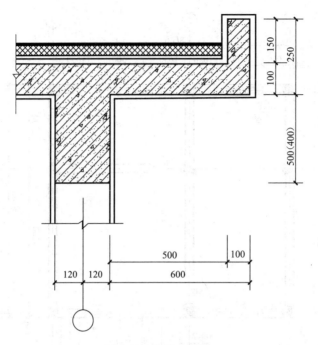

图 5-13　挑檐大样图

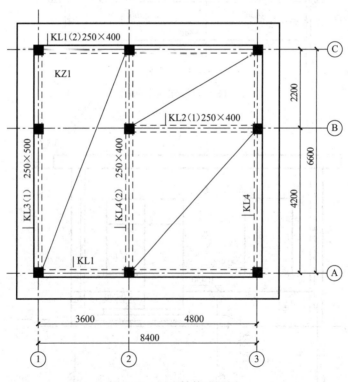

图 5-14　屋面结构平面图

墙面、天棚装饰做法及计算说明　　　　　　　　　　表 5-21

部位	抹灰做法	涂饰做法	计算说明
内墙面（溶剂型双组分聚氨酯涂料）	2mm 厚面层耐水腻子分遍刮平； 9mm 厚 1：0.5：3 水泥石灰膏砂浆分遍抹平	涂面层涂料二遍； 找平腻子层二遍每遍均打磨； 封底涂料二遍（第一遍为稀释涂料）； 清理基层	内墙面喷刷涂料高度算至楼板底面，框架梁侧面面积计入内墙面喷刷涂料工程量，框架梁突出墙面部分的梁底面积计入天棚喷刷涂料工程量。 门窗洞口侧面、顶面及窗口底面面积计算宽度为 80mm
外墙面（聚氨酯涂料）	6mm 厚 1：2.5 水泥砂浆抹平 12mm 厚 1：3 水泥砂浆打底扫毛或划出纹道	涂饰面层涂料二遍 复补腻子、磨平、找色； 涂饰底层涂料； 满刮腻子、磨平； 填补缝隙、局部腻子、磨平； 清理基层	门窗洞口侧面、顶面及窗洞口底面不计算； 挑檐外侧面计入外墙面喷刷涂料工程量
天棚（溶剂型双组分聚氨酯涂料）	3mm 厚 1：0.5：2.5 水泥石灰膏砂浆找平； 5mm 厚 1：0.5：3 水泥石灰膏砂浆打底扫毛或划出纹道； 素水泥浆一道甩毛（内掺建筑胶）； 钢筋混凝土预制板用水加 10% 火碱清洗油渍，并用 1：0.5：1 水泥石灰膏砂浆将板缝嵌实抹平	涂面层涂料二遍； 找平腻子层二遍，每遍均打磨； 封底涂料二遍（第一遍为稀释涂料）； 清理基层	檐板底面面积，框架梁突出墙面部分的梁底面积计入天棚喷刷涂料工程量

注：涂饰做法中的腻子采用与面层涂料的配套腻子。

门窗表　　　　　　　　　　表 5-22

名称	门窗代号	洞口尺寸（宽×高）（mm）	备注
铝合金平开门	M1	1200×2400	5mm 浮法玻璃，型材采用 90 系列，含锁、普通五金
成品镶板门	M2	900×2100	含锁、普通五金
铝合金推拉窗	C1	1500×1800	5mm 厚浮法玻璃，型材采用 90 系列，含锁、普通五金
铝合金推拉窗	C2	900×1800	

3. 参考答案（表 5-23 和表 5-24）

清单工程量计算表　　　　　　　　　　表 5-23

工程名称：某装饰工程

序号	项目编码	清单项目名称	计算式	工程量合计	计量单位
1	011407001001	外墙面喷刷涂料	挑檐外侧面计入外墙面喷刷涂料工程量。 1. 外墙面垂直投影面积： $S_1 = (8.64+6.84) \times 2 \times (3.85+0.45) = 133.128 m^2$ 2. 扣除地坪标高以上 900mm 范围内外墙裙、台阶立面、门所占面积： $S_2 = (8.64+6.84) \times 2 \times 0.9 = 27.864 m^2$ 3. 扣除门（部分）窗洞口所占面积： $S_3 = 1.2 \times (2.4+0.45-0.9) + 1.5 \times 1.8 \times 3 + 0.9 \times 1.8 = 12.060 m^2$ 4. 小计： $S = 133.128 - 27.864 - 12.060 = 93.20 m^2$	93.20	m^2

序号	项目编码	清单项目名称	计算式	工程量合计	计量单位
2	011407001002	内墙面喷刷涂料	内墙面喷刷涂料高度算至楼板底面，框架梁侧面面积计入内墙面喷刷涂料工程量，框架梁突出墙面部分的梁底面积计入天棚喷刷涂料工程量。 门窗洞口侧面、顶面即窗口底面面积计算宽度为 80mm。 1. 内墙面垂直投影面积： $S_1=[(3.6+4.8-0.12\times2-0.24)\times2+(4.2+2.2-0.12\times2)\times2-0.24+(4.2+2.2-0.12\times2)\times2-0.24+(4.8-0.12\times2)\times2]\times3.6=176.832m^2$ 2. 扣除门窗洞口所占面积： $S_2=1.2\times2.4+0.9\times2.1\times4+1.5\times1.8\times3+0.9\times1.8=20.160m^2$ 3. 框架柱突出墙面的部分增加的面积： $S_3=[(0.3-0.24)\times2+(0.3-0.24)\times0.5\times2]\times3.6=0.648m^2$ 4. 门窗洞口侧面、顶面及窗口底面面积： $S_4=[(1.2+2.4\times2)+(0.9+2.1\times2)\times4+(1.5+1.8)\times2+(0.9+1.8)\times2]\times0.08=3.072m^2$ 5. 小计： $S=176.832-20.16+0.648+3.072=160.39m^2$	160.39	m²
3	011407002001	天棚喷刷涂料	檐板底面面积、框架梁突出墙面部分的梁底面积计入天棚喷刷涂料工程量。 1. 天棚水平投影面积： $S_1=(8.64-0.24\times2)\times(6.84-0.24\times2)=51.898m^2$ 2. 扣除框架梁下墙体所占面积： $S_2=(6.84-0.3\times2)\times0.24+[4.8+0.12-0.3-0.12-(0.3-0.24)/2]\times0.24=1.498+1.073=2.571m^2$ 3. 扣除框架柱突出墙面的部分所占面积： $S_3=(0.3-0.24)\times(0.3-0.24)\times4+(0.3-0.24)/2\times(0.3-0.24)\times8+(0.3-0.24)\times0.3+(0.3-0.24)/2\times0.3=0.056m^2$ 4. 屋面檐板底面面积： $S_4=(8.64+0.3\times2+6.84+0.3\times2)\times2\times0.6=20.016m^2$ 5. 小计： $S=51.898-2.571-0.056+20.016=69.29m^2$	69.29	m²

注：1. 框架梁长度算至框架柱侧面，框架柱高度算至板底。

2. 套内内墙及 M2 洞口双面喷刷涂料。

分部分项工程和单价措施项目清单与计价表　　　　表 5-24

工程名称：某装饰工程

序号	项目编码	项目名称	项目特征描述	计量单位	工程量	金额（元）		
						综合单价	合价	其中
								暂估价
1	011407001001	外墙面喷刷涂料	1. 基层类型：砖墙一般抹灰面； 2. 喷刷涂料部位：外墙面； 3. 腻子种类：配套腻子； 4. 刮腻子要求：清理基层，填补缝隙、局部腻子、磨平、满刮腻子、磨平、复补腻子、磨平； 5. 涂料品种、喷刷遍数：聚氨酯涂料，底层一遍，面层两遍	m²	93.20			
2	011407001002	内墙面喷刷涂料	1. 基层类型：砖墙面一般抹灰面； 2. 喷刷涂料部位：内墙面； 3. 腻子种类：配套腻子； 4. 刮腻子要求：清理基层，找平腻子两遍，每遍均打磨； 5. 涂料品种、喷刷遍数：溶剂型双组分聚氨酯涂料，封底两遍，面层两遍	m²	160.39			
3	011407002001	天棚喷刷涂料	1. 基层类型：钢筋混凝土预制板面一般抹灰面； 2. 喷刷涂料部位：天棚底面； 3. 腻子种类：配套腻子； 4. 刮腻子要求：清理基层，找平腻子两遍，每遍均打磨； 5. 涂料品种、喷刷遍数：溶剂型双组分聚氨酯涂料，封底两遍，面层两遍	m²	69.29			

5.2.5　实例 5-5

1. 背景资料

图 5-15 为某砖混结构的建筑平面图。

（1）室外地坪标高为 −0.450m，室内地坪标高为 ±0.000，屋面板板顶标高 3.200m、女儿墙高 500mm，室外台阶每层踏步高度为 150mm；灰砂砖墙体厚度为 240mm，所有墙上轴线居中，即距外墙皮 120mm；预制钢筋混凝土屋面板板厚度为 100mm。

（2）墙面、天棚装饰做法及计算说明，如表 5-25 所示。门窗表尺寸如表 5-26 所示。

（3）计算时，步骤计算结果保留三位小数，最终计算结果保留两位小数。

2. 问题

根据以上背景资料及现行国家标准《建设工程工程量清单计价规范》（GB 50500—2013）、《房屋建筑与装饰工程工程量计算规范》（GB 50854—2013），试列出该工程外墙面、内墙面、天棚喷刷涂料项目的分部分项工程量清单。

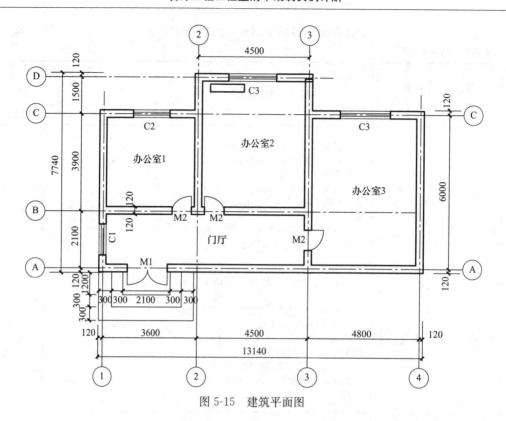

图 5-15　建筑平面图

墙面、天棚装饰做法及计算说明

表 5-25

部位	抹灰做法	涂饰做法	计算说明
内墙面（复层建筑涂料—凹凸花纹）	2mm 厚纸筋灰罩面； 14mm 厚 1：3：9 水泥石灰膏砂浆打底分层抹平	涂饰第二遍面层涂料； 涂饰面层涂料； 涂抗碱封底涂料； 喷主层涂料，并滚压成花纹或平纹，主层养护； 局部腻子； 清理基层	内墙喷刷涂料算至屋面板底面； 门窗洞口侧面、顶面及窗口底面面积不计算
外墙面（丙烯酸涂料）	6mm 厚 1：2.5 水泥砂浆抹平 12mm 厚 1：3 水泥砂浆打底扫毛或划出纹道	涂饰面层涂料二遍 复补腻子、磨平、找色； 涂饰底层涂料； 满刮腻子、磨平； 填补缝隙、局部腻子、磨平； 清理基层 基层抹灰要求（普通抹灰）	门窗洞口侧面、顶面及窗洞口底面不计算。 女儿墙内立面、顶面面积，不计算。 女儿墙外立面面积，计入外墙喷刷涂料面积
天棚（复层建筑涂料—凹凸花纹）	3mm 厚 1：0.5：2.5 水泥石灰膏砂浆找平； 5mm 厚 1：0.5：3 水泥石灰膏砂浆打底扫毛或划出纹道； 素水泥浆一道甩毛（内掺建筑胶）； 钢筋混凝土预制板用水加 10% 火碱清洗油渍，并用 1：0.5：1 水泥石灰膏砂浆将板缝嵌实抹平	涂饰第二遍面层涂料； 涂饰面层涂料； 涂抗碱封底涂料； 喷主层涂料，并滚压成花纹或平纹，主层养护； 局部腻子； 清理基层	

注：涂饰做法中的腻子采用与面层涂料的配套腻子。

门窗表　　　　　　　　　　　　　　　　　表 5-26

名称	门窗代号	洞口尺寸（宽×高）(mm)	备注
铝合金平开门	M1	1800×2400	5mm 浮法玻璃，型材采用 90 系列，含锁、普通五金
成品镶板门	M2	900×2100	含锁、普通五金
平开铝塑复合窗	C1	900×1800	夹层玻璃（5＋9＋5），型材采用 H 型－60 系列外平开铝塑复合窗，含锁、普通五金
平开铝塑复合窗	C2	1200×1800	
平开铝塑复合窗	C3	1500×1800	

3. 参考答案（表 5-27 和表 5-28）

清单工程量计算表　　　　　　　　　　　　　　　　表 5-27

工程名称：某装饰工程

序号	项目编码	清单项目名称	计算式	工程量合计	计量单位
1	011407001001	外墙面喷刷涂料	女儿墙外立面面积，计入外墙喷刷涂料面积。台阶踏步高度为 150mm。 1. 外墙垂直面面积： $S_1=(13.14+7.74)×2×(0.45+3.2+0.5)=173.304\text{m}^2$ 2. 扣除门窗洞口所占面积： $S_2=1.8×2.4+0.9×1.8+1.5×1.8×2+1.2×1.8=13.500\text{m}^2$ 3. 扣除台阶垂直面所占面积： $S_3=[2.1+(2.1+0.3×2)+(2.1+0.3×2)]×0.15=1.125\text{m}^2$ 4. 小计： $S=173.304-13.500-1.125=158.68\text{m}^2$	158.68	m²
2	011407001002	内墙面喷刷涂料	内墙喷刷涂料算至屋面板底面，即 3.2－0.12＝3.08m 1. 办公室 1 内墙净面积： $S_1=(3.6-0.12×2+3.9-0.12×2)×2×3.08-1.2×1.8-0.9×2.1=39.193\text{m}^2$ 2. 办公室 2 内墙净面积： $S_2=(4.5-0.12×2+3.9+1.5-0.12×2)×2×3.08-0.9×2.1-1.5×1.8=53.437\text{m}^2$ 3. 办公室 3 内墙净面积： $S_3=(4.8-0.12×2+6.0-0.12×2)×2×3.08-0.9×2.1-1.5×1.8=58.981\text{m}^2$ 4. 门厅内墙净面积： $S_4=(2.1-0.12×2+3.6+4.5-0.12×2)×2×3.08-1.8×2.4-0.9×2.1×3-0.9×1.8=48.265\text{m}^2$ 5. 小计： $S=39.193+53.437+58.981+48.265=199.88\text{m}^2$	199.88	m²

续表

序号	项目编码	清单项目名称	计算式	工程量合计	计量单位
3	011407002001	天棚喷刷涂料	1. 办公室 1 天棚净面积： $S_1=(3.6-0.12\times2)\times(3.9-0.12\times2)$ $=12.298\mathrm{m}^2$ 2. 办公室 2 天棚净面积： $S_2=(3.9+1.5-0.12\times2)\times(4.5-0.12\times2)=21.981\mathrm{m}^2$ 3. 办公室 3 天棚净面积： $S_3=(4.8-0.12\times2)\times(6.0-0.12\times2)=26.266\mathrm{m}^2$ 4. 门厅天棚净面积： $S_4=(3.6+4.5-0.12\times2)\times(2.1-0.12\times2)=14.620\mathrm{m}^2$ 5. 小计： $S=12.298+21.981+26.266+14.620=75.17\mathrm{m}^2$	75.17	m²

分部分项工程和单价措施项目清单与计价表 表 5-28

工程名称：某装饰工程

序号	项目编码	项目名称	项目特征描述	计量单位	工程量	综合单价	合价	其中 暂估价
1	011407001001	外墙面喷刷涂料	1. 基层类型：砖墙面一般抹灰面； 2. 喷刷涂料部位：外墙面； 3. 腻子种类：配套腻子； 4. 刮腻子要求：清理基层，填补缝隙、局部腻子、磨平，满刮腻子、磨平，复补腻子、磨平； 5. 涂料品种、喷刷遍数：丙烯酸涂料，封底一遍，面层两遍	m²	158.68			
2	011407001002	内墙面喷刷涂料	1. 基层类型：砖墙面一般抹灰面； 2. 喷刷涂料部位：内墙面； 3. 腻子种类：配套腻子； 4. 刮腻子要求：清理基层，局部腻子； 5. 涂料品种、喷刷遍数：复层建筑涂料（凹凸花纹），主层一遍，封底一遍，面层两遍	m²	199.88			
3	011407002001	天棚喷刷涂料	1. 基层类型：预制钢筋混凝土屋面板板面一般抹灰面； 2. 喷刷涂料部位：天棚底面； 3. 腻子种类：配套腻子； 4. 刮腻子要求：清理基层，局部腻子； 5. 涂料品种、喷刷遍数：复层建筑涂料（凹凸花纹），主层一遍，封底一遍，面层两遍	m²	75.17			

5.2.6 实例5-6

1. 背景资料

某框架结构建筑，其建筑平面图、剖面图、柱网平面图、屋面结构平面图，如图 5-16～图 5-19 所示。

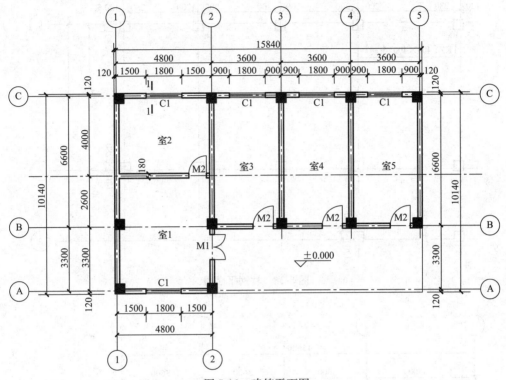

图 5-16 建筑平面图

（1）室外地坪标高为－0.150m，室内地坪标高为±0.000，室外台阶每层踏步高度为150mm；蒸压加气混凝土砌块墙墙体厚度为240mm，所有墙上轴线居中，即距外墙皮120mm。

（2）KZ 截面尺寸为400mm×400mm，预制钢筋混凝土屋面板厚度为120mm。

（3）墙面、天棚装饰做法及计算说明，如表 5-29 所示。门窗洞口尺寸如表 5-30 所示。

（4）计算时，步骤计算结果保留三位小数，最终计算结果保留两位小数。

2. 问题

根据以上背景资料及现行国家标准《建设工程工程量清单计价规范》（GB 50500—2013）、《房屋建筑与装饰工程工程量计算规范》（GB 50854—2013），试列出该工程外墙面、内墙面、天棚喷刷

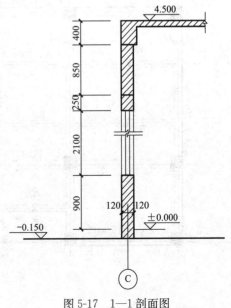

图 5-17 1—1 剖面图

涂料项目的分部分项工程量清单。

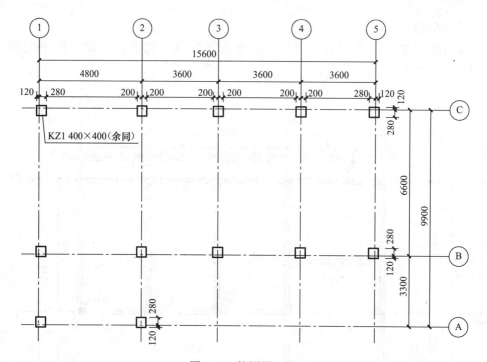

图 5-18　柱网平面图

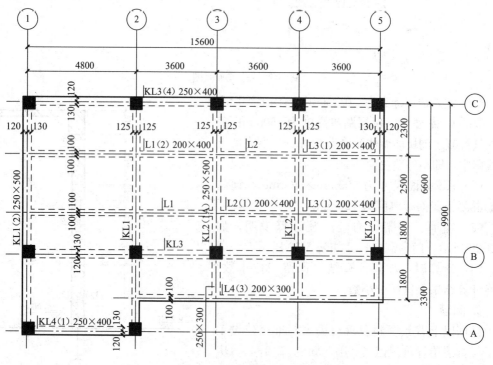

图 5-19　屋面结构平面图

5 油漆、涂料、裱糊工程

墙面、天棚装饰做法及计算说明　　表5-29

部位	抹灰做法	涂饰做法	计算说明
内墙面（醋丙涂料）	2mm厚面层耐水腻子分遍刮平；5mm厚1：0.5：2.5水泥石灰膏砂浆抹平；8mm厚1：1：6水泥石灰膏砂浆打底扫毛或划出纹道；3mm厚外加剂专用砂浆打底刮糙或专用界面剂一道甩毛（甩前喷湿墙面）	涂饰第二遍面层涂料；涂饰面层涂料；涂饰底涂料；局部腻子、磨平；清理基层	门窗洞口侧面、顶面及窗洞口底面不计算
外墙面（丙烯酸涂料）	6mm厚1：2.5水泥砂浆找平；9mm厚1：3专用水泥砂浆打底扫毛或划出纹道；3mm厚专用聚合物砂浆底面刮糙；或专用界面剂甩毛；喷湿墙面	涂饰面层涂料二遍复补腻子、磨平、找色；涂饰底层涂料；满刮腻子、磨平；填补缝隙、局部腻子、磨平；清理基层	门窗洞口侧面、顶面及窗洞口底面不计算
天棚（醋丙涂料）	封底漆一道（与面漆配套产品）；3mm厚1：0.5：2.5水泥石灰膏砂浆找平；5mm厚1：0.5：3水泥石灰膏砂浆打底扫毛或划出纹道；素水泥浆一道甩毛（内掺建筑胶）；钢筋混凝土预制板用水加10%火碱清洗油渍，并用1：0.5：1水泥石灰膏砂浆将板缝嵌实抹平	涂饰第二遍面层涂料；涂饰面层涂料；涂饰底涂料；局部腻子、磨平；清理基层	框架梁突出墙面部分的梁侧面面积，计入墙面喷刷涂料工程量，梁底面积计入天棚喷刷涂料工程量。有梁板中梁的侧面面积，计入天棚喷刷涂料工程量

注：涂饰做法中的腻子采用与面层涂料的配套腻子。

门窗表　　表5-30

名称	门窗代号	洞口尺寸（宽×高）（mm）	备注
铝合金平开门	M1	1200×2100	采用6mm钢化玻璃，含锁、普通五金
成品实木门	M2	1000×2100	含锁、普通五金
铝合金推拉窗	C1	1800×2100	5mm厚浮法玻璃，型材采用90系列，含锁、普通五金

3. 参考答案（表5-31和表5-32）

清单工程量计算表　　表5-31

工程名称：某装饰工程

序号	项目编码	清单项目名称	计算式	工程量合计	计量单位
1	011407001001	外墙面喷刷涂料	1. 外墙垂直投影面积：$S_1=(15.84+10.14)×2×(4.5+0.15)=214.614m^2$ 2. 扣除门窗洞口所占面积：$S_2=1.2×2.1+1.0×2.1×3+1.8×2.1×5=27.720m^2$ 3. 扣除台阶立面所占面积：$S_3=3.6×3×0.15=1.620m^2$ 4. 小计：$S=214.614+27.720+1.620=243.95m^2$	243.95	m²

179

序号	项目编码	清单项目名称	计算式	工程量合计	计量单位
2	011407001002	内墙面喷刷涂料	框架梁突出墙面部分梁侧面面积，计入墙面喷刷涂料工程量，梁底面积计入天棚喷刷涂料工程量。 1. 房间1内墙面面积： $S_1 = [(4.8 - 0.12 - 0.09 + 3.3 + 2.6 - 0.12 \times 2) \times 2 + (0.4 - 0.24) \times 2 + (0.4 - 0.24) \times 0.5 \times 2] \times (4.5 - 0.12) - (1.2 \times 2.1 + 1.0 \times 2.1 + 1.8 \times 2.1) = 20.980 \times 4.380 - 8.400$ $= 83.492\text{m}^2$ 2. 房间2内墙面面积： $S_2 = (4.8 - 0.12 - 0.09 + 4.0 - 0.12 \times 2) \times 2 \times (4.5 - 0.12) - (1.0 \times 2.1 + 1.8 \times 2.1) = 67.266\text{m}^2$ 3. 房间3、房间4、房间5内墙面面积： $S_3 = [(3.6 - 0.12 \times 2 + 2.6 + 4.0 - 0.12 \times 2) \times 2 \times (4.5 - 0.12) - (1.0 \times 2.1 + 1.8 \times 2.1)] \times 3 = 237.802\text{m}^2$ 4. 小计： $S = 83.492 + 67.266 + 237.802 = 388.56\text{m}^2$	388.56	m²
3	011407002001	天棚喷刷涂料	框架梁突出墙面部分的梁侧面面积，计入墙面喷刷涂料工程量，梁底面积计入天棚喷刷涂料工程量。 有梁板中梁的侧面面积，计入天棚喷刷涂料工程量。 方法一： 1. 天棚水平投影面积（不含雨篷）： $S_1 = (15.6 - 0.12 \times 2) \times (9.9 - 0.12 \times 2) - 3.6 \times 3 \times (3.3 - 0.12 \times 2)$ $= 115.330\text{m}^2$ 2. 雨篷面积水平投影面积： $S_2 = 3.6 \times 3 \times (1.8 - 0.12 + 0.10) = 19.224\text{m}^2$ 3. 扣除天棚下墙体所占面积： $S_3 = (4.8 - 0.12 \times 2) \times 0.18 + (2.6 + 4.0 + 0.12 \times 2 - 0.4 \times 2) \times 3 \times 0.24 + (3.6 \times 3 + 0.2 + 0.12 - 0.4 \times 4) \times 0.24 = 7.454\text{m}^2$ 4. 扣除天棚投影内框架柱所占面积： $S_4 = (0.4 - 0.24) \times (0.4 - 0.24) \times 4 + (0.4 - 0.24) \times 0.4 \times 5 + 0.4 \times 0.4 \times 3$ $= 0.902\text{m}^2$ 5. 增加有梁板梁侧面面积（梁长算至柱、梁侧面）： （1）①～②轴间： $S_5 = (4.8 - 0.28 - 0.20) \times (0.4 - 0.12) \times 2 + (4.8 - 0.13 - 0.125) \times (0.4 - 0.12) \times 2 = 4.964\text{m}^2$ （2）②～③轴间（不含横向雨篷梁）： $S_6 = (3.6 - 0.125 \times 2) \times (0.4 - 0.12) \times 2 \times 2 = 3.752\text{m}^2$ （3）③～④轴间（不含横向雨篷梁）： $S_7 = (3.6 - 0.125 \times 2) \times (0.4 - 0.12) \times 2 \times 2 = 3.752\text{m}^2$	147.87	m²

序号	项目编码	清单项目名称	计算式	工程量合计	计量单位
3	011407002001	天棚喷刷涂料	(4) ④～⑤轴间（不含横向雨篷梁）： $S_8 = (3.6-0.125-0.13) \times (0.4-0.12) \times 2 \times 2 = 3.746m^2$ (5) 雨篷梁（含雨篷梁外侧面）： $S_9 = (3.6 \times 3-0.125+0.12+3.6 \times 3-0.125+0.12-0.25 \times 3) \times (0.3-0.12) + (1.8-0.12-0.10) \times (0.3-0.12) \times 6 = 5.458m^2$ (6) 小计： $S_{10} = 4.964+3.752 \times 2+3.746+5.458 = 21.672m^2$ 5. 合计： $S = 115.330+19.224-7.454-0.902+21.672 = 147.87m^2$ 方法二： 1. 房间1天棚喷刷涂料面积： $S_1 = (4.8-0.12 \times 2) \times (3.3+2.6-0.12-0.09) - (0.4-0.24) \times 0.4 - (0.4-0.24) \times (0.4-0.24) - (0.4-0.24) \times 0.5 - (0.4-0.24) \times 0.5 \times 0.4 + (4.8-0.28-0.2) \times (0.4-0.12) \times 2 = 28.231m^2$ 2. 房间2天棚喷刷涂料面积： $S_2 = (4.8-0.12 \times 2) \times (4.0-0.12-0.09) - (0.4-0.24) \times (0.4-0.24) - (0.4-0.24) \times (0.4-0.24) \times 0.5 + (4.8-0.13-0.125) \times (0.4-0.12) \times 2 = 19.789m^2$ 3. 房间3天棚喷刷涂料面积： $S_3 = (3.6-0.12 \times 2) \times (4.0+2.6-0.12 \times 2) - (0.4-0.24) \times (0.4-0.24)/2 \times 4 + (3.6-0.125 \times 2) \times (0.4-0.12) \times 2 \times 2 = 25.070$ 4. 房间4天棚喷刷涂料面积： $S_4 = (3.6-0.12 \times 2) \times (4.0+2.6-0.12 \times 2) - (0.4-0.24) \times (0.4-0.24)/2 \times 4 + (3.6-0.125 \times 2) \times (0.4-0.12) \times 2 \times 2 = 25.070m^2$ 5. 房间5天棚喷刷涂料面积： $S_5 = (3.6-0.12 \times 2) \times (4.0+2.6-0.12 \times 2) - (0.4-0.24) \times (0.4-0.24)/2 \times 2 - (0.4-0.24) \times (0.4-0.24) \times 2 + (3.6-0.125-0.13) \times (0.4-0.12) \times 2 \times 2 = 25.039m^2$ 6. 雨篷底面喷刷涂料面积（含雨篷梁外侧面）： $S_6 = (3.6 \times 3-0.125+0.120) \times (1.8-0.12+0.10) + (3.6 \times 3-0.125+0.12+3.6 \times 3-0.125+0.12-0.25 \times 3) \times (0.3-0.12) + (1.8-0.12-0.10) \times (0.3-0.12) \times 6 = 24.673m^2$ 7. 小计： $S = 28.231+19.789+25.070 \times 2+25.039+24.673 = 147.87m^2$	147.87	m²

分部分项工程和单价措施项目清单与计价表　　　　表 5-32

工程名称：某装饰工程

序号	项目编码	项目名称	项目特征描述	计量单位	工程量	金额（元）		
						综合单价	合价	其中
								暂估价
1	011407001001	外墙面喷刷涂料	1. 基层类型：砖墙面一般抹灰面； 2. 喷刷涂料部位：外墙面； 3. 腻子种类：配套腻子； 4. 刮腻子要求：清理基层，填补缝隙、局部腻子、磨平、满刮腻子、磨平、复补腻子、磨平； 5. 涂料品种、喷刷遍数：丙烯酸涂料，底层一遍、面层两遍	m²	243.95			
2	011407001002	内墙面喷刷涂料	1. 基层类型：砖墙面一般抹灰面； 2. 喷刷涂料部位：内墙面； 3. 腻子种类：配套腻子； 4. 刮腻子要求：清理基层，局部腻子、磨平； 5. 涂料品种、喷刷遍数：醋丙涂料，底层一遍、面层两遍	m²	388.56			
3	011407002001	天棚喷刷涂料	1. 基层类型：预制钢筋混凝土板板面一般抹灰面； 2. 喷刷涂料部位：天棚底面； 3. 腻子种类：配套腻子； 4. 刮腻子要求：清理基层，局部腻子、磨平； 5. 涂料品种、喷刷遍数：醋丙涂料，底层一遍、面层两遍	m²	147.87			

5.2.7 实例 5-7

1. 背景资料

某框架结构建筑，其建筑平面图、楼板结构平面图、柱网平面图、墙身详图，如图 5-20～图 5-23 所示。

（1）室外地坪标高为 −0.150m，室内地坪标高为 ±0.000；蒸压加气混凝土砌块墙墙体厚度为 200mm，所有墙上轴线居中，即距外墙皮 100mm。

（2）KZ 截面尺寸为 400mm×300mm，现浇钢筋混凝土屋面板厚度为 120mm。

（3）墙面、天棚装饰做法及计算说明，如表 5-33 所示。门窗表洞口尺寸，如表 5-34 所示。

（4）计算时，步骤计算结果保留三位小数，最终计算结果保留两位小数。

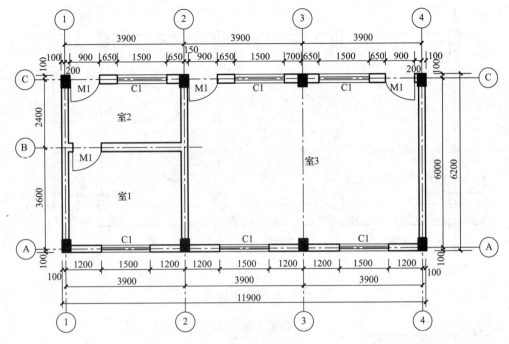

图 5-20　建筑平面图

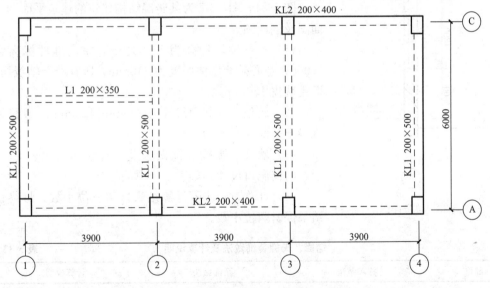

图 5-21　楼板结构平面图（标高 3.000m）

2. 问题

根据以上背景资料及现行国家标准《建设工程工程量清单计价规范》（GB 50500—2013）、《房屋建筑与装饰工程工程量计算规范》（GB 50854—2013），试列出外墙面、内墙面、天棚喷刷涂料项目的分部分项工程量清单。

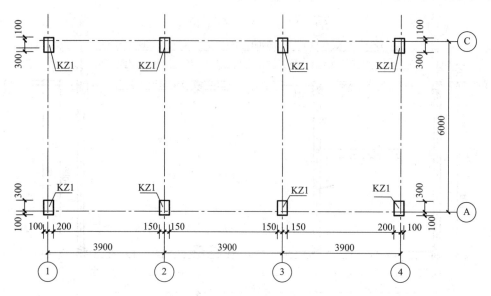

图 5-22　柱网平面图

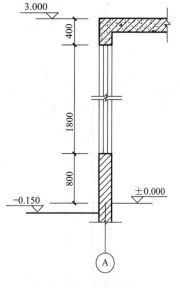

图 5-23　墙身详图

3. 参考答案（表 5-35 和表 5-36）

5.2.8　实例 5-8

1. 背景资料

图 5-24～图 5-27 为某砖混结构建筑的建筑平面图、立面图及剖面图。

（1）室外地坪标高为－0.300m，室内地坪标高为±0.000；空心砖墙墙体厚度为 240mm，所有墙上轴线居中，即距墙皮 120mm。

（2）砖独立柱截面尺寸为 240mm×240mm，现浇钢筋混凝土屋面板厚度为 120mm。

（3）墙面、天棚装饰做法及计算说明，如表 5-37 所示。门窗洞口尺寸，如表 5-38 所示。

（4）计算时，步骤计算结果保留三位小数，最终计算结果保留两位小数。

墙面、天棚装饰做法及计算说明　　　　　　　　　　　　　　　　　表 5-33

部位	抹灰做法	涂饰做法	计算说明
内墙面（乙酸乙烯涂料）	2mm 厚面层耐水腻子分遍刮平； 5mm 厚 1∶0.5∶2.5 水泥石灰膏砂浆抹平； 8mm 厚 1∶1∶6 水泥石灰膏砂浆打底扫毛或划出纹道； 3mm 厚外加剂专用砂浆打底刮糙或专用界面剂一道甩毛（甩前喷湿墙面）	涂饰第二遍涂料； 涂饰面层涂料； 涂封底涂料； 局部腻子、磨平； 清理基层	门窗洞口侧面、顶面及窗洞口底面不计算； 框架梁与墙同宽，梁侧面面积入墙面喷刷涂料工程量

续表

部位	抹灰做法	涂饰做法	计算说明
外墙面 (丙烯酸涂料)	6mm 厚 1：2.5 水泥砂浆找平； 9mm 厚 1：3 专用水泥砂浆打底扫毛或划出纹道； 3mm 厚专用聚合物砂浆底面刮糙；或专用界面剂甩毛； 喷湿墙面	涂饰面层涂料二遍 复补腻子、磨平、找色； 涂饰底层涂料； 满刮腻子、磨平； 填补缝隙、局部腻子、磨平； 清理基层	门窗洞口侧面、顶面及窗洞口底面不计算
天棚(乙酸乙烯涂料)	封底漆一道（与面漆配套产品）； 封底漆一道（与面漆配套产品）； 3mm 厚 1：0.5：2.5 水泥石灰膏砂浆找平； 5mm 厚 1：0.5：3 水泥石灰膏砂浆打底扫毛或划出纹道； 素水泥浆一道甩毛（内掺建筑胶）	涂饰第二遍面层涂料； 涂饰面层涂料； 涂饰底涂料； 局部腻子、磨平； 清理基层	室 3 中板下梁梁侧面面积并入天棚喷刷涂料工程量

注：涂饰做法中的腻子采用与面层涂料的配套腻子。

门窗表　　　　　　　　　　　　　　　　　表 5-34

名称	门窗代号	洞口尺寸（宽×高）(mm)	备注
铝合金平开门	M1	900×2100	6mm 厚钢化玻璃，型材采用 90 系列，含锁、普通五金
铝合金推拉窗	C1	1500×1800	5mm 厚平板玻璃，型材采用 90 系列，含锁、普通五金

清单工程量计算表　　　　　　　　　　　　表 5-35

工程名称：某装饰工程

序号	项目编码	清单项目名称	计算式	工程量合计	计量单位
1	011407001001	外墙面喷刷涂料	1. 外墙面垂直投影面积： $S_1=(11.90+6.2)\times2\times(3.0+0.15)=$ 114.030m² 2. 扣除门窗洞口面积： $S_2=0.9\times2.1\times3+1.5\times1.8\times6=$ 21.870m² 3. 小计： $S=114.030-21.870=92.16$m²	92.16	m²
2	011407001002	内墙面喷刷涂料	框架梁与墙同宽，梁侧面面积计入墙面喷刷涂料工程量。室内墙面喷刷涂料高度为 3.0−0.12=2.88m。 1. 室 1 内墙面喷刷涂料面积： $S_1=(3.9-0.10\times2+3.6-0.10\times2)\times2$ $\times2.88-(0.9\times2.1+1.5\times1.8)=36.306$m² 2. 室 2 内墙面喷刷涂料面积： $S_2=(3.9-0.10\times2+2.4-0.10\times2)\times2$ $\times2.88-(0.9\times2.1\times2+1.5\times1.8)=$ 27.504m² 3. 室 3 内墙面喷刷涂料面积： $S_3=(3.9\times2-0.10\times2+3.6+2.4-$ $0.10\times2)\times2\times2.88-(0.9\times2.1\times2+1.5$ $\times1.8\times4)+(0.4-0.2)\times4\times2.88=$ 64.908m² 4. 小计： $S=36.306+27.504+64.908=128.72$m²	128.72	m²

续表

序号	项目编码	清单项目名称	计算式	工程量合计	计量单位
3	011407002001	天棚喷刷涂料	室3中梁侧面面积并入天棚喷刷涂料工程量。 1. 室1天棚喷刷涂料面积： $S_1=(3.9-0.1\times2)\times(3.6-0.10\times2)-(0.4-0.2)\times(0.3-0.2)\times2=12.540m^2$ 2. 室2天棚喷刷涂料面积： $S_2=(3.9-0.1\times2)\times(2.4-0.10\times2)-(0.4-0.2)\times(0.3-0.2)\times2=8.100m^2$ 3. 室3天棚喷刷涂料面积： $S_2=(3.9\times2-0.1\times2)\times(3.6+2.4-0.10\times2)-(0.4-0.2)\times(0.3-0.2)\times4-(0.4-0.2)\times0.3\times2+(3.6+2.4+0.1\times2-0.4\times2)\times(0.5-0.12)\times2=43.880+4.104=47.984m^2$ 4. 小计： $S=12.540+8.100+47.984=68.62m^2$	68.62	m²

分部分项工程和单价措施项目清单与计价表　　　　　表 5-36

工程名称：某装饰工程

序号	项目编码	项目名称	项目特征描述	计量单位	工程量	综合单价	合价	暂估价
						金额（元）		其中
1	011407001001	外墙面喷刷涂料	1. 基层类型：砌块墙面一般抹灰面； 2. 喷刷涂料部位：外墙面； 3. 腻子种类：配套腻子； 4. 刮腻子要求：清理基层，填补缝隙、局部腻子、磨平，满刮腻子、磨平，复补腻子、磨平； 5. 涂料品种、喷刷遍数：丙烯酸涂料，底层一遍、面层两遍	m²	92.16			
2	011407001002	内墙面喷刷涂料	1. 基层类型：砌块墙面一般抹灰面； 2. 喷刷涂料部位：内墙面； 3. 腻子种类：配套腻子； 4. 刮腻子要求：清理基层，局部腻子、磨平； 5. 涂料品种、喷刷遍数：乙酸乙烯涂料，底层一般、面层两遍	m²	128.72			
3	011407002001	天棚喷刷涂料	1. 基层类型：现浇钢筋混凝土板面一般抹灰面； 2. 喷刷涂料部位：天棚底面； 3. 腻子种类：配套腻子； 4. 刮腻子要求：清理基层，局部腻子、磨平； 5. 涂料品种、喷刷遍数：乙酸乙烯涂料，底层一般、面层两遍	m²	68.62			

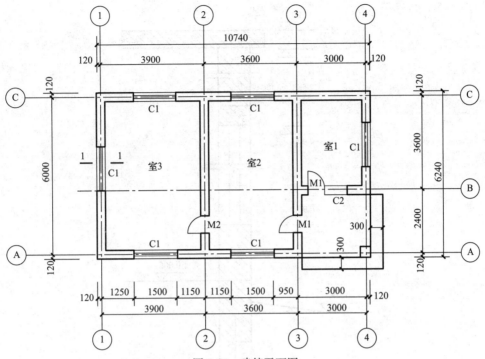

图 5-24 建筑平面图

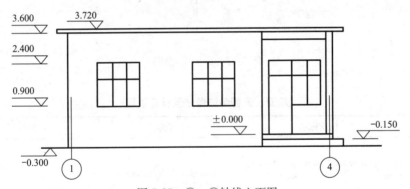

图 5-25 ①～④轴线立面图

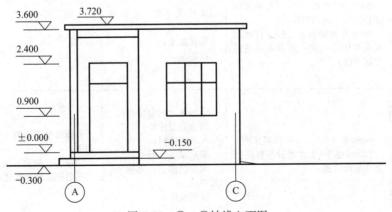

图 5-26 Ⓐ～Ⓒ轴线立面图

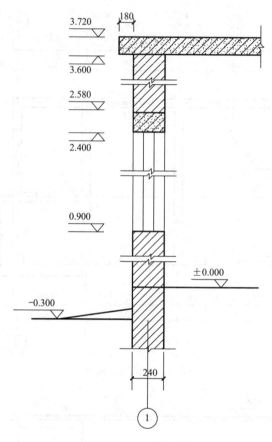

图 5-27   1—1 剖面图

墙面、天棚装饰做法及计算说明　　　　　　　　　　表 5-37

部位	抹灰做法	涂饰做法	计算说明
内墙面（复层建筑涂料——浮雕）	2mm 厚面层耐水腻子分遍刮平； 5mm 厚 1∶0.5∶2.5 水泥石灰膏砂浆抹平； 8mm 厚 1∶1∶6 水泥石灰膏砂浆打底扫毛或划出纹道； 3mm 厚外加剂专用砂浆打底刮糙或专用界面剂一道甩毛（甩前喷湿墙面）	涂饰第二遍面层涂料 涂饰面层涂料； 涂抗碱封底涂料； 喷主层涂料，并滚压成花纹或平纹，主层养护； 局部腻子； 清理基层	门窗洞口侧面、顶面及窗洞口底面的喷刷涂料计算宽度为 80mm
外墙面（硅丙涂料）	6mm 厚 1∶2.5 水泥砂浆抹平 12mm 厚 1∶3 水泥砂浆打底扫毛或划出纹道	涂饰第二遍面层涂料 涂饰面层涂料； 涂饰底涂料； 满刮腻子、磨平； 填补缝隙、局部腻子、磨平； 清理基层	外墙面喷刷涂料高度算至屋面板顶面； 门窗洞口侧面、顶面及窗洞口底面的喷刷涂料计算宽度为 80mm

5 油漆、涂料、裱糊工程

续表

部位	抹灰做法	涂饰做法	计算说明
天棚（复层建筑涂料－浮雕）	封底漆一道（与面漆配套产品）； 3mm 厚 1∶0.5∶2.5 水泥石灰膏砂浆找平； 5mm 厚 1∶0.5∶3 水泥石灰膏砂浆打底扫毛或划出纹道； 素水泥浆一道甩毛（内掺建筑胶）	涂饰第二遍面层涂料 涂饰面层涂料； 涂抗碱封底涂料； 喷主层涂料，并滚压成花纹或平纹，主层养护； 局部腻子； 清理基层	屋檐檐底面积计入天棚喷刷涂料工程量

注：涂饰做法中的腻子采用与面层涂料的配套腻子。

门窗表　　　　　　　　　　　　　　　　表 5-38

名称	门窗代号	洞口尺寸（宽×高）(mm)	备注
铝合金平开门	M1	900×2400	6mm 厚钢化玻璃，型材采用 90 系列，含锁、普通五金
铝合金平开门	M2	900×2100	
铝合金推拉窗	C1	1500×1500	5mm 厚平板玻璃，型材采用 90 系列，含锁、普通五金
铝合金推拉窗	C2	1200×1500	

2. 问题

根据以上背景资料及现行国家标准《建设工程工程量清单计价规范》（GB 50500—2013）、《房屋建筑与装饰工程工程量计算规范》（GB 50854—2013），试列出该工程外墙面、内墙面、天棚喷刷涂料项目的分部分项工程量清单。

3. 参考答案（表 5-39 和表 5-40）

清单工程量计算表　　　　　　　　　　　　　表 5-39

工程名称：某装饰工程

序号	项目编码	清单项目名称	计算式	工程量合计	计量单位
1	011407001001	外墙面喷刷涂料	外墙面喷刷涂料高度算至屋面板顶面，即 3.72＋0.3＝4.02；门窗洞口侧面、顶面及窗洞口底面的喷刷涂料计算宽度为 80mm。 1. 外墙垂直投影面积： $S_1＝(10.74＋6.24)×2×(3.72＋0.30)＝$ 136.519m² 2. 扣除门窗洞口所占面积： $S_2＝0.9×2.4×2＋1.5×1.5×6＋1.2×$ 1.5＝19.620m² 3. 扣除台阶垂直面所占面积： $S_3＝(3.0＋2.4＋3.0＋0.3＋2.4＋0.3)$ ×0.15＝1.710m² 4. 增加门窗洞口侧面、顶面及窗洞口底面的喷刷涂料面积： $S_4＝[(0.9＋2.4×2)×2＋(0.9＋2.1×2)＋(1.5×2)×2×6＋(1.2＋1.5)×2]×$ 0.08＝4.632m² 5. 小计： $S＝136.519－19.620－1.710＋4.632＝$ 119.82m²	119.82	m²

续表

序号	项目编码	清单项目名称	计算式	工程量合计	计量单位
2	011407001002	内墙面喷刷涂料	门窗洞口侧面、顶面及窗洞口底面的喷刷涂料计算宽度为80mm。 1. 室1内墙喷刷涂料面积： $S_1 = (3.0 - 0.12 \times 2 + 3.6 - 0.12 \times 2) \times 2 \times 3.6 - (0.9 \times 2.4 + 1.2 \times 1.5 + 1.5 \times 1.5) + (0.9 + 2.4 \times 2 + 1.2 \times 2 + 1.5 \times 2 + 1.5 \times 2) \times 0.08$ $= 37.854 + 1.368$ $= 39.222m^2$ 2. 室2内墙喷刷涂料面积： $S_2 = (3.6 - 0.12 \times 2 + 6.0 - 0.12 \times 2) \times 2 \times 3.6 - (0.9 \times 2.4 + 0.9 \times 2.1 + 1.5 \times 1.5 \times 2) + (0.9 + 2.4 \times 2 + 0.9 + 2.1 \times 2 + 1.5 \times 2 \times 2 \times 2) \times 0.08 = 58.938m^2$ 3. 室3内墙喷刷涂料面积： $S_3 = (3.9 - 0.12 \times 2 + 6.0 - 0.12 \times 2) \times 2 \times 3.6 - (0.9 \times 2.1 + 1.5 \times 1.5 \times 3) + (0.9 + 2.1 \times 2 + 1.5 \times 2 \times 2 \times 3) \times 0.08 = 61.032m^2$ 4. 小计： $S = 39.222 + 58.938 + 61.032 = 159.19m^2$	159.19	m^2
3	011407002001	天棚喷刷涂料	屋檐檐底面积计入天棚喷刷涂料工程量。 1. 室1天棚喷刷涂料面积： $S_1 = (3.0 - 0.12 \times 2) \times (3.6 - 0.12 \times 2) = 9.274m^2$ 2. 室2天棚喷刷涂料面积： $S_2 = (3.6 - 0.12 \times 2) \times (6.0 - 0.12 \times 2) = 19.354m^2$ 3. 室3天棚喷刷涂料面积： $S_3 = (3.9 - 0.12 \times 2) \times (6.0 - 0.12 \times 2) = 21.082m^2$ 4. 屋檐檐底喷刷涂料面积： $S_4 = (10.74 + 0.09 \times 2 + 6.24 + 0.09 \times 2) \times 2 \times 0.18 = 6.242m^2$ 5. M1外天棚底面喷刷涂料面积： $S_5 = 3.0 \times 2.4 = 7.200m^2$ 6. 小计： $S = 9.274 + 19.354 + 21.082 + 6.242 + 7.200 = 63.15m^2$	63.15	m^2

分部分项工程和单价措施项目清单与计价表 表 5-40

工程名称：某装饰工程

序号	项目编码	项目名称	项目特征描述	计量单位	工程量	金额（元）		
						综合单价	合价	其中 暂估价
1	011407001001	外墙面喷刷涂料	1. 基层类型：砖墙面一般抹灰面； 2. 喷刷涂料部位：外墙面； 3. 腻子种类：配套腻子； 4. 刮腻子要求：清理基层，填补缝隙、局部腻子、磨平、满刮腻子、磨平； 5. 涂料品种、喷刷遍数：硅丙涂料，底层一遍、面层两遍	m^2	119.82			

序号	项目编码	项目名称	项目特征描述	计量单位	工程量	综合单价	合价	其中
								暂估价
2	011407001002	内墙面喷刷涂料	1. 基层类型：砖墙面一般抹灰面； 2. 喷刷涂料部位：内墙面； 3. 腻子种类：配套腻子； 4. 刮腻子要求：清理基层，局部腻子； 5. 涂料品种、喷刷遍数：复层建筑涂料－浮雕，主层一遍、封底一遍、面层两遍	m²	159.19			
3	011407002001	天棚喷刷涂料	1. 基层类型：现浇钢筋混凝土板面一般抹灰面； 2. 喷刷涂料部位：天棚底面； 3. 腻子种类：配套腻子； 4. 刮腻子要求：清理基层，局部腻子； 5. 涂料品种、喷刷遍数：复层建筑涂料－浮雕，主层一遍、封底一遍、面层两遍	m²	63.15			

6 其他装饰工程

本章依据《房屋建筑与装饰工程工程量计算规范》（GB 50854—2013）（以下简称"13规范"）、《建设工程工程量清单计价规范》（GB 50500—2008）（以下简称"08规范"）。"13规范"在项目编码、项目名称、项目特征、计量单位、工程量计算规则、工作内容等方面，均有变化。

1. 清单项目变化

"13规范"在"08规范"的基础上，其他装饰工程新增13个项目，将"08规范"附录 B.1 楼地面工程中"扶手、栏杆、栏板装饰"移入。"Q.8 美术字"中增加了"吸塑字"。

2. 应注意的问题

（1）柜类、货架、涂刷配件、雨篷、旗杆、招牌、灯箱、美术字等单件项目，工作内容中包括了"刷油漆"，主要考虑整体性。不得单独将油漆分离，单列油漆清单项目；"13规范"附录 P 其他项目，工作内容中没有包括"刷油漆"可单独按此附录相应项目编码列项。

（2）凡栏杆、栏板含扶手的项目，不得单独将扶手进行编码列项。

6.1 工程量计算依据六项变化及说明

6.1.1 柜类、货架

柜类、货架工程量清单项目设置、项目特征描述的内容、计量单位及工程量计算规则等的变化对照情况，见表6-1。

柜类、货架（编码：011501）   表 6-1

序号	版别	项目编码	项目名称	项目特征	工程量计算规则与计量单位	工作内容
1	13规范	011501001	柜台	1. 台柜规格； 2. 材料种类、规格； 3. 五金种类、规格； 4. 防护材料种类； 5. 油漆品种、刷漆遍数	1. 按设计图示数量计算（计量单位：个）； 2. 按设计图示尺寸以延长米计算（计量单位：m）； 3. 按设计图示尺寸以体积计算（计量单位：m³）	1. 台柜制作、运输、安装（安放）； 2. 刷防护材料、油漆； 3. 五金件安装
	08规范	020601001	柜台		按设计图示数量计算（计量单位：个）	1. 台柜制作、运输、安装（安放）； 2. 刷防护材料、油漆

说明：工程量计算规则与计量单位增添"按设计图示尺寸以延长米计算（计量单位：m）"和"按设计图示尺寸以体积计算（计量单位：m³）"。工作内容增添"五金件安装"

续表

序号	版别	项目编码	项目名称	项目特征	工程量计算规则与计量单位	工作内容
2	13规范	011501002	酒柜	1.台柜规格； 2.材料种类、规格； 3.五金种类、规格； 4.防护材料种类； 5.油漆品种、刷漆遍数	1.按设计图示数量计算（计量单位：个）； 2.按设计图示尺寸以延长米计算（计量单位：m）； 3.按设计图示尺寸以体积计算（计量单位：m³）	1.台柜制作、运输、安装（安放）； 2.刷防护材料、油漆； 3.五金件安装
	08规范	020601002	酒柜		按设计图示数量计算（计量单位：个）	1.台柜制作、运输、安装（安放）； 2.刷防护材料、油漆

说明：工程量计算规则与计量单位增添"按设计图示尺寸以延长米计算（计量单位：m）"和"按设计图示尺寸以体积计算（计量单位：m³）"。工作内容增添"五金件安装"

序号	版别	项目编码	项目名称	项目特征	工程量计算规则与计量单位	工作内容
3	13规范	011501003	衣柜	1.台柜规格； 2.材料种类、规格； 3.五金种类、规格； 4.防护材料种类； 5.油漆品种、刷漆遍数	1.按设计图示数量计算（计量单位：个）； 2.按设计图示尺寸以延长米计算（计量单位：m）； 3.按设计图示尺寸以体积计算（计量单位：m³）	1.台柜制作、运输、安装（安放）； 2.刷防护材料、油漆； 3.五金件安装
	08规范	020601003	衣柜		按设计图示数量计算（计量单位：个）	1.台柜制作、运输、安装（安放）； 2.刷防护材料、油漆

说明：工程量计算规则与计量单位增添"按设计图示尺寸以延长米计算（计量单位：m）"和"按设计图示尺寸以体积计算（计量单位：m³）"。工作内容增添"五金件安装"

序号	版别	项目编码	项目名称	项目特征	工程量计算规则与计量单位	工作内容
4	13规范	011501004	存包柜	1.台柜规格； 2.材料种类、规格； 3.五金种类、规格； 4.防护材料种类； 5.油漆品种、刷漆遍数	1.按设计图示数量计算（计量单位：个）； 2.按设计图示尺寸以延长米计算（计量单位：m）； 3.按设计图示尺寸以体积计算（计量单位：m³）	1.台柜制作、运输、安装（安放）； 2.刷防护材料、油漆； 3.五金件安装
	08规范	020601004	存包柜		按设计图示数量计算（计量单位：个）	1.台柜制作、运输、安装（安放）； 2.刷防护材料、油漆

说明：工程量计算规则与计量单位增添"按设计图示尺寸以延长米计算（计量单位：m）"和"按设计图示尺寸以体积计算（计量单位：m³）"。工作内容增添"五金件安装"

续表

序号	版别	项目编码	项目名称	项目特征	工程量计算规则与计量单位	工作内容
5	13规范	011501005	鞋柜	1. 台柜规格; 2. 材料种类、规格; 3. 五金种类、规格; 4. 防护材料种类; 5. 油漆品种、刷漆遍数	1. 按设计图示数量计算（计量单位：个）; 2. 按设计图示尺寸以延长米计算（计量单位：m）; 3. 按设计图示尺寸以体积计算（计量单位：m³）	1. 台柜制作、运输、安装（安放）; 2. 刷防护材料、油漆; 3. 五金件安装
	08规范	020601005	鞋柜		按设计图示数量计算（计量单位：个）	1. 台柜制作、运输、安装（安放）; 2. 刷防护材料、油漆
	说明：工程量计算规则与计量单位增添"按设计图示尺寸以延长米计算（计量单位：m）"和"按设计图示尺寸以体积计算（计量单位：m³）"。工作内容增添"五金件安装"					
6	13规范	011501006	书柜	1. 台柜规格; 2. 材料种类、规格; 3. 五金种类、规格; 4. 防护材料种类; 5. 油漆品种、刷漆遍数	1. 按设计图示数量计算（计量单位：个）; 2. 按设计图示尺寸以延长米计算（计量单位：m）; 3. 按设计图示尺寸以体积计算（计量单位：m³）	1. 台柜制作、运输、安装（安放）; 2. 刷防护材料、油漆; 3. 五金件安装
	08规范	020601006	书柜		按设计图示数量计算（计量单位：个）	1. 台柜制作、运输、安装（安放）; 2. 刷防护材料、油漆
	说明：工程量计算规则与计量单位增添"按设计图示尺寸以延长米计算（计量单位：m）"和"按设计图示尺寸以体积计算（计量单位：m³）"。工作内容增添"五金件安装"					
7	13规范	011501007	厨房壁柜	1. 台柜规格; 2. 材料种类、规格; 3. 五金种类、规格; 4. 防护材料种类; 5. 油漆品种、刷漆遍数	1. 按设计图示数量计算（计量单位：个）; 2. 按设计图示尺寸以延长米计算（计量单位：m）; 3. 按设计图示尺寸以体积计算（计量单位：m³）	1. 台柜制作、运输、安装（安放）; 2. 刷防护材料、油漆; 3. 五金件安装
	08规范	020601007	厨房壁柜		按设计图示数量计算（计量单位：个）	1. 台柜制作、运输、安装（安放）; 2. 刷防护材料、油漆
	说明：工程量计算规则与计量单位增添"按设计图示尺寸以延长米计算（计量单位：m）"和"按设计图示尺寸以体积计算（计量单位：m³）"。工作内容增添"五金件安装"					

续表

序号	版别	项目编码	项目名称	项目特征	工程量计算规则与计量单位	工作内容
8	13规范	011501008	木壁柜	1. 台柜规格; 2. 材料种类、规格; 3. 五金种类、规格; 4. 防护材料种类; 5. 油漆品种、刷漆遍数	1. 按设计图示数量计算（计量单位：个）; 2. 按设计图示尺寸以延长米计算（计量单位：m）; 3. 按设计图示尺寸以体积计算（计量单位：m³）	1. 台柜制作、运输、安装（安放）; 2. 刷防护材料、油漆; 3. 五金件安装
	08规范	020601008	木壁柜		按设计图示数量计算（计量单位：个）	1. 台柜制作、运输、安装（安放）; 2. 刷防护材料、油漆
	说明：工程量计算规则与计量单位增添"按设计图示尺寸以延长米计算（计量单位：m）"和"按设计图示尺寸以体积计算（计量单位：m³）"。工作内容增添"五金件安装"					
9	13规范	011501009	厨房低柜	1. 台柜规格; 2. 材料种类、规格; 3. 五金种类、规格; 4. 防护材料种类; 5. 油漆品种、刷漆遍数	1. 按设计图示数量计算（计量单位：个）; 2. 按设计图示尺寸以延长米计算（计量单位：m）; 3. 按设计图示尺寸以体积计算（计量单位：m³）	1. 台柜制作、运输、安装（安放）; 2. 刷防护材料、油漆; 3. 五金件安装
	08规范	020601009	厨房低柜		按设计图示数量计算（计量单位：个）	1. 台柜制作、运输、安装（安放）; 2. 刷防护材料、油漆
	说明：工程量计算规则与计量单位增添"按设计图示尺寸以延长米计算（计量单位：m）"和"按设计图示尺寸以体积计算（计量单位：m³）"。工作内容增添"五金件安装"					
10	13规范	011501010	厨房吊柜	1. 台柜规格; 2. 材料种类、规格; 3. 五金种类、规格; 4. 防护材料种类; 5. 油漆品种、刷漆遍数	1. 按设计图示数量计算（计量单位：个）; 2. 按设计图示尺寸以延长米计算（计量单位：m）; 3. 按设计图示尺寸以体积计算（计量单位：m³）	1. 台柜制作、运输、安装（安放）; 2. 刷防护材料、油漆; 3. 五金件安装
	08规范	020601010	厨房吊柜		按设计图示数量计算（计量单位：个）	1. 台柜制作、运输、安装（安放）; 2. 刷防护材料、油漆
	说明：工程量计算规则与计量单位增添"按设计图示尺寸以延长米计算（计量单位：m）"和"按设计图示尺寸以体积计算（计量单位：m³）"。工作内容增添"五金件安装"					

续表

序号	版别	项目编码	项目名称	项目特征	工程量计算规则与计量单位	工作内容
11	13规范	011501011	矮柜	1. 台柜规格；2. 材料种类、规格；3. 五金种类、规格；4. 防护材料种类；5. 油漆品种、刷漆遍数	1. 按设计图示数量计算（计量单位：个）；2. 按设计图示尺寸以延长米计算（计量单位：m）；3. 按设计图示尺寸以体积计算（计量单位：m³）	1. 台柜制作、运输、安装（安放）；2. 刷防护材料、油漆；3. 五金件安装
	08规范	020601011	矮柜		按设计图示数量计算（计量单位：个）	1. 台柜制作、运输、安装（安放）；2. 刷防护材料、油漆

说明：工程量计算规则与计量单位增添"按设计图示尺寸以延长米计算（计量单位：m）"和"按设计图示尺寸以体积计算（计量单位：m³）"。工作内容增添"五金件安装"

| 12 | 13规范 | 011501012 | 吧台背柜 | 1. 台柜规格；2. 材料种类、规格；3. 五金种类、规格；4. 防护材料种类；5. 油漆品种、刷漆遍数 | 1. 按设计图示数量计算（计量单位：个）；2. 按设计图示尺寸以延长米计算（计量单位：m）；3. 按设计图示尺寸以体积计算（计量单位：m³） | 1. 台柜制作、运输、安装（安放）；2. 刷防护材料、油漆；3. 五金件安装 |
| | 08规范 | 020601012 | 吧台背柜 | | 按设计图示数量计算（计量单位：个） | 1. 台柜制作、运输、安装（安放）；2. 刷防护材料、油漆 |

说明：工程量计算规则与计量单位增添"按设计图示尺寸以延长米计算（计量单位：m）"和"按设计图示尺寸以体积计算（计量单位：m³）"。工作内容增添"五金件安装"

| 13 | 13规范 | 011501013 | 酒吧吊柜 | 1. 台柜规格；2. 材料种类、规格；3. 五金种类、规格；4. 防护材料种类；5. 油漆品种、刷漆遍数 | 1. 按设计图示数量计算（计量单位：个）；2. 按设计图示尺寸以延长米计算（计量单位：m）；3. 按设计图示尺寸以体积计算（计量单位：m³） | 1. 台柜制作、运输、安装（安放）；2. 刷防护材料、油漆；3. 五金件安装 |
| | 08规范 | 020601013 | 酒吧吊柜 | | 按设计图示数量计算（计量单位：个） | 1. 台柜制作、运输、安装（安放）；2. 刷防护材料、油漆 |

说明：工程量计算规则与计量单位增添"按设计图示尺寸以延长米计算（计量单位：m）"和"按设计图示尺寸以体积计算（计量单位：m³）"。工作内容增添"五金件安装"

续表

序号	版别	项目编码	项目名称	项目特征	工程量计算规则与计量单位	工作内容
14	13规范	011501014	酒吧台	1. 台柜规格; 2. 材料种类、规格; 3. 五金种类、规格; 4. 防护材料种类; 5. 油漆品种、刷漆遍数	1. 按设计图示数量计算(计量单位:个); 2. 按设计图示尺寸以延长米计算(计量单位:m); 3. 按设计图示尺寸以体积计算(计量单位:m³)	1. 台柜制作、运输、安装(安放); 2. 刷防护材料、油漆; 3. 五金件安装
	08规范	020601014	酒吧台		按设计图示数量计算(计量单位:个)	1. 台柜制作、运输、安装(安放); 2. 刷防护材料、油漆
	说明:工程量计算规则与计量单位增添"按设计图示尺寸以延长米计算(计量单位:m)"和"按设计图示尺寸以体积计算(计量单位:m³)"。工作内容增添"五金件安装"					
15	13规范	011501015	展台	1. 台柜规格; 2. 材料种类、规格; 3. 五金种类、规格; 4. 防护材料种类; 5. 油漆品种、刷漆遍数	1. 按设计图示数量计算(计量单位:个); 2. 按设计图示尺寸以延长米计算(计量单位:m); 3. 按设计图示尺寸以体积计算(计量单位:m³)	1. 台柜制作、运输、安装(安放); 2. 刷防护材料、油漆; 3. 五金件安装
	08规范	020601015	展台		按设计图示数量计算(计量单位:个)	1. 台柜制作、运输、安装(安放); 2. 刷防护材料、油漆
	说明:工程量计算规则与计量单位增添"按设计图示尺寸以延长米计算(计量单位:m)"和"按设计图示尺寸以体积计算(计量单位:m³)"。工作内容增添"五金件安装"					
16	13规范	011501016	收银台	1. 台柜规格; 2. 材料种类、规格; 3. 五金种类、规格; 4. 防护材料种类; 5. 油漆品种、刷漆遍数	1. 按设计图示数量计算(计量单位:个); 2. 按设计图示尺寸以延长米计算(计量单位:m); 3. 按设计图示尺寸以体积计算(计量单位:m³)	1. 台柜制作、运输、安装(安放); 2. 刷防护材料、油漆; 3. 五金件安装
	08规范	020601016	收银台		按设计图示数量计算(计量单位:个)	1. 台柜制作、运输、安装(安放); 2. 刷防护材料、油漆
	说明:工程量计算规则与计量单位增添"按设计图示尺寸以延长米计算(计量单位:m)"和"按设计图示尺寸以体积计算(计量单位:m³)"。工作内容增添"五金件安装"					

序号	版别	项目编码	项目名称	项目特征	工程量计算规则与计量单位	工作内容
17	13规范	011501017	试衣间	1. 台柜规格；2. 材料种类、规格；3. 五金种类、规格；4. 防护材料种类；5. 油漆品种、刷漆遍数	1. 按设计图示数量计算（计量单位：个）；2. 按设计图示尺寸以延长米计算（计量单位：m）；3. 按设计图示尺寸以体积计算（计量单位：m³）	1. 台柜制作、运输、安装（安放）；2. 刷防护材料、油漆；3. 五金件安装
	08规范	020601017	试衣间		按设计图示数量计算（计量单位：个）	1. 台柜制作、运输、安装（安放）；2. 刷防护材料、油漆
	说明：工程量计算规则与计量单位增添"按设计图示尺寸以延长米计算（计量单位：m）"和"按设计图示尺寸以体积计算（计量单位：m³）"。工作内容增添"五金件安装"						
18	13规范	011501018	货架	1. 台柜规格；2. 材料种类、规格；3. 五金种类、规格；4. 防护材料种类；5. 油漆品种、刷漆遍数	1. 按设计图示数量计算（计量单位：个）；2. 按设计图示尺寸以延长米计算（计量单位：m）；3. 按设计图示尺寸以体积计算（计量单位：m³）	1. 台柜制作、运输、安装（安放）；2. 刷防护材料、油漆；3. 五金件安装
	08规范	020601018	货架		按设计图示数量计算（计量单位：个）	1. 台柜制作、运输、安装（安放）；2. 刷防护材料、油漆
	说明：工程量计算规则与计量单位增添"按设计图示尺寸以延长米计算（计量单位：m）"和"按设计图示尺寸以体积计算（计量单位：m³）"。工作内容增添"五金件安装"						
19	13规范	011501019	书架	1. 台柜规格；2. 材料种类、规格；3. 五金种类、规格；4. 防护材料种类；5. 油漆品种、刷漆遍数	1. 按设计图示数量计算（计量单位：个）；2. 按设计图示尺寸以延长米计算（计量单位：m）；3. 按设计图示尺寸以体积计算（计量单位：m³）	1. 台柜制作、运输、安装（安放）；2. 刷防护材料、油漆；3. 五金件安装
	08规范	020601019	书架		按设计图示数量计算（计量单位：个）	1. 台柜制作、运输、安装（安放）；2. 刷防护材料、油漆
	说明：工程量计算规则与计量单位增添"按设计图示尺寸以延长米计算（计量单位：m）"和"按设计图示尺寸以体积计算（计量单位：m³）"。工作内容增添"五金件安装"						

续表

序号	版别	项目编码	项目名称	项目特征	工程量计算规则与计量单位	工作内容
20	13规范	011501020	服务台	1. 台柜规格； 2. 材料种类、规格； 3. 五金种类、规格； 4. 防护材料种类； 5. 油漆品种、刷漆遍数	1. 按设计图示数量计算（计量单位：个）； 2. 按设计图示尺寸以延长米计算（计量单位：m）； 3. 按设计图示尺寸以体积计算（计量单位：m³）	1. 台柜制作、运输、安装（安放）； 2. 刷防护材料、油漆； 3. 五金件安装
	08规范	020601020	服务台		按设计图示数量计算（计量单位：个）	1. 台柜制作、运输、安装（安放）； 2. 刷防护材料、油漆
	说明：工程量计算规则与计量单位增添"按设计图示尺寸以延长米计算（计量单位：m）"和"按设计图示尺寸以体积计算（计量单位：m³）"。工作内容增添"五金件安装"					

6.1.2 压条、装饰线

压条、装饰线工程量清单项目设置、项目特征描述的内容、计量单位及工程量计算规则等的变化对照情况，见表6-2。

压条、装饰线（编码：011502）　　　　　表6-2

序号	版别	项目编码	项目名称	项目特征	工程量计算规则与计量单位	工作内容
1	13规范	011502001	金属装饰线	1. 基层类型； 2. 线条材料品种、规格、颜色； 3. 防护材料种类	按设计图示尺寸以长度计算（计量单位：m）	1. 线条制作、安装； 2. 刷防护材料
	08规范	020604001	金属装饰线	1. 基层类型； 2. 线条材料品种、规格、颜色； 3. 防护材料种类； 4. 油漆品种、刷漆遍数		1. 线条制作、安装； 2. 刷防护材料、油漆
	说明：项目特征描述取消原来的"油漆品种、刷漆遍数"。工作内容将原来的"刷防护材料、油漆"简化为"刷防护材料"					
2	13规范	011502002	木质装饰线	1. 基层类型； 2. 线条材料品种、规格、颜色； 3. 防护材料种类	按设计图示尺寸以长度计算（计量单位：m）	1. 线条制作、安装； 2. 刷防护材料
	08规范	020604002	木质装饰线	1. 基层类型； 2. 线条材料品种、规格、颜色； 3. 防护材料种类； 4. 油漆品种、刷漆遍数		1. 线条制作、安装； 2. 刷防护材料、油漆
	说明：项目特征描述取消原来的"油漆品种、刷漆遍数"。工作内容将原来的"刷防护材料、油漆"简化为"刷防护材料"					

序号	版别	项目编码	项目名称	项目特征	工程量计算规则与计量单位	工作内容
3	13规范	011502003	石材装饰线	1. 基层类型； 2. 线条材料品种、规格、颜色； 3. 防护材料种类	按设计图示尺寸以长度计算（计量单位：m）	1. 线条制作、安装； 2. 刷防护材料
	08规范	020604003	石材装饰线	1. 基层类型； 2. 线条材料品种、规格、颜色； 3. 防护材料种类； 4. 油漆品种、刷漆遍数		1. 线条制作、安装； 2. 刷防护材料、油漆
	说明：项目特征描述取消原来的"油漆品种、刷漆遍数"。工作内容将原来的"刷防护材料、油漆"简化为"刷防护材料"					
4	13规范	011502004	石膏装饰线	1. 基层类型； 2. 线条材料品种、规格、颜色； 3. 防护材料种类	按设计图示尺寸以长度计算（计量单位：m）	1. 线条制作、安装； 2. 刷防护材料
	08规范	020604004	石膏装饰线	1. 基层类型； 2. 线条材料品种、规格、颜色； 3. 防护材料种类； 4. 油漆品种、刷漆遍数		1. 线条制作、安装； 2. 刷防护材料、油漆
	说明：项目特征描述取消原来的"油漆品种、刷漆遍数"。工作内容将原来的"刷防护材料、油漆"简化为"刷防护材料"					
5	13规范	011502005	镜面玻璃线	1. 基层类型； 2. 线条材料品种、规格、颜色； 3. 防护材料种类	按设计图示尺寸以长度计算（计量单位：m）	1. 线条制作、安装； 2. 刷防护材料
	08规范	020604005	镜面玻璃线	1. 基层类型； 2. 线条材料品种、规格、颜色； 3. 防护材料种类； 4. 油漆品种、刷漆遍数		1. 线条制作、安装； 2. 刷防护材料、油漆
	说明：项目特征描述取消原来的"油漆品种、刷漆遍数"。工作内容将原来的"刷防护材料、油漆"简化为"刷防护材料"					
6	13规范	011502006	铝塑装饰线	1. 基层类型； 2. 线条材料品种、规格、颜色； 3. 防护材料种类	按设计图示尺寸以长度计算（计量单位：m）	1. 线条制作、安装； 2. 刷防护材料

续表

序号	版别	项目编码	项目名称	项目特征	工程量计算规则与计量单位	工作内容
6	08规范	020604006	铝塑装饰线	1. 基层类型; 2. 线条材料品种、规格、颜色; 3. 防护材料种类; 4. 油漆品种、刷漆遍数	按设计图示尺寸以长度计算（计量单位：m）	1. 线条制作、安装; 2. 刷防护材料、油漆
	说明：项目特征描述取消原来的"油漆品种、刷漆遍数"。工作内容将原来的"刷防护材料、油漆"简化为"刷防护材料"					
7	13规范	011502007	塑料装饰线	1. 基层类型; 2. 线条材料品种、规格、颜色; 3. 防护材料种类	按设计图示尺寸以长度计算（计量单位：m）	1. 线条制作、安装; 2. 刷防护材料
	08规范	020604007	塑料装饰线	1. 基层类型; 2. 线条材料品种、规格、颜色; 3. 防护材料种类; 4. 油漆品种、刷漆遍数		1. 线条制作、安装; 2. 刷防护材料、油漆
	说明：项目特征描述取消原来的"油漆品种、刷漆遍数"。工作内容将原来的"刷防护材料、油漆"简化为"刷防护材料"					
8	13规范	011502008	GRC装饰线条	1. 基层类型; 2. 线条规格; 3. 线条安装部位; 4. 填充材料种类	按设计图示尺寸以长度计算（计量单位：m）	线条制作安装
	08规范	—	—	—	—	—
	说明：增添项目内容					

6.1.3 扶手、栏杆、栏板装饰

扶手、栏杆、栏板装饰工程量清单项目的设置、项目特征描述的内容、计量单位及工程量计算规则等的变化对照情况，见表6-3。

扶手、栏杆、栏板装饰（编码：011503）　　　　　　表6-3

序号	版别	项目编码	项目名称	项目特征	工程量计算规则与计量单位	工作内容
1	13规范	011503001	金属扶手、栏杆、栏板	1. 扶手材料种类、规格; 2. 栏杆材料种类、规格; 3. 栏板材料种类、规格、颜色; 4. 固定配件种类; 5. 防护材料种类	按设计图示以扶手中心线长度（包括弯头长度）计算（计量单位：m）	1. 制作; 2. 运输; 3. 安装; 4. 刷防护材料

续表

序号	版别	项目编码	项目名称	项目特征	工程量计算规则与计量单位	工作内容
1	08 规范	020107001	金属扶手带栏杆、栏板	1. 扶手材料种类、规格、品牌、颜色； 2. 栏杆材料种类、规格、品牌、颜色； 3. 栏板材料种类、规格、品牌、颜色； 4. 固定配件种类； 5. 防护材料种类； 6. 油漆品种、刷漆遍数	按设计图示尺寸以扶手中心线长度（包括弯头长度）计算（计量单位：m）	1. 制作； 2. 运输； 3. 安装； 4. 刷防护材料； 5. 刷油漆

说明：项目名称修改为"金属扶手、栏杆、栏板"。项目特征描述将原来的"扶手材料种类、规格、品牌、颜色"简化为"扶手材料种类、规格"，"栏杆材料种类、规格、品牌、颜色"简化为"栏杆材料种类、规格"，"栏板材料种类、规格、品牌、颜色"简化为"栏板材料种类、规格、颜色"，取消原来的"油漆品种、刷漆遍数"。工程量计算规则与计量单位将原来的"按设计图示尺寸"修改为"按设计图示"。工作内容取消原来的"刷油漆"

序号	版别	项目编码	项目名称	项目特征	工程量计算规则与计量单位	工作内容
2	13 规范	011503002	硬木扶手、栏杆、栏板	1. 扶手材料种类、规格； 2. 栏杆材料种类、规格； 3. 栏板材料种类、规格、颜色； 4. 固定配件种类； 5. 防护材料种类	按设计图示以扶手中心线长度（包括弯头长度）计算（计量单位：m）	1. 制作； 2. 运输； 3. 安装； 4. 刷防护材料
2	08 规范	020107002	硬木扶手带栏杆、栏板	1. 扶手材料种类、规格、品牌、颜色； 2. 栏杆材料种类、规格、品牌、颜色； 3. 栏板材料种类、规格、品牌、颜色； 4. 固定配件种类； 5. 防护材料种类； 6. 油漆品种、刷漆遍数	按设计图示尺寸以扶手中心线长度（包括弯头长度）计算（计量单位：m）	1. 制作； 2. 运输； 3. 安装； 4. 刷防护材料； 5. 刷油漆

说明：项目名称修改为"金属扶手、栏杆、栏板"。项目特征描述将原来的"扶手材料种类、规格、品牌、颜色"简化为"扶手材料种类、规格"，"栏杆材料种类、规格、品牌、颜色"简化为"栏杆材料种类、规格"，"栏板材料种类、规格、品牌、颜色"简化为"栏板材料种类、规格、颜色"，取消原来的"油漆品种、刷漆遍数"。工程量计算规则与计量单位将原来的"按设计图示尺寸"修改为"按设计图示"。工作内容取消原来的"刷油漆"

序号	版别	项目编码	项目名称	项目特征	工程量计算规则与计量单位	工作内容
3	13 规范	011503003	塑料扶手、栏杆、栏板	1. 扶手材料种类、规格； 2. 栏杆材料种类、规格； 3. 栏板材料种类、规格、颜色； 4. 固定配件种类； 5. 防护材料种类	按设计图示以扶手中心线长度（包括弯头长度）计算（计量单位：m）	1. 制作； 2. 运输； 3. 安装； 4. 刷防护材料

续表

序号	版别	项目编码	项目名称	项目特征	工程量计算规则与计量单位	工作内容
3	08规范	020107003	塑料扶手带栏杆、栏板	1. 扶手材料种类、规格、品牌、颜色; 2. 栏杆材料种类、规格、品牌、颜色; 3. 栏板材料种类、规格、品牌、颜色; 4. 固定配件种类; 5. 防护材料种类; 6. 油漆品种、刷漆遍数	按设计图示尺寸以扶手中心线长度(包括弯头长度)计算(计量单位:m)	1. 制作; 2. 运输; 3. 安装; 4. 刷防护材料; 5. 刷油漆
				说明:项目名称修改为"金属扶手、栏杆、栏板"。项目特征描述将原来的"扶手材料种类、规格、品牌、颜色"简化为"扶手材料种类、规格","栏杆材料种类、规格、品牌、颜色"简化为"栏杆材料种类、规格","栏板材料种类、规格、品牌、颜色"简化为"栏板材料种类、规格、颜色",取消原来的"油漆品种、刷漆遍数"。工程量计算规则与计量单位将原来的"按设计图示尺寸"修改为"按设计图示"。工作内容取消原来的"刷油漆"				
4	13规范	011503004	GRC栏杆、扶手	1. 栏杆的规格; 2. 安装间距; 3. 扶手类型规格; 4. 填充材料种类	按设计图示以扶手中心线长度(包括弯头长度)计算(计量单位:m)	1. 制作; 2. 运输; 3. 安装; 4. 刷防护材料
	08规范	—		—	—	—
				说明:增添项目内容				
5	13规范	011503005	金属靠墙扶手	1. 扶手材料种类、规格; 2. 固定配件种类; 3. 防护材料种类	按设计图示以扶手中心线长度(包括弯头长度)计算(计量单位:m)	1. 制作; 2. 运输; 3. 安装; 4. 刷防护材料
	08规范	020107004	金属靠墙扶手	1. 扶手材料种类、规格、品牌、颜色; 2. 固定配件种类; 3. 防护材料种类; 4. 油漆品种、刷漆遍数	按设计图示尺寸以扶手中心线长度(包括弯头长度)计算(计量单位:m)	1. 制作; 2. 运输; 3. 安装; 4. 刷防护材料; 5. 刷油漆
				说明:项目特征描述将原来的"扶手材料种类、规格、品牌、颜色"简化为"扶手材料种类、规格",取消原来的"油漆品种、刷漆遍数"。工程量计算规则与计量单位将原来的"按设计图示尺寸"修改为"按设计图示"。工作内容取消原来的"刷油漆"				
6	13规范	011503006	硬木靠墙扶手	1. 扶手材料种类、规格; 2. 固定配件种类; 3. 防护材料种类	按设计图示以扶手中心线长度(包括弯头长度)计算(计量单位:m)	1. 制作; 2. 运输; 3. 安装; 4. 刷防护材料

续表

序号	版别	项目编码	项目名称	项目特征	工程量计算规则与计量单位	工作内容
6	08规范	020107005	硬木靠墙扶手	1. 扶手材料种类、规格、品牌、颜色； 2. 固定配件种类； 3. 防护材料种类； 4. 油漆品种、刷漆遍数	按设计图示尺寸以扶手中心线长度（包括弯头长度）计算（计量单位：m）	1. 制作； 2. 运输； 3. 安装； 4. 刷防护材料； 5. 刷油漆
	说明：项目特征描述将原来的"扶手材料种类、规格、品牌、颜色"简化为"扶手材料种类、规格"，取消原来的"油漆品种、刷漆遍数"。工程量计算规则与计量单位将原来的"按设计图示尺寸"修改为"按设计图示"。工作内容取消原来的"刷油漆"					
7	13规范	011503007	塑料靠墙扶手	1. 扶手材料种类、规格； 2. 固定配件种类； 3. 防护材料种类	按设计图示以扶手中心线长度（包括弯头长度）计算（计量单位：m）	1. 制作； 2. 运输； 3. 安装； 4. 刷防护材料
	08规范	020107006	塑料靠墙扶手	1. 扶手材料种类、规格、品牌、颜色； 2. 固定配件种类； 3. 防护材料种类； 4. 油漆品种、刷漆遍数	按设计图示尺寸以扶手中心线长度（包括弯头长度）计算（计量单位：m）	1. 制作； 2. 运输； 3. 安装； 4. 刷防护材料； 5. 刷油漆
	说明：项目特征描述将原来的"扶手材料种类、规格、品牌、颜色"简化为"扶手材料种类、规格"，取消原来的"油漆品种、刷漆遍数"。工程量计算规则与计量单位将原来的"按设计图示尺寸"修改为"按设计图示"。工作内容取消原来的"刷油漆"					
8	13规范	011503008	玻璃栏板	1. 栏杆玻璃的种类、规格、颜色； 2. 固定方式； 3. 固定配件种类	按设计图示以扶手中心线长度（包括弯头长度）计算（计量单位：m）	1. 制作； 2. 运输； 3. 安装； 4. 刷防护材料
	08规范	—	—	—	—	—
	说明：增添项目内容					

6.1.4 暖气罩

暖气罩工程量清单项目设置、项目特征描述的内容、计量单位及工程量计算规则等的变化对照情况，见表6-4。

暖气罩（编码：011504）　　　　　　　　　　　　　　　　表6-4

序号	版别	项目编码	项目名称	项目特征	工程量计算规则与计量单位	工作内容
1	13规范	011504001	饰面板暖气罩	1. 暖气罩材质； 2. 防护材料种类	按设计图示尺寸以垂直投影面积（不展开）计算（计量单位：m²）	1. 暖气罩制作、运输、安装； 2. 刷防护材料

续表

序号	版别	项目编码	项目名称	项目特征	工程量计算规则与计量单位	工作内容
1	08规范	020602001	饰面板暖气罩	1. 暖气罩材质; 2. 单个罩垂直投影面积; 3. 防护材料种类; 4. 油漆品种、刷漆遍数	按设计图示尺寸以垂直投影面积（不展开）计算（计量单位：m²）	1. 暖气罩制作、运输、安装; 2. 刷防护材料、油漆
	说明：项目特征描述取消原来的"单个罩垂直投影面积"和"油漆品种、刷漆遍数"。工作内容将原来的"刷防护材料、油漆"简化为"刷防护材料"						
2	13规范	011504002	塑料板暖气罩	1. 暖气罩材质; 2. 防护材料种类	按设计图示尺寸以垂直投影面积（不展开）计算（计量单位：m²）	1. 暖气罩制作、运输、安装; 2. 刷防护材料
	08规范	020602002	塑料板暖气罩	1. 暖气罩材质; 2. 单个罩垂直投影面积; 3. 防护材料种类; 4. 油漆品种、刷漆遍数		1. 暖气罩制作、运输、安装; 2. 刷防护材料、油漆
	说明：项目特征描述取消原来的"单个罩垂直投影面积"和"油漆品种、刷漆遍数"。工作内容将原来的"刷防护材料、油漆"简化为"刷防护材料"						
3	13规范	011504003	金属暖气罩	1. 暖气罩材质; 2. 防护材料种类	按设计图示尺寸以垂直投影面积（不展开）计算（计量单位：m²）	1. 暖气罩制作、运输、安装; 2. 刷防护材料
	08规范	020602003	金属暖气罩	1. 暖气罩材质; 2. 单个罩垂直投影面积; 3. 防护材料种类; 4. 油漆品种、刷漆遍数		1. 暖气罩制作、运输、安装; 2. 刷防护材料、油漆
	说明：项目特征描述取消原来的"单个罩垂直投影面积"和"油漆品种、刷漆遍数"。工作内容将原来的"刷防护材料、油漆"简化为"刷防护材料"						

6.1.5 浴厕配件

浴厕配件工程量清单项目设置、项目特征描述的内容、计量单位及工程量计算规则等的变化对照情况，见表6-5。

浴厕配件（编码：011505） 表6-5

序号	版别	项目编码	项目名称	项目特征	工程量计算规则与计量单位	工作内容
1	13规范	011505001	洗漱台	1. 材料品种、规格、颜色; 2. 支架、配件品种、规格	1. 按设计图示尺寸以台面外接矩形面积计算。不扣除孔洞、挖弯、削角所占面积，挡板、吊沿板面积并入台面面积内（计量单位：m²）; 2. 按设计图示数量计算（计量单位：个）	1. 台面及支架运输、安装; 2. 杆、环、盒、配件安装; 3. 刷油漆

序号	版别	项目编码	项目名称	项目特征	工程量计算规则与计量单位	工作内容
1	08规范	020603001	洗漱台	1. 材料品种、规格、品牌、颜色； 2. 支架、配件品种、规格、品牌； 3. 油漆品种、刷漆遍数	按设计图示尺寸以台面外接矩形面积计算。不扣除孔洞、挖弯、削角所占面积，挡板、吊沿板面积并入台面面积内（计量单位：m²）	1. 台面及支架制作、运输、安装； 2. 杆、环、盒、配件安装； 3. 刷油漆
	说明：项目特征描述将原来的"材料品种、规格、品牌、颜色"简化为"材料品种、规格、品牌、颜色"，"支架、配件品种、规格、品牌"简化为"支架、配件品种、规格"，取消原来的"油漆品种、刷漆遍数"。工程量计算规则与计量单位增添"按设计图示数量计算（计量单位：个）"。工作内容将原来的"台面及支架制作、运输、安装"简化为"台面及支架运输、安装"						
2	13规范	011505002	晒衣架	1. 材料品种、规格、颜色； 2. 支架、配件品种、规格	按设计图示数量计算（计量单位：个）	1. 台面及支架运输、安装； 2. 杆、环、盒、配件安装； 3. 刷油漆
	08规范	020603002	晒衣架	1. 材料品种、规格、品牌、颜色； 2. 支架、配件品种、规格、品牌； 3. 油漆品种、刷漆遍数		1. 台面及支架制作、运输、安装； 2. 杆、环、盒、配件安装； 3. 刷油漆
	说明：项目特征描述将原来的"材料品种、规格、品牌、颜色"简化为"材料品种、规格、品牌，颜色"，"支架、配件品种、规格、品牌"简化为"支架、配件品种、规格"，取消原来的"油漆品种、刷漆遍数"。工作内容将原来的"台面及支架制作、运输、安装"简化为"台面及支架运输、安装"						
3	13规范	011505003	帘子杆	1. 材料品种、规格、颜色； 2. 支架、配件品种、规格	按设计图示数量计算（计量单位：个）	1. 台面及支架运输、安装； 2. 杆、环、盒、配件安装； 3. 刷油漆
	08规范	020603003	帘子杆	1. 材料品种、规格、品牌、颜色； 2. 支架、配件品种、规格、品牌； 3. 油漆品种、刷漆遍数		1. 台面及支架制作、运输、安装； 2. 杆、环、盒、配件安装； 3. 刷油漆
	说明：项目特征描述将原来的"材料品种、规格、品牌、颜色"简化为"材料品种、规格、品牌、颜色"，"支架、配件品种、规格、品牌"简化为"支架、配件品种、规格"，取消原来的"油漆品种、刷漆遍数"。工作内容将原来的"台面及支架制作、运输、安装"简化为"台面及支架运输、安装"						
4	13规范	011505004	浴缸拉手	1. 材料品种、规格、颜色； 2. 支架、配件品种、规格	按设计图示数量计算（计量单位：个）	1. 台面及支架制作、运输、安装； 2. 杆、环、盒、配件安装； 3. 刷油漆

序号	版别	项目编码	项目名称	项目特征	工程量计算规则与计量单位	工作内容
4	08 规范	020603004	浴缸拉手	1. 材料品种、规格、品牌、颜色； 2. 支架、配件品种、规格、品牌； 3. 油漆品种、刷漆遍数	按设计图示数量计算（计量单位：个）	1. 台面及支架制作、运输、安装； 2. 杆、环、盒、配件安装； 3. 刷油漆
	说明：项目特征描述将原来的"材料品种、规格、品牌、颜色"简化为"材料品种、规格、品牌、颜色"，"支架、配件品种、规格、品牌"简化为"支架、配件品种、规格"，取消原来的"油漆品种、刷漆遍数"。工作内容将原来的"台面及支架制作、运输、安装"简化为"台面及支架运输、安装"						
5	13 规范	011505005	卫生间扶手	1. 材料品种、规格、颜色； 2. 支架、配件品种、规格	按设计图示数量计算（计量单位：个）	1. 台面及支架运输、安装； 2. 杆、环、盒、配件安装； 3. 刷油漆
	08 规范	—	—	—	—	—
	说明：增添项目内容						
6	13 规范	011505006	毛巾杆（架）	1. 材料品种、规格、颜色； 2. 支架、配件品种、规格	按设计图示数量计算（计量单位：）套	1. 台面及支架制作、运输、安装； 2. 杆、环、盒、配件安装； 3. 刷油漆
	08 规范	020603005	毛巾杆（架）	1. 材料品种、规格、品牌、颜色； 2. 支架、配件品种、规格、品牌； 3. 油漆品种、刷漆遍数		
	说明：项目特征描述将原来的"材料品种、规格、品牌、颜色"简化为"材料品种、规格、颜色"，"支架、配件品种、规格、品牌"简化为"支架、配件品种、规格"，取消原来的"油漆品种、刷漆遍数"						
7	13 规范	011505007	毛巾环	1. 材料品种、规格、颜色； 2. 支架、配件品种、规格	按设计图示数量计算（计量单位：副）	1. 台面及支架制作、运输、安装； 2. 杆、环、盒、配件安装； 3. 刷油漆
	08 规范	020603006	毛巾环	1. 材料品种、规格、品牌、颜色； 2. 支架、配件品种、规格、品牌； 3. 油漆品种、刷漆遍数		
	说明：项目特征描述将原来的"材料品种、规格、品牌、颜色"简化改为"材料品种、规格、品牌、颜色"，"支架、配件品种、规格、品牌"简化为"支架、配件品种、规格"，取消原来的"油漆品种、刷漆遍数"						

序号	版别	项目编码	项目名称	项目特征	工程量计算规则与计量单位	工作内容
8	13规范	011505008	卫生纸盒	1. 材料品种、规格、颜色; 2. 支架、配件品种、规格	按设计图示数量计算（计量单位：个）	1. 台面及支架制作、运输、安装; 2. 杆、环、盒、配件安装; 3. 刷油漆
	08规范	020603007	卫生纸盒	1. 材料品种、规格、品牌、颜色; 2. 支架、配件品种、规格、品牌; 3. 油漆品种、刷漆遍数		
	说明：项目特征描述将原来的"材料品种、规格、品牌、颜色"简化为"材料品种、规格、品牌、颜色"，"支架、配件品种、规格、品牌"简化为"支架、配件品种、规格"，取消原来的"油漆品种、刷漆遍数"					
9	13规范	011505009	肥皂盒	1. 材料品种、规格、颜色; 2. 支架、配件品种、规格	按设计图示数量计算（计量单位：个）	1. 台面及支架制作、运输、安装; 2. 杆、环、盒、配件安装; 3. 刷油漆
	08规范	020603008	肥皂盒	1. 材料品种、规格、品牌、颜色; 2. 支架、配件品种、规格、品牌; 3. 油漆品种、刷漆遍数		
	说明：项目特征描述将原来的"材料品种、规格、品牌、颜色"简化为"材料品种、规格、品牌、颜色"，"支架、配件品种、规格、品牌"简化为"支架、配件品种、规格"，取消原来的"油漆品种、刷漆遍数"					
10	13规范	011505010	镜面玻璃	1. 镜面玻璃品种、规格; 2. 框材质、断面尺寸; 3. 基层材料种类; 4. 防护材料种类	按设计图示尺寸以边框外围面积计算（计量单位：m²）	1. 基层安装; 2. 玻璃及框制作、运输、安装
	08规范	020603009	镜面玻璃	1. 镜面玻璃品种、规格; 2. 框材质、断面尺寸; 3. 基层材料种类; 4. 防护材料种类; 5. 油漆品种、刷漆遍数		1. 基层安装; 2. 玻璃及框制作、运输、安装; 3. 刷防护材料、油漆
	说明：项目特征描述取消原来的"油漆品种、刷漆遍数"，工作内容取消原来的"刷防护材料、油漆"					

续表

序号	版别	项目编码	项目名称	项目特征	工程量计算规则与计量单位	工作内容
11	13规范	011505011	镜箱	1. 箱体材质、规格； 2. 玻璃品种、规格； 3. 基层材料种类； 4. 防护材料种类； 5. 油漆品种、刷漆遍数	按设计图示数量计算（计量单位：个）	1. 基层安装； 2. 箱体制作、运输、安装； 3. 玻璃安装； 4. 刷防护材料、油漆
	08规范	020603010	镜箱	1. 箱材质、规格； 2. 玻璃品种、规格； 3. 基层材料种类； 4. 防护材料种类； 5. 油漆品种、刷漆遍数		
	说明：项目特征描述将原来的"箱材质、规格"扩展为"箱体材质、规格"					

6.1.6 雨篷、旗杆

雨篷、旗杆工程量清单项目设置、项目特征描述的内容、计量单位及工程量计算规则等的变化对照情况，见表6-6。

雨篷、旗杆（编码：011506）   表 6-6

序号	版别	项目编码	项目名称	项目特征	工程量计算规则与计量单位	工作内容
1	13规范	011506001	雨篷吊挂饰面	1. 基层类型； 2. 龙骨材料种类、规格、中距； 3. 面层材料品种、规格； 4. 吊顶（天棚）材料品种、规格； 5. 嵌缝材料种类； 6. 防护材料种类	按设计图示尺寸以水平投影面积计算（计量单位：m²）	1. 底层抹灰； 2. 龙骨基层安装； 3. 面层安装； 4. 刷防护材料、油漆
	08规范	020605001	雨篷吊挂饰面	1. 基层类型； 2. 龙骨材料种类、规格、中距； 3. 面层材料品种、规格、品牌； 4. 吊顶（天棚）材料、品种、规格、品牌； 5. 嵌缝材料种类； 6. 防护材料种类； 7. 油漆品种、刷漆遍数		
	说明：项目特征描述将原来的"面层材料品种、规格、品牌"简化为"面层材料品种、规格"，"吊顶（天棚）材料、品种、规格、品牌"简化为"吊顶（天棚）材料品种、规格"，取消原来的"油漆品种、刷漆遍数"					

续表

序号	版别	项目编码	项目名称	项目特征	工程量计算规则与计量单位	工作内容
2	13 规范	011506002	金属旗杆	1. 旗杆材料、种类、规格； 2. 旗杆高度； 3. 基础材料种类； 4. 基座材料种类； 5. 基座面层材料、种类、规格	按设计图示数量计算（计量单位：根）	1. 土石挖、填、运； 2. 基础混凝土浇筑； 3. 旗杆制作、安装； 4. 旗杆台座制作、饰面
	08 规范	020605002	金属旗杆			1. 土（石）方挖填； 2. 基础混凝土浇筑； 3. 旗杆制作、安装； 4. 旗杆台座制作、饰面
	说明：工作内容将原来的"土（石）方挖填"修改为"土石挖、填、运"					
3	13 规范	011506003	玻璃雨篷	1. 玻璃雨篷固定方式； 2. 龙骨材料种类、规格、中距； 3. 玻璃材料品种、规格； 4. 嵌缝材料种类； 5. 防护材料种类	按设计图示尺寸以水平投影面积计算（计量单位：m²）	1. 龙骨基层安装； 2. 面层安装； 3. 刷防护材料、油漆
	08 规范	—	—	—	—	—
	说明：增添项目内容					

6.1.7 招牌、灯箱

招牌、灯箱工程量清单项目设置、项目特征描述的内容、计量单位及工程量计算规则等的变化对照情况，见表6-7。

招牌、灯箱（编码：011507） 表 6-7

序号	版别	项目编码	项目名称	项目特征	工程量计算规则与计量单位	工作内容
1	13 规范	011507001	平面、箱式招牌	1. 箱体规格； 2. 基层材料种类； 3. 面层材料种类； 4. 防护材料种类	按设计图示尺寸以正立面边框外围面积计算。复杂形的凸凹造型部分不增加面积（计量单位：m²）	1. 基层安装； 2. 箱体及支架制作、运输、安装； 3. 面层制作、安装； 4. 刷防护材料、油漆
	08 规范	020606001	平面、箱式招牌	1. 箱体规格； 2. 基层材料种类； 3. 面层材料种类； 4. 防护材料种类； 5. 油漆品种、刷漆遍数		
	说明：项目特征描述取消原来的"油漆品种、刷漆遍数"					

续表

序号	版别	项目编码	项目名称	项目特征	工程量计算规则与计量单位	工作内容
2	13规范	011507002	竖式标箱	1. 箱体规格； 2. 基层材料种类； 3. 面层材料种类； 4. 防护材料种类	按设计图示数量计算（计量单位：个）	1. 基层安装； 2. 箱体及支架制作、运输、安装； 3. 面层制作、安装； 4. 刷防护材料、油漆
	08规范	020606002	竖式标箱	1. 箱体规格； 2. 基层材料种类； 3. 面层材料种类； 4. 防护材料种类； 5. 油漆品种、刷漆遍数	按设计图示尺寸以正立面边框外围面积计算。复杂形的凸凹造型部分不增加面积（计量单位：m²）	
	说明：项目特征描述取消原来的"油漆品种、刷漆遍数"，工程量计算规则与计量单位将原来"按设计图示尺寸以正立面边框外围面积计算。复杂形的凸凹造型部分不增加面积（计量单位：m²）"修改为"按设计图示数量计算（计量单位：个）"						
3	13规范	011507003	灯箱	1. 箱体规格； 2. 基层材料种类； 3. 面层材料种类； 4. 防护材料种类	按设计图示数量计算（计量单位：个）	1. 基层安装； 2. 箱体及支架制作、运输、安装； 3. 面层制作、安装； 4. 刷防护材料、油漆
	08规范	020606003	灯箱	1. 箱体规格； 2. 基层材料种类； 3. 面层材料种类； 4. 防护材料种类； 5. 油漆品种、刷漆遍数		
	说明：项目特征描述取消原来的"油漆品种、刷漆遍数"						
4	13规范	011507004	信报箱	1. 箱体规格； 2. 基层材料种类； 3. 面层材料种类； 4. 保护材料种类； 5. 户数	按设计图示数量计算（计量单位：个）	1. 基层安装； 2. 箱体及支架制作、运输、安装； 3. 面层制作、安装； 4. 刷防护材料、油漆
	08规范	—	—	—	—	—
	说明：增添项目内容						

6.1.8 美术字

美术字工程量清单项目设置、项目特征描述的内容、计量单位及工程量计算规则等的变化对照情况，见表6-8。

美术字（编码：011508）　　　　表 6-8

序号	版别	项目编码	项目名称	项目特征	工程量计算规则与计量单位	工作内容
1	13 规范	011508001	泡沫塑料字	1. 基层类型； 2. 镶字材料品种、颜色； 3. 字体规格； 4. 固定方式； 5. 油漆品种、刷漆遍数	按设计图示数量计算（计量单位：个）	1. 字制作、运输、安装； 2. 刷油漆
	08 规范	020607001	泡沫塑料字			
	说明：项目内容未做修改					
2	13 规范	011508002	有机玻璃字	1. 基层类型； 2. 镶字材料品种、颜色； 3. 字体规格； 4. 固定方式； 5. 油漆品种、刷漆遍数	按设计图示数量计算（计量单位：个）	1. 字制作、运输、安装； 2. 刷油漆
	08 规范	020607002	有机玻璃字			
	说明：项目内容未做修改					
3	13 规范	011508003	木质字	1. 基层类型； 2. 镶字材料品种、颜色； 3. 字体规格； 4. 固定方式； 5. 油漆品种、刷漆遍数	按设计图示数量计算（计量单位：个）	1. 字制作、运输、安装； 2. 刷油漆
	08 规范	020607003	木质字			
	说明：项目内容未做修改					
4	13 规范	011508004	金属字	1. 基层类型； 2. 镶字材料品种、颜色； 3. 字体规格； 4. 固定方式； 5. 油漆品种、刷漆遍数	按设计图示数量计算（计量单位：个）	1. 字制作、运输、安装； 2. 刷油漆
	08 规范	020607004	金属字			
	说明：项目内容未做修改					
5	13 规范	011508005	吸塑字	—	—	—
	08 规范	—	—	—	—	—
	说明：增添项目内容					

6.2　工程量清单编制实例

6.2.1　实例 6-1

1. 背景资料

图 6-1 为某建筑楼梯栏杆（部分），采用型钢栏杆，成品榉木扶手。设计要求栏杆

25mm×25mm 方钢管与楼梯用 M8×80 膨胀螺栓连接。木扶手褐色酚醛树脂漆三遍，型钢酚醛银粉漆一遍、灰色酚醛调和漆二遍。

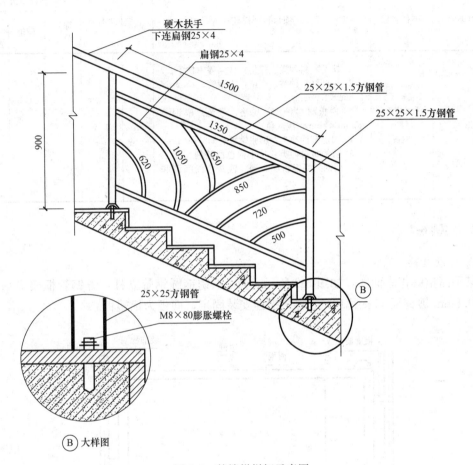

图 6-1　某楼梯栏杆示意图

计算时，步骤计算结果保留三位小数，最终计算结果保留两位小数。

2. 问题

根据以上背景资料及现行国家标准《建设工程工程量清单计价规范》（GB 50500—2013）、《房屋建筑与装饰工程工程量计算规范》（GB 50854—2013），试列出该楼梯扶手、栏杆、栏板项目的分部分项工程量清单。

3. 参考答案（表 6-9 和表 6-10）

清单工程量计算表 表 6-9

工程名称：某装饰工程

项目编码	清单项目名称	计算式	工程量合计	计量单位
011503002001	硬木扶手、栏杆、栏板		1.5	m

分部分项工程和单价措施项目清单与计价表 表 6-10

工程名称：某装饰工程

项目编码	项目名称	项目特征描述	计量单位	工程量	综合单价	合价	暂估价
					金额（元）		其中
011503002001	硬木扶手、栏杆、栏板	1. 扶手材料种类、规格：成品榉木扶手； 2. 栏杆材料种类、规格：方钢管、25mm×25mm×1.5mm； 3. 栏板材料种类、规格、颜色：扁钢—25mm×4mm，浅灰色； 4. 固定配件种类：膨胀螺栓、M8×80； 5. 防护材料种类：扶手褐色酚醛树脂漆三遍，型钢酚醛银粉漆一遍、浅灰色酚醛调和漆二遍	m	1.5			

6.2.2 实例 6-2

1. 背景资料

某平面招牌正立面图，如图 6-2 所示。φ10 不锈钢圆钢管立杆，方钢管框架，基层底板为 0.8mm 镀锌板，采用 10mm 膨胀螺栓安装固定，面板为铝塑板。

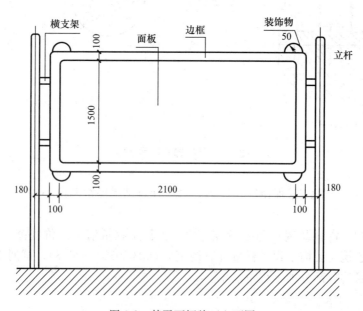

图 6-2 某平面招牌正立面图

计算时，步骤计算结果保留三位小数，最终计算结果保留两位小数。

2. 问题

根据以上背景资料及现行国家标准《建设工程工程量清单计价规范》（GB 50500—2013）、《房屋建筑与装饰工程工程量计算规范》（GB 50854—2013），试列出该灯箱的分部分项工程量清单。

3. 参考答案（表 6-11 和表 6-12）

清单工程量计算表　　　　　表 6-11

工程名称：某装饰工程

项目编码	清单项目名称	计算式	工程量合计	计量单位
011507001001	平面招牌	$S=(2.1+0.1\times2)\times(1.5+0.1\times2)=3.91\text{m}^2$	3.91	m²

分部分项工程和单价措施项目清单与计价表　　　　表 6-12

工程名称：某装饰工程

项目编码	项目名称	项目特征描述	计量单位	工程量	综合单价	合价	其中 暂估价
011507001001	平面招牌	1. 箱体规格：2300mm×1700mm； 2. 基层材料种类：镀锌板； 3. 面层材料种类：铝塑板	m²	3.91			

7 工程量清单编制综合实例

7.1 实例 7-1

1. 背景资料

某单层房屋部分施工图，如图 7-1～图 7-3 所示。

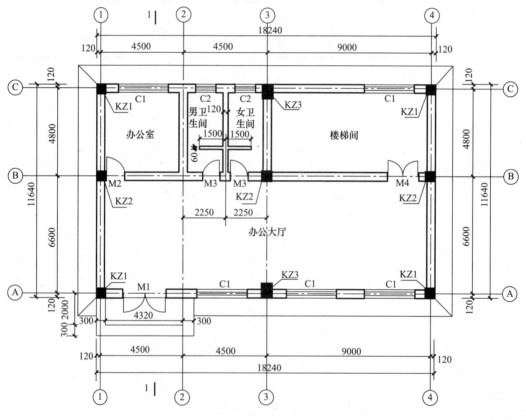

图 7-1 平面图

说明：男女卫生间蹲坑所占面积均为 2.8m²

（1）设计说明

1）该工程为框架结构，室外地坪标高为—0.300m。

2）图中未注明的墙均为 240mm 厚多孔砖墙，未注明的板厚均为 90mm。

3）门窗洞口尺寸如表 7-1 所示，均不设门窗套，门、窗居墙中布置，门为水泥砂浆后塞口，窗为填充剂后塞口。

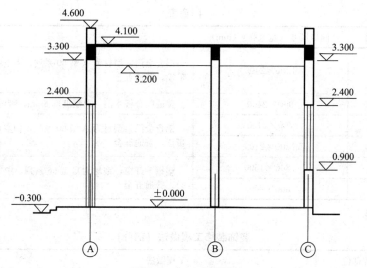

图 7-2　1—1 剖面图

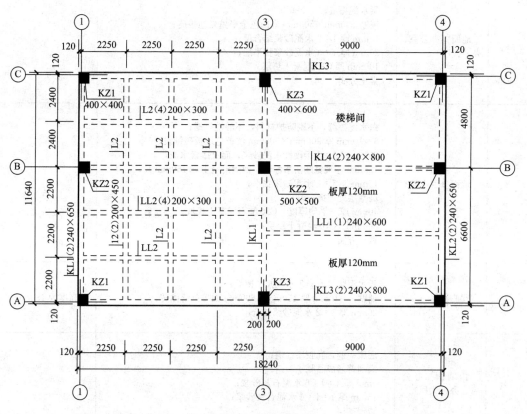

图 7-3　楼面结构图

说明：未注明的板厚均为 90mm

4）装饰装修工程做法（部分）如表 7-2 所示。

（2）施工说明

1）土壤类别为三类。

2）垂直运输机械考虑卷扬机，不考虑夜间施工、二次搬运、冬雨期施工、排水、降水。

门窗表 表 7-1

序号	代号	洞口尺寸（宽×高）（mm）	备注
1	M1	1200×2400	铝合金门，型材为 A 型 60 系列，中空玻璃（5＋9＋5），带锁，普通五金
2	M2	900×2400	普通胶合板木门，单层玻璃 6mm，带锁，普通五金
3	M3	700×2100	铝合金门，型材为 A 型 60 系列，中空玻璃（5＋9＋5），带锁，普通五金
4	M4	1200×2100	
5	C1	1800×1500	塑钢平开窗，型材为 C 型 66 系列，中空玻璃（4＋12＋4），普通五金
6	C2	600×900	

装饰装修工程做法（部分） 表 7-2

序号	工程部位	工程做法	备注
1	地面（办公室、办公大厅）	素水泥擦缝； 铺贴 500mm×500mm 米白色全瓷抛光地板砖； 10mm 厚 1：2 水泥砂浆结合层； 20mm 厚 1：3 水泥砂浆找平层； 100mm 厚 C10 混凝土垫层； 素土夯实	
2	地面（卫生间）	白水泥擦缝，不刷防护材料，不酸洗打蜡； 8～10mm 厚 300mm×300mm 浅黄色地板砖铺设； 25mm 厚 1：4 十硬性水泥砂浆，面上撒素水泥； 1.5mm 厚聚氨酯防水涂料，四周沿墙上翻 150mm 高； 15mm 厚 1：2 水泥砂浆找平； 刷基层处理剂一遍； 40mm 厚（平均厚度）C20 细石混凝土找坡； 80mm 厚 C10 混凝土垫层； 素土夯实	
3	踢脚线	稀水泥浆（或彩色水泥浆）擦缝； 铺贴 8～10mm 厚 150mm×600mm 咖啡色通体砖； 20mm 厚 1：2 水泥砂浆结合层	高度为 120mm
4	内墙面（办公室、办公大厅）	底漆一遍，乳胶漆二遍； 满刮普通成品腻子一遍； 5mm 厚 1：1：6 水泥石灰砂浆； 15mm 厚 1：1：6 水泥石灰砂浆； 清理基层	
5	内墙面（卫生间）	白水泥擦缝，密缝； 铺贴 150mm×220mm 米白瓷砖面层； 8mm 厚 1：2 水泥砂浆； 15mm 厚 1：3 水泥砂浆基层抹灰； 清理基层	60mm 厚隔墙铺贴瓷砖高至吊顶底面

续表

序号	工程部位	工程做法	备注
6	吊顶天棚（办公室、办公大厅）	9mm 厚穿孔石膏板（规格为 500mm×500mm），孔径、孔距及穿孔图案详见设计； 50mm 厚超细玻璃丝棉吸声层，玻璃丝布袋装填于龙骨间； T 形轻钢横撑龙骨 TB24mm×28mm 间距 600mm，与主龙骨插接； T 形轻钢主龙骨 TB24mm×28mm，间距 600mm，用吊件与钢筋吊杆联结后找平； 吊杆采用 φ8 钢筋（长度为 780mm），双向中距≤1200mm，吊杆上部与板底预留吊环固定； 现浇钢筋混凝土板底预留 φ10 钢筋吊环，双向中距≤1200mm	单层 T 型轻钢龙骨不上人，单层板
7	天棚（卫生间）	防水防霉涂料三遍； 刮嵌缝腻子； 9mm 厚 PVC 条板面层（200mm×800mm）； φ6 钢筋吊杆、双向吊点，长为 780mm U 形轻钢龙骨 38mm×12mm×0.1mm，中距 1000mm； 次龙骨 50mm×19×0.5mm，中距 450mm； 覆面横撑龙骨 50mm×19×0.5mm，中距 60mm； 现浇钢筋混凝土板	
8	外墙面	8mm 厚 1：2 水泥砂浆； 12mm 厚 1：3 水泥砂浆	
9	女儿墙	内侧抹灰： 5mm 厚 1：0.5：3 水泥石灰砂浆； 15mm 厚 1：1：6 水泥石灰砂浆 素水泥砂浆一遍	外侧抹灰同外墙
10	台阶	铝合金防滑条（成品）； 20mm 厚 1：2 水泥砂浆抹面压光； 素水泥浆结合层一遍； 60mm 厚 C15 混凝土台阶（厚度不包括踏步三角部分）； 300mm 厚 3：7 灰土； 素土夯实	防滑条用 φ3.5 塑料胀管固定，中距≤300mm

3）除地面垫层为现场搅拌外，其他构件均采用 C20 商品混凝土。

（3）计算说明

1）台阶室外平台计入地面工程量。

2）办公室、办公大厅内墙门窗洞口侧面、顶面和窗底面均抹灰、刷乳胶漆，其乳胶漆计算宽度均按 100mm 计算。内墙抹灰、刷乳胶漆高度算至吊顶底面。门洞口侧壁不计算踢脚线。

卫生间内墙贴块料，其门窗洞口侧面、顶面和窗底面的计算宽度均按 150mm 计算，归入零星项目。卫生间内隔墙贴块料高度算至吊顶底面。

3）墙面喷刷涂料工程量计算，扣除踢脚线、门窗洞口面积，增加门窗侧边。

4）外墙 M1 门洞口底面积全部按块料面层计算。

5）卫生间 M3 门洞口块料面层全部按卫生间地面计算，男女卫生间蹲坑所占面积均为 2.8m²。

6）计算范围：

① 地面，只计算办公室、办公大厅、男女卫生间，楼梯间不计算；

② 天棚，楼梯间不计算；

③ 墙面，楼梯间不计算，仅计算抹灰；

④ 踢脚线，楼梯间不计算，门洞口侧面不计算；

⑤ 喷刷涂料，仅计算内墙面。

⑥ 室外台阶，立面抹灰不计算；

⑦ 门窗，不计算窗台板、油漆、玻璃及特殊五金；

⑧ 措施项目，只计算综合脚手架、垂直运输。

7）计算工程数量以"m"、"m³"、"m²"为单位，步骤计算结果保留三位小数，最终计算结果保留两位小数。

2. 问题

根据以上背景资料及现行国家标准《建设工程工程量清单计价规范》（GB 50500—2013）、《房屋建筑与装饰工程工程量计算规范》（GB 50854—2013）及其他相关文件的规定，试列出该工程要求计算项目的分部分项工程量清单。

3. 参考答案（表7-3 和表7-4）

清单工程量计算表

表 7-3

工程名称：某装饰工程

序号	项目编码	清单项目名称	计算式	工程量合计	计量单位
1	011102003001	块料楼地面	块料楼地面，门洞口面积计入地面工程，外墙 M1 门洞口底面积全部按块料面层计算，楼梯间面积不计算。 1. 办公大厅墙间净面积： $S_1 = (4.5 - 0.12 \times 2) \times (4.8 - 0.12 \times 2) = 19.426\text{m}^2$ 2. 办公室墙间净面积： $S_2 = (4.5 \times 2 + 9.0 - 0.12 \times 2) \times (6.6 - 0.12 \times 2) = 112.954\text{m}^2$ 3. 增加门洞口所占面积： $S_3 = 1.2 \times 0.24 + 0.9 \times 0.24 + 1.2 \times 0.24 = 0.792\text{m}^2$ 4. 小计： $S = 19.426 + 112.954 + 0.792 = 133.17\text{m}^2$	133.17	m²
2	011102003002	块料楼地面	卫生间 M3 门洞口块料面层全部按卫生间地面计算，扣除男女卫生间蹲坑所占面积为 2.8m²。 $S = (2.25 - 0.12 - 0.06) \times (4.8 - 0.12 \times 2) \times 2 + 0.7 \times 0.24 - (1.5 - 0.06) \times 0.06 \times 2 - 2.8 \times 2 = 13.27\text{m}^2$	13.27	m²
3	011101001001	水泥砂浆楼地面	室外平台计入地面工程量。 $S = (2.0 - 0.3) \times (4.32 - 0.3 \times 2) = 6.32\text{m}^2$	6.32	m²
4	011107004001	水泥砂浆台阶面	台阶最上层踏步宽度为边沿加 300mm。 $S = [(2.0 + 0.3) \times 2 + 4.32 + 2.0 \times 2 + (4.32 - 0.3 \times 2)] \times 0.3 = 4.99\text{m}^2$	4.99	m²

续表

序号	项目编码	清单项目名称	计算式	工程量合计	计量单位
5	011105003001	块料踢脚线	楼梯间踢脚线不计算，门洞口侧面不计算。踢脚线高度120mm。 1. 办公大厅踢脚线长度（扣除门洞口）： $L_1=(4.5\times2+9.0-0.12\times2+6.6-0.12\times2)\times2-1.2-1.2-0.7\times2-0.9=43.540m$ 2. 办公室踢脚线长度（扣除门洞口）： $L_2=(4.5\ 0.12\times2+4.8-0.12\times2)\times2-0.9=16.740m$ 3. 突出内墙面的框架柱柱角增加的长度： $L_3=(0.6-0.24)\times2+(0.5-0.24)/2\times2=0.980m$ 4. 小计： $L=43.540+16.740+0.980=61.26m$	61.26	m
6	011201001001	外墙一般抹灰	室外地坪标高为－0.300m，女儿墙顶标高为4.600m，外墙抹灰高度为0.300+4.600=4.900（m）。 1. 外墙垂直投影面积： $S_1=(18.24+11.64)\times2\times(0.300+4.600)=292.824m^2$ 2. 扣除外墙上门窗洞口所占面积： $S_2=1.2\times2.4+1.8\times1.5\times5+0.6\times0.9\times2=17.460m^2$ 3. 扣除室外台阶垂直面所占面积： $S_3=(4.32+4.32+0.3\times2)\times0.15=1.386m^2$ 4. 小计： $S=292.824-17.460-1.386=273.98m^2$	273.98	m²
7	011201001002	女儿墙内面抹灰	$S=(4.5\times2+9.0-0.12\times2+6.6+4.8-0.12\times2)\times2\times0.5=28.92m^2$	29.92	m²
8	011201001003	内墙一般抹灰	室内地面标高为±0.000m，内墙抹灰高度算至吊顶底面，即3.200m。 1. 办公室内墙抹灰面积： $S_1=(4.5-0.12\times2+4.8-0.12\times2)\times2\times3.2-1.8\times1.5-0.9\times2.1=51.858m^2$ 2. 办公大厅内墙垂直面投影面积： $S_2=(4.5\times2+9.0-0.12\times2+6.6-0.12\times2)\times2\times3.2=154.368m^2$ 3. 扣除办公大厅门窗洞口所占面积： $S_3=1.2\times2.4+1.8\times1.5\times3+0.9\times1.2+0.7\times2.1\times2+1.2\times2.1=17.520（m^2）$ 4. 突出墙面的框架柱柱角增加的面积： $S_4=[(0.6-0.24)\times2+(0.5-0.24)/2\times2]\times3.2=3.136m^2$ 5. 小计： $S=51.858+154.368-17.520+3.136=191.84m^2$	191.84	m²

序号	项目编码	清单项目名称	计算式	工程量合计	计量单位
9	011204003001	内墙块料墙面	男女卫生间尺寸相同。 1. 男卫生间墙面垂直投影面积： $S_1 = (2.25-0.12-0.06+4.8-0.12\times2)\times2\times3.2-0.06\times3.2=42.240m^2$ 2. 扣除门窗洞口所占面积： $S_2=0.6\times0.9+0.7\times2.1=2.010m^2$ 3. 增加隔墙垂直投影面积： $S=[(1.5-0.06)\times2+0.06]\times2\times3.2=18.816m^2$ 4. 小计： $S=(42.240-2.010)\times2+18.816=99.28m^2$	99.28	m²
10	011206002001	块料零星墙面	$S=(0.7+2.1\times2)\times2\times0.15+(0.6+0.9)\times2\times2\times0.15=2.37m^2$	2.37	m²
11	011302001001	办公室和办公大厅吊顶天棚	1. 办公室吊顶天棚水平投影面积： $S_1=(4.5-0.12\times2)\times(4.8-0.12\times2)=19.426m^2$ 2. 办公大厅吊顶天棚水平投影面积： $S_2=(4.5\times2+9.0-0.12\times2)\times(6.6-0.12\times2)=112.954m^2$ 3. 突出墙面的框架柱柱角增加的面积： (1) 单根 KZ3 突出办公大厅墙面增加的最大面积： $S_3=0.4\times0.6-0.24\times0.24=0.182<0.3m^2$，不予扣除； (2) 单根 KZ2 突出办公大厅墙面增加的最大面积： $S_4=(0.5\times0.5-0.24\times0.24)/2=0.096<0.3m^2$，不予扣除； (3) 单根 KZ1 突出办公大厅墙面增加的最大面积： $S_5=0.4\times0.4-0.24\times0.24=0.1022<0.3m^2$，不予扣除。 4. 小计： $S=19.426+112.954=132.38m^2$	132.38	m²
12	011302001002	卫生间吊顶天棚	吊顶天棚工程量计算时，不扣除间壁墙所占面积。 $S=(2.25\times2-0.12\times2)\times(4.8-0.12\times2)=19.43m^2$	19.43	m²
13	010801001001	胶合板门	M2：$0.9\times2.1=1.89m^2$	1.89	m²
14	010802001001	塑钢平开门	M1：$1.2\times2.4=2.88m^2$ M3：$0.7\times2.1\times2=2.94m^2$ M4：$1.2\times2.1=2.52m^2$	8.34	m²
15	010807001001	塑钢平开窗	C1：$1.8\times1.5\times5=13.50m^2$ C2：$0.6\times0.9\times2=1.08m^2$	14.58	m²

续表

序号	项目编码	清单项目名称	计算式	工程量合计	计量单位
16	011407001001	内墙面喷刷涂料	1. 内墙抹灰面积： $S_1 = 191.84 (m^2)$ 2. 扣除踢脚线面积： $S_2 = 61.26 \times 0.12 = 7.351 m^2$ 3. 增加门窗洞口侧面、顶面和窗底面面积： M1：$S_3 = (1.2 + 2.4 \times 2) \times 0.100 = 0.600 m^2$ M2：$S_4 = (0.9 + 2.4 \times 2) \times 2 \times 0.100 = 1.140 m^2$ M3：$S_5 = (0.7 + 2.1 \times 2) \times 2 \times 0.100 = 0.950 m^2$ M4：$S_6 = (1.2 + 2.1 \times 2) \times 0.100 = 0.540 m^2$ C1：$S_7 = (1.8 + 1.5) \times 2 \times 4 \times 0.100 = 2.640 m^2$ 小计：$S_8 = 0.600 + 1.140 + 0.950 + 0.540 + 2.640 = 5.870 m^2$ 4. 合计： $S = 191.84 - 7.351 + 5.870 = 190.36 m^2$	190.36	m^2
17	011701001001	综合脚手架	$S =$ 建筑面积 $= 18.24 \times 11.64 = 212.31 m^2$	212.31	m^2
18	011703001001	垂直运输	$S =$ 建筑面积 $= 18.24 \times 11.64 = 212.31 m^2$	212.31	m^2

注：1. 门窗以平方米计量。
2. 门侧壁不考虑踢脚线。
3. 墙抹灰工程量计算根据规范规定，不扣踢脚线，门窗侧壁亦不增加。
4. 墙面喷刷涂料工程量计算，扣除踢脚线、门窗洞口面积，增加门窗、柱侧边面积。
5. 吊顶天棚工程量计算时，扣除灯槽面积。

分部分项工程和单价措施项目清单与计价表

表 7-4

工程名称：某装饰工程

第1页 共1页

序号	项目编码	项目名称	项目特征描述	计量单位	工程量	综合单价	合价	其中 暂估价
			楼地面装饰工程					
1	011102003001	块料楼地面	1. 找平层厚度、砂浆配合比：20mm厚1：3水泥砂浆； 2. 结合层厚度、砂浆配合比：10mm厚1：2水泥砂浆； 3. 面层材料品种、规格、颜色：500mm×500mm米白色全瓷抛光地板砖； 4. 嵌缝材料种类：素水泥	m^2	133.17			
2	011102003002	块料楼地面	1. 找平层厚度、砂浆配合比：15mm厚1：2水泥砂浆； 2. 结合层厚度、砂浆配合比：25mm厚1：4干硬性水泥砂浆，面上撒素水泥； 1.5mm厚聚氨酯防水涂料，四周沿墙上翻150mm高； 3. 面层材料品种、规格、颜色：8～10mm厚 300mm×300mm 浅黄色地板砖； 4. 嵌缝材料种类：白水泥，不刷防护材料，不酸洗打蜡	m^2	13.27			

续表

序号	项目编码	项目名称	项目特征描述	计量单位	工程量	金额（元）		
						综合单价	合价	其中
								暂估价
楼地面装饰工程								
3	011101001001	水泥砂浆楼地面	1. 素水泥浆遍数：一遍； 2. 面层厚度、砂浆配合比：20mm厚1：2水泥砂浆抹面压光； 3. 面层做法要求：符合施工及验收规范要求	m²	6.32			
4	011107004001	水泥砂浆台阶面	1. 面层厚度、砂浆配合比：20mm厚1：2水泥砂浆抹面压光； 2. 防滑条材料种类：铝合金防滑条（成品）	m²	4.99			
5	011105003001	块料踢脚线	1. 踢脚线高度：120mm； 2. 粘贴层厚度、材料种类：20mm厚1：2水泥砂浆； 3. 面层材料品种、规格、颜色：120mm×600mm咖啡色通体砖瓷砖	m	61.26			
墙柱面装饰工程								
6	011201001001	外墙面一般抹灰	1. 墙体类型：砖墙； 2. 底层厚度、砂浆配合比：12mm厚1：3水泥砂浆； 3. 面层厚度、砂浆配合比：8mm厚1：2水泥砂浆	m²	273.98			
7	011201001002	女儿墙内面抹灰	1. 墙体类型：砖墙； 2. 底层厚度、砂浆配合比：素水泥砂浆一遍，15mm厚1：1：6水泥石灰砂浆； 3. 面层厚度、砂浆配合比：5mm厚1：0.5：3水泥石灰砂浆	m²	28.92			
8	011201001003	内墙一般抹灰	1. 墙体类型：砖墙； 2. 底层厚度、砂浆配合比：15mm厚1：1：6水泥石灰砂浆； 3. 面层厚度、砂浆配合比：5mm厚1：1：6水泥石灰砂浆	m²	191.84			
9	011204003001	卫生间块料墙面	1. 墙体类型：砖墙； 2. 安装方式：砂浆； 3. 面层材料品种、规格、颜色：150mm×220mm米白瓷砖； 4. 缝宽、嵌缝材料种类：白水泥擦缝，密缝	m²	99.28			

续表

序号	项目编码	项目名称	项目特征描述	计量单位	工程量	金额（元）		
						综合单价	合价	其中
								暂估价
墙柱面装饰工程								
10	011206002001	块料零星墙面	1. 墙体类型：砖墙； 2. 安装方式：砂浆； 3. 面层材料品种、规格、颜色：150mm×220mm 米白瓷砖； 4. 缝宽、嵌缝材料种类：白水泥擦缝，密缝	m²	2.37			
天棚工程								
11	011302001001	办公室和办公大厅吊顶天棚	1. 吊顶形式、吊杆规格、高度：单层吊挂式、φ6 钢筋吊杆、双向吊点、长为780mm； 2. 龙骨材料种类、规格、中距： T 形轻钢横撑龙骨 TB24mm×28mm 间距 600mm，与主龙骨插接； T 形轻钢主龙骨 TB24mm×28mm，间距 600mm，用吊件与钢筋吊杆联结后找平； 3. 基层材料种类、规格：纸面石膏板、500mm×500mm×9mm 穿孔石膏板	m²	132.38			
12	011302001002	卫生间吊顶天棚	1. 吊顶形式、吊杆规格、高度：单层吊挂式、φ6 钢筋吊杆、双向吊点、长为780mm； 2. 龙骨材料种类、规格、中距： U 形轻钢龙骨 38mm×12mm×0.1mm，中距 1000mm； 次龙骨 50mm×19×0.5mm，中距450mm； 覆面横撑龙骨 50mm×19×0.5mm，中距 60mm； 3. 基层材料种类、规格：9mm 厚 PVC 条板面层（200mm×800mm）； 4. 面层材料品种、规格：防水防霉涂料三遍。 5. 嵌缝材料种类：刮嵌缝腻子	m²	19.43			
门窗工程								
13	010801001001	胶合板门	1. 门代号及洞口尺寸：M2（900mm×2400mm）； 2. 镶嵌玻璃品种、厚度：平板玻璃，6mm	m²	1.89			
14	010802001001	铝合金平开门	1. 门代号及洞口尺寸：M1（1200mm×2400mm）、M3（700mm×2100mm）、M4（1200mm×2100mm）； 2. 门框、扇材质：A 型 60 系列； 3. 玻璃品种、厚度：中空玻璃（5＋9＋5）mm	m²	8.34			

续表

序号	项目编码	项目名称	项目特征描述	计量单位	工程量	金额（元）		
						综合单价	合价	其中 暂估价
门窗工程								
15	010807001001	塑钢平开窗	1. 窗代号及洞口尺寸：C1（1800mm×1500mm）、C2（600mm×900mm）； 2. 框、扇材质：C型66系列； 3. 玻璃品种、厚度：中空玻璃（4＋12＋4）mm	m²	14.58			
油漆、涂料、裱糊工程								
16	011407001001	墙面喷刷涂料	1. 基层类型：抹灰面； 2. 喷刷涂料部位：内墙面； 3. 腻子种类：普通成品腻子； 4. 刮腻子要求：满足施工及验收规范要求； 5. 涂料品种、喷刷遍数：乳胶漆、底漆一遍、面漆两遍	m²	190.36			
措施项目								
17	011701001001	综合脚手架	1. 建筑结构形式：框架结构； 2. 檐口高度：4.40m	m²	212.31			
18	011703001001	垂直运输	1. 建筑物建筑类型及结构形式：房屋建筑、框架结构； 2. 建筑物檐口高度、层数：4.40m、一层	m²	212.31			

7.2 实例 7-2

1. 背景资料

某单层房屋部分施工图，如图7-4～图7-8所示。

（1）设计说明

1）该工程为砖混结构，室外地坪标高为−0.300m。

2）墙体采用蒸压加气混凝土砌块砌筑，墙厚为200mm，用M7.5混合砂浆砌筑；女儿墙采用页岩标砖；未注明的板厚均为90mm。

3）门窗洞口尺寸如表7-5所示，均不设门窗套。门、窗居墙中布置，门为水泥砂浆后塞口，窗为填充剂后塞口。

门窗洞口过梁宽度同墙厚，高度均为180mm，长度为洞口两侧各加240mm。

4）该建筑装饰装修工程做法（部分）如表7-6所示。

（2）施工说明

1）土壤类别为三类。

2）垂直运输机械考虑卷扬机，不考虑夜间施工、二次搬运、冬雨期施工、排水、降水。

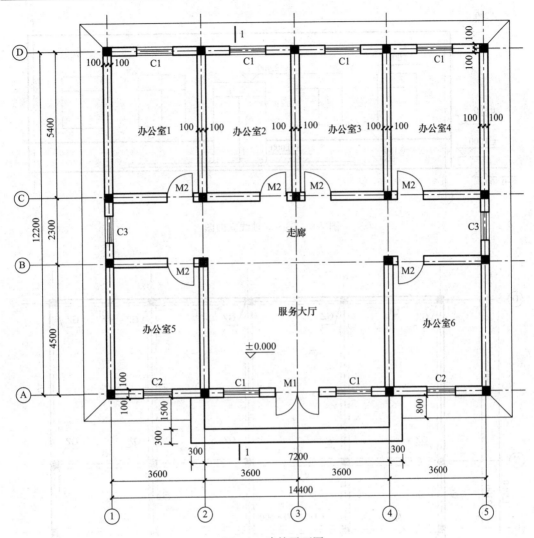

图 7-4 建筑平面图

说明：图中墙体均为承重墙，墙厚为 200mm；未注明位置墙体均轴线居中，未注明位置构造柱均轴线位于其截面中心

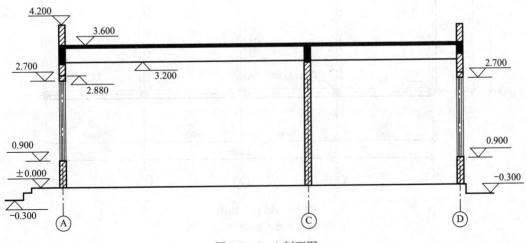

图 7-5 1—1 剖面图

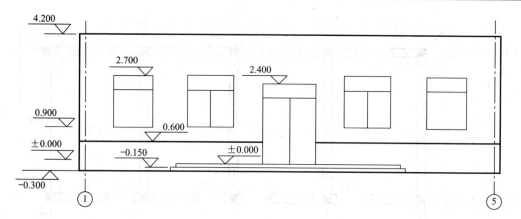

图 7-6　①～⑤轴线立面图

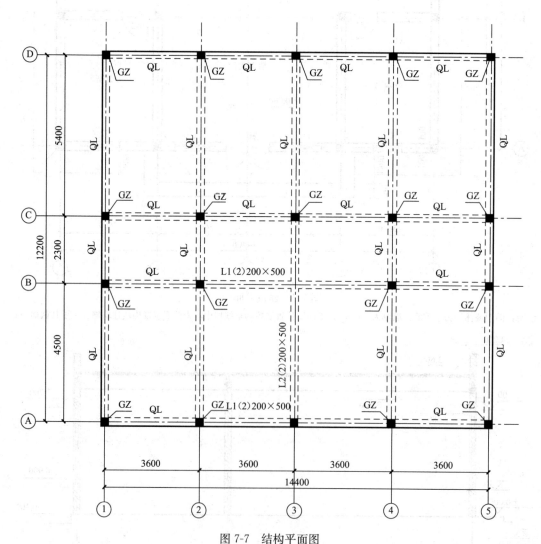

图 7-7　结构平面图

说明：未注明楼板板顶标高 3.000m

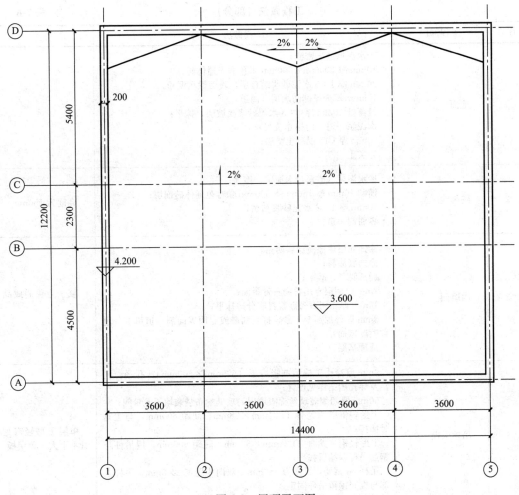

图7-8 屋顶平面图

门窗表   表7-5

序号	代号	洞口尺寸（宽×高）(mm)	备注
1	M1	1500×2400	塑钢平开门，型材为E型60G系列，中空玻璃（4+12+4），带锁，普通五金
2	M2	900×2100	普通胶合板木门，单层玻璃6mm，带锁，普通五金
3	C1	1500×1800	塑钢平开窗，型材为C型65系列，中空玻璃（4+12+4），普通五金
4	C2	1200×1800	
5	C3	900×1800	

3）混凝土均为预拌混凝土，垫层混凝土强度等级为C15，过梁为C25，屋面板混凝土强度等级为C30，其余构件均为C35。

（3）计算说明

1）台阶室外平台计入地面工程量。

工程做法（部分）   表 7-6

序号	工程部位	工程做法	备注
1	地面	干水泥擦缝，密缝； 10mm 厚 500mm×500mm 米色磨光通体砖； 30mm 厚 1：3 水泥砂浆结合层，表面撒水泥粉； 1.5mm 厚聚氨酯防水层（两道） 最薄处 20mm 厚 1：3 水泥砂浆找坡层，抹平； 水泥浆一道（内掺建筑胶）； 80mm 厚 C15 混凝土垫层； 夯实土	
2	踢脚线	稀水泥浆（或彩色水泥浆）擦缝； 铺贴 10mm 厚 150mm×600mm 咖啡色通体砖面层； 10mm 厚 1：2 水泥砂浆粘贴； 界面剂一道	高度为 150mm
3	内墙面	涂饰面层耐擦洗涂料两遍； 涂饰底涂料； 局部腻子、磨平； 2mm 厚面层专用粉刷石膏罩面； 10mm 厚粉刷石膏砂浆打底分遍抹平； 3mm 厚外加剂专用砂浆打底刮糙或专用界面剂一道甩毛（甩前喷湿墙面）； 清理基层	腻子为普通成品腻子
4	吊顶天棚	9mm 厚穿孔矿棉装饰吸声板（500mm×500mm），孔径、孔距及穿孔图案详见设计； 50mm 厚超细玻璃丝棉吸声层，玻璃丝布袋装填于龙骨间； T 形轻钢横撑龙骨 TB24mm×28mm，间距 600mm，与主龙骨插接； T 形轻钢主龙骨 TB24mm×38mm，间距 600mm，用吊件与钢筋吊杆联结后找平； 吊杆 ϕ8 钢筋，长度为 350mm，双向中距≤1200mm，吊杆上部与板底预留吊环固定； 吊环为 ϕ10 钢筋（长度 200mm），双向中距≤1200mm	单层 T 型轻钢龙骨不上人，单层板
5	外墙面	10mm 厚 1：2.5 水泥砂浆面层； 9mm 厚 1：3 专用水泥砂浆打底扫毛或划出纹道； 3mm 厚专用聚合物砂浆底面刮糙； 喷湿墙面	
6	外墙裙	白水泥擦缝； 铺贴 300mm×300mm 米色陶瓷面砖（缝宽 5mm）； 12mm 厚 1：1 水泥砂浆结合层； 14mm 厚 1：3 水泥砂浆打底抹平	高度为 600mm
7	女儿墙	内侧抹灰； 6mm 厚 1：2.5 水泥砂浆面层； 12mm 厚 1：3 水泥砂浆打底扫毛或划出纹道	外侧抹灰同外墙
8	现浇水磨石台阶	铜防滑条（成品）； 12mm 厚 1：2.5 水泥石子磨光、打蜡； 素水泥浆结合层一遍（内掺建筑胶）； 20mm 厚 1：3 水泥砂浆找平层； 素水泥浆结合层一遍（内掺建筑胶）； 60mm 厚 C15 混凝土，台阶面向外找坡 1%； 300mm 厚 3：7 灰土分两步夯实，宽出面层 100mm； 素土夯实	防滑条用 ϕ3.5 塑料胀管固定，中距≤300mm

2）内墙门窗洞口侧面、顶面和窗底面均抹灰、刷乳胶漆，其中抹灰不计算、乳胶漆计算宽度均按 50mm 计算。内墙抹灰高度算至吊顶底面。

3）门洞口侧壁不计算踢脚线。

4）外墙 M1 门洞口底面积全部按块料面层计算。

5）计算范围：

① 地面、天棚。

② 墙面，仅计算抹灰。

③ 踢脚线，门洞口侧面不计算。

④ 涂料，仅计算内墙面。

⑤ 室外台阶，立面抹灰不计算。

⑥ 门窗，不计算窗台板、油漆、玻璃及特殊五金。

⑦ 措施项目，只计算综合脚手架、垂直运输。

6）计算工程数量以"m"、"m³"、"m²"为单位，步骤计算结果保留三位小数，最终计算结果保留两位小数。

2. 问题

根据以上背景资料及现行国家标准《建设工程工程量清单计价规范》（GB 50500—2013）、《房屋建筑与装饰工程工程量计算规范》（GB 50854—2013）及其他相关文件的规定，试列出该工程要求计算项目的分部分项工程量清单。

3. 参考答案（表 7-7 和表 7-8）

清单工程量计算表

表 7-7

工程名称：某装饰工程

序号	项目编码	清单项目名称	计算式	工程量合计	计量单位
1	011102003001	块料地面	块料地面，门洞口面积计入地面工程，外墙 M1 门洞口底面积全部按块料面层计算。 1. 服务大厅地面面积（含 M1 门洞口面积）： $S_1 = (3.6 \times 2 - 0.10 \times 2) \times 4.5 + 1.5 \times 0.24 = 31.860\text{m}^2$ 2. 走廊地面面积（不含门洞口）： $S_2 = (3.6 \times 4 - 0.10 \times 2) \times (2.3 - 0.10 \times 2) = 29.82\text{m}^2$ 3. 办公室 1～办公室 4 地面面积（含门洞口面积）： $S_3 = [(3.6 - 0.10 \times 2) \times (5.4 - 0.10 \times 2) + 0.9 \times 0.24] \times 4 = 71.44\text{m}^2$ 4. 办公室 5、办公室 6 地面面积（含门洞口面积）： $S_4 = [(3.6 - 0.10 \times 2) \times (4.5 - 0.10 \times 2) + 0.9 \times 0.24] \times 2 = 29.672\text{m}^2$ 5. 小计： $S = 31.860 + 29.82 + 71.44 + 29.672 = 162.79\text{m}^2$	162.79	m²
2	011101002001	现浇水磨石楼地面	室外平台计入地面工程量（不含门洞口面积）。 $S = (1.5 - 0.30) \times (7.2 - 0.3 \times 2) = 7.92\text{m}^2$	7.92	m²

序号	项目编码	清单项目名称	计算式	工程量合计	计量单位
3	011107005001	现浇水磨石台阶面	台阶最上层踏步宽度为边沿加300mm。 $S=[(1.5+0.3)\times2+7.2+1.5\times2+7.2-0.3\times2]\times0.3=6.12m^2$	6.12	m²
4	011105003001	块料踢脚线	门洞口侧面不计算。 1. 服务大厅踢脚线长度（扣除门洞口）： $L_1=3.6\times2-0.10\times2+4.5\times2-1.5=14.500m$ 2. 走廊踢脚线长度（扣除门洞口）： $L_2=3.6\times2+3.6\times4-0.10\times2+(2.3-0.10\times2)\times2-0.9\times6=20.200m$ 3. 办公室1~办公室4踢脚线长度（扣除门洞口）： $L_3=[(3.6-0.10\times2+5.4-0.10\times2)\times2-0.9]\times4=65.200m$ 4. 办公室5、办公室6踢脚线长度（扣除门洞口）： $L_4=[(3.6-0.10\times2+4.5-0.10\times2)\times2-0.9]\times2=29.000m$ 5. 小计： $L=14.500+20.200+65.200+29.000=128.90m$	128.90	m
5	011204003001	块料外墙裙	外墙裙高度为600mm。 1. 外墙裙垂直投影面积： $S_1=(3.6\times4+0.10\times2+4.5+2.3+5.4+0.10\times2)\times2\times0.6=32.400m^2$ 2. 扣除室外台阶垂直面所占面积： $S_3=(7.2+7.2+0.3\times2)\times0.15=2.250m^2$ 3. 扣除外墙门洞口所占的面积： $S_3=1.5\times(0.6-0.15\times2)=0.450m^2$ 4. 小计： $S=32.400-2.250-0.450=29.70m^2$	29.70	m²
6	011201001001	外墙一般抹灰	室外地坪标高为-0.300m，女儿墙墙顶标高为4.20m。 1. 外墙垂直投影面积（含女儿墙外立面）： $S_1=(3.6\times4+0.10\times2+4.5+2.3+5.4+0.10\times2)\times2\times(0.3+4.20)=243.000m^2$ 2. 扣除外墙上门窗洞口所占面积： $S_2=1.5\times1.8\times6+1.2\times1.8\times2+0.9\times1.8\times2+1.5\times2.4=27.360m^2$ 3. 扣除室外台阶垂直面所占面积： $S_3=(7.2+7.2+0.3\times2)\times0.15=2.250m^2$ 4. 扣除外墙裙所占面积： $S_4=29.70m^2$ 5. 小计： $S=243.00-27.360-2.250-29.70=183.69m^2$	183.69	m²

序号	项目编码	清单项目名称	计算式	工程量合计	计量单位
7	011201001002	女儿墙内面抹灰	女儿墙高度为 4.20−3.60=0.60m。 $S=(3.6×4−0.10×2+4.5+2.3+5.4−0.10×2)×2×0.60=31.44m^2$	31.44	m²
8	011201001003	内墙一般抹灰	室内地面标高为 ±0.000m，内墙抹灰高度算至吊顶底，即 3.200m。 1. 服务大厅内墙面积（扣除门洞口所占面积）： $S_1=(3.6×2−0.10(2+4.5×2))×3.2−1.5×2.4=47.600m^2$ 2. 走廊内墙面积（扣除门洞口所占面积）： $S_2=[3.6×2+3.6×4−0.10×2+(2.3−0.10×2)×2]×3.2−0.9×2.1×6$ $=81.92−11.34$ $=70.580m^2$ 3. 办公室 1～办公室 4 内墙面积（扣除门洞口所占面积）： $S_3=[(3.6−0.10×2+5.4−0.10×2)×2×3.2−0.9×2.1]×4=212.600m^2$ 4. 办公室 5、办公室 6 内墙面积（扣除门洞口所占面积）： $S_4=[(3.6−0.10×2+4.5−0.10×2)×2×3.2−0.9×2.1]×2=94.780m^2$ 5. 扣除内墙上窗洞口所占面积： $S_5=6×1.5×1.8+2×1.2×1.8+2×0.9×1.8=23.760m^2$ 6. 小计： $S=47.600+70.580+212.600+94.780−23.760=401.80m^2$	401.80	m²
9	011302001001	吊顶天棚	1. 服务大厅天棚面积： $S_1=(3.6×2−0.10×2)×4.5=31.500m^2$ 2. 走廊天棚面积： $S_2=(3.6×4−0.10×2)×(2.3−0.10×2)=29.820m^2$ 3. 办公室 1～办公室 4 天棚面积： $S_3=[(3.6−0.10×2)×(5.4−0.10×2)]×4=70.720m^2$ 4. 办公室 5、办公室 6 天棚面积： $S_4=[(3.6−0.10×2)×(4.5−0.10×2)]×2=29.240m^2$ 5. 小计： $S=31.500+29.820+70.720+29.240=161.28m^2$	161.28	m²
10	010801001001	胶合板门	M2：$0.9×2.1×6=11.34m^2$	11.34	m²
11	010802001001	塑钢平开门	M1：$1.5×2.4=3.60m^2$	3.60	m²
12	010807001001	塑钢平开窗	C1：$1.5×1.8×6=16.20m^2$ C2：$1.2×1.8×2=4.32m^2$ C3：$0.9×1.8×2=3.24m^2$	23.86	m²

续表

序号	项目编码	清单项目名称	计算式	工程量合计	计量单位
13	011407001001	内墙面喷刷涂料	1. 内墙一般抹灰： $S_1 = 401.80\text{m}^2$ 2. 扣除踢脚线面积： $S_2 = 128.90 \times 0.15 = 19.335\text{m}^2$ 3. 增加门洞口侧面面积： M1：$S_3 = (1.5 + 2.4 \times 2) \times 0.050 = 0.315\text{m}^2$ M2：$S_4 = (0.9 + 2.1 \times 2) \times 6 \times 2 \times 0.050 = 3.060\text{m}^2$ C1：$S_5 = (1.5 + 1.8) \times 2 \times 6 \times 0.050 = 1.980\text{m}^2$ C2：$S_6 = (1.2 + 1.8) \times 2 \times 0.050 = 0.600\text{m}^2$ C3：$S_7 = (0.9 + 1.8) \times 2 \times 0.050 = 0.540\text{m}^2$ 4. 小计： $S = 401.80 - 19.335 + 0.315 + 3.060 + 1.980 + 0.600 + 0.540 = 388.96\text{m}^2$	388.96	m²
			措施项目		
14	011701001001	综合脚手架	$S = $建筑面积$ = (14.4 + 0.10 \times 2) \times (12.2 + 0.10 \times 2) = 181.04\text{m}^2$	181.04	m²
15	011703001001	垂直运输	$S = $建筑面积$ = (14.4 + 0.10 \times 2) \times (12.2 + 0.10 \times 2) = 181.04\text{m}^2$	181.04	m²

注：1. 门窗以平方米计量。
2. 门侧壁不考虑踢脚线。
3. 墙抹灰工程量计算根据规范规定，不扣踢脚线，门窗侧壁亦不增加。
4. 墙面喷刷涂料工程量计算，扣除踢脚线、门窗洞口面积，增加门窗侧边、柱侧边面积。
5. 吊顶天棚工程量计算时，扣除灯槽面积。

分部分项工程和单价措施项目清单与计价表

表 7-8

工程名称：某装饰工程

第 1 页 共 1 页

序号	项目编码	项目名称	项目特征描述	计量单位	工程量	金额（元）		
						综合单价	合价	其中 暂估价
			楼地面装饰工程					
1	011102003001	块料地面	1. 结合层厚度、砂浆配合比：30mm厚1:3水泥砂浆； 2. 面层材料品种、规格、颜色：10mm厚500mm×500mm米色磨光通体砖； 3. 嵌缝材料种类：干水泥擦缝，密缝	m²	162.79			
2	011101002001	现浇水磨石楼地面	1. 找平层厚度、砂浆配合比：20mm厚1:3水泥砂浆； 2. 面层厚度、水泥石子浆配合比：12mm厚1:2.5水泥石子； 3. 嵌条材料种类、规格：铜防滑条（成品）； 4. 石子种类、规格、颜色：按设计要求； 5. 颜料种类、颜色：按设计要求； 6. 图案要求：按设计要求； 7. 磨光、酸洗、打蜡要求：磨光、打蜡	m²	7.92			

续表

序号	项目编码	项目名称	项目特征描述	计量单位	工程量	金额（元）		
						综合单价	合价	其中 暂估价
楼地面装饰工程								
3	011107005001	现浇水磨石台阶面	1. 找平层厚度、砂浆配合比：20mm厚1：3水泥砂浆； 2. 面层厚度、水泥石子浆配合比：12mm厚1：2.5水泥石子磨光； 3. 防滑条材料种类、规格：铜防滑条（成品）； 4. 石子种类、规格、颜色：按设计要求； 5. 颜料种类、颜色：按设计要求； 6. 磨光、酸洗、打蜡要求：磨光、打蜡	m²	6.12			
4	011105003001	块料踢脚线	1. 踢脚线高度：150mm； 2. 粘贴层厚度、材料种类：10mm厚1：2水泥砂浆粘贴； 3. 面层材料品种、规格、颜色：10mm厚150mm×600mm咖啡色通体砖	m	128.90			
墙柱面装饰工程								
5	011204003001	块料外墙裙	1. 墙体类型：砌块墙； 2. 安装方式：粘贴； 3. 面层材料品种、规格、颜色：300mm×300mm米色陶瓷面砖； 4. 缝宽、嵌缝材料种类：5mm、白水泥擦缝	m²	29.70			
6	011201001001	外墙面一般抹灰	1. 墙体类型：砌块墙； 2. 底层厚度、砂浆配合比：9mm厚1：3专用水泥砂浆； 3. 面层厚度、砂浆配合比：10mm厚1：2.5水泥砂浆	m²	183.69			
7	011201001002	女儿墙内面抹灰	1. 墙体类型：砖墙； 2. 底层厚度、砂浆配合比：12mm厚1：3水泥砂浆； 3. 面层厚度、砂浆配合比：6mm厚1：2.5水泥砂浆	m²	31.44			
8	011201001003	内墙一般抹灰	1. 墙体类型：砌块墙； 2. 底层厚度、砂浆配合比：10mm厚粉刷石膏砂浆； 3. 面层厚度、砂浆配合比：2mm厚面层专用粉刷石膏	m²	401.80			

续表

序号	项目编码	项目名称	项目特征描述	计量单位	工程量	综合单价	合价	其中暂估价
						金额（元）		
			天棚工程					
9	011302001001	吊顶天棚	1. 吊顶形式、吊杆规格、高度：单层吊挂式、φ10钢筋吊杆、双向吊点、长为200mm； 2. 龙骨材料种类、规格、中距：T形轻钢横撑龙骨TB24mm×28mm间距600mm，与主龙骨插接；T形轻钢主龙骨TB24mm×38mm，间距600mm； 3. 基层材料种类、规格：9mm厚穿孔矿棉装饰吸声板（500mm×500mm）	m²	161.28			
			门窗工程					
10	010801001001	胶合板门	1. 门代号及洞口尺寸：M2（900mm×2100mm）； 2. 镶嵌玻璃品种、厚度：平板玻璃，6mm	m²	11.34			
11	010802001001	塑钢平开门	1. 门代号及洞口尺寸：M1（1500mm×2400mm）； 2. 门框、扇材质：E型60G系列； 3. 玻璃品种、厚度：中空玻璃（4+12+4）mm	m²	3.60			
12	010807001001	塑钢平开窗	1. 窗代号及洞口尺寸：C1（1500mm×1800mm）、C2（1200mm×1800mm）、C3（900mm×1800mm）； 2. 框、扇材质：C型65系列； 3. 玻璃品种、厚度：中空玻璃（4+12+4）mm	m²	23.86			
			油漆、涂料、裱糊工程					
13	011407001001	墙面喷刷涂料	1. 基层类型：抹灰面； 2. 喷刷涂料部位：内墙面； 3. 腻子种类：普通成品腻子； 4. 刮腻子要求：满足施工及验收规范要求； 5. 涂料品种、喷刷遍数：耐擦洗涂料两遍	m²	388.96			
			措施项目					
14	011701001001	综合脚手架	1. 建筑结构形式：砖混结构； 2. 檐口高度：3.90m	m²	181.04			
15	011703001001	垂直运输	1. 建筑物建筑类型及结构形式：房屋建筑、砖混结构； 2. 建筑物檐口高度、层数：3.90m、一层	m²	181.04			

7.3 实例 7-3

1. 背景资料

某别墅部分设计如图 7-9～图 7-13 所示。

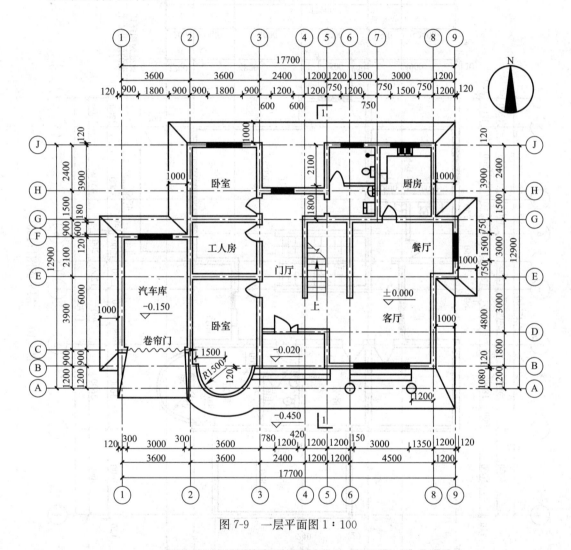

图 7-9 一层平面图 1：100

（1）室内外地坪高差 0.450m，室内地坪标高为±0.000，土壤类别为三类土，取弃土运距由投标人根据施工现场情况自行考虑。墙体除注明外均为 240mm 厚。

（2）坡屋面构造做法：钢筋混凝土屋面板表面清扫干净，素水泥浆一道，20mm 厚 1：3 水泥砂浆找平，热铺 APP 防水卷材一道，采用 20mm 厚 1：3 干硬性水泥砂浆防水保护层；25mm 厚 1：1：4 水泥石灰砂浆铺彩色水泥瓦。

（3）卧室地面构造做法：素土夯实，60mm 厚 C10 混凝土垫层，20mm 厚 1：2 水泥砂浆抹面压光。

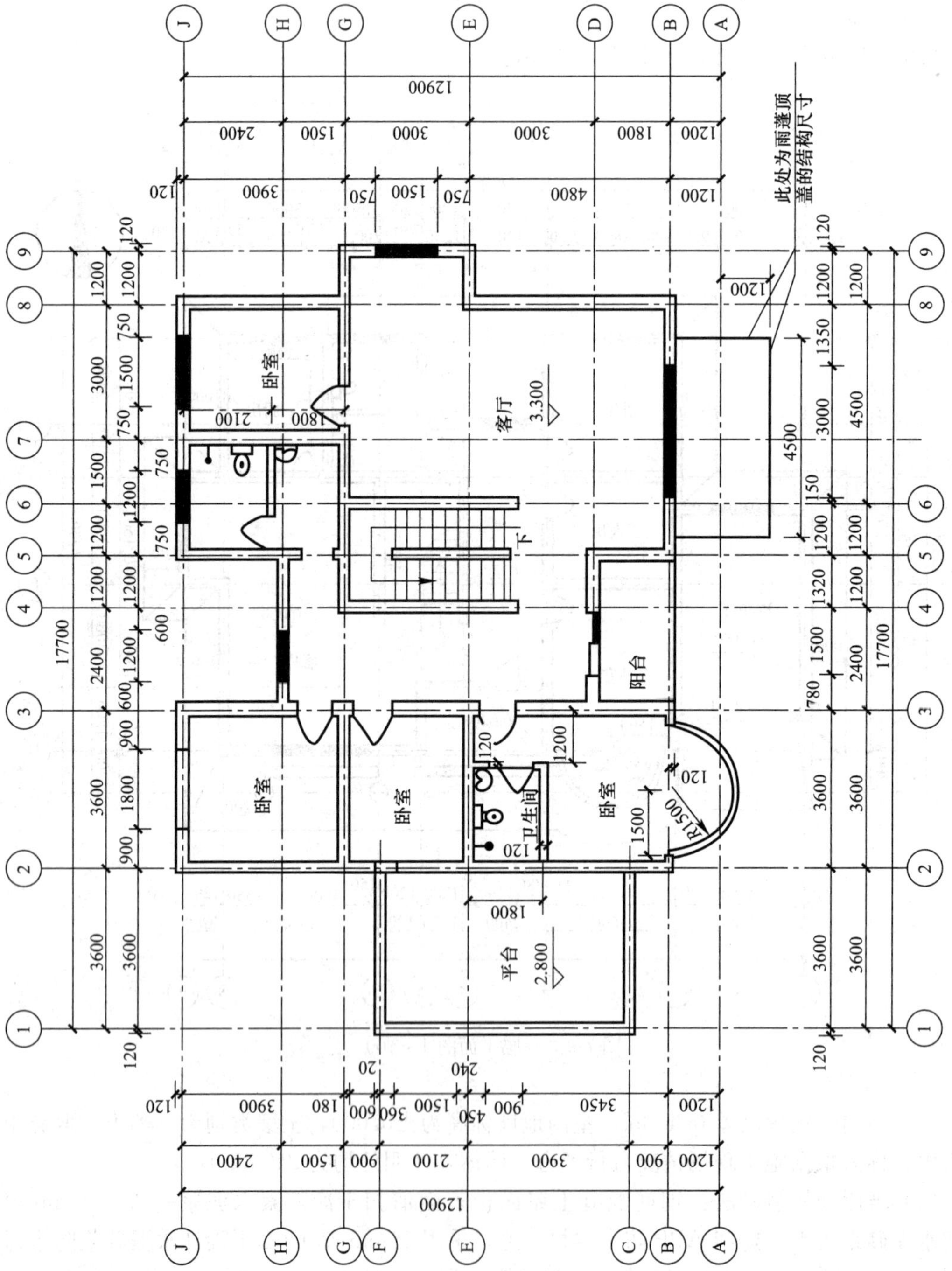

图7-10　二层平面图1:100

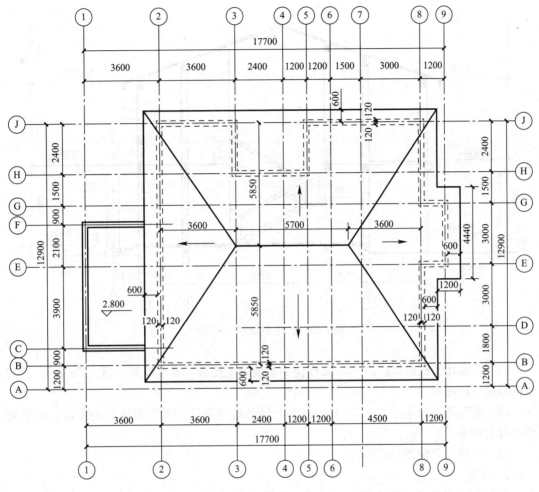

图 7-11 屋顶平面图 1：100

图 7-12 南立面 1：100

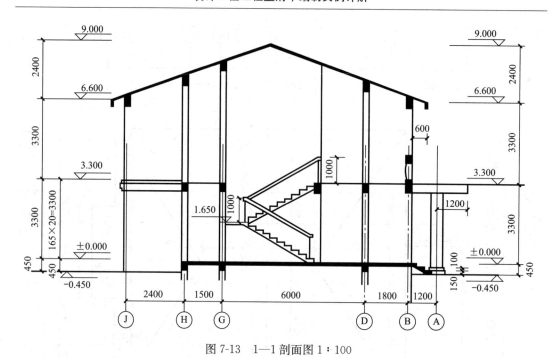

图 7-13　1—1 剖面图 1：100

（4）卧室楼面构造做法：150mm 现浇钢筋混凝土楼板，素水泥浆一道，20mm 厚 1：2 水泥砂浆抹面压光。

（5）弧形落地窗半径 $R=1500$mm（为⑧轴外墙外边线到弧形窗边线的距离，弧形窗的厚度忽略不计）。

（6）计算结果保留两位小数。

2. 问题

根据以上背景资料及现行国家标准《建设工程工程量清单计价规范》（GB 50500—2013）、《房屋建筑与装饰工程工程量计算规范》（GB 50854—2013）及其他相关文件的规定，试列出该工程地面、脚手架及垂直运输的分部分项工程量清单。

3. 参考答案（表 7-9 和表 7-10）

清单工程量计算表　　　　表 7-9

工程名称：某装饰工程

序号	项目编码	清单项目名称	计算式	工程量合计	计量单位
1	011101001001	水泥砂浆地面	卧室地面：$S=3.36\times3.66+3.36\times4.56+3.14\times1.5\times1.5\times0.5+0.24\times3=31.87$m²	31.87	m²
2	011101001002	水泥砂浆楼面	卧室楼面：$S=3.36\times3.66+3.36\times2.76+3.36\times4.56+3.14\times1.5\times1.5\times0.5+0.24\times3-1.74\times2.34+2.76\times3.66=47.18$m²	47.18	m²

续表

序号	项目编码	清单项目名称	计算式	工程量合计	计量单位
3	011701001001	综合脚手架	1. 一层建筑面积： $S_1 = 3.6 \times 6.24 + 3.84 \times 11.94 + 3.14 \times 1.5 \times 1.5 \times 0.5 + 3.36 \times 7.74 + 5.94 \times 11.94 + 1.2 \times 3.24 = 172.66\text{m}^2$ 2. 二层建筑面积： $S_2 = 3.84 \times 11.94 + 3.14 \times 1.5 \times 1.5 \times 0.5 + 3.36 \times 7.74 + 5.94 \times 11.94 + 1.2 \times 3.24 = 150.20\text{m}^2$ 3. 阳台建筑面积：$S_3 = 3.36 \times 1.8 \times 0.5 = 3.02\text{m}^2$ 4. 雨篷建筑面积：$S_4 = (2.4 - 0.12) \times 4.5 \times 0.5 = 5.13\text{m}^2$ 5. 小计： $S = 172.66 + 150.20 + 3.02 + 5.13 = 331.01\text{m}^2$	331.01	m²
4	011703001001	垂直运输	同上	331.01	m²

分部分项工程和单价措施项目清单与计价表　　　　表 7-10

工程名称：某装饰工程　　　　　　　　　　　　　　　　　　　　第 1 页　共 1 页

序号	项目编码	项目名称	项目特征描述	计量单位	工程量	金额（元）		
						综合单价	合价	其中暂估价
楼地面工程								
1	011101001001	水泥砂浆地面	面层厚度、砂浆配合比：20mm 厚 1：2 水泥砂浆抹面压光	m²	31.87			
2	011101001002	水泥砂浆楼面	面层厚度、砂浆配合比：20mm 厚 1：2 水泥砂浆抹面压光	m²	47.18			
措施项目								
3	011701001001	综合脚手架	1. 建筑结构形式：砖混结构； 2. 檐口高度：6.674m	m²	331.01			
4	011703001001	垂直运输	1. 建筑物建筑类型及结构形式：二层住宅、砖混结构； 2. 建筑物檐口高度、层数：6.674m、二层	m²	331.01			

注：檐口高度计算，坡屋面由室外地坪算至墙的中心线与屋面板交点的高度，即 $6.60 + 2.4 \times (0.6 + 0.12)/(2.4 + 1.5 + 6.0 + 1.8)/2 = 6.674\text{m}$。

7.4　实例 7-4

1. 背景资料

某单层房屋部分施工图，如图 7-14～图 7-16 所示。该工程为框架结构，室外地坪标高为 -0.300m。

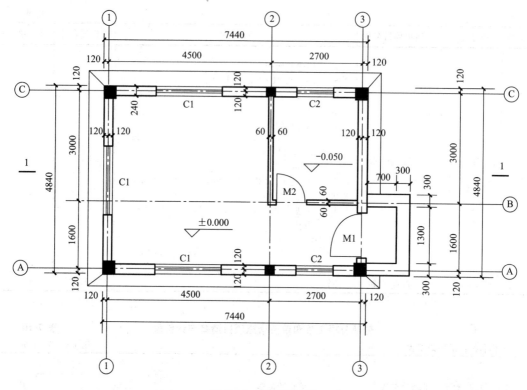

图 7-14　建筑平面图

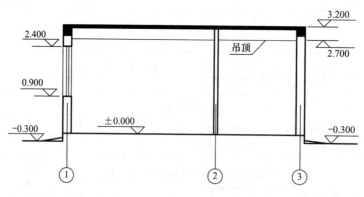

图 7-15　1—1 剖面图

（1）设计说明

1）图中未注明的墙均为 240mm 厚，采用蒸压粉煤灰加气混凝土砌块，M7.5 砂浆砌筑。未注明的板厚均为 100mm。

2）门、窗居墙中布置，门为水泥砂浆后塞口，窗为填充剂后塞口。门窗洞口设置现浇钢筋混凝土过梁，过梁宽度同墙厚，每边搁置长度为 250mm，梁高为 120mm。门窗洞口尺寸如表 7-11 所示，均不设门窗套。

3）该工程装饰装修工程做法（部分）如表 7-12 所示。

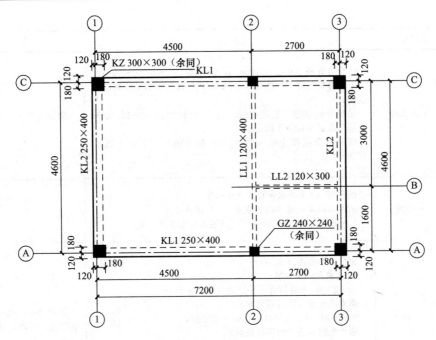

图 7-16 屋面结构图

说明：板厚为 100mm

门窗表 表 7-11

序号	代号	洞口尺寸（宽×高）（mm）	备注
1	M1	1100×2400	塑钢平开门，型材为 E 型 60F 系列，中空玻璃（4＋12＋4），带锁，普通五金
2	M2	900×2100	
3	C1	1500×1500	塑钢平开窗，型材为 C 型 66 系列，中空玻璃（4＋12＋4），普通五金
4	C2	900×1200	

装饰装修工程做法（部分） 表 7-12

序号	工程部位	工程做法	备注
1	地面	白水泥浆、密缝，不酸洗、不打蜡； 10mm 厚 600mm×600mm 浅黄色地砖； 5mm 厚聚合物水泥砂浆结合层； 20mm 厚 1：3 水泥砂浆找平层； 聚合物水泥砂浆一道； 80mm 厚 C15 混凝土垫层； 夯实土	用聚合物水泥砂浆铺砌
2	踢脚线	稀水泥浆（或彩色水泥浆）擦缝； 10mm 厚 150mm×600mm 褐色铺地砖面层； 8mm 厚 1：2 水泥砂浆（内掺建筑胶）粘结层； 5mm 厚 1：3 水泥砂浆打底扫毛或划出纹道	高度为 150mm
3	内墙面	刷乳胶漆二遍； 满刮大白粉腻子一遍； 6mm 厚 1：0.3：2.5 水泥石灰砂浆抹面； 10mm 厚 1：1：6 水泥石灰砂浆打底； 清理基层	

续表

序号	工程部位	工程做法	备注
4	吊顶天棚	铝合金方格 100mm×100mm，组合块 1200mm×600mm； 专用弹簧吊件，中距≤1200mm，用吊件与钢筋吊杆联结后找平； 吊杆为 $\phi4$ 钢筋（长度 280mm），双向中距≤1200mm，吊杆上部与板底预留吊环固定； 现浇钢筋混凝土板底预留 $\phi10$ 钢筋吊环，双向中距≤1200mm	单层龙骨不上人
5	外墙面	8mm 厚 1∶1.5 水泥石子（小八厘）； 刷素水泥浆一道（内掺水重 5% 的建筑胶）； 12mm 厚 1∶3 水泥砂浆打底扫毛或划出纹道	
6	台阶	铝合金防滑条（成品）； 1∶2 水泥砂浆勾缝； 15～20mm 厚碎拼青石板铺面（表面平整）； 撒素水泥面（洒适量清水）； 20mm 厚 1∶3 干硬性水泥砂浆粘结层； 素水泥浆一道（内掺建筑胶）； 60mm 厚 C15 混凝土，台阶面向外坡 1%； 300mm 厚 3∶7 灰土分两步夯实，宽出面层 100mm； 素土夯实	防滑条用 $\phi3.5$ 塑料胀管固定，中距≤300mm

（2）施工说明

1）土壤类别为三类。

2）垂直运输机械考虑卷扬机，不考虑夜间施工、二次搬运、冬雨期施工、排水、降水。

3）除地面垫层为现场搅拌外，其他构件均采用 C20 商品混凝土。

（3）计算说明

1）台阶室外平台计入地面工程量，外墙 M1 门洞口底面积全部按块料面层计算。

2）内墙门窗洞口侧面、顶面和窗底面均抹灰、刷乳胶漆，其中抹灰不计算、乳胶漆计算宽度均按 100mm 计算（M2 洞口，按 20mm 计算）。内墙抹灰高度算至吊顶底面。

3）门洞口侧壁不计算踢脚线。

4）计算范围：

① 地面、天棚。

② 墙面，仅计算抹灰。

③ 踢脚线。

④ 涂料，仅计算内墙面。

⑤ 室外台阶，立面抹灰不计算。

⑥ 门窗，不计算窗台板、油漆、玻璃及特殊五金。

⑦ 措施项目，只计算综合脚手架、垂直运输。

5）计算工程数量以"m"、"m³"、"m²"为单位，步骤计算结果保留三位小数，最终计算结果保留两位小数。

2. 问题

根据以上背景资料及现行国家标准《建设工程工程量清单计价规范》（GB 50500—2013）、《房屋建筑与装饰工程工程量计算规范》（GB 50854—2013）及其他相关文件的规定，试列出该工程要求计算项目的分部分项工程量清单。

3. 参考答案（表 7-13 和表 7-14）

清单工程量计算表

表 7-13

工程名称：某装饰工程

序号	项目编码	清单项目名称	计算式	工程量合计	计量单位
1	011102003001	块料楼地面	块料楼地面，门洞口面积计入地面工程，外墙 M1 门洞口底面积全部按块料面层计算。 1. 各房间墙间净面积： $S_1=(4.5+2.7-0.12\times2)\times(1.6+3.0-0.12\times2)-(3.0-0.12+0.06+2.7-0.06-0.12)\times0.12=29.690\text{m}^2$ 2. 增加门洞口所占面积： $S_2=0.9\times0.12+1.1\times0.24=0.372\text{m}^2$ 3. 小计： $S=29.690+0.372=30.06\text{m}^2$	30.06	m²
2	011102001001	拼碎块料地面	室外平台计入地面工程量（不含门洞口面积）。 $S=(0.7-0.30)\times(1.3-0.3\times2)=0.28\text{m}^2$	0.28	m²
3	011107003001	拼碎块料台阶面	台阶最上层踏步宽度为边沿加 300mm。 $S=[(0.7+0.3)\times2+1.3+0.7\times2+1.3-0.3\times2]\times0.3=1.62\text{m}^2$	1.62	m²
4	011105003001	块料踢脚线	门洞口侧面不计算。 1. 外墙内侧踢脚线长度（扣除门洞口）： $L_1=(4.5+2.7-0.12\times2)\times2-0.12+(1.6+3.0-0.12\times2)\times2-0.12-1.1=21.300\text{m}$ 2. 内墙踢脚线长度（扣除门洞口）： $L_2=(2.7-0.06-0.12)\times2+(3.0-0.12+0.06)\times2-0.9\times2=9.120\text{m}$ 3. 小计： $L=21.300+9.120=30.42\text{m}$	30.42	m
5	011201002001	墙面装饰抹灰	室外地坪标高为 -0.300m，檐顶标高为 3.200m。 1. 外墙垂直投影面积： $S_1=(7.44+4.84)\times2\times(0.30+3.20)=85.960\text{m}^2$ 2. 扣除外墙上门窗洞口所占面积： $S_2=1.1\times2.4+1.5\times1.5\times3+0.9\times1.2\times2=11.55\text{m}^2$ 3. 扣除室外台阶垂直面所占面积： $S_3=(1.3+1.3+0.3\times2)\times0.15=0.480\text{m}^2$ 4. 小计： $S=85.960-11.55-0.480=73.93\text{m}^2$	73.93	m²

续表

序号	项目编码	清单项目名称	计算式	工程量合计	计量单位
6	011201001002	内墙一般抹灰	室内地面标高为±0.000m，内墙抹灰高度算至吊顶底面，即2.700m。 1. 外墙内侧面抹灰长度（不扣除门洞口所占长度）： $L_1=(4.5+2.7-0.12\times2)\times2-0.12+(1.6+3.0-0.12\times2)\times2-0.12$ $=22.40$m 2. 内墙两侧面抹灰（不扣除门洞口所占长度）： $L_2=(2.7-0.06-0.12)\times2+(3.0-0.12+0.06)\times2=10.92$m 3. 内墙垂直面投影面积（含门洞口及其上方内墙所占面积）： $S_1=(22.40+10.92)\times2.70=89.964$m² 4. 扣除门窗洞口所占面积： $S_2=1.1\times2.4+0.9\times2.1\times2+1.5\times1.5\times3+0.9\times1.2\times2=15.33$m² 5. 小计： $S=89.964-15.33=74.63$m²	74.63	m²
7	011302001001	吊顶天棚	吊顶天棚工程量计算时，不扣除间壁墙所占面积。 吊顶天棚水平投影面积： $S=(4.5+2.7-0.12\times2)\times(1.6+3.0-0.12\times2)=30.35$m²	30.35	m²
8	010802001001	塑钢平开门	M1：$1.1\times2.4=2.64$m² M2：$0.9\times2.1=1.89$m²	4.53	m²
9	010807001001	塑钢平开窗	C1：$1.5\times1.5\times3=6.75$m² C2：$0.9\times1.2\times2=2.16$m²	8.91	m²
10	011407001001	内墙面喷刷涂料	1. 内墙一般抹灰面积： $S_1=74.63$m 2. 扣除踢脚线面积： $S_2=30.42\times0.15=4.563$m² 3. 增加门洞口侧面面积： M1：$S_3=(1.1+2.4\times2)\times0.100=0.590$m² M2：$S_4=(0.9+2.1\times2)\times2\times2\times0.020=0.408$m² C1：$S_5=(1.5+1.5)\times2\times2\times0.100=1.200$m² C2：$S_6=(0.9+1.2)\times2\times0.100=0.420$m² 4. 小计： $S=74.63-4.563+0.590+0.408+1.200+0.420=72.69$m²	72.69	m²
11	011701001001	综合脚手架	$S=$建筑面积$=7.44\times4.84=36.01$m²	36.01	m²
12	011703001001	垂直运输	$S=$建筑面积$=7.44\times4.84=36.01$m²	36.01	m²

注：1. 门窗以平方米计量。

2. 门侧壁不考虑踢脚线。

3. 墙抹灰工程量计算根据规范规定，不扣踢脚线，门窗侧壁亦不增加。

4. 墙面喷刷涂料工程量计算，扣除踢脚线、门窗洞口面积，增加门窗侧边、柱侧边面积。

5. 吊顶天棚工程量计算时，扣除灯槽面积。

<h3>分部分项工程和单价措施项目清单与计价表</h3>

表 7-14

工程名称：某装饰工程

第 1 页 共 1 页

序号	项目编码	项目名称	项目特征描述	计量单位	工程量	综合单价	合价	其中 暂估价
			楼地面装饰工程					
1	011102003001	块料楼地面	1. 找平层厚度、砂浆配合比：20mm厚1：3水泥砂浆； 2. 结合层厚度、砂浆配合比：5mm厚聚合物水泥砂浆； 3. 面层材料品种、规格、颜色：10mm厚600mm×600mm浅黄色地砖； 4. 嵌缝材料种类：白水泥浆、密缝	m²	30.06			
2	011102001001	拼碎块料地面	1. 结合层厚度、砂浆配合比：20mm厚1：3干硬性水泥砂浆； 2. 面层材料品种、规格、颜色：15～20mm厚碎拼青石板铺面（表面平整）； 3. 嵌缝材料种类：1：2水泥砂浆	m²	0.28			
3	011107003001	拼碎块料台阶面	1. 粘结材料种类：20mm厚1：3干硬性水泥砂浆； 2. 面层材料品种、规格、颜色：15～20mm厚碎拼青石板铺面（表面平整）； 3. 勾缝材料种类：1：2水泥砂浆； 4. 防滑条材料种类、规格：铝合金防滑条（成品）	m²	1.62			
4	011105003001	块料踢脚线	1. 踢脚线高度：150mm； 2. 粘贴层厚度、材料种类：8mm厚1：2水泥砂浆（内掺建筑胶）； 3. 面层材料品种、规格、颜色：10mm厚150mm×600mm褐色铺地砖	m	30.42			
			墙柱面装饰工程					
5	011201002001	外墙面装饰抹灰	1. 墙体类型：砌块墙； 2. 底层厚度、砂浆配合比：12mm厚1：3水泥砂浆； 3. 面层厚度、砂浆配合比：8mm厚1：1.5水泥石子（小八厘）	m²	73.93			
6	011201001002	内墙一般抹灰	1. 墙体类型：砌块墙； 2. 底层厚度、砂浆配合比：10mm厚1：1：6水泥石灰砂浆； 3. 面层厚度、砂浆配合比：6mm厚1：0.3：2.5水泥石灰砂浆	m²	74.63			

247

续表

序号	项目编码	项目名称	项目特征描述	计量单位	工程量	金额（元）		
						综合单价	合价	其中暂估价
天棚工程								
7	011302001001	吊顶天棚	1. 吊顶形式、吊杆规格、高度：单层吊挂式、φ4 钢筋吊杆、双向、长为280mm； 2. 龙骨材料种类、规格、中距：专用弹簧吊件，中距≤1200mm； 3. 基层材料种类、规格：铝合金方格100mm×100mm，组合块 1200mm×600mm； 4. 面层材料品种、规格：详见设计	m²	30.35			
门窗工程								
8	010802001001	塑钢平开门	1. 门代号及洞口尺寸：M1（1100mm×2400mm）、M2（900mm×2100mm）； 2. 门框、扇材质：E 型60F 系列； 3. 玻璃品种、厚度：中空玻璃（4＋12＋4）mm	m²	4.53			
9	010807001001	塑钢平开窗	1. 窗代号及洞口尺寸：C1（1500mm×1500mm）、C2（900mm×900mm）； 2. 框、扇材质：C 型66 系列； 3. 玻璃品种、厚度：中空玻璃（4＋12＋4）mm	m²	8.91			
油漆、涂料、裱糊工程								
10	011407001001	墙面喷刷涂料	1. 基层类型：抹灰面； 2. 喷刷涂料部位：内墙面； 3. 腻子种类：大白粉腻子； 4. 刮腻子要求：满足施工及验收规范要求； 5. 涂料品种、喷刷遍数：乳胶漆两遍	m²	72.69			
措施项目								
11	011701001001	综合脚手架	1. 建筑结构形式：框架结构； 2. 檐口高度：3.40m	m²	36.01			
12	011703001001	垂直运输	1. 建筑物建筑类型及结构形式：房屋建筑、框架结构； 2. 建筑物檐口高度、层数：3.40m、一层	m²	36.01			

7.5 实例 7-5

1. 背景资料

某工程施工图（平面图、立面图、剖面图）、基础平面布置图如图 7-17～图 7-19 所示。该工程为砖混结构，室外地坪标高为－0.150m，屋面混凝土板厚为 100mm。

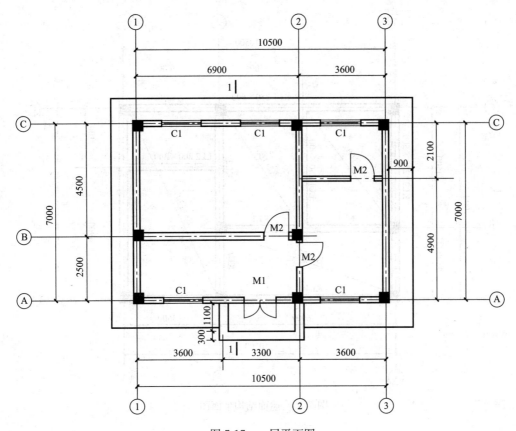

图 7-17　一层平面图

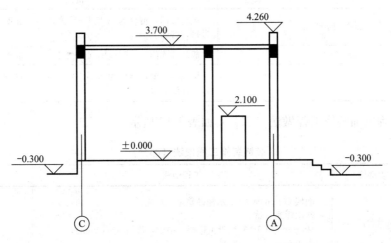

图 7-18　1—1 剖面图

（1）设计说明

1）门窗洞口尺寸如表 7-15 所示，均不设门窗套。

2）所有轴线均居墙（墙厚 240mm）中，即距外墙皮 120mm。（框架柱为偏轴线，距柱边分别为 120mm 和 280mm）。

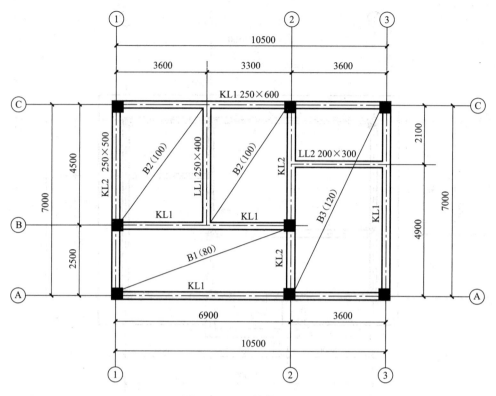

图 7-19 屋面结构平面图

门窗表   表 7-15

名称	洞口尺寸	数量	备注
M1	1200×2400	1	铝合金门，型材为 A 型 60 系列，中空玻璃（5＋12＋5），带锁，普通五金
M2	900×2100	3	成品实木门，夹胶玻璃（6＋2.5＋6），带锁，普通五金
C1	1500×2100	5	塑钢推拉窗，型材为 E 型 60G 系列，中空玻璃（4＋12＋4），普通五金

3）该工程装饰装修工程做法（部分）如表 7-16 所示。

装饰装修工程做法（部分）   表 7-16

序号	工程部位	工程做法	备注
1	地面及台阶	面层 20mm 厚 1：2 水泥砂浆地面压光； 素水泥浆一道； 100mm 厚 C10 素混凝土垫层（中砂，砾石 5～40mm）； 素土夯实	
2	踢脚线	面层：6mm 厚 1：2 水泥砂浆抹面压光； 底层：20mm 厚 1：3 水泥砂浆	高度为 120mm
3	内墙面	砖墙面： 满刮防水腻子一遍、刷乳胶漆二遍； 6mm 厚 1：0.3：2.5 水泥石灰膏砂浆抹面； 10mm 厚 1：1：6 水泥石灰膏砂浆打底	

续表

序号	工程部位	工程做法	备注
3	内墙面	混凝土墙面： 满刮腻子一遍、刷乳胶漆二遍； 6mm厚1:0.3:2.5水泥石灰膏砂浆抹面； 10mm厚1:1:6水泥石灰膏砂浆打底； 刷素水泥浆一道（内掺建筑胶）	
4	天棚	刷内墙乳胶漆三遍（底漆一遍，面漆两遍）； 满刮普通成品腻子膏两遍； 面层5mm厚1:0.5:3水泥石灰砂浆； 7mm厚1:1:4水泥石灰砂浆； 刷水泥801胶浆一遍； 钢筋混凝土板底面清理干净	
5	外墙面	8mm厚1:2水泥砂浆； 12mm厚1:3水泥砂浆	
6	女儿墙	内侧面抹灰： 5mm厚1:0.5:3水泥石灰砂浆； 15mm厚1:1:6水泥石灰砂浆； 素水泥砂浆一遍	外立面抹灰同外墙
7	混凝土强度等级	垫层混凝土强度等级为C10，过梁混凝土强度等级为C20，其余构件强度等级均为C30	混凝土均为现场搅拌

（2）施工说明

土壤类别为三类土，地下水位在距地面5m以下，现场有堆放土方点，土方现场堆放50m处，回填土取土距离为坑边。余土外运1km。混凝土考虑为现场搅拌，散水未考虑土方挖填，混凝土垫层非原槽浇捣，挖土方不支挡土板，垂直运输机械考虑卷扬机，不考虑夜间施工、二次搬运、冬雨期施工、排水、降水，要考虑已完工程及设备保护。

（3）计算说明

1）内墙面、柱面、门窗侧面、顶面和窗底面的抹灰均不计算。

2）计算工程数量以"m"、"m³"、"m²"为单位，计算结果保留两位小数。

2. 问题

根据以上背景资料及现行国家标准《建设工程工程量清单计价规范》（GB 50500—2013）、《房屋建筑与装饰工程工程量计算规范》（GB 50854—2013）及其他相关文件的规定，试列出该工程楼地面、墙柱面、天棚、门窗、脚手架、垂直运输等分部分项工程量清单。

3. 参考答案（表7-17和表7-18）

清单工程量计算表　　　　　　　　　　　　　　　　　　　　　　　　　表7-17

工程名称：某装饰工程

序号	项目编码	清单项目名称	计算式	工程量合计	计量单位
		基数	$L_{中}=(10.5+7.0)\times2=35m$ $L_{外}=L_{中}+0.24\times4=35+0.96=35.96m$ $L_{内净}=6.9-0.24+7.0-0.24=13.42m$ 120mm厚墙：$L=(3.6-0.12\times2)\times0.12=0.40m$ $S_{底}=(10.5+0.24)\times(7.0+0.24)=77.76m^2$ $S_{净}=77.76-(35.96+13.42)\times0.24=65.91m^2$		

续表

序号	项目编码	清单项目名称	计算式	工程量合计	计量单位
1	011101001001	水泥砂浆地面（含室外平台）	1. 室内净面积：$S_1=65.91\text{m}^2$ 2. 室外平台：$S_2=(3-0.3\times4)\times(1.1-0.3)=1.44\text{m}^2$ 3. 小计：$S=S_1+S_2=65.91+1.44=67.35\text{m}^2$	67.35	m²
2	011105001001	水泥砂浆踢脚线	1. 外墙内侧面：$L=35-0.24\times4=34.04\text{m}$ 2. 内墙侧面：$L=6.9-0.24+7.0-0.24=13.42\text{m}$ 120mm 厚墙：$L=(3.6-0.12\times2)\times0.12=0.40\text{m}$ 3. 扣除门洞宽：$L=1.2+0.9\times3=3.9\text{m}$ 4. 扣除墙体 T 接头： $L=0.24+0.24+0.24+0.24+0.12+0.12=1.2\text{m}$ 5. 小计：$S=(34.04+13.42\times2+0.4\times2-3.9-1.2)\times0.12=6.79\text{m}^2$	6.79	m²
3	011201001001	外墙面一般抹灰	1. 外墙面垂直投影 $S_1=35.96\times(3.7+0.30-0.1)=140.24\text{m}^2$ 2. 扣除门窗 $S_2=1.5\times2.1\times5+1.2\times2.4=18.63\text{m}^2$ 3. 扣除台阶垂直面 $S_3=0.3\times3.0=0.9\text{m}^2$ 4. 外墙抹灰 $S=S_1-S_2-S_3$ $=140.24-18.63-0.9$ $=120.71\text{m}^2$	120.71	m²
4	011201001002	女儿墙外侧抹灰	$S=35.96\times0.56=20.14\text{m}^2$	20.14	m²
5	011201001003	女儿墙内面抹灰	$S=(35-0.24\times4)\times(0.56+0.24)=27.23\text{m}^2$	27.23	m²
6	011301001001	天棚抹灰	1. 室内净面积： $S_1=65.91\text{m}^2$ 2. B1 板周围梁的侧面： $S_2=(6.9+0.12\times2-0.4\times2)\times(0.6-0.08)\times2+(2.5+0.12\times2-0.4\times2)\times(0.5-0.08)\times2=8.22\text{m}^2$ 3. B2 板周围梁的侧面： $S_3=(6.9+0.12\times2-0.4\times2-0.25)\times(0.6-0.1)\times2+(4.5+0.12\times2-0.4)\times(0.5-0.1)\times2+(4.5-0.24)\times(0.4-0.1)\times2=12.11\text{m}^2$ 4. B3 板周围梁的侧面： $S_4=(7.0+0.12\times2-0.4\times3-0.20)\times(0.5-0.12)+(7.0+0.12\times2-0.4\times2-0.20)\times(0.6-0.12)+(3.6+1.2\times2-0.4\times2)\times(0.6-0.12)\times2+(3.6-0.12\times2)\times0.3\times2=2.22+3.0+4.99+2.02$ $=12.23\text{m}^2$ 5. 小计： $S=S_1+S_2+S_3+S_4$ $=65.91+8.22+12.11+12.23$ $=98.47\text{m}^2$	98.47	m²

续表

序号	项目编码	清单项目名称	计算式	工程量合计	计量单位
7	010801001001	成品实木门		3	樘
8	010802001001	铝合金门		1	樘
9	010807001001	塑钢推拉窗		5	樘
10	011701001001	综合脚手架	$S=$ 建筑面积 $=78.84\mathrm{m}^2$	78.84	m^2
11	011703001001	垂直运输	$S=$ 建筑面积 $=78.84\mathrm{m}^2$	78.84	m^2

注：1. 门窗以樘计量。

2. 门侧壁考虑踢脚线。

3. 地面混凝土垫层，按《房屋建筑与装饰工程工程量计算规范》（GB 50854—2013）附录 E.1 垫层项目编码列项。

4. 墙抹灰工程量计算根据规范规定，不扣踢脚线，门窗侧壁亦不增加。

5. 梁与柱交接处，柱的面积不算入天棚抹灰面积。

分部分项工程和单价措施项目清单与计价表   表 7-18

工程名称：某装饰工程　　　　　　　　　　　　　　　　　　　　　　　　第 1 页　共 1 页

序号	项目编码	项目名称	项目特征描述	计量单位	工程量	综合单价	合价	其中暂估价
			楼地面装饰工程					
1	011101001001	水泥砂浆地面（含室外平台）	面层厚度、砂浆配合比：20mm 厚 1：2 水泥砂浆	m^2	67.35			
2	011105001001	水泥砂浆踢脚线	1. 踢脚线高度：120mm； 2. 底层厚度、砂浆配合比：20mm 厚 1：3 水泥砂浆； 3. 面层厚度、砂浆配合比：6mm 厚 1：2 水泥砂浆	m^2	6.79			
			墙柱面装饰工程					
3	011201001001	外墙面一般抹灰	1. 墙体类型：砖墙； 2. 底层厚度、砂浆配合比：12mm 厚 1：3 水泥砂浆； 3. 面层厚度、砂浆配合比：8mm 厚 1：2 水泥砂浆	m^2	120.71			
4	011201001002	女儿墙外侧抹灰	1. 墙体类型：砖墙； 2. 底层厚度、砂浆配合比：素水泥砂浆一遍，15mm 厚 1：1：6 水泥石灰砂浆； 3. 面层厚度、砂浆配合比：5mm 厚 1：0.5：3 水泥石灰砂浆	m^2	20.14			
5	011201001003	女儿墙内面抹灰	1. 墙体类型：砖墙； 2. 底层厚度、砂浆配合比：素水泥砂浆一遍，15mm 厚 1：1：6 水泥石灰砂浆； 3. 面层厚度、砂浆配合比：5mm 厚 1：0.5：3 水泥石灰砂浆	m^2	27.23			

续表

序号	项目编码	项目名称	项目特征描述	计量单位	工程量	金额（元）		
						综合单价	合价	其中 暂估价
天棚工程								
6	011301001001	天棚抹灰	1. 基层类型：混凝土板底； 2. 抹灰厚度、材料种类：12mm 厚水泥石灰砂浆； 3. 砂浆配合比：水泥 801 胶浆一遍，7mm 厚 1：1：4 水泥石灰砂浆，5mm 厚 1：0.5：3 水泥石灰砂浆	m²	98.47			
门窗工程								
7	010801001001	成品实木门	1. 门代号及洞口尺寸：M2、900mm×2100mm； 2. 镶嵌玻璃品种、厚度：夹胶玻璃（6＋2.5＋6）mm	樘	3			
8	010802001001	铝合金地弹门	1. 门代号及洞口尺寸：M1、1200mm×2100mm； 2. 门框、扇材质：A 型 60 系列； 3. 镶嵌玻璃品种、厚度：中空玻璃（5＋12＋5）mm	樘	1			
9	010807001001	铝合金推拉窗	1. 窗代号及洞口尺寸：C1、1500mm×2100mm1200mm×2100mm； 2. 框、扇材质：E 型 60G 系列； 3. 镶嵌玻璃品种、厚度：中空玻璃（4＋12＋4）mm	樘	5			
措施项目								
10	011701001001	脚手架	1. 建筑结构形式：框架结构； 2. 檐口高度：4.0m	m²	78.84			
11	011703001001	垂直运输	1. 建筑物建筑类型及结构形式：房屋建筑、框架结构； 2. 建筑物檐口高度、层数：4.0m、一层	m²	78.84			

7.6 实例 7-6

1. 背景资料

某单层房屋部分施工图，如图 7-20～图 7-24 所示。该工程为砖混结构，室外地坪标高为－0.300m。

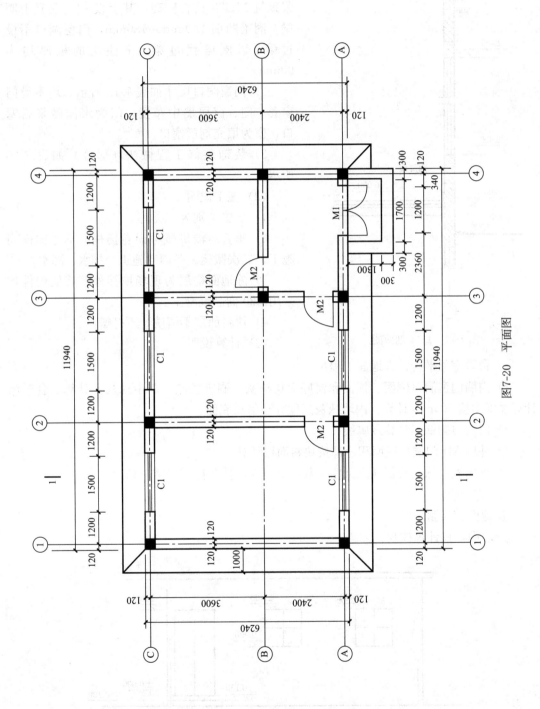

图7-20 平面图

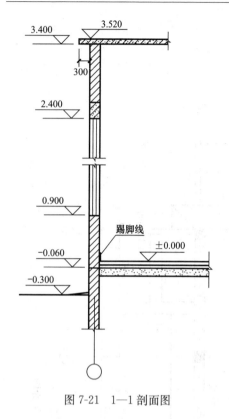

图 7-21　1—1 剖面图

（1）设计说明

1）墙体厚度为 240mm 厚，采用 M5 混合砂浆砌筑 MU20 页岩标砖，其上设 C20 混凝土圈梁，圈梁断面 240mm×180mm，门窗洞口不设过梁，以圈梁代过梁。未注明的板厚均为 90mm。

2）门窗洞口尺寸如表 7-19 所示，均不设门窗套。门、窗居墙中布置，门为水泥砂浆后塞口，窗为填充剂后塞口。

3）装饰装修工程做法（部分）如表 7-20 所示。

（2）施工说明

1）土壤类别为三类。

2）垂直运输机械考虑卷扬机，不考虑夜间施工、二次搬运、冬雨期施工、排水、降水。

3）除地面垫层为现场搅拌外，其他构件均采用 C20 商品混凝土。

4）块料面层不清洗，不打蜡。

（3）计算说明

1）台阶室外平台计入地面工程量。

2）内墙门窗洞口侧面、顶面和窗底面均抹灰、刷乳胶漆，其中抹灰不计算、乳胶漆计算宽度均按 100mm 计算。内墙抹灰高度算至吊顶底面。

3）门洞口侧壁不计算踢脚线。

4）外墙 M1 门洞口底面积全部按块料面层计算。

5）挑檐檐底抹灰面积并入天棚抹灰，檐口立面抹灰按零星抹灰列项。

6）计算范围：

① 地面、天棚。

② 墙面，仅计算抹灰。

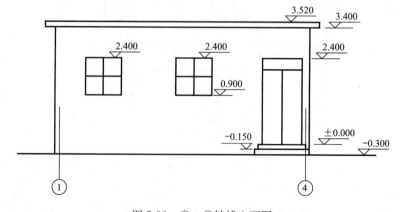

图 7-22　①～④轴线立面图

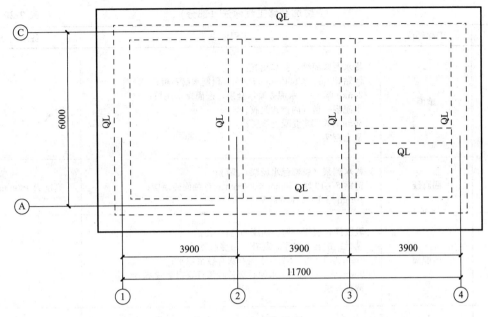

图 7-23 屋面结构图

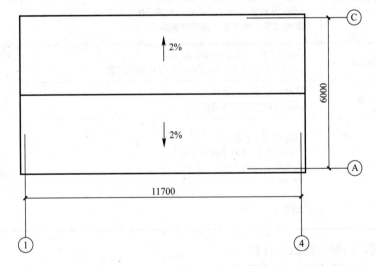

图 7-24 屋面平面示意图

门窗表   表 7-19

序号	代号	洞口尺寸（宽×高）(mm)	备注
1	M1	1200×2400	塑钢平开门，型材为 E 型 60F 系列，中空玻璃（4+12
2	M2	900×2100	+4），带锁，普通五金
3	C1	1500×1500	塑钢平开窗，型材为 C 型 62 系列，中空玻璃（4+12+ 4），普通五金

装饰装修工程做法（部分）　　　　　　　　　　　　　　表 7-20

序号	工程部位	工程做法	备注
1	地面	稀水泥浆灌缝，打蜡出光； 铺贴 25mm 厚 600mm×600mm 预制水磨石板； 20mm 厚 1：3 水泥砂浆结合层，表面撒水泥粉； 水泥浆一道（内掺建筑胶）； 80mm 厚 C15 混凝土垫层； 素土夯实	
2	踢脚线	稀水泥浆（或彩色水泥浆）擦缝； 铺贴 8～10 厚 150mm×600mm 彩色釉面砖面层； 10mm 厚 1：2 水泥砂浆	高度为 150mm
3	内墙面	乳胶漆，底漆一遍、面漆两遍； 满批二遍普通腻子，复补一遍普通腻子； 5mm 厚 1：0.5：2.5 水泥石灰膏砂浆找平； 9mm 厚 1：0.5：3 水泥石灰膏砂浆打底扫毛或划出纹道 清理基层	
4	天棚	乳胶漆三遍（底漆一遍，面漆两遍）； 满刮普通成品腻子膏两遍； 2mm 厚面层专用粉刷石膏罩面压实赶光； 6mm 厚粉刷石膏打底找平，木抹子抹毛面； 素水泥浆一道甩毛（内掺建筑胶）	
5	外墙面	6mm 厚 1：2.5 水泥砂浆面层； 12mm 厚 1：3 水泥砂浆打底扫毛或划出纹道	
6	挑檐	挑檐檐底抹灰同天棚； 挑檐立面抹灰同外墙面	不喷刷涂料
7	台阶	铜防滑条（成品）； 20mm 厚 1：2.5 水泥砂浆面层； 素水泥浆一道（内掺建筑胶）； 60mm 厚 C15 混凝土，台阶面向外坡 1％； 300mm 厚 5～32 卵石灌 M2.5 混合砂浆，宽出面层 100mm 素土夯实	防滑条用 φ3.5 塑料胀管固定，中距≤300mm

③ 踢脚线，门洞口侧面不计算。

④ 涂料，仅计算内墙面、天棚。

⑤ 室外台阶，立面抹灰不计算。

⑥ 门窗，不计算窗台板、油漆、玻璃及特殊五金。

⑦ 措施项目，只计算综合脚手架、垂直运输。

7）计算工程数量以"m"、"m³"、"m²"为单位，步骤计算结果保留三位小数，最终计算结果保留两位小数。

2. 问题

根据以上背景资料及现行国家标准《建设工程工程量清单计价规范》（GB 50500—2013）、《房屋建筑与装饰工程工程量计算规范》（GB 50854—2013）及其他相关文件的规定，试列出该工程要求计算项目的分部分项工程量清单。

3. 参考答案（表 7-21 和表 7-22）

清单工程量计算表

表 7-21

工程名称：某装饰工程

序号	项目编码	清单项目名称	计算式	工程量合计	计量单位
1	011102003001	块料楼地面	块料楼地面，门洞口面积计入地面工程，外墙 M1 门洞口底面积全部按块料面层计算。 1. 各房间墙间净面积： $S_1=(3.9\times3-0.12\times2-0.24\times2)\times(6.0-0.12\times2)-(3.9-0.12\times2)\times0.24=62.366\text{m}^2$ 2. 增加门洞口所占面积： $S_2=(0.9\times3+1.2)\times0.24=0.936\text{m}^2$ 3. 小计： $S=62.366+0.936=63.30\text{m}^2$	63.30	m²
2	011101001001	水泥砂浆楼地面	室外平台计入地面工程量（不含门洞口面积）。 $S=(1.3-0.30)\times(1.7-0.3\times2)=1.10\text{m}^2$	1.10	m²
3	011107004001	水泥砂浆台阶面	台阶最上层踏步宽度为边沿加 300mm。 $S=[(1.3+0.3)\times2+1.7+1.3\times2+1.7-0.3\times2]\times0.3=2.58\text{m}^2$	2.58	m²
4	011105003001	块料踢脚线	门洞口侧面不计算。 方法一： 1. 外墙内侧踢脚线长度（扣除门洞口）： $L_1=(3.9\times3-0.12\times2-0.24\times2)\times2+(6.0\times2-0.12\times2\times2-0.24)-1.2$ $=32.04\text{m}$ 2. 内墙踢脚线长度（扣除门洞口）： $L_2=(6.0-0.12\times2-0.9)\times3+(6.0-0.12\times2-0.24-0.9)+(3.9-0.12\times2-0.9)\times2=24.72\text{m}$ 3. 小计 $L=32.04+24.72=56.76\text{m}$ 方法二： 1. ①②轴线间房间踢脚线长度（扣除门洞口）： $L_1=(3.9-0.12\times2)\times2+(6.0-0.12\times2)\times2-0.9=17.94\text{m}$ 2. ②③轴线间房间踢脚线长度（扣除门洞口）： $L_2=(3.9-0.12\times2)\times2+(6.0-0.12\times2-0.9)\times2=17.04\text{m}$ 3. ③④轴线间房间踢脚线长度（扣除门洞口）： $L_3=(3.9-0.12\times2)\times2-1.2+(6.0-0.12\times2-0.24)\times2-0.9+(3.9-0.12\times2-0.9)\times2$ $=21.78\text{m}$ 4. 小计： $L=17.94+17.04+21.78=56.76\text{m}$	56.76	m
5	011201001001	外墙一般抹灰	室外地坪标高为 −0.300m，檐口标高为 3.40m。 1. 外墙垂直投影面积： $S_1=(11.94+6.24)\times2\times(0.3+3.4)=134.532\text{m}^2$ 2. 扣除外墙上门窗洞口所占面积： $S_2=1.2\times2.4+1.5\times1.5\times5=14.130\text{m}^2$ 3. 扣除室外台阶垂直面所占面积： $S_3=(1.7+1.7+0.3\times2)\times0.15=0.600\text{m}^2$ 4. 小计： $S=134.532+14.13+0.600=149.26\text{m}^2$	149.26	m²

序号	项目编码	清单项目名称	计算式	工程量合计	计量单位
6	011201001002	内墙一般抹灰	室内地面标高为±0.000m，内墙抹灰高度算至屋面底，即3.400m。 **方法一：** 1. ①~②轴线间房间踢脚线长度： $L_1=(3.9-0.12×2)×2+(6.0-0.12×2)×2=$ 18.84m 2. ②~③轴线间房间踢脚线长度： $L_2=(3.9-0.12×2)×2+(6.0-0.12×2)×2=$ 18.84m 3. ③~④轴线间房间踢脚线长度： $L_3=(3.9-0.12×2)×4+(6.0-0.12×2-0.24)$ $×2=25.68$m 4. 踢脚线长度小计： $L=18.84×2+25.68=63.36$m 5. 内墙抹灰垂直面投影面积： $S_1=63.36×3.4=215.424$m² 6. 扣除门窗洞口所占面积： $S_2=1.2×2.4+1.5×1.5×5+0.9×2.1×3×2=$ 25.47m² 7. 小计： $S=215.424-25.47=189.95$m² **方法二：** 1. ①~②轴线间房间抹灰面积（扣除门窗洞口所占面积）： $S_1=[(3.9-0.12×2)×2+(6.0-0.12×2)×2]×$ $3.4-1.5×1.5×2-0.9×2.1$ $=18.84×3.4-1.5×1.5×2-0.9×2.1$ $=57.666$m² 2. ②~③轴线间房间抹灰面积（扣除门窗洞口所占面积）： $S_2=[(3.9-0.12×2)×2+(6.0-0.12×2)×2]×$ $3.4-1.5×1.5×2-0.9×2.1×2$ $=18.84×3.4-1.5×1.5×2-0.9×2.1×2$ $=55.776$m² 3. ③~④轴线间房间抹灰面积（扣除门窗洞口所占面积）： $S_3=[(3.9-0.12×2)×4+(6.0-0.12×2-0.24)$ $×2]×3.4-1.5×1.5-0.9×2.1×3-1.2×2.4$ $=25.68×3.4-1.5×1.5-0.9×2.1×3-1.2×2.4$ $=76.512$m² 4. 小计： $S=57.666+55.776+76.512=189.95$m² **方法三：** 1. 内墙垂直面投影面积（不含门洞口及其上方内墙所占面积）： $S_1=56.76×3.4=192.984$m² 2. 增加门洞口上方抹灰面积： $S_2=1.2×(3.4-2.4)+0.9×(3.4-2.1)×3×2=$ 8.22m² 3. 扣除窗洞口所占面积： $S_3=1.5×1.5×5=11.25$m² 4. 小计： $S=192.984+8.22-11.25=189.95$m²	189.95	m²

序号	项目编码	清单项目名称	计算式	工程量合计	计量单位
7	011301001001	天棚抹灰	挑檐檐底抹灰面积并入天棚抹灰工程量。 1. 各房间天棚水平投影面积： $S_1 = (3.9 \times 3 - 0.12 \times 2 - 0.24 \times 2) \times (6.0 - 0.12 \times 2) - (3.9 - 0.12 \times 2) \times 0.24$ $= 62.366 m^2$ 2. 挑檐檐底抹灰，檐口突出外墙300mm： $S_2 = (11.94 + 0.15 + 6.24 + 0.15) \times 2 \times 0.300 = 11.088 m^2$ 3. 小计： $S = 62.366 + 11.088 = 84.54 m^2$	84.54	m^2
8	011203001001	零星项目抹灰	檐口立面抹灰按零星抹灰列项，挑檐板厚度为120mm。 $S = (11.94 + 0.30 + 6.24 + 0.30) \times 2 \times 0.12 = 4.51 m^2$	4.51	m^2
9	010802001001	塑钢平开门	M1：$1.2 \times 2.4 = 2.88 m^2$ M2：$0.9 \times 2.1 \times 3 = 5.67 m^2$	8.55	m^2
10	010807001001	塑钢平开窗	C1：$1.5 \times 1.5 \times 5 = 11.25 m^2$	11.25	m^2
11	011407001001	内墙面喷刷涂料	1. 内墙一般抹灰面积： $S_1 = 189.95 m^2$ 2. 扣除踢脚线面积： $S_2 = 56.76 \times 0.150 = 8.514 m^2$ 3. 增加门洞口侧面面积： M1：$S_3 = (1.2 + 2.4 \times 2) \times 0.100 = 0.600 m^2$ M2：$S_4 = (0.9 + 2.1 \times 2) \times 2 \times 3 \times 0.100 = 3.060 m^2$ C1：$S_5 = (1.5 + 1.5) \times 2 \times 5 \times 0.100 = 3.000 m^2$ 4. 小计： $S = 189.95 - 8.514 + 0.600 + 3.060 + 3.000 = 188.10 m^2$	188.10	m^2
12	011407001002	天棚喷刷涂料	挑檐檐底抹灰不喷刷涂料，各房间天棚水平投影面积： $S = (3.9 \times 3 - 0.12 \times 2 - 0.24 \times 2) \times (6.0 - 0.12 \times 2) - (3.9 - 0.12 \times 2) \times 0.24$ $= 62.37 m^2$	62.37	m^2
13	011701001001	综合脚手架	$S = $建筑面积$= 11.94 \times 6.24 = 74.51 m^2$	74.51	m^2
14	011703001001	垂直运输	$S = $建筑面积$= 11.94 \times 6.24 = 74.51 m^2$	74.51	m^2

注：1. 门窗以平方米计量。
2. 门侧壁不考虑踢脚线。
3. 墙抹灰工程量计算根据规范规定，不扣踢脚线，门窗侧壁亦不增加。
4. 墙面喷刷涂料工程量计算，扣除踢脚线、门窗洞口面积，增加门窗侧边、柱侧边面积。
5. 梁与柱交接处，柱的面积不计入天棚抹灰面积。

分部分项工程和单价措施项目清单与计价表

表 7-22

工程名称：某装饰工程

第 1 页　共 1 页

序号	项目编码	项目名称	项目特征描述	计量单位	工程量	综合单价	合价	其中暂估价
			楼地面装饰工程					
1	011102003001	块料楼地面	1. 结合层厚度、砂浆配合比：20mm厚1：3水泥砂浆结合层，表面撒水泥粉； 2. 面层材料品种、规格、颜色：25mm厚600mm×600mm预制水磨石板； 3. 嵌缝材料种类：稀水泥浆灌缝，打蜡出光	m²	63.30			
2	011101001001	水泥砂浆楼地面	1. 素水泥浆遍数：一道； 2. 面层厚度、砂浆配合比：20mm厚1：2水泥砂浆抹面压光； 3. 面层做法要求：符合施工及验收规范要求	m²	1.10			
3	011107004001	水泥砂浆台阶面	1. 面层厚度、砂浆配合比：20mm厚1：2.5水泥砂浆； 2. 防滑条材料种类：铜防滑条（成品）	m²	2.58			
4	011105003001	块料踢脚线	1. 踢脚线高度：150mm； 2. 粘贴层厚度、材料种类：10mm厚1：2水泥砂浆； 3. 面层材料品种、规格、颜色：8～10厚150mm×600mm彩色釉面砖	m	56.76			
			墙柱面装饰工程					
5	011201001001	外墙面一般抹灰	1. 墙体类型：砖墙； 2. 底层厚度、砂浆配合比：12mm厚1：3水泥砂浆； 3. 面层厚度、砂浆配合比：6mm厚1：2.5水泥砂浆	m²	149.26			
6	011201001002	内墙一般抹灰	1. 墙体类型：砖墙； 2. 底层厚度、砂浆配合比：9mm厚1：0.5：3水泥石灰膏砂浆； 3. 面层厚度、砂浆配合比：5mm厚1：0.5：2.5水泥石灰膏砂浆	m²	189.95			
			天棚工程					
7	011301001001	天棚抹灰	1. 基层类型：混凝土板； 2. 抹灰厚度、材料种类：2mm厚面层专用粉刷石膏	m²	84.54			

序号	项目编码	项目名称	项目特征描述	计量单位	工程量	金额（元）		
						综合单价	合价	其中 暂估价
天棚工程								
8	011203001001	零星项目抹灰	1. 基层类型、部位：混凝土板、挑檐立面； 2. 底层厚度、砂浆配合比：12mm 厚 1：3 水泥砂浆； 3. 面层厚度、砂浆配合比：6mm 厚 1：2.5 水泥砂浆	m²	4.51			
门窗工程								
9	010802001001	塑钢平开门	1. 门代号及洞口尺寸：M1（1200mm×2400mm）、M2（900mm×2100mm）； 2. 门框、扇材质：E 型 60F 系列； 3. 玻璃品种、厚度：中空玻璃（4＋12＋4）mm	m²	8.55			
10	010807001001	塑钢平开窗	1. 窗代号及洞口尺寸：C1（1500mm×1500mm）； 2. 框、扇材质：C 型 62 系列； 3. 玻璃品种、厚度：中空玻璃（4＋12＋4）mm	m²	11.25			
油漆、涂料、裱糊工程								
11	011407001001	墙面喷刷涂料	1. 基层类型：抹灰面； 2. 喷刷涂料部位：内墙面； 3. 腻子种类：普通成品腻子； 4. 刮腻子要求：满足施工及验收规范要求； 5. 涂料品种、喷刷遍数：乳胶漆、底漆一遍、面漆两遍	m²	188.10			
12	011407001002	天棚喷刷涂料	1. 基层类型：抹灰面； 2. 喷刷涂料部位：天棚面； 3. 腻子种类：普通腻子； 4. 刮腻子要求：满足施工及验收规范要求； 5. 涂料品种、喷刷遍数：乳胶漆、底漆一遍、面漆两遍	m²	62.37			
措施项目								
13	011701001001	综合脚手架	1. 建筑结构形式：砖混结构； 2. 檐口高度：3.70m	m²	74.51			
14	011703001001	垂直运输	1. 建筑物建筑类型及结构形式：房屋建筑、砖混结构； 2. 建筑物檐口高度、层数：3.70m、一层	m²	74.51			

7.7 实例 7-7

1. 背景资料

单层房屋施工图（平面图、立面图、剖面图）、基础平面图如图 7-25～图 7-29 所示。该工程为框架结构，室外地坪标高为−0.300m，屋面混凝土板厚为 100mm。

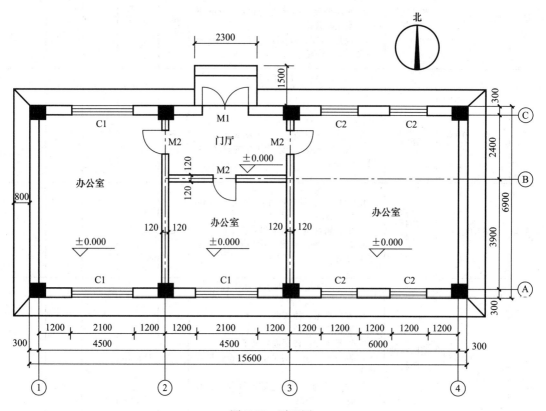

图 7-25 平面图

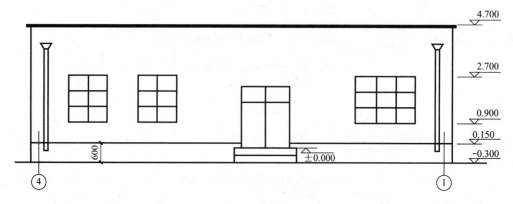

图 7-26 北立面图

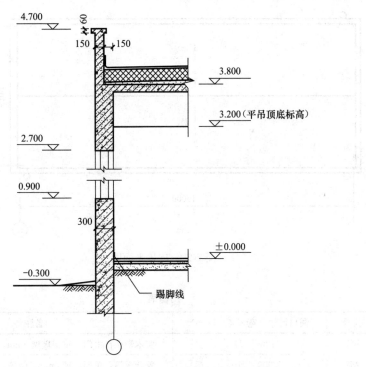

图 7-27　外墙大样图

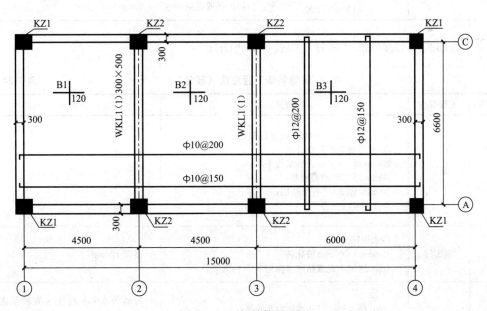

图 7-28　顶板结构平面图

说明：1. 梁顶标高同板顶标高，均为 3.900m；2. 未标注定位尺寸的梁均沿轴线居中；3. 板厚均为 120mm

（1）设计说明

1）门窗洞口尺寸如表 7-23 所示，均不设门窗套。居中安装，框宽 100mm，填充剂后塞口。

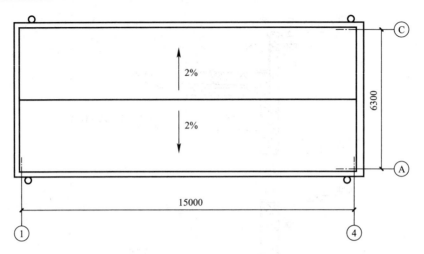

图 7-29　屋顶平面图

门窗表　　　　　　　　　　　　　　　　　　　　　　　　　　　　　表 7-23

序号	代号	洞口尺寸（宽×高）(mm)	备注
1	M1	1200×2400	实木带亮自由门，单层玻璃 6mm，带锁，普通五金
2	M2	900×2100	胶合板门，单层玻璃 6mm，带锁，普通五金
3	C1	2100×1800	塑钢平开窗，型材为 C 型 62 系列，中空玻璃（4+12+4），普通五金
4	C2	1200×1800	

2）装饰装修工程做法（部分）如表 7-24 所示。

装饰装修工程做法（部分）　　　　　　　　　　　　　　　　　　　表 7-24

序号	工程部位	工程做法	备注
1	地面	8mm 厚 400mm×400mm 米白玻化砖面层； 6mm 厚建筑砂浆结合层； 20mm 厚 1：3 水泥砂浆找平层； 50mm 厚 C10 混凝土垫层； 100mm 厚 3：7 灰土垫层； 素土夯实	
2	踢脚线	白水泥擦缝； 120mm×600mm 玻化砖 4mm 厚纯水泥浆粘贴（掺加 20%白乳胶）	高度 120mm
3	内墙面	5mm 厚 1：0.5：3 水泥石灰砂浆； 15 厚 1：1：6 水泥石灰砂浆； 素水泥浆一道	砖墙为 M7.5 混合水泥砂浆砌筑 MU10 灰砂标准砖；规格 240mm×240mm×115mm； 图中未注明的墙厚均为 240mm
4	天棚	装饰石膏板面层（600×600）mm； 吊杆为 φ6、长为 480mm； T 型铝合金龙骨平吊顶（单层吊挂式）	门厅及办公室吊顶设 12 个嵌顶灯槽，每个规格为 600mm×600mm； 天棚内抹灰高 200mm

续表

序号	工程部位	工程做法	备注
5	柱面	5mm 厚 1：0.5：3 水泥石灰砂浆； 15mm 厚 1：1：6 水泥石灰砂浆； 素水泥浆一道	
6	外墙面	8mm 厚 1：2 水泥砂浆； 12mm 厚 1：3 水泥砂浆	室外墙裙高 600mm
7	女儿墙	内侧面抹灰： 5mm 厚 1：0.5：3 水泥石灰砂浆； 15mm 厚 1：1：6 水泥石灰砂浆； 素水泥砂浆一遍； 砖墙	外立面抹灰同外墙
8	台阶	铝合金防滑条（成品）； 20mm 厚 1：2 水泥砂浆抹面压光； M5.0 混合砂浆砌 MU10 灰砂标砖； 300mm 厚 3：7 灰土； 素土夯实	防滑条用 φ3.5 塑料胀管固定，中距≤300mm
9	混凝土强度等级	垫层混凝土强度等级为 C10，过梁混凝土强度等级为 C20，其余构件强度等级均为 C30	混凝土均为现场搅拌

（2）施工说明

1）土壤类别为三类土壤，人工挖土，土方全部通过人力车运输堆放在现场 50m 处，人工回填，均为天然密实土壤，余土外运 1km。

2）散水不考虑土方挖填，混凝土垫层原槽浇捣，挖土方不放坡不设挡土板，垂直运输机械考虑卷扬机，不考虑夜间施工、二次搬运、冬雨期施工、排水、降水。

3）所有混凝土均为现场搅拌。

（3）计算说明

1）挖土方，需要考虑工作面和放坡增加的工程量。

2）内墙门窗侧面、顶面和窗底面的抹灰应计算。

3）计算范围：

① 楼地面，只计算门厅的地面和踢脚线。

② 天棚。

③ 墙面，只计算外墙裙及门厅内墙抹底灰。

④ 门窗，不计算窗台板、油漆、玻璃及特殊五金。

⑤ 措施项目，仅计算综合脚手架、垂直运输。

4）计算工程数量以"m"、"m³"、"m²"为单位，步骤计算结果保留三位小数，最终计算结果保留两位小数。

2. 问题

根据以上背景资料及现行国家标准《建设工程工程量清单计价规范》（GB 50500—2013）、《房屋建筑与装饰工程工程量计算规范》（GB 50854—2013）及其他相关文件的规定，试列出该工程以上计算范围的分部分项工程量清单。

3. 参考答案（表 7-25 和表 7-26）

清单工程量计算表 表 7-25

工程名称：某装饰工程

序号	项目编码	清单项目名称	计算式	工程量合计	计量单位
		建筑面积	$S=15.6\times6.9=107.64\text{m}^2$	107.64	m^2
1	010404001001	灰土垫层（门厅、办公室）	$V=(4.5-0.24)\times(2.4-0.12)\times0.1=0.97\text{m}^3$	0.97	m^3
2	011101006001	平面砂浆找平层（门厅、办公室）	$V=(4.5-0.24)\times(2.4-0.12)\times0.02=0.19\text{m}^3$	0.19	m^3
3	011102003001	玻化砖地面（门厅）	房间净面积 $S_1=9.71\text{m}^2$ 增加：门洞口 $S_2=0.12\times0.9\times3+0.15\times1.8=0.594\text{m}^2$ 扣除：柱 $S_3=0.3\times0.18\times2=0.108\text{m}^2$ 小计：$S=9.71+0.594-0.108=10.20\text{m}^2$	10.20	m^2
4	011105003001	玻化砖踢脚线（门厅）	周长 $L_1=(4.5-0.24+2.4-0.12)\times2=13.08\text{m}$ 扣除：门洞口宽 $L_2=0.9\times3+1.8=4.5\text{m}$ 增加：门侧边 $L_3=0.07\times6+0.1\times2=0.62\text{m}$ 小计：$L=13.08-4.9+0.62=8.8\text{m}$	8.80	m^2
5	011201001001	外墙裙一般抹灰	1. 垂直投影面积： $S_1=(15.6+6.9+0.3\times2)\times2\times0.6=27.72\text{m}^2$ 2. 扣除： 台阶：$S_2=2.3\times0.3=0.21\text{m}^2$ M1门洞：$S_3=1.2\times(0.6-0.3)=0.36\text{m}^2$ 3. 增加： 门侧边 $S_4=0.15\times0.1\times2=0.03\text{m}^2$ 4. 小计： $S=27.72-0.21-0.36+0.03=27.18\text{m}^2$	27.18	m^2
6	011201001002	内墙面一般抹灰（门厅）	1. 垂直投影面积： $S_1=(4.5-0.12\times2+2.4-0.12)\times2\times(3.2+0.2)=44.47\text{m}^2$ 2. 扣除： 3个M2门洞 $S_2=0.9\times2.1\times3=5.67\text{m}^2$ M1门洞 $S_3=1.2\times2.4=2.88\text{m}^2$ 3. 小计： $S=44.47-5.67-2.88=35.92\text{m}^2$	35.92	m^2
7	011302001001	吊顶天棚	1. 房间垂直投影面积： $S_1=(4.5-0.12+6.3-0.12)\times6.3+(4.5-0.24)\times(6.3-0.24)=92.34\text{m}^2$ 2. 灯槽面积： $S_2=0.6\times0.6\times12=4.32\text{m}^2$ 3. 小计：$S=92.34-4.32=88.02\text{m}^2$	88.02	m^2
8	011304001001	灯槽（门厅、办公室）	$S=0.6\times0.6\times12=4.32\text{m}^2$	4.32	m^2

续表

序号	项目编码	清单项目名称	计算式	工程量合计	计量单位
9	010801001001	胶合板木门	$S=1.2\times2.4=2.88m^2$	2.88	m^2
10	010801001002	实木带亮木门	$S=0.9\times2.1\times3=5.67m^2$	5.67	m^2
11	010807001001	塑钢平开窗	$S=2.1\times1.8\times3+1.2\times1.8\times4=19.98m^2$	19.98	m^2
12	011701001001	脚手架	$S=$建筑面积$=107.64m^2$	107.64	m^2
13	011702016001	平板模板	$S=(15-0.3\times2)\times6.3=90.72m^2$	90.72	m^2
14	011703001001	垂直运输	$S=$建筑面积$=107.64m^2$	107.64	m^2

注：1. 门窗以平方米计量。
2. 门侧壁不考虑踢脚线。
3. 地面混凝土垫层，按《房屋建筑与装饰工程工程量计算规范》（GB 50854—2013）附录 E.1 垫层项目编码列项。
4. 墙抹灰工程量计算根据规范规定，不扣踢脚线，门窗侧壁亦不增加。
5. 吊顶天棚工程量计算时，扣除灯槽面积。

分部分项工程和单价措施项目清单与计价表   表 7-26

工程名称：某装饰工程   第1页 共1页

序号	项目编码	项目名称	项目特征描述	计量单位	工程量	综合单价	合价	其中暂估价
			楼地面装饰工程					
1	010404001001	灰土垫层（门厅、办公室）	垫层材料种类、配合比、厚度：100mm厚3：7灰土	m^3	0.97			
2	011101006001	平面砂浆找平层（门厅、办公室）	找平层厚度、砂浆配合比：20mm厚1：3水泥砂浆	m^3	0.19			
3	011102003001	玻化砖地面（门厅）	1. 找平层厚度、砂浆配合比：20mm厚1：3水泥砂浆找平层；2. 结合层厚度、砂浆配合比：6mm厚1：3建筑砂浆结合层；3. 面层材料品种、规格、颜色：8mm厚玻化砖、400mm×400mm、米色；4. 嵌缝材料种类：白水泥擦缝	m^2	10.20			
4	011105003001	玻化砖踢脚线（门厅）	1. 踢脚线高度：120mm；2. 粘结层厚度、材料种类：4mm厚纯水泥浆（掺加20%白乳胶）；3. 面层材料种类：玻化砖面层，白水泥擦缝	m^2	8.80			
			墙柱面装饰工程					
5	011201001001	外墙裙一般抹灰	1. 墙体类型：砖墙墙；2. 底层厚度、砂浆配合比：12mm厚1：3水泥砂浆；3. 面层厚度、砂浆配合比：8mm厚1：2水泥砂浆	m^2	27.18			

续表

序号	项目编码	项目名称	项目特征描述	计量单位	工程量	金额（元）		
						综合单价	合价	其中 暂估价
			墙柱面装饰工程					
6	011201001002	内墙面一般抹灰（门厅）	1. 墙体类型：砖墙； 2. 底层厚度、砂浆配合比：素水泥砂浆一遍，15mm 厚 1：1：6 水泥石灰砂浆； 3. 面层厚度、砂浆配合比：5mm 厚 1：0.5：3 水泥石灰砂浆	m²	35.92			
			天棚工程					
7	011302001001	吊顶天棚	1. 吊顶形式、吊杆规格、高度：单层平吊顶、φ6、480mm； 2. 龙骨材料种类、规格、中距：T 型铝合金龙骨； 3. 面层材料品种、规格：装饰石膏板、600mm×600mm	m²	88.02			
8	011304001001	灯槽（门厅、办公室）	1. 灯带形式、尺寸：嵌顶、600mm×600mm； 2. 安装固定方式：嵌入式	m²	4.32			
			门窗工程					
9	010801001001	胶合板木门	1. 门代号及洞口尺寸：M2、900mm×2100mm； 2. 镶嵌玻璃品种、厚度：单层玻璃、6mm	m²	2.88			
10	010801001002	实木带亮木门	1. 门代号及洞口尺寸：M1、1200mm×2400mm； 2. 镶嵌玻璃品种、厚度：单层玻璃、6mm	m²	5.67			
11	010807001001	塑钢平开窗	1. 窗代号及洞口尺寸：C1、2100mm×1800mm，C2、1200mm×1800mm； 2. 框、扇材质：C 型 62 系列； 3. 镶嵌玻璃品种、厚度：中空玻璃（4+12+4）mm	m²	19.98			
			措施项目					
12	011701001001	脚手架	1. 建筑结构形式：框架结构； 2. 檐口高度：4.10m	m²	107.64			
13	011702016001	平板模板	支撑高度：3.7m	m²	90.72			
14	011703001001	垂直运输	1. 建筑物建筑类型及结构形式：房屋建筑、框架结构； 2. 建筑物檐口高度、层数：4.10m、一层	m²	107.64			

7.8 实例 7-8

1. 背景资料

某单层房屋部分施工图，如图 7-30～图 7-34 所示。该工程为砖混结构，室外地坪标高为 −0.300m。

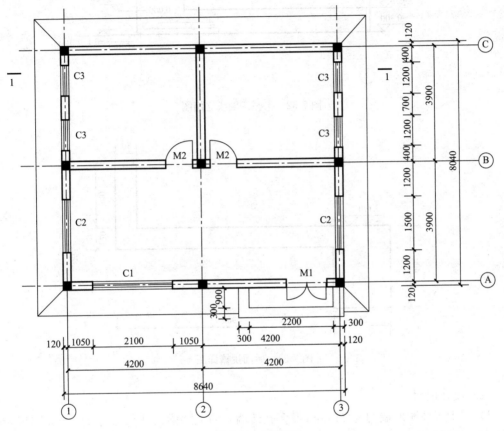

图 7-30 平面图

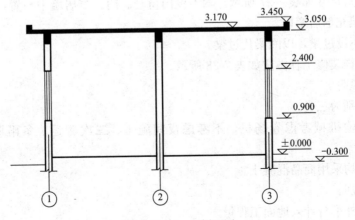

图 7-31 1—1 剖面图

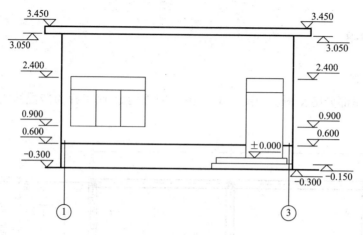

图 7-32　①~③轴线立面图

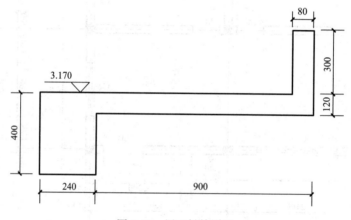

图 7-33　屋面挑檐详图

（1）设计说明

1）图中未注明的墙均为 240mm 厚多孔砖墙，墙上圈梁设计尺寸为 240mm×240mm，未注明的板厚均为 120mm。

2）门窗洞口尺寸如表 7-27 所示，均不设门窗套。门、窗居墙中布置，门为水泥砂浆后塞口，窗为填充剂后塞口。

门窗洞口不设过梁，以圈梁代过梁。

3）部分装饰装修工程做法如表 7-28 所示。

（2）施工说明

1）土壤类别为三类。

2）垂直运输机械考虑卷扬机，不考虑夜间施工、二次搬运、冬雨期施工、排水、降水。

3）混凝土均采用商品混凝土。

（3）计算说明

1）台阶室外平台计入地面工程量。

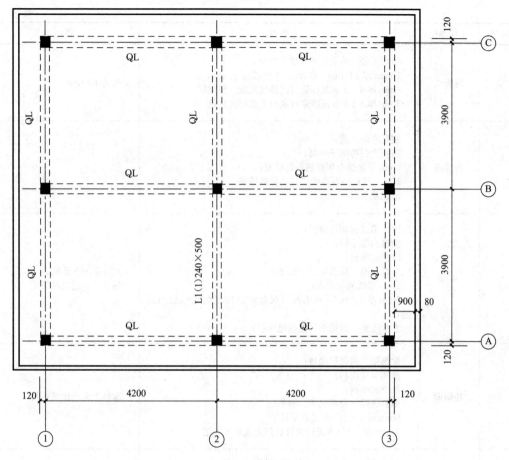

图 7-34 屋面结构平面图

门窗表　　　　　　　　　　　　　　　　　　　　　　　　　表 7-27

序号	代号	洞口尺寸（宽×高）(mm)	备注
1	M1	1500×2400	铝合金平开门，型材为 A 型 60 系列，中空玻璃（5+12+5），带锁，普通五金
2	M2	900×2100	普通胶合板木门，单层玻璃 6mm，带锁，普通五金
3	C1	2100×1500	塑钢平开窗，型材为 F 型 AD58 系列，中空玻璃（6Low—E+12+5），普通五金
4	C2	1200×1500	
5	C3	900×1500	

部分装饰装修工程做法　　　　　　　　　　　　　　　　　表 7-28

序号	工程部位	工程做法	备注
1	地面	干水泥擦缝，密缝； 5mm 厚 600mm×600mm 米白色陶瓷锦砖； 5mm 厚聚合物水泥砂浆结合层； 10mm 厚聚合物水泥砂浆找平层； 聚合物水泥浆一道； 80mm 厚 C20 混凝土垫层； 夯实土	用聚合物水泥砂浆铺砌

续表

序号	工程部位	工程做法	备注
2	踢脚线	稀水泥浆（或彩色水泥浆）擦缝； 10mm 厚 150mm×600mm 褐色铺地砖踢脚； 8mm 厚 1：2 水泥砂浆（内掺建筑胶）粘结层； 5mm 厚 1：3 水泥砂浆打底扫毛或划出纹道	高为 150mm
3	内墙面	刷乳胶漆二遍； 满刮大白粉腻子一遍； 2mm 厚面层专用粉刷石膏罩面； 10mm 厚粉刷石膏砂浆打底分遍抹平； 清理基层	
4	天棚	涂饰第二遍面层涂料； 涂饰面层涂料； 涂饰底涂料； 填补缝隙、局部腻子、磨平； 2mm 厚纸筋灰罩面； 5mm 厚 1：0.5：3 水泥石灰膏砂浆打底扫毛或划出纹道； 素水泥浆一道甩毛（内掺建筑胶）	水性耐擦洗涂料； 腻子为普通成品腻子
5	外墙面	涂饰第二遍面层涂料； 涂饰面层涂料； 涂饰底涂料； 填补缝隙、局部腻子、磨平； 6mm 厚 1：2.5 水泥砂浆抹平 12mm 厚 1：3 水泥砂浆打底扫毛或划出纹道	涂料为无机建筑涂料
6	外墙裙	5mm 厚 1：0.5：3 水泥石灰砂浆； 15mm 厚 1：1：6 水泥石灰砂浆； 素水泥砂浆一遍	
7	挑檐	内侧抹灰： 5mm 厚 1：0.5：3 水泥石灰砂浆； 15mm 厚 1：1：6 水泥石灰砂浆； 素水泥砂浆一遍	外立面、顶面抹灰同外墙。挑檐底面抹灰同教室天棚抹灰，但不喷刷涂料
8	台阶	铝合金防滑条（成品）； 20mm 厚 1：2 水泥砂浆抹面压光； 素水泥浆结合层一遍； 60mm 厚 C15 混凝土台阶（厚度不包括踏步三角部分）； 300mm 厚 3：7 灰土； 素土夯实	防滑条用 $\phi3.5$ 塑料胀管固定，中距≤300mm

　　2）内墙门窗洞口内侧面、顶面和窗底面均抹灰、刷乳胶漆，其中抹灰不计算，乳胶漆的计算宽度按 100mm 计算（M2 门洞口，按 80mm 计算）。内墙抹灰高度算至吊顶底面。

　　3）门洞口侧壁不计算踢脚线。

　　4）外墙 M1 门洞口底面积全部按块料面层计算。

　　5）挑檐外侧面面积计入外墙面抹灰工程量，挑檐底面抹灰按零星抹灰列项计算。

6）计算范围：

① 地面、天棚。

② 墙面，仅计算抹灰。

③ 踢脚线，门洞口侧面不计算。

④ 涂料，仅计算内墙面、天棚。

⑤ 室外台阶，立面抹灰不计算。

⑥ 门窗，不计算窗台板、油漆、玻璃及特殊五金。

⑦ 措施项目，只计算综合脚手架、垂直运输。

7）计算工程数量以"m"、"m³"、"m²"为单位，步骤计算结果保留三位小数，最终计算结果保留两位小数。

2. 问题

根据以上背景资料及现行国家标准《建设工程工程量清单计价规范》（GB 50500—2013）、《房屋建筑与装饰工程工程量计算规范》（GB 50854—2013）及其他相关文件的规定，试列出该工程要求计算项目的分部分项工程量清单。

3. 参考答案（表 7-29 和表 7-30）

清单工程量计算表　　　　　　　　　　　　　　　表 7-29

工程名称：某装饰工程

序号	项目编码	清单项目名称	计算式	工程量合计	计量单位
1	011102003001	块料楼地面	块料地面，门洞口面积计入地面工程。 方法一： 1. 大厅地面面积（含门洞口面积）： $S_1=(4.2+4.2-0.12\times2)\times(3.9-0.12\times2)+1.5\times0.24=30.226m^2$ 2. 办公室 1 和办公室 2 的地面面积（含门洞口面积）： $S_2=(4.2-0.12\times2)\times(3.9-0.12\times2)\times2+0.9\times0.24\times2=29.419m^2$ 3. 小计： $S_3=30.226+29.419=59.65m^2$ 方法二： 1. 外墙内边线所围面积： $S_1=(4.2\times2-0.12\times2)\times(3.9\times2-0.12\times2)=61.690m^2$ 2. 扣除内墙所占面积（含门洞口面积）： $S_2=(4.2+4.2-0.12\times2+3.9-0.12\times2)\times0.24=2.837m^2$ 3. 增加门洞口所占面积： $S_3=(1.5+0.9\times2)\times0.24=0.792m^2$ 4. 小计： $S=61.690-2.837+0.792=59.65m^2$	59.65	m²
2	011101001001	水泥砂浆楼地面	室外平台计入地面工程量。 $S=(0.9-0.3)\times(2.2-0.3\times2)=0.96m^2$	0.96	m²
3	011107004001	水泥砂浆台阶面	$S=[(0.9+0.3)\times2+2.2]\times0.3+(0.9\times2+2.2-0.3\times2)\times0.3$ $=1.38+1.02$ $=2.40m^2$	2.40	m²

序号	项目编码	清单项目名称	计算式	工程量合计	计量单位
4	011105003001	块料踢脚线	门洞口侧面不计算。 1. 外墙内侧（扣除门洞口）： $L_1=(4.2\times2-0.12\times2+3.9\times2-0.12\times2-0.24)\times2-1.5=29.46$m 2. 内墙两侧（扣除门洞口）： $L_2=(4.2+4.2-0.12\times2)\times2-0.24+(3.9-0.12\times2)\times2-0.9\times2\times2=19.80$m 3. 小计： $L=29.46+19.80=49.26$m	49.26	m
5	011201001001	外墙裙抹灰	外墙裙高度为600mm。 1. 外墙裙垂直投影面积： $S_1=(4.2\times2+0.12\times2+3.9\times2+0.12\times2)\times2\times0.6=20.016$m^2 2. 扣除外墙门洞口所占的面积： $S_2=1.5\times(0.6-0.15\times2)=0.45$m^2 3. 扣除室外台阶垂直面所占面积： $S_3=(2.2+0.3\times2+2.2)\times0.15=0.75$m^2 4. 小计： $S=20.016-0.45-0.75=18.82$m^2	18.82	m^2
6	011201001002	外墙一般抹灰	室外地坪标高为-0.300m，挑檐檐顶标高为3.450m。 1. 外墙垂直投影面积（含挑檐外立面）： $S_1=(4.2\times2+0.12\times2+3.9\times2+0.12\times2)\times2\times(0.3+3.45)=125.10$m^2 2. 扣除外墙上门窗洞口所占面积： $S_2=2.1\times1.5+1.2\times1.5\times3+0.9\times1.5\times4+1.5\times2.4=17.55$m^2 3. 扣除室外台阶垂直面所占面积： $S_3=(2.2+0.3\times2+2.2)\times0.15=0.75$m^2 4. 扣除外墙裙所占面积： $S_4=18.82$m^2 5. 小计： $S=125.10-17.55-0.75-19.82=86.98$m^2	86.98	m^2
7	011201001003	挑檐内侧抹灰	$S=(4.2\times2+0.12\times2+0.9-0.08+3.9\times2+0.12\times2+0.9-0.08)\times0.3=5.50$m^2	5.50	m^2
8	011201001004	内墙一般抹灰	室内地面标高为±0.000。 1. 外墙内侧垂直投影面积： $S_1=[(4.2\times2-0.12\times2+3.9\times2-0.12\times2)\times2-0.24\times3]\times3.05=93.696$m^2 2. 内墙垂直投影面积： $S_2=[(4.2\times2-0.12\times2)\times2-0.24]\times3.05+[(3.9-0.12\times2)]\times2\times3.05$ $=49.044+22.326$ $=71.37$m^2 3. 扣除门窗洞口所占面积： $S_3=1.5\times2.4+0.9\times2.1\times2\times2+2.1\times1.5+1.2\times1.5\times2+0.9\times1.5\times4$ $=23.31$m^2 4. 小计： $S=93.696+71.37-23.31=141.76$m^2	141.76	m^2

续表

序号	项目编码	清单项目名称	计算式	工程量合计	计量单位
9	011301001001	天棚抹灰	1. 外墙内边线所围面积： $S_1=(4.2\times2-0.12\times2)\times(3.9\times2-0.12\times2)=61.690m^2$ 2. 扣除内墙所占面积（含门洞口面积）： $S_2=(4.2+4.2-0.12\times2+3.9-0.12\times2)\times0.24=2.837m^2$ 3. 增加梁 L1 两侧面积： $S_3=(3.9-0.12\times2)\times(0.5-0.12)\times2=2.782m^2$ 4. 小计： $S=61.690-2.837+2.782=61.64m^2$	61.64	m²
10	011203001001	零星项目一般抹灰	挑檐底面抹灰按零星抹灰列项计算。 $S=(8.64+0.45\times2+8.04+0.45\times2)\times2\times0.9=33.26m^2$	33.26	m²
11	010801001001	胶合板门	M2：$0.9\times2.1\times2=3.78m^2$	3.78	m²
12	010802001001	铝合金平开门	M1：$1.5\times2.4=3.6m^2$	3.6	m²
13	010807001001	塑钢平开窗	C1：$2.1\times1.5=3.15m^2$ C2：$1.2\times1.5\times2=3.60m^2$ C3：$0.9\times1.5\times4=5.40m^2$	12.15	m²
14	011407001001	内墙面喷刷涂料	1. 内墙面喷刷涂料面积同内墙一般抹灰。 $S_1=141.76m^2$ 2. 扣除踢脚线面积： $S_2=49.26\times0.150=7.389m^2$ 3. 增加门洞口侧面面积： M1：$S_3=(1.5+2.4\times2)\times0.100=0.630m^2$ M2：$S_4=(0.9+2.1\times2)\times2\times2\times0.080=1.632m^2$ C1：$S_5=(2.1+1.5)\times2\times0.100=0.720m^2$ C2：$S_6=(1.2+1.5)\times2\times2\times0.100=1.080m^2$ C3：$S_7=(0.9+1.5)\times2\times4\times0.100=1.820m^2$ 4. 小计： $S=141.76-7.389+0.630+1.623+0.720+1.080+1.820=140.24m^2$	140.24	m²
15	011407002001	天棚喷刷涂料	同天棚抹灰	61.64	m²
16	011701001001	综合脚手架	$S=$建筑面积$=8.64\times8.04=69.47m^2$	69.47	m²
17	011703001001	垂直运输	$S=$建筑面积$=8.64\times8.04=69.47m^2$	69.47	m²

注：1. 门窗以平方米计量。

2. 门侧壁不考虑踢脚线。

3. 地面混凝土垫层，按《房屋建筑与装饰工程工程量计算规范》（GB 50854—2013）附录 E.1 垫层项目编码列项。

4. 墙抹灰工程量计算根据规范规定，不扣踢脚线，门窗侧壁亦不增加。

5. 墙面喷刷涂料工程量计算，扣除踢脚线、门窗洞口面积，增加门窗侧边、柱侧边面积。

6. 梁与柱交接处，柱的面积不算入天棚抹灰面积。

分部分项工程和单价措施项目清单与计价表

表 7-30

工程名称：某装饰工程

第 1 页 共 1 页

序号	项目编码	项目名称	项目特征描述	计量单位	工程量	综合单价	合价	其中 暂估价
			楼地面装饰工程					
1	011102003001	块料楼地面	1. 找平层厚度、砂浆配合比：10mm 厚聚合物水泥砂浆； 2. 结合层厚度、砂浆配合比：5mm 厚聚合物水泥砂浆； 3. 面层材料品种、规格、颜色：5mm 厚 600mm×600mm 米白色陶瓷锦砖； 4. 嵌缝材料种类：干水泥擦缝，密缝	m²	59.65			
2	011101001001	水泥砂浆楼地面	1. 素水泥浆遍数：一道； 2. 面层厚度、砂浆配合比：20mm 厚 1：2 水泥砂浆抹面压光； 3. 面层做法要求：符合施工及验收规范要求	m²	0.96			
3	011107004001	水泥砂浆台阶面	1. 面层厚度、砂浆配合比：20mm 厚 1：2 水泥砂浆抹面压光； 2. 防滑条材料种类：铝合金防滑条（成品）	m²	2.40			
4	011105003001	块料踢脚线	1. 踢脚线高度：150mm； 2. 粘贴层厚度、材料种类：8mm 厚 1：2 水泥砂浆（内掺建筑胶）； 3. 面层材料品种、规格、颜色：10mm 厚 150mm×600mm 褐色铺地砖	m	49.2			
			墙柱面装饰工程					
5	011201001001	外墙裙抹灰	1. 墙体类型：砖墙； 2. 底层厚度、砂浆配合比：15mm 厚 1：1：6 水泥石灰砂浆； 3. 面层厚度、砂浆配合比：5mm 厚 1：0.5：3 水泥石灰砂浆； 4. 装饰面材料种类； 5. 分格缝宽度、材料种类	m²	18.82			
6	011201001002	外墙面一般抹灰	1. 墙体类型：砖墙； 2. 底层厚度、砂浆配合比：12mm 厚 1：3 水泥砂浆； 3. 面层厚度、砂浆配合比：6mm 厚 1：2.5 水泥砂浆	m²	86.98			
7	011201001003	挑檐内侧抹灰	1. 墙体类型：混凝土； 2. 底层厚度、砂浆配合比：5mm 厚 1：0.5：3 水泥石灰砂浆； 3. 面层厚度、砂浆配合比：15mm 厚 1：1：6 水泥石灰砂浆； 4. 装饰面材料种类； 5. 分格缝宽度、材料种类	m²	5.50			

续表

序号	项目编码	项目名称	项目特征描述	计量单位	工程量	金额（元）		
						综合单价	合价	其中 暂估价
墙柱面装饰工程								
8	011201001004	内墙一般抹灰	1. 墙体类型：砖墙； 2. 底层厚度、砂浆配合比：10mm厚粉刷石膏砂浆； 3. 面层厚度、砂浆配合比：2mm厚面层专用粉刷石膏	m²	141.76			
天棚工程								
9	011301001001	天棚抹灰	1. 基层类型：混凝土板底面； 2. 抹灰厚度、材料种类：5mm厚1：0.5：3水泥石灰膏砂浆； 3. 砂浆配合比	m²	61.64			
10	011203001001	零星项目一般抹灰	1. 基层类型：混凝土板； 2. 抹灰厚度、材料种类：6mm水泥砂浆； 3. 砂浆配合比：1：2.5	m²	33.26			
门窗工程								
11	010801001001	胶合板门	1. 门代号及洞口尺寸：M2（900mm×2100mm）； 2. 镶嵌玻璃品种、厚度：平板玻璃，6mm	m²	3.78			
12	010802001001	铝合金平开门	1. 门代号及洞口尺寸：M1（1500mm×2400mm）； 2. 门框、扇材质：A型60系列； 3. 玻璃品种、厚度：中空玻璃（5+12+5）mm	m²	3.60			
13	010807001001	塑钢平开窗	1. 窗代号及洞口尺寸：C1（2100mm×1500mm）、C2（1200mm×1500mm）、C3（900mm×1500mm）； 2. 框、扇材质：F型AD58系列； 3. 玻璃品种、厚度：中空玻璃（6Low—E+12+5）mm	m²	12.15			
油漆、涂料、裱糊工程								
14	011407001001	墙面喷刷涂料	1. 基层类型：抹灰面； 2. 喷刷涂料部位：内墙面； 3. 腻子种类：大白粉腻子； 4. 刮腻子要求：满足施工及验收规范要求； 5. 涂料品种、喷刷遍数：乳胶漆、两遍	m²	140.24			

续表

序号	项目编码	项目名称	项目特征描述	计量单位	工程量	金额（元）		
						综合单价	合价	其中
								暂估价
油漆、涂料、裱糊工程								
15	011407002001	天棚喷刷涂料	1. 基层类型：抹灰面； 2. 喷刷涂料部位：天棚面； 3. 腻子种类：普通成品腻子； 4. 刮腻子要求：满足施工及验收规范要求； 5. 涂料品种、喷刷遍数：耐擦洗涂料、底涂料一遍、面涂料两遍	m²	61.64			
措施项目								
16	011701001001	综合脚手架	1. 建筑结构形式：砖混结构； 2. 檐口高度：3.35m	m²	69.47			
17	011703001001	垂直运输	1. 建筑物建筑类型及结构形式：房屋建筑、砖混结构； 2. 建筑物檐口高度、层数：3.35m、一层	m²	69.47			

注：脚手架材质由投标人根据工程实际情况按照国家现行标准《建筑施工扣件式钢管脚手架安全技术规范》JGJ130—2011、《建筑施工附着升降脚手架管理暂行规定》（建建〔2000〕230号）等规范自行确定

7.9 实例7-9

1. 背景资料

图7-35～图7-39为单层房屋施工图。

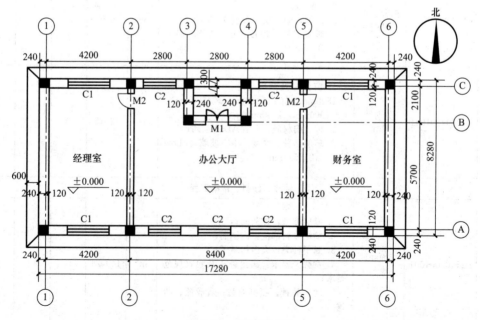

图7-35 建筑平面图

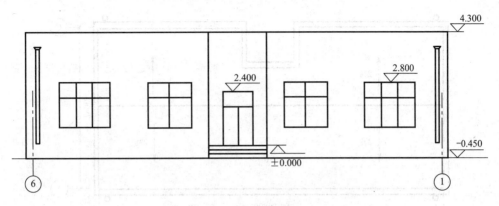

图 7-36　北立面图

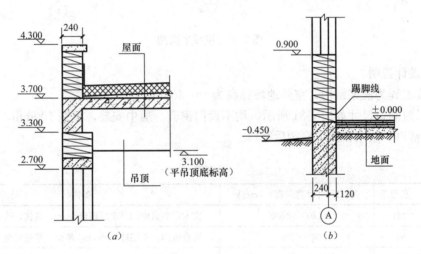

图 7-37　墙身大样图

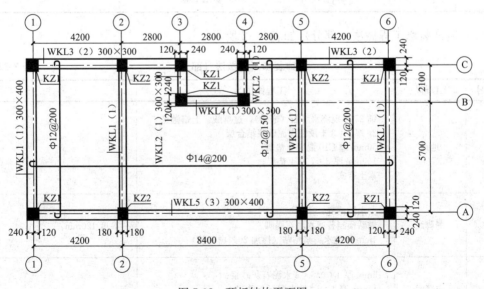

图 7-38　顶板结构平面图

说明：板厚 120mm，板顶标高 3.700m

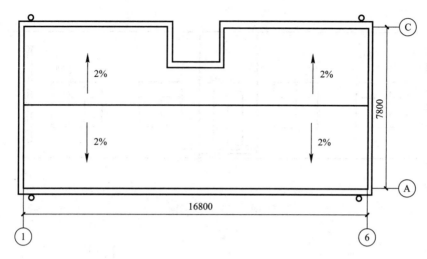

图 7-39 屋顶平面图

（1）设计说明

1）该工程为框架结构，室外地坪标高为－0.450m。

2）门窗洞口尺寸如表 7-31 所示，均不设门窗套。居中安装，框宽 100mm，木门为水泥砂浆后塞口，塑钢窗为填充剂后塞口。

表 7-31

门窗表

序号	代号	洞口尺寸（宽×高）(mm)	备注
1	M1	1200×2400	实木带亮自由门，单层玻璃 6mm，带锁，普通五金
2	M2	900×2400	胶合板门，单层玻璃 6mm，带锁，普通五金
3	C1	1800×1800	塑钢平开窗，型材为 C 型 62 系列，中空玻璃（4＋12＋4），普通五金
4	C2	1500×1800	

3）装饰装修工程做法（部分）如表 7-32 所示。

表 7-32

装饰装修工程做法（部分）

序号	工程部位	工程做法	备注
1	地面	铺 25 厚现浇水磨石（嵌条），过草酸，上蜡抛光 30 厚 1∶3 干硬性水泥砂浆结合层 50mm 厚 C10 混凝土垫层； 100mm 厚 3∶7 灰土垫层； 素土夯实	
2	踢脚线	白水泥擦缝 铺贴预制普通水磨石踢脚 4mm 厚纯水泥浆粘贴（掺加 20％白乳胶）	高度 120mm
3	内墙面	5mm 厚 1∶0.5∶3 水泥石灰砂浆； 15mm 厚 1∶1∶6 水泥石灰砂浆； 素水泥浆一道	

续表

序号	工程部位	工程做法	备注
4	天棚	大厅天棚：T形烤漆轻钢龙骨（单层吊挂式）； 矿棉吸声板面层，规格为 600mm×600mm； 吊杆为 φ6、长为 480mm	大厅吊顶设 8 个嵌顶灯槽，每个规格为 1200mm×250mm 天棚内抹灰高 200mm
5	外墙面	8mm 厚 1：2 水泥砂浆； 12mm 厚 1：3 水泥砂浆	
6	女儿墙	内侧面抹灰： 5mm 厚 1：0.5：3 水泥石灰砂浆； 15mm 厚 1：1：6 水泥石灰砂浆； 素水泥砂浆一遍； 砖墙	外立面抹灰同外墙
7	框架柱、过梁	框架柱截面尺寸为 360mm×360mm，其中 KZ1 标高为 -1.750～3.700m，KZ2 标高为 -1.750～3.700m； 梁顶标高均同板顶标高； 墙中过梁宽度同墙厚，高度均为 180mm，长度为洞口两侧各加 250mm	未注明定位尺寸的梁均沿轴线居中或有一边贴柱边； 所有未标注定位尺寸的框架柱均沿轴线居中
8	现浇混凝土强度等级	垫层混凝土强度等级为 C10，过梁混凝土强度等级为 C20，其余构件强度等级均为 C30	混凝土均为现场搅拌

（2）施工说明

1）土壤类别为三类土壤，人工挖土，土方全部通过人力车运输堆放在现场 50m 处，人工回填，均为天然密实土壤，余土外运 1km。

2）散水不考虑土方挖填，混凝土垫层原槽浇捣，挖土方不放坡不设挡土板，垂直运输机械考虑卷扬机，不考虑夜间施工、二次搬运、冬雨期施工、排水、降水。

3）所有混凝土均为现场搅拌。

（3）计算说明

1）内墙门窗侧面、顶面和窗底面的抹灰不计算。吊顶以上内墙抹灰高按 200mm 计算。

2）计算范围：

① 地面，只计算财务室和经理室的地面、踢脚线；室外台阶平台不计算。

② 天棚，只计算大厅。

③ 墙面，只计算外墙面（含女儿墙及其混凝土压顶外侧面）以及财务室、经理室的内墙抹底灰。

④ 门窗，不计算窗台板、油漆、玻璃及特殊五金。

⑤ 措施项目，只计算综合脚手架、垂直运输。

3）计算工程数量以"m"、"m³"、"m²"为单位，步骤计算结果保留三位小数，最终计算结果保留两位小数。

2. 问题

根据以上背景资料及现行国家标准《建设工程工程量清单计价规范》（GB 50500—2013）、《房屋建筑与装饰工程工程量计算规范》（GB 50854—2013）及其他相关文件的规

283

定，试列出该工程要求计算项目的分部分项工程量清单。

3. 参考答案（表 7-33 和表 7-34）

清单工程量计算表

表 7-33

工程名称：某装饰工程

序号	项目编码	清单项目名称	计算式	工程量合计	计量单位
1	010404001001	灰土垫层（财务室、经理室）	$V=(4.2-0.12\times2)\times(7.8-0.12\times2)\times0.1\times2$ $=5.99(\text{m}^3)$	5.99	m³
2	011101002001	现浇水磨石地面（财务室、经理室）	房间净面积$=(4.2-0.12\times2)\times(7.8-0.12\times2)$ $\times2=59.88\text{m}^2$ 增加：门开口$=0.9\times0.12\times2=0.216\text{m}^2$ 总面积：$59.88+0.216=60.10\text{m}^2$	60.10	m²
3	011105003001	水磨石踢脚线（财务室、经理室）	周长$=[(4.2-0.12\times2)+(7.8-0.12\times2)]\times2$ $=23.04\text{m}$ 扣除门洞口：$0.9\times2=1.8\text{m}$ 增加门侧边：$(0.24-0.08)\times2=0.32\text{m}$ 长度$=23.04-1.8+0.32=21.56\text{m}$	21.56	m
4	011201001001	外墙抹灰（含女儿墙）	含女儿墙外侧面，门窗侧面不计： $S_1=[(17.28+8.28)\times2+2.1\times2]\times(4.3+0.45)$ $=55.32\times(4.3+0.45)$ $=262.77\text{m}^2$ 扣除台阶垂直投影面积：$S_2=(2.1\times2+2.8-0.24\times2)\times0.45-(0.3\times0.15)\times3=2.799\text{m}^2$ 扣除窗洞 M1 面积：$S_3=1.2\times2.4=2.84\text{m}^2$ 总面积：$S=262.77-2.799-2.84=257.13\text{m}^2$	257.13	m²
5	011201001002	内墙面一般抹灰（经理室、财务室）	吊顶以上内墙抹灰高按 200mm 计算。 1. 内墙面垂直投影面积： $S_1=[(4.2-0.12\times2)+(7.8-0.12\times2)]\times2\times2\times(3.1+0.2)$ $=11.52\times2\times2\times(3.1+0.2)$ $=152.06\text{m}^2$ 2. 扣除 M2 门洞面积：$S_2=0.9\times2.10\times2=3.78\text{m}^2$ 3. 扣除窗洞 C1 面积：$S_3=1.8\times1.8\times4=12.96\text{m}^2$ 4. 总面积：$S=152.06-3.78-12.96=135.32\text{m}^2$	135.32	m²
6	011302001001	吊顶天棚（大厅）	1. 房间投影面积： $S_1=(8.4-0.12\times2)\times(7.8-0.12\times2)-(2.8+0.12\times2)\times2.1=55.31\text{m}^2$ 2. 扣除灯槽面积： $S_2=1.2\times0.25\times8=2.40\text{m}^2$ 3. 小计：$S=55.31-2.40=52.91\text{m}^2$	52.91	m²
7	011304001001	灯槽（大厅）	$S=1.2\times0.25\times8=2.40\text{m}^2$	2.40	m²
8	010801001001	胶合板木门	$S=1.2\times2.4=2.88\text{m}^2$	2.88	m²
9	010801001002	实木带亮木门	$S=0.9\times2.10\times2=3.78\text{m}^2$	3.78	m²

续表

序号	项目编码	清单项目名称	计算式	工程量合计	计量单位
10	010807001001	塑钢平开窗	$S=1.8\times1.8\times4+1.5\times1.8\times5=26.46\text{m}^2$	26.46	m²
11	011701001001	综合脚手架	$S=$建筑面积$=(17.28\times8.28)-(2.8-0.24\times2)$ $\times2.1=138.21\text{m}^2$	138.21	m²
12	011703001001	垂直运输	同上	138.21	m²

注：1. 门窗以平方米计量。

2. 门侧壁考虑踢脚线。

3. 地面混凝土垫层，按《房屋建筑与装饰工程工程量计算规范》（GB 50854—2013）附录 E.1 垫层项目编码列项。

4. 墙抹灰工程量计算根据规范规定，不扣踢脚线，门窗侧壁亦不增加。

5. 吊顶天棚工程量计算时，扣除灯槽面积。

分部分项工程和单价措施项目清单与计价表　　　　表 7-34

工程名称：某装饰工程　　　　　　　　　　　　　　　　　　　　　　第 1 页　共 1 页

序号	项目编码	项目名称	项目特征描述	计量单位	工程量	综合单价	合价	其中 暂估价
						金额（元）		
楼地面装饰工程								
1	010404001001	灰土垫层（财务室、经理室）	垫层材料种类、配合比、厚度：3：7 灰土垫层、100mm	m³	5.99			
2	011101002001	水磨石地面（财务室、经理室）	1. 找平层厚度、砂浆配合比：50mm 厚 C10 混凝土； 2. 结合层厚度、砂浆配合比：30mm 厚 1：3 干硬性水泥砂浆结合层； 3. 面层材料品种、规格、颜色：现浇水磨石、原色； 4. 嵌缝材料种类：玻璃条 5. 酸洗、打蜡要求：过草酸，上蜡抛光	m²	60.10			
3	011105003001	水磨石踢脚线（财务室、经理室）	1. 踢脚线高度：120mm； 2. 粘结层厚度、材料种类：4mm 厚纯水泥浆粘贴（掺加 20% 白乳胶）； 3. 面层材料种类：预制水磨石面层，白水泥擦缝	m	21.56			
墙柱面装饰工程								
4	011201001001	外墙抹灰（含女儿墙）	1. 墙体类型：砖墙； 2. 底层厚度、砂浆配合比：12mm 厚 1：3 水泥砂浆； 3. 面层厚度、砂浆配合比：8mm 厚 1：2 水泥砂浆	m²	257.13			
5	011201001002	内墙面一般抹灰（经理室、财务室）	1. 墙体类型：砖墙； 2. 底层厚度、砂浆配合比：素水泥砂浆一遍，15mm 厚 1：1：6 水泥石灰砂浆； 3. 面层厚度、砂浆配合比：5mm 厚 1：0.5：3 水泥石灰砂浆	m²	135.32			

续表

序号	项目编码	项目名称	项目特征描述	计量单位	工程量	综合单价	合价	其中 暂估价
			天棚工程					
6	011302001001	吊顶天棚（大厅）	1. 吊顶形式、吊杆规格、高度：单层平吊顶、φ6、480mm； 2. 龙骨材料种类、规格、中距：T型铝合金龙骨； 3. 面层材料品种、规格：矿棉吸声板、600mm×600mm	m²	52.91			
7	011304001001	灯槽（大厅）	1. 灯槽形式、尺寸：嵌顶、1200mm×250mm； 2. 安装固定方式：嵌入式	m²	2.40			
			门窗工程					
8	010801001001	胶合板门	1. 门代号及洞口尺寸：M2：900mm×2400mm； 2. 镶嵌玻璃品种、厚度：单层玻璃、6mm	m²	2.88			
9	010801001002	实木带亮木门	1. 门代号及洞口尺寸：M1：1200mm×2400mm； 2. 镶嵌玻璃品种、厚度：单层玻璃、6mm	m²	3.78			
10	010807001001	塑钢平开窗	1. 窗代号及洞口尺寸：C1：1800mm×1800mm，C2：1500mm×1800mm； 2. 镶嵌玻璃品种、厚度：中空玻璃（4+12+4）mm	m²	26.46			
			措施项目					
11	011701001001	综合脚手架	1. 建筑结构形式：框架结构； 2. 檐口高度：4.15m	m²	138.21			
12	011703001001	垂直运输	1. 建筑物建筑类型及结构形式：房屋建筑、框架结构； 2. 建筑物檐口高度、层数：4.15m、一层	m²	138.21			

7.10 实例 7-10

1. 背景资料

图 7-40～图 7-43 为单层房屋施工图。

（1）设计说明

1）该工程为砖混结构，室外地坪标高为−0.300m，屋面混凝土板厚为 100mm。

2）门窗洞口尺寸如表 7-35 所示，居中安装，均不设门窗套。

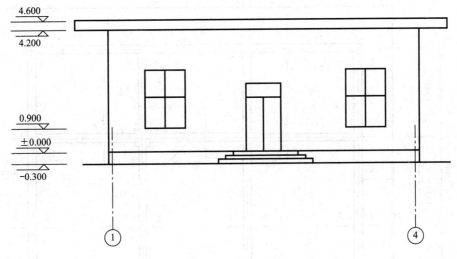

图 7-40 正立面图

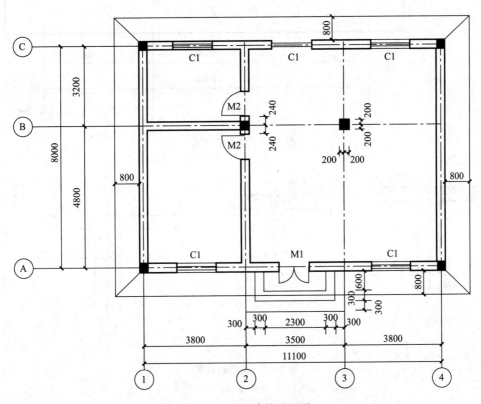

图 7-41 底层建筑平面图

3）装饰装修工程做法（部分）如表 7-36 所示。

（2）施工说明

1）土壤类别为三类土壤，土方全部通过人力车运输堆放在现场 50m 处，人工回填，均为天然密实土壤，余土外运 1km。

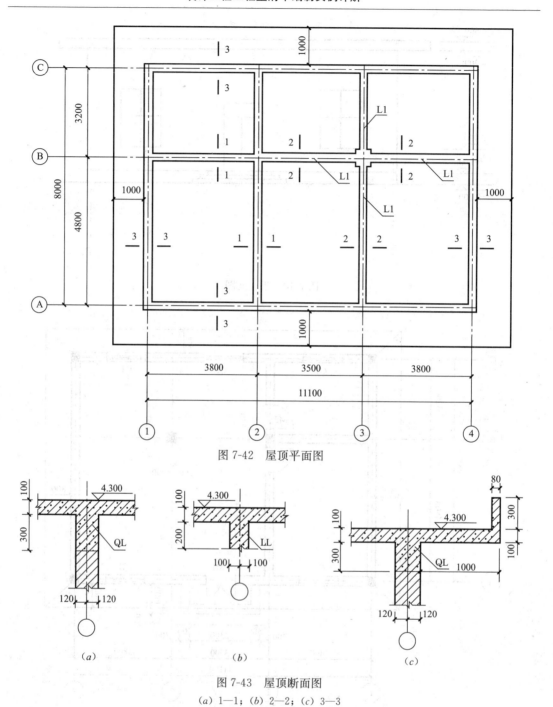

图 7-42　屋顶平面图

图 7-43　屋顶断面图

(a) 1—1；(b) 2—2；(c) 3—3

门窗表　　　　　　　　　　　　　　　　　　　表 7-35

序号	门窗编号	洞口规格		备注
		宽（mm）	高（mm）	
1	M1	1200	2100	普通镶板木门，单层玻璃 6mm，带锁，普通五金
2	M2	900	2100	普通胶合板木门，单层玻璃 6mm，带锁，普通五金
3	C1	1800	2100	塑钢平开窗，型材为 C 型 62 系列，中空玻璃（4＋12＋4），普通五金

装饰装修工程做法（部分）　　　　　　表 7-36

序号	名称	工程做法	备注
1	地面	面层 20mm 厚 1∶2 水泥砂浆抹面压光； 素水泥浆结合层一遍； 100mm 厚 C10 素混凝土垫层； 素土夯实	
2	内墙面	5mm 厚 1∶0.5∶3 水泥石灰砂浆； 15 厚 1∶1∶6 水泥石灰砂浆； 素水泥浆一道	
3	外墙面	8mm 厚 1∶2 水泥砂浆； 12mm 厚 1∶3 水泥砂浆	
4	外墙面保温	砌体墙表面做外保温（浆料），外墙面胶粉聚苯颗粒 30mm 厚	保温范围：标高 −0.300m 至檐板板底
5	屋面	在钢筋混凝土板面上做 1∶6 水泥炉渣找坡层，最薄处 60mm（坡度 2%）； 做 1∶2 厚度 20mm 的水泥砂浆找平层（上翻 200mm）； 做 3mm 厚 APP 改性沥青卷材防水层（上卷 200mm）； 做 1∶3 厚度 20mm 的水泥砂浆找平层（上翻 200mm）； 做刚性防水层 40 厚 C20 细石混凝土（中砂）	
6	柱面	5mm 厚 1∶0.5∶3 水泥石灰砂浆； 15mm 厚 1∶1∶6 水泥石灰砂浆； 素水泥浆一道	
7	台阶	铝合金防滑条（成品）； 20mm 厚 1∶2 水泥砂浆抹面压光； M5.0 混合砂浆砌 MU10 灰砂标砖； 300mm 厚 3∶7 灰土； 素土夯实	防滑条用 ϕ3.5 塑料胀管固定，中距≤300mm

2）散水不考虑土方挖填，混凝土垫层原槽浇捣，挖土方不放坡不设挡土板，垂直运输机械考虑卷扬机，不考虑夜间施工、二次搬运、冬雨期施工、排水、降水。

3）所有混凝土均为现场搅拌。

（3）计算说明

1）内墙门窗侧面、顶面和窗底面的抹灰均不计算。外墙保温，其门窗侧面、顶面和窗底面不计算。

2）计算工程数量以"m"、"m³"、"m²"为单位，步骤计算结果保留三位小数，最终计算结果保留两位小数。

2. 问题

根据以上背景资料及现行国家标准《建设工程工程量清单计价规范》（GB 50500—2013）、《房屋建筑与装饰工程工程量计算规范》（GB 50854—2013）及其他相关文件的规定，试列出该工程楼地面、墙柱面、脚手架、垂直运输等分部分项工程量清单。

3. 参考答案（表 7-37 和表 7-38）

清单工程量计算表　　　　　　　　　　　　　　　　　　　　　　　　　**表 7-37**

工程名称：某装饰工程

序号	项目编码	清单项目名称	计算式	工程量合计	计量单位
		建筑面积	$S=(8.0+0.24)\times(11.1+0.24)=93.44\text{m}^2$	93.44	m²
1	011101001001	水泥砂浆地面	1. 地面： $S_1=(11.1-0.12\times2)\times(8.0-0.12\times2)=84.27\text{m}^2$ 2. 独立柱： $S_2=0.4\times0.4=0.16\text{m}^2<0.3\text{m}^2$,不扣除； 3. 室外台阶平台： $S_3=(2.3-0.3\times2)\times(0.6-0.3)=0.51\text{m}^2$ 4. 小计： $S=S_1+S_3=84.27+0.51=84.78\text{m}^2$	84.78	m²
2	011107004001	水泥砂浆台阶面	方法一： $S=(3.5-0.3\times3\times2)\times0.3\times3+0.3\times3\times(0.6+0.3\times2)\times2=3.69\text{m}^2$ 方法二： $S=3.5\times0.3\times3+0.3\times3\times(0.6-0.3)\times2=3.69\text{m}^2$ 方法三： $S=3.5\times(0.6+0.3+0.3)-(3.5-0.3\times3\times2)\times(0.6+0.3+0.3-0.3\times3)=3.69\text{m}^2$	3.69	m²
3	011201001001	外墙面一般抹灰	1. 外墙： $S_1=[(8.0+0.24)+(11.1+0.24)]\times2\times(4.3-0.1+0.3)=39.16\times4.5=176.22\text{m}^2$ 2. 扣除门窗洞口： $S_2=1.8\times2.1\times5+1.2\times2.1\times1=21.42\text{m}^2$ 3. 扣除台阶垂直投影： $S_3=2.3\times0.1+2.9\times0.1+3.5\times0.1=0.87\text{m}^2$ 4. 小计： $S=176.22-21.42-0.87=153.93\text{m}^2$	153.93	m²
4	011201001002	内墙面一般抹灰	1. 内墙： $S_1=\{[(3.2-0.24)+(3.8-0.24)]\times2+[(4.8-0.24)+(3.8-0.24)]\times2+[(8.0-0.24)+(3.5+3.8-0.24)]\times2\}\times(4.3-0.1)$ $=\{13.04+16.24+29.64\}\times4.2$ $=58.92\times4.2$ $=247.46\text{m}^2$ 2. 扣除门窗洞口： $S_2=0.9\times2.1\times4+1.2\times2.1\times1+1.8\times2.1\times5$ $=7.56+2.52+18.9=28.98\text{m}^2$ 3. 小计： $S=247.64-28.98=218.66\text{m}^2$	218.66	m²
5	011202001001	柱面一般抹灰	$S=(0.4+0.4)\times2\times(1.1+4.3)=8.64\text{m}^2$	8.64	m²
6	011701001001	综合脚手架	$S=$首层建筑面积$=93.44\text{m}^2$	93.44	m²
7	011703001001	垂直运输	$S=$首层建筑面积$=93.44\text{m}^2$	93.44	m²

分部分项工程和单价措施项目清单与计价表　　表7-38

工程名称：某装饰工程　　　　　　　　　　　　　　　　　　　　　　　　第1页　共1页

序号	项目编码	项目名称	项目特征描述	计量单位	工程量	金额（元）		
						综合单价	合价	其中
								暂估价
			楼地面工程					
1	011101001001	水泥砂浆地面	面层厚度、砂浆配合比：20mm厚1：2水泥砂浆	m²	84.78			
2	011107004001	水泥砂浆台阶面	1. 找平层、面层厚度、砂浆配合比：20mm厚1：2水泥砂浆抹面压光； 2. 防滑条材料种类：铝合金防滑条（成品）	m²	3.69			
			墙柱面装饰工程					
3	011201001001	外墙面一般抹灰	1. 墙体类型：砖墙； 2. 底层厚度、砂浆配合比：12mm厚1：3水泥砂浆； 3. 面层厚度、砂浆配合比：8mm厚1：2水泥砂浆	m²	153.93			
4	011201001002	内墙面一般抹灰	1. 墙体类型：砖墙； 2. 底层厚度、砂浆配合比：素水泥浆一道，15mm厚1：1：6水泥石灰砂浆； 3. 面层厚度、砂浆配合比：5mm厚1：0.5：3水泥石灰砂浆	m²	218.66			
5	011202001001	柱面一般抹灰	1. 柱体类型：框架柱； 2. 底层厚度、砂浆配合比：素水泥浆一道，15mm厚1：1：6水泥石灰砂浆； 3. 面层厚度、砂浆配合比：5mm厚1：0.5：3水泥石灰砂浆	m²	8.64			
			措施项目					
6	011701001001	综合脚手架	1. 建筑结构形式：砖混结构； 2. 檐口高度：4.5m	m²	93.44			
7	011703001001	垂直运输	1. 建筑物建筑类型及结构形式：砖混结构； 2. 建筑物檐口高度、层数：4.5m、单层	m²	93.44			

7.11　实例7-11

1. 背景资料

图7-44～图7-51为某单层房屋施工图。

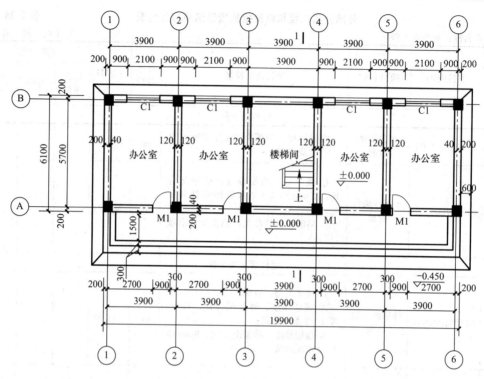

图 7-44　一层建筑平面图

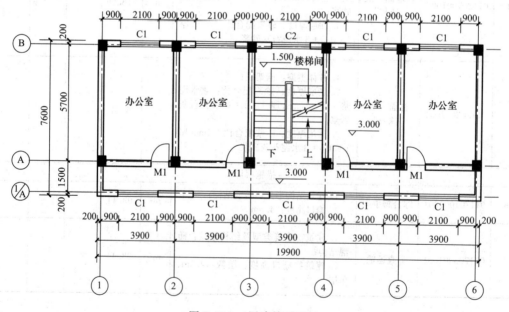

图 7-45　二层建筑平面图

（1）设计说明

1）该工程为框架结构，结构抗震等级为三级，室外地坪标高为-0.450m。

2）梁、柱的混凝土保护层厚度均为 25mm。

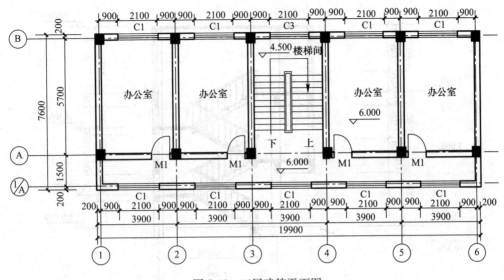

图 7-46 三层建筑平面图

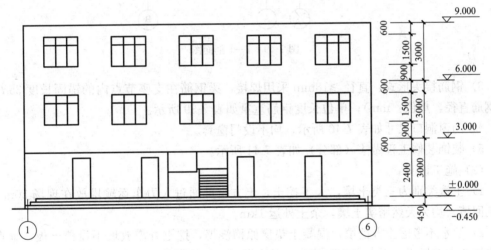

图 7-47 ①～⑥轴线立面图

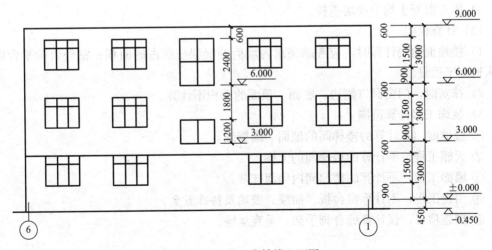

图 7-48 ⑥～①轴线立面图

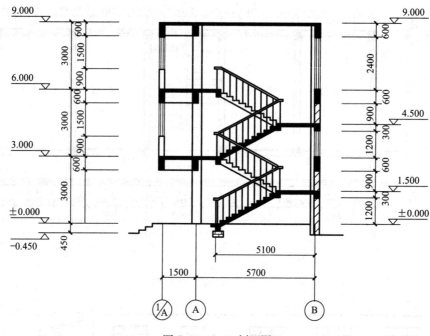

图 7-49　1—1 剖面图

3）钢筋接头形式：直径≥18mm 采用焊接，梁钢筋在支座节点内的锚固长度 35d（d为钢筋直径，单位：mm）；单位长度钢筋重量如表 7-39 所示。

4）门窗洞口尺寸如表 7-40 所示，均不设门窗套。

5）装饰装修工程做法（部分）如表 7-41 所示。

（2）施工说明

1）土壤类别为三类土壤，人工挖土，土方全部通过人力车运输堆放在现场 50m 处，人工回填，均为天然密实土壤，余土外运 1km。

2）散水不考虑土方挖填，混凝土垫层原槽浇捣，挖土方需放坡不设挡土板，垂直运输机械考虑卷扬机，不考虑夜间施工、二次搬运、冬雨期施工、排水、降水。

3）所有混凝土均为现场搅拌。

（3）计算说明

1）楼地面面层计算时，应考虑突出内墙面的框架柱所占的面积；室外台阶平台面积计入地面工程量。

2）抹灰时，门窗洞口侧边、底面、顶面的面积不计算。

3）装饰工程计算范围：

①楼地面，不计算的楼梯间的地面、踢脚线。

②天棚工程，不计算的楼梯间的天棚。

③墙面工程，不计算的楼梯间内墙面抹灰。

④门窗工程，不计算窗台板、油漆、玻璃及特殊五金。

⑤措施项目，仅计算综合脚手架、垂直运输。

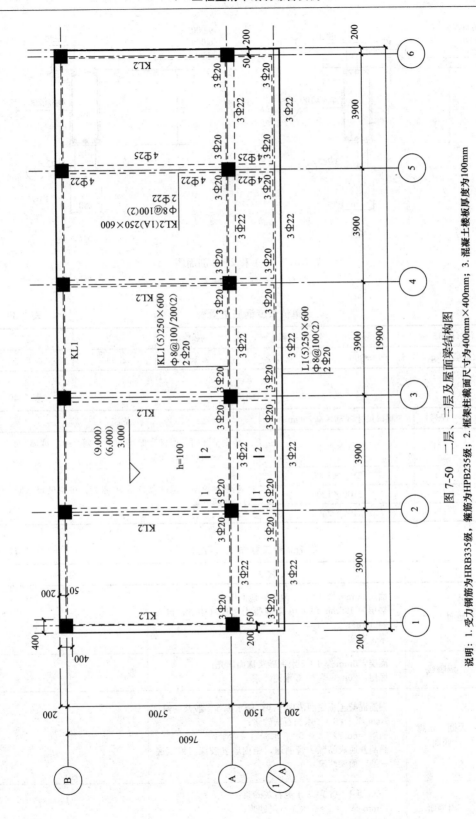

图 7-50　二层、三层及屋面梁面梁结构图

说明：1. 受力钢筋为HRB335级，箍筋为HPB235级；2. 框架柱截面尺寸为400mm×400mm；3. 混凝土楼板厚度为100mm

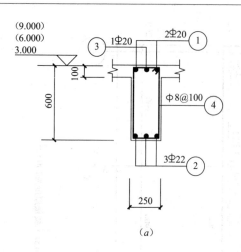
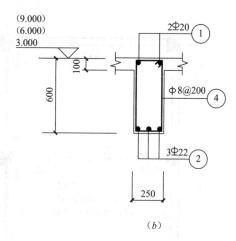

（a）　　　　　　　　　　　　　　　（b）

图 7-51　1—1 和 2—2 剖面图

（a）1—1；（b）2—2

单位长度钢筋重量表

表 7-39

直径（mm）	$\phi 8$	$\phi 10$	$\phi 20$	$\phi 22$	$\phi 25$
每米重量（kg）	0.395	0.617	2.466	2.984	3.853

门窗表

表 7-40

序号	代号	洞口尺寸（宽×高）（mm）	备注
1	M1	900×2100	塑钢平开门，型材为 E 型 60F 系列，中空玻璃（4+12+4），带锁，普通五金
2	C1	2100×1500	塑钢推拉窗，型材为 D 型 80 系列，中空玻璃（5+9+5），普通五金
3	C2	2100×1200	
4	C3	2100×2400	

装饰装修工程做法（部分）

表 7-41

序号	工程部位	工程做法	备注
1	地面、台阶	面层 20mm 厚 1：2 水泥砂浆地面压光； 垫层为 100mm 厚 C10 素混凝土垫层（中砂，砾石 5～40mm）； 素土夯实	
2	踢脚线	面层：6mm 厚 1：2 水泥砂浆抹面压光； 底层：20mm 厚 1：3 水泥砂浆	
3	天棚、走廊底面	钢筋混凝土板底面清理干净，刷水泥 801 胶浆一遍； 7mm 厚 1：1：4 水泥石灰砂浆； 面层 5mm 厚 1：0.5：3 水泥石灰砂浆； 满刮普通成品腻子膏两遍，刷内墙乳胶漆三遍（底漆一遍，面漆两遍）	
4	内墙面	5mm 厚 1：0.5：3 水泥石灰砂浆； 15mm 厚 1：1：6 水泥石灰砂浆； 素水泥浆一道	

续表

序号	工程部位	工程做法	备注
5	外墙面、挑檐外立面	8mm 厚 1：2 水泥砂浆； 12mm 厚 1：3 水泥砂浆	
6	散水	C20 混凝土散水面层 80mm（中砂，砾石 5～40mm），其下 C10 混凝土垫层（中砂，砾石 5～40mm），20mm 厚； 素土夯实	沿散水与外墙交界一圈及散水长度方向每 6m 设变形缝进行建筑油膏嵌缝
7	框架柱、楼板	框架柱截面尺寸为 400mm×400mm； 柱顶标高均同板顶标高； 混凝土楼板厚度为 100mm	未注明定位尺寸的梁均沿轴线居中或有一边贴柱边； 所有未标注定位尺寸的框架柱均沿轴线居中
8	现浇混凝土强度等级	垫层混凝土强度等级为 C10，基础混凝土等级为 C25，其余构件强度等级均为 C3	混凝土均为现场搅拌

4）计算工程数量以"m"、"m³"、"m²"、"t"为单位，步骤计算结果保留三位小数，最终计算结果保留两位小数。

2. 问题

根据以上背景资料及现行国家标准《建设工程工程量清单计价规范》（GB 50500—2013）、《房屋建筑与装饰工程工程量计算规范》（GB 50854—2013）及其他相关文件的规定，试列出该工程要求计算项目的分部分项工程量清单。

3. 参考答案（表 7-42 和表 7-43）

清单工程量计算表 表 7-42

工程名称：某装饰工程

序号	项目编码	清单项目名称	计算式	工程量合计	计量单位
		建筑面积	一层建筑面积：19.9×6.1=121.39m² 二层建筑面积：19.9×7.6=151.24m² 三层建筑面积：19.9×7.6=151.24m² 小计：121.39+151.24×2=423.87m²	423.87	m²
1	011101001001	水泥砂浆首层地面（一层）	楼梯间不计算，应考虑突出内墙面柱的面积，门洞口不增加面积。 1. 单个办公室净面积： $S_1=(5.7-0.02×2)×(3.9-0.12×2)=20.716m²$ 2. 室外台阶平台面积： $S_2=(19.9-0.3×3×2)×(1.5-0.3)=21.72m²$ 3. 突出内墙面柱的面积： $S_3=(0.4-0.24)×(0.4-0.24)×10=0.256m²$ 4. 小计： $S=20.176×4+21.72+0.256=102.68m²$	102.68	m²

序号	项目编码	清单项目名称	计算式	工程量合计	计量单位
2	011101001002	水泥砂浆首层地面（二层）	1. 单个办公室净面积： $S_1 = (5.7 - 0.02 \times 2) \times (3.9 - 0.12 \times 2) = 20.716m^2$ 2. 走廊面积： $S_2 = (19.5 - 0.04 \times 2) \times (1.5 - 0.24) = 24.469m^2$ 3. 突出内墙面柱的面积： $S_3 = (0.4 - 0.24) \times (0.4 - 0.24) \times 10 = 0.256m^2$ 4. 小计： $S = 20.716 \times 4 + 24.973 + 0.256 = 108.09m^2$	108.09	m^2
3	011101001003	水泥砂浆首层地面（三层）	同上	108.09	m^2
4	011101001004	水泥砂浆楼梯间地面面层	$S = [(5.7 - 5.1 + 0.20) \times (3.9 - 0.12 \times 2) - (0.4 - 0.24)/2 \times 0.4] \times 2 = 5.78m^2$	5.78	m^2
5	011106004001	水泥砂浆楼梯面层	$S = (5.1 - 0.04) \times (3.9 - 0.12 \times 2) \times 2 - (0.4 - 0.24)/2 \times (0.4 - 0.24)/2 \times 2 = 37.03m^2$	37.03	m^2
6	011105001001	水泥砂浆踢脚线（一层）	门洞口侧边、楼梯间不计算。 办公室 $L_1 = [(3.9 - 0.04 - 0.12 + 5.7 - 0.04 \times 2) \times 2 - 0.9] \times 4 = 17.82 \times 4 = 71.28m$	71.28	m
7	011105001002	水泥砂浆踢脚线（二层）	1. 办公室： $L_4 = [(3.9 - 0.04 - 0.12 + 5.7 - 0.04 \times 2) \times 2 - 0.9] \times 4 = 17.82 \times 4 = 71.28m$ 2. 走廊： $L_5 = (19.5 - 0.04 \times 2 + 1.5 - 0.24) \times 2 - 0.9 \times 4 - (3.9 - 0.12 \times 2) = 34.1m$ 3. 小计： $L = 71.28 + 34.1 = 105.38m$	105.38	m
8	011105001003	水泥砂浆踢脚线（三层）	同上	105.38	m
9	011107004001	水泥砂浆台阶面	$S = 19.9 \times (1.5 + 0.3 \times 2) - (19.9 - 0.3 \times 3 \times 2) \times (1.5 - 0.3) = 20.07m^2$	20.07	m^2
10	011201001001	外墙面一般抹灰	1. 一层外墙垂直投影面积： $S_1 = [(6.1 + 19.9) \times 2 - (3.9 - 0.4)] \times (3 - 0.1 + 0.45) = 162.475m^2$ 2. 二、三层外墙垂直投影面积： $S_2 = (19.9 + 7.6) \times 2 \times (9 - 3 + 0.6) = 363m^2$ 3. 扣除台阶垂直投影： $S_3 = (19.9 - 0.3 \times 2) \times 0.45 = 8.685m^2$ 4. 扣除门窗洞口面积： $S_4 = 0.9 \times 2.1 \times 12 + 2.1 \times 1.5 \times (4 + 9 + 9) + 2.1 \times 1.2 + 2.1 \times 2.4 = 99.54m^2$ 5. 小计： $S = 162.475 + 363 - 8.685 - 99.54 = 417.25m^2$	417.25	m^2

续表

序号	项目编码	清单项目名称	计算式	工程量合计	计量单位
11	011201001001	内墙抹灰（一层）	楼梯间内墙抹灰，不计算。门窗洞口、侧面、底面、顶面的抹灰，不计算。 1. 单个办公室内墙垂直投影面积： $S_1=(3.9-0.04-0.12+5.7-0.04\times2)\times2\times(3.0-0.1)=54.288m^2$ 2. 单个办公室扣除门窗洞口面积： $S_2=2.1\times1.5+0.9\times2.1=5.04m^2$ 3. 小计： $S=54.288\times4-5.04\times4=196.99m^2$	196.99	m²
12	011201001002	内墙抹灰（二层）	1. 单个办公室内墙垂直投影面积： $S_1=(3.9-0.04-0.12+5.7-0.04\times2)\times2\times(3.0-0.1)=54.288m^2$ 2. 单个办公室扣除门窗洞口面积： $S_2=2.1\times1.5+0.9\times2.1=5.04m^2$ 3. 走廊内墙垂直投影面积： $S_3=[(19.5-0.04\times2+1.5-0.24)\times2-(3.9-0.12\times2)]\times(3.0-0.1)$ $=37.7\times2.9=109.33m^2$ 4. 扣除走廊门窗洞口面积： $S_4=0.9\times2.1\times4+2.1\times1.5\times5=23.31m^2$ 5. 小计： $S=54.288\times4-5.04\times4+109.33-23.31=283.01m^2$	283.01	m²
13	011201001003	内墙抹灰（三层）	同上	283.01	m²
14	011301001001	天棚抹灰（一层）	楼梯间天棚抹灰，不计算。 1. 单个办公室天棚水平投影面积： $S_1=(5.7-0.02\times2)\times(3.9-0.12\times2)=20.716m^2$ 2. 走廊底面水平投影面积： $S_2=(19.5-0.04\times2)\times(1.5-0.24)=24.469m^2$ 3. 小计： $S=20.716\times4+24.469=107.33m^2$	107.33	m²
15	011301001002	天棚抹灰（二层）	同上	107.33	m²
16	011301001003	天棚抹灰（三层）	同上	107.33	m²
17	010802001001	塑钢平开门	$S=0.9\times2.1\times12=22.68m^2$	22.68	m²
18	010807001001	塑钢平开窗	C1 洞口面积：$S_1=2.1\times1.5\times(4+9+9)=69.30m^2$ C2 洞口面积：$S_2=2.1\times1.2=2.52m^2$ C3 洞口面积：$S_3=2.1\times2.4=5.04m^2$ 小计：$S=69.30+2.52+5.04=76.86m^2$	76.86	m²
19	011701001001	综合脚手架	$S=$建筑面积$=423.87m^2$	423.87	m²
20	011703001001	垂直运输	$S=$建筑面积$=423.87m^2$	423.87	m²

注：1. 门窗以平方米计量。

2. 门侧壁考虑踢脚线。

3. 地面混凝土垫层，按《房屋建筑与装饰工程工程量计算规范》(GB 50854—2013) 附录 E.1 垫层项目编码列项。

4. 墙抹灰工程量计算根据规范规定，不扣踢脚线，门窗侧壁亦不增加。

5. 墙面喷刷涂料工程量计算，扣除踢脚线、门窗洞口面积，增加门窗侧边、柱侧边面积。

6. 吊顶天棚工程量计算时，扣除灯槽面积。

分部分项工程和单价措施项目清单与计价表 表7-43

工程名称：某装饰工程　　　　　　　　　　　　　　　　第1页　共1页

序号	项目编码	项目名称	项目特征描述	计量单位	工程量	综合单价	合价	其中暂估价
楼地面装饰工程								
1	011101001001	水泥砂浆地面（一层）	面层厚度、砂浆配合比：20mm厚1:2水泥砂浆	m²	102.68			
2	011101001002	水泥砂浆首层地面（二层）	面层厚度、砂浆配合比：20mm厚1:2水泥砂浆	m²	108.09			
3	011101001003	水泥砂浆首层地面（三层）	面层厚度、砂浆配合比：20mm厚1:2水泥砂浆	m²	108.09			
4	011101001004	水泥砂浆楼梯间地面面层	面层厚度、砂浆配合比：20mm厚1:2水泥砂浆	m²	5.78			
5	011106004001	水泥砂浆楼梯面层	面层厚度、砂浆配合比：20mm厚1:2水泥砂浆	m²	37.03			
6	011105001001	水泥砂浆踢脚线（一层）	1.踢脚线高度：120mm；2.底层厚度、砂浆配合比：20mm厚1:3水泥砂浆；3.面层厚度、砂浆配合比：6mm厚1:2水泥砂浆	m	71.28			
7	011105001002	水泥砂浆踢脚线（二层）	1.踢脚线高度：120mm；2.底层厚度、砂浆配合比：20mm厚1:3水泥砂浆；3.面层厚度、砂浆配合比：6mm厚1:2水泥砂浆	m	105.38			
8	011105001003	水泥砂浆踢脚线（三层）	1.踢脚线高度：120mm；2.底层厚度、砂浆配合比：20mm厚1:3水泥砂浆；3.面层厚度、砂浆配合比：6mm厚1:2水泥砂浆	m	105.38			
9	011107004001	水泥砂浆台阶面	1.找平层、面层厚度、砂浆配合比：20厚1:2水泥砂浆抹面压光；2.防滑条材料种类：铝合金防滑条	m²	20.07			
墙柱面装饰工程								
10	011201001001	外墙面一般抹灰	1.墙体类型：多孔砖墙；2.底层厚度、砂浆配合比：12mm厚1:3水泥砂浆；3.面层厚度、砂浆配合比：8mm厚1:2水泥砂浆	m²	417.25			

续表

序号	项目编码	项目名称	项目特征描述	计量单位	工程量	金额（元）		
						综合单价	合价	其中 暂估价
墙柱面装饰工程								
11	011201001001	内墙面一般抹灰（一层）	1. 墙体类型：多孔砖墙； 2. 底层厚度、砂浆配合比：素水泥砂浆一遍，15mm 厚 1∶1∶6 水泥石灰砂浆； 3. 面层厚度、砂浆配合比：5mm 厚 1∶0.5∶3 水泥石灰砂浆	m²	196.99			
12	011201001002	内墙面一般抹灰（二层）	1. 墙体类型：多孔砖墙； 2. 底层厚度、砂浆配合比：素水泥砂浆一遍，15mm 厚 1∶1∶6 水泥石灰砂浆； 3. 面层厚度、砂浆配合比：5mm 厚 1∶0.5∶3 水泥石灰砂浆	m²	283.01			
13	011201001003	内墙面一般抹灰（三层）	1. 墙体类型：多孔砖墙； 2. 底层厚度、砂浆配合比：素水泥砂浆一遍，15mm 厚 1∶1∶6 水泥石灰砂浆； 3. 面层厚度、砂浆配合比：5mm 厚 1∶0.5∶3 水泥石灰砂浆	m²	283.01			
天棚工程								
14	011301001001	天棚抹灰（一层）	1. 基层类型：混凝土板底； 2. 抹灰厚度、材料种类：12mm 厚水泥石灰砂浆； 3. 砂浆配合比：水泥 801 胶浆一遍，7mm 厚 1∶1∶4 水泥石灰砂浆，5mm 厚 1∶0.5∶3 水泥石灰砂浆	m²	107.33			
15	011301001002	天棚抹灰（二层）	1. 基层类型：混凝土板底； 2. 抹灰厚度、材料种类：12mm 厚水泥石灰砂浆； 3. 砂浆配合比：水泥 801 胶浆一遍，7mm 厚 1∶1∶4 水泥石灰砂浆，5mm 厚 1∶0.5∶3 水泥石灰砂浆	m²	107.33			
16	011301001003	天棚抹灰（三层）	1. 基层类型：混凝土板底； 2. 抹灰厚度、材料种类：12mm 厚水泥石灰砂浆； 3. 砂浆配合比：水泥 801 胶浆一遍，7mm 厚 1∶1∶4 水泥石灰砂浆，5mm 厚 1∶0.5∶3 水泥石灰砂浆	m²	107.33			

续表

序号	项目编码	项目名称	项目特征描述	计量单位	工程量	金额（元）		
						综合单价	合价	其中 暂估价
门窗工程								
17	010802001001	塑钢平开门	1. 门代号及洞口尺寸：M1、900mm×2100mm； 2. 门框、扇材质：E型60F系列； 3. 玻璃品种、厚度：中空玻璃（4+12+4）	m²	22.68			
18	010807001001	塑钢平开窗	1. 窗代号及洞口尺寸：C1（2100mm×1500mm）、C2（2100mm×1200mm）、C3（2100mm×2400mm）； 2. 框、扇材质：D型80系列； 3. 镶嵌玻璃品种、厚度：中空玻璃（5+9+5）mm	m²	76.86			
措施项目								
19	011701001001	综合脚手架	1. 建筑结构形式：框架结构； 2. 檐口高度：9.35m	m²	423.87			
20	011703001001	垂直运输	1. 建筑物建筑类型及结构形式：框架结构； 2. 建筑物檐口高度、层数：9.35m、三层	m²	423.87			

注：檐口高度：当平屋面无女儿墙时由室外地坪算至挑板底面，当平屋面有女儿墙时由室外地坪算至顶板板面。

7.12 实例7-12

1. 背景资料

图7-52～图7-56为某单层房屋部分施工图。

（1）设计说明

1）该工程为砖混结构，室外地坪标高为-0.300m。

2）墙体采用M5水泥砂浆砌筑页岩标砖，厚度为240mm，墙上圈梁设计尺寸为240mm×240mm，未注明的板厚均为120mm。

3）门窗洞口尺寸如表7-44所示，均不设门窗套。门、窗居墙中布置，门为水泥砂浆后塞口，窗为填充剂后塞口。

门窗洞口不设过梁，以圈梁代过梁。

4）装饰装修工程做法（部分）如表7-45所示。

（2）施工说明

1）土壤类别为三类。

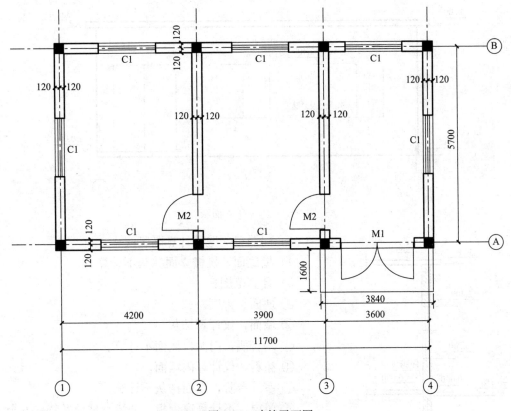

图 7-52 建筑平面图

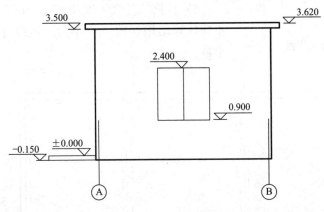

图 7-53 Ⓐ~Ⓑ立面图

2）垂直运输机械考虑卷扬机，不考虑夜间施工、二次搬运、冬雨期施工、排水、降水。

3）混凝土均采用商品混凝土。

（3）计算说明

1）台阶室外平台计入地面工程量。

2）外墙门窗洞口内侧面、顶面和窗底面均抹灰、刷乳胶漆，其乳胶漆计算宽度均按 100mm 计算（M2 门洞口，按 60mm 计算）。内墙抹灰高度算至吊顶底面。

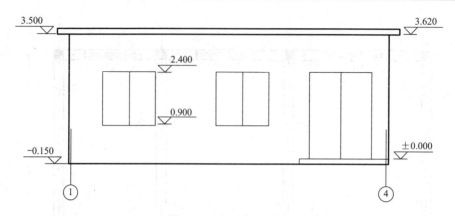

图 7-54 ①～④立面图

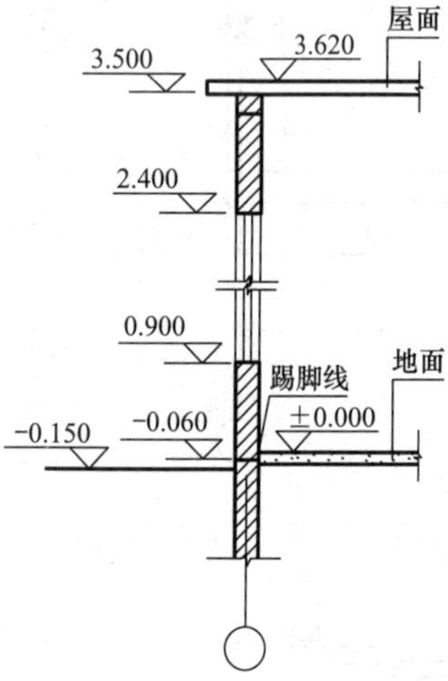

图 7-55 墙身大样图

3）门洞口侧壁不计算踢脚线。

4）檐底面、挑檐立面抹灰不计算。

5）计算范围：

① 地面、天棚。

② 墙面，仅计算抹灰。

③ 踢脚线，门洞口侧面不计算。

④ 涂料，仅计算内墙面。

⑤ 室外台阶，立面抹灰不计算。

⑥ 门窗，不计算窗台板、油漆、玻璃及特殊五金。

⑦ 措施项目，只计算综合脚手架、垂直运输。

6）计算工程数量以"m"、"m³"、"m²"为单位，步骤计算结果保留三位小数，最终计算结果保留两位小数。

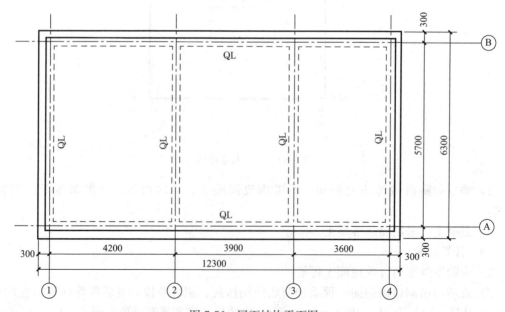

图 7-56 屋面结构平面图

门窗表

表 7-44

序号	代号	洞口尺寸（宽×高）(mm)	备注
1	M1	1200×2400	普通胶合板门，单层玻璃6mm，带锁，普通五金
2	M2	900×2400	铝合金平开门，型材为65系列，中空玻璃（5+12+5），带锁，普通五金
3	C1	1500×1500	塑钢推拉窗，型材为E型60G系列，中空玻璃（4+12+4），普通五金

装饰装修工程做法（部分）

表 7-45

序号	工程部位	工程做法	备注
1	地面	15mm厚1:2.5水泥砂浆，表面撒适量水泥粉，抹压平整； 35mm厚C20细石混凝土； 1.5mm厚聚氨酯防水层； 最薄处20mm厚1:3水泥砂浆或C20细石混凝土找坡层，抹平； 刷水泥浆一道（内掺建筑胶）； 80mm厚C15混凝土垫层； 150mm厚碎石灌M2.5混合砂浆，振捣密实； 夯实土	
2	踢脚线	8mm厚1:2.5水泥砂浆抹面压光； 12mm厚1:3水泥砂浆打底并划出纹道	高度为120mm
3	内墙面	涂饰第二遍面层涂料； 涂饰面层涂料； 涂饰底涂料； 局部腻子、磨平； 5mm厚1:2.5水泥砂浆抹平； 9mm厚1:3水泥砂浆打底扫毛或划出纹道； 清理基层	面层涂料为耐擦洗涂料；腻子为普通成品腻子
4	外墙面	刮1mm厚建筑胶素水泥浆粘结层（重量比=水泥：建筑胶=1:0.3）； 干粘石面层拍平压实； 6mm厚1:3水泥砂浆； 12mm厚1:3水泥砂浆打底扫毛或划出纹道	干粘石粒径以小八厘略掺石屑为宜，与6mm厚水泥砂浆层连续操作
5	天棚	满刮腻子二遍，乳胶漆刷光二遍； 2mm厚面层专用粉刷石膏罩面压实赶光； 6mm厚粉刷石膏打底找平，木抹子抹毛面； 刷面层粉刷石膏一道或素水泥浆一道（内掺建筑胶） 钢筋混凝土预制板用水加10%火碱清洗油渍，并用1:0.5:1水泥石灰膏砂浆将板缝嵌实抹平	
6	台阶	铝合金防滑条（成品）； 20mm厚1:2.5水泥砂浆面层； 素水泥浆一道（内掺建筑胶）； 60mm厚C15混凝土，台阶面向外坡1%； 300mm厚3:7灰土分两步夯实，宽出面层100mm； 素土夯实	防滑条用φ3.5塑料胀管固定，中距≤300mm

2. 问题

根据以上背景资料及现行国家标准《建设工程工程量清单计价规范》（GB 50500—2013）、《房屋建筑与装饰工程工程量计算规范》（GB 50854—2013）及其他相关文件的规定，试列出该工程要求计算项目的分部分项工程量清单。

3. 参考答案（表 7-46 和表 7-47）

清单工程量计算表　　　　　　　　　　　　　　　　表 7-46

工程名称：某装饰工程

序号	项目编码	清单项目名称	计算式	工程量合计	计量单位
1	011101001001	水泥砂浆楼地面	水泥砂浆楼地面工程量计算时，门洞口面积不计算。 $S=(11.7-0.12\times2-0.24\times2)\times(5.7-0.12\times2)=59.95m^2$	59.95	m²
2	011101001002	水泥砂浆楼地面	室外台阶休息平台面积。 $S=(3.84-0.3\times2)\times(1.6-0.3)=4.21m^2$	4.21	m²
3	011107004001	水泥砂浆台阶面	最上层台阶踏步边沿加 300mm，按台阶计算，其余部分计入地面工程量。 $S=(1.6+3.84-0.3\times2)\times0.3=1.45m^2$	1.45	m²
4	011105001001	水泥砂浆踢脚线	不考虑门洞口侧面。 1. 外墙内边线： $L_1=(11.7-0.12\times2-0.24\times2+5.7-0.12\times2)\times2-1.2=31.680m$ 2. 内墙两侧边线： $L_2=(5.7-0.12\times2)\times2\times2-0.9\times2\times2=18.240m$ 3. 小计： $L=31.680+18.240=49.92m$	49.92	m
5	011201001001	外墙面一般抹灰	不考虑屋檐板底面、侧立面抹灰； 外墙抹灰高度为 3.500+0.150=3.650m。 1. 外墙面垂直投影面积： $S_1=(11.7+0.12\times2+5.7+0.12\times2)\times2\times(3.5+0.15)=130.524m^2$ 2. 扣除外墙上门窗洞口所占面积： $S_2=(1.5\times1.5)\times7+(1.2\times2.4)=18.630m^2$ 3. 扣除室外台阶垂直面所占面积： $S_3=3.84\times0.15=0.576m^2$ 4. 小计： $S=130.524-18.630-0.576=111.32m^2$	111.32	m²
6	011201001002	内墙一般抹灰	内墙抹灰高度算至屋面板底。 1. 外墙内面抹灰面积（扣除门窗洞口所占面积）： $S_1=(11.7-0.12\times2-0.24\times2+5.7-0.12\times2)\times2\times3.5-1.5\times1.5\times7-1.2\times2.4=96.450m^2$ 2. 内墙两侧面积： $S_2=(5.7-0.12\times2)\times2\times2\times3.5-0.9\times2.4\times2\times2=67.800m^2$ 3. 小计： $S=96.450+67.800=164.25m^2$	164.25	m²

续表

序号	项目编码	清单项目名称	计算式	工程量合计	计量单位
7	011301001001	天棚抹灰	$S=(11.7-0.12\times2-0.24\times2)\times(5.7-0.12\times2)=59.95m^2$	59.95	m²
8	010801001001	胶合板门	M1：$S=1.2\times2.4=2.88m^2$	2.88	m²
9	010802001001	铝合金平开门	M2：$S=0.9\times2.4=2.16m^2$	2.16	m²
10	010807001001	塑钢推拉窗	C1：$S=1.5\times1.5\times7=15.75m^2$	15.75	m²
11	011407001001	墙面喷刷涂料	1. 内墙一般抹灰： $S_1=164.25m^2$ 2. 扣除踢脚线面积： $S_2=49.92\times0.150=7.488m^2$ 3. 增加门洞口侧面面积： M1：$S_3=(1.2+2.4\times2)\times0.100=0.600m^2$ M2：$S_4=(0.9+2.4\times2)2\times2\times0.600=2.400m^2$ C1：$S_5=(1.5+1.5)\times2\times7\times0.100=4.200m^2$ 4. 小计： $S=164.25-7.488+0.600+2.400+4.200=163.96m^2$	163.96	m²
12	011407002001	天棚喷刷涂料	不考虑窗帘盒所占面积，同天棚抹灰	59.95	m²
13	011701001001	综合脚手架	$S=$建筑面积$=(11.70+0.12\times2)\times(5.7+0.12\times2)=70.92m^2$	70.92	m²
14	011703001001	垂直运输	$S=$建筑面积$=(11.70+0.12\times2)\times(5.7+0.12\times2)=70.92m^2$	70.92	m²

注：1. 门窗以平方米计量。
　　2. 门侧壁不考虑踢脚线。
　　3. 墙抹灰工程量计算根据规范规定，不扣踢脚线，门窗侧壁亦不增加。
　　4. 墙面喷刷涂料工程量计算，扣除踢脚线、门窗洞口面积，增加门窗侧边、柱侧边面积。

分部分项工程和单价措施项目清单与计价表

表 7-47

工程名称：某装饰工程

第 1 页　共 1 页

序号	项目编码	项目名称	项目特征描述	计量单位	工程量	金额（元）		
						综合单价	合价	其中暂估价
楼地面装饰工程								
1	011101001001	水泥砂浆楼地面	1. 找平层厚度、砂浆配合比：35mm 厚 C20 细石混凝土； 2. 素水泥浆遍数：一道； 3. 面层厚度、砂浆配合比：15mm 厚 1：2.5 水泥砂浆； 4. 面层做法要求：表面撒适量水泥粉，抹压平整	m²	59.95			

续表

序号	项目编码	项目名称	项目特征描述	计量单位	工程量	金额（元）		
						综合单价	合价	其中暂估价
楼地面装饰工程								
2	011101001002	水泥砂浆楼地面	1. 素水泥浆遍数：一道； 2. 面层厚度、砂浆配合比：20mm厚1∶2水泥砂浆抹面压光； 3. 面层做法要求：符合施工及验收规范要求	m²	4.21			
3	011107004001	水泥砂浆台阶面	1. 面层厚度、砂浆配合比：20mm厚1∶2.5水泥砂浆； 2. 防滑条材料种类：铝合金防滑条（成品）	m²	1.45			
4	011105001001	水泥踢脚线	1. 踢脚线高度：120mm； 2. 底层厚度、砂浆配合比：12mm厚1∶3水泥砂浆； 3. 面层厚度、砂浆配合比：8mm厚1∶2.5水泥砂浆	m	49.92			
墙柱面装饰工程								
5	011201001001	外墙面一般抹灰	1. 墙体类型：砖墙； 2. 底层厚度、砂浆配合比：12mm厚1∶3水泥砂浆； 3. 面层厚度、砂浆配合比：6mm厚1∶3水泥砂浆； 4. 装饰面材料种类：干粘石	m²	111.32			
6	011201001002	内墙一般抹灰	1. 墙体类型：砖墙； 2. 底层厚度、砂浆配合比：9mm厚1∶3水泥砂浆； 3. 面层厚度、砂浆配合比：5mm厚1∶2.5水泥砂浆	m²	164.25			
天棚工程								
7	011301001001	天棚抹灰	1. 基层类型：混凝土板底； 2. 抹灰厚度、材料种类：2mm厚面层专用粉刷石膏	m²	59.95			
门窗工程								
8	010801001001	胶合板门	1. 门代号及洞口尺寸：M1、1200mm×2400mm； 2. 镶嵌玻璃品种、厚度：平板玻璃，6mm	m²	2.88			
9	010802001001	铝合金平开门	1. 门代号及洞口尺寸：M2、900mm×2400mm； 2. 门框、扇材质：65系列； 3. 玻璃品种、厚度：中空玻璃（5＋12＋5）mm	m²	2.16			

续表

序号	项目编码	项目名称	项目特征描述	计量单位	工程量	金额（元）		其中
						综合单价	合价	暂估价
门窗工程								
10	010807001001	塑钢推拉窗	1. 窗代号及洞口尺寸：C1、1500mm×1500mm； 2. 框、扇材质：E型60G系列； 3. 玻璃品种、厚度：中空玻璃（4＋12＋4）mm	m²	15.75			
油漆、涂料、裱糊工程								
11	011407001001	墙面喷刷涂料	1. 基层类型：抹灰面； 2. 喷刷涂料部位：内墙面； 3. 腻子种类：普通成品腻子； 4. 刮腻子要求：满足施工及验收规范要求； 5. 涂料品种、喷刷遍数：乳胶漆、底漆一遍、面漆两遍	m²	163.96			
12	011407002001	天棚喷刷涂料	1. 基层类型：抹灰面； 2. 喷刷涂料部位：天棚面； 3. 腻子种类：普通成品腻子； 4. 刮腻子要求：满足施工及验收规范要求； 5. 涂料品种、喷刷遍数：耐擦洗涂料、底漆一遍、面漆两遍	m²	59.95			
措施项目								
13	011701001001	综合脚手架	1. 建筑结构形式：砖混结构； 2. 檐口高度：3.65m	m²	70.92			
14	011703001001	垂直运输	1. 建筑物建筑类型及结构形式：房屋建筑、砖混结构； 2. 建筑物檐口高度、层数：3.65m、一层	m²	70.92			

7.13 实例 7-13

1. 背景资料

图 7-57～图 7-61 为单层房屋施工图。

（1）设计说明

1）该工程为框架结构，室外地坪标高为－0.450m。

2）门窗洞口尺寸如表 7-48 所示，均不设门窗套。居中安装，框宽均为 100mm，门为水泥砂浆后塞口，窗为填充剂后塞口。

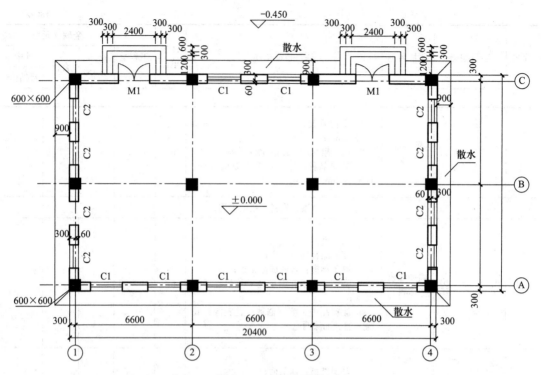

图 7-57　建筑平面图

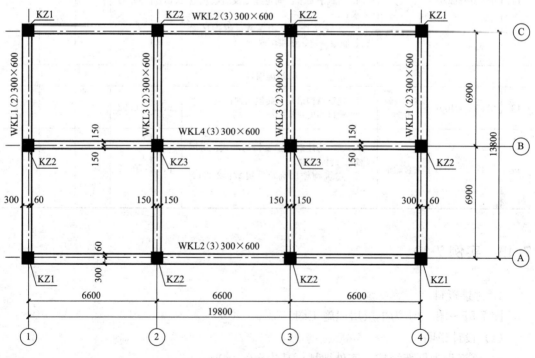

图 7-58　顶板结构平面图

3）装饰装修工程做法（部分）如表 7-49 所示。

（2）施工说明

1）土壤类别为三类土壤，人工挖土，土方全部通过人力车运输堆放在现场 50m 处，人工回填，均为天然密实土壤，余土外运 1km。

2）散水不考虑土方挖填，混凝土垫层原槽浇捣，挖土方不放坡不设挡土板，垂直运输机械考虑卷扬机，不考虑夜间施工、二次搬运、冬雨期施工、排水、降水。

3）所有混凝土均为现场搅拌。

（3）计算说明

1）360 墙按 365mm 计算，3：7 灰土中土的体积不计算。

2）内、外墙门窗侧面、顶面和窗底面的抹灰不计计算。吊顶以上内墙抹灰按 200mm 高计算。

3）屋面板、框架梁的工程量，按有梁板列项计算。

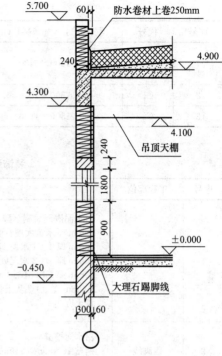

图 7-59　外墙大样图

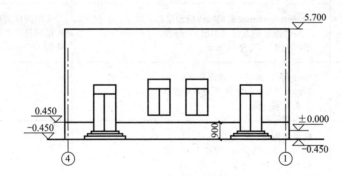

图 7-60　北立面图

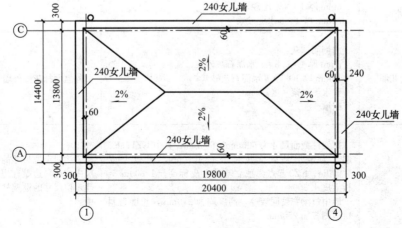

图 7-61　屋顶平面图

311

门窗表 表 7-48

序号	代号	洞口尺寸（宽×高）(mm)	备注
1	M1	1800×2400	塑钢平开门，型材为 E 型 60F 系列，中空玻璃（4＋12＋4），带锁，普通五金
2	C1	1800×1800	塑钢平开窗，型材为 C 型 62 系列，中空玻璃（4＋12＋4），普通五金
3	C2	1500×1800	

装饰装修工程做法（部分） 表 7-49

序号	工程部位	工程做法	备注
1	地面	白水泥嵌缝、刷草酸、打蜡； 40mm 厚米黄大理石面层，规格为 600mm×600mm； 20mm 厚 1：1 水泥细砂浆； 30mm 厚 1：2 水泥砂浆找平层； 50mm 厚 C10 混凝土垫层； 100mm 厚 3：7 灰土垫层； 素土夯实	
2	踢脚线	白水泥擦缝 铺贴 1000mm×110mm 褐色大理石踢脚线； 6mm 厚 1：2 建筑胶水泥砂浆	高为 110mm
3	天棚	600mm×600mm 矿棉吸声板面层； T 型烤漆轻钢龙骨（单层吊挂式）； 吊杆为 $\phi6$、长为 480mm	天棚内抹灰高 200mm； 吊顶设 6 个嵌顶灯槽，每个规格为 1200mm×30mm
4	内墙面	5mm 厚 1：0.5：3 水泥石灰砂浆； 15mm 厚 1：1：6 水泥石灰砂浆； 素水泥浆一道	
5	外墙裙	白水泥擦缝； 贴 300mm×300mm 陶瓷面砖（缝宽 5mm）； 12mm 厚 1：1 水泥砂浆结合层； 14mm 厚 1：3 水泥砂浆打底抹平	
6	外墙	8mm 厚 1：2 水泥砂浆； 12mm 厚 1：3 水泥砂浆	
7	女儿墙	内侧面抹灰： 5mm 厚 1：0.5：3 水泥石灰砂浆； 15mm 厚 1：1：6 水泥石灰砂浆； 素水泥砂浆一遍； 砖墙	外立面抹灰同外墙
8	框架柱、过梁	框架柱截面尺寸为 600mm×600mm，其中 KZ1、K2 起点为带形基础上皮标高 －1.700m，至板上皮 4.900m、KZ3 起点为独立基础上皮标高 －1.800m 至板上皮 4.900m； 墙中过梁宽度同墙厚，高度均为 240mm，长度为洞口两侧各加 250mm	未注明定位尺寸的梁均沿轴线居中或有一边贴柱边；所有未标注定位尺寸的框架柱均沿轴线居中

续表

序号	工程部位	工程做法	备注
9	台阶	铜防滑条（成品） 素水泥浆嵌缝、刷草酸、打蜡； 40mm厚米白大理石面层，规格为600mm×600mm； 20mm厚1∶1水泥细砂浆； 30mm厚1∶2水泥砂浆找平层； 50mm厚C10混凝土垫层； 100mm厚3∶7灰土垫层； 素土夯实	

4）装饰工程计算范围：

① 楼地面，只计算地面、踢脚线，室外台阶平台并入地面。

② 天棚，只计算吊顶天棚和灯槽工程量。

③ 墙柱面，只计算外墙裙、内墙抹灰、独立柱抹灰。

④ 门窗，不计算窗台板、油漆、玻璃及特殊五金。

⑤ 措施项目，仅计算综合脚手架、垂直运输。

5）计算工程数量以"m"、"m³"、"m²"为单位，步骤计算结果保留三位小数，最终计算结果保留两位小数。

2. 问题

根据以上背景资料及现行国家标准《建设工程工程量清单计价规范》（GB 50500—2013)、《房屋建筑与装饰工程工程量计算规范》（GB 50854—2013）及其他相关文件的规定，试列出该工程要求计算项目的分部分项工程量清单。

3. 参考答案（表7-50和表7-51）

清单工程量计算表　　　　　　　　　　　　表7-50

工程名称：某装饰工程

序号	项目编码	清单项目名称	计算式	工程量合计	计量单位
1	010404001001	地面灰土垫层	$(19.8-0.06\times2)\times(13.8-0.06\times2)\times0.1=26.92(m^3)$	26.92	m³
2	011102001001	石材地面面层	1. 房间净面积： $S_1=(19.8-0.06\times2)\times(13.8-0.06\times2)=269.222m^2$ 2. 扣除突出墙面柱： 角柱：$S_2=(0.6-0.36)\times(0.6-0.36)\times4=0.230m^2$ 中间柱：$S_3=0.6\times(0.6-0.36)\times6=0.864m^2$ 3. 扣除独立柱 $S_4=0.6\times0.6\times2=0.72m^2$ 4. 增加门M1开口： $S_5=(0.36\times1.8)/2\times2=0.648m^2$ 5. 总面积 $S=269.222-0.230-0.864-0.72+0.648$ $=268.06m^2$	268.06	m²
3	011102001002	石材地面面层	室外台阶平台面积： $S=(2.4-0.3\times2)\times(1.2-0.3)\times2=3.24m^2$	3.24	m²

序号	项目编码	清单项目名称	计算式	工程量合计	计量单位
4	011105002001	石材踢脚线	1. 外墙内周长： $L_1=[(19.8-0.06\times2)+(13.8-0.06\times2)]\times2$ $=66.72$m 2. 扣除门洞口： $L_2=1.8\times2=3.60$m 3. 增加门侧边： $L_3=[(0.36-0.1)/2\times2]\times2=0.52$m 4. 增加中间柱侧边： $L_4=(0.6-0.36)\times2\times6=2.88$m 5. 增加独立柱四边： $L_5=0.6\times4\times2=4.80$m 6. 小计： $L=66.72-3.6+0.52+2.88+4.80=71.32$m	71.32	m
5	011107001001	石材台阶面	方法一： 室外台阶面面积： $S=[(2.4+0.3\times2\times2)\times(1.2+0.3\times2)-(2.4-0.3\times2)\times(1.2-0.3)]\times2=4.86\times2=9.72$m^2 方法二： 室外台阶面面积： $S=[(1.2+0.3\times2)\times2\times0.3\times3+(2.4-0.3\times2)\times0.3\times3]\times2$ $=4.86\times2=9.72$m^2	9.72	m^2
6	011204003001	块料外墙裙	1. 外墙面垂直投影面积： $S_1=(20.4+14.4)\times2\times0.9=62.64$m^2 2. 扣除台阶： $S_2=(3.6+3+2.4)\times0.15\times2=2.70$m^2 3. 扣除M1门洞： $S_3=1.8\times(0.9-0.45)\times2=1.62$m^2 4. 增加门侧边： $S_4=[(0.36-0.1)/2\times2]\times(0.9-0.45)\times2=0.234$m^2 5. 小计： $S=62.64-2.70-1.62+0.234=58.55$m^2	58.55	m^2
7	011201001002	内墙面一般抹灰	吊顶底面以上内墙抹灰按200mm计算。 1. 内墙面垂直投影面积： $S_1=[(19.8-0.06\times2)+(14.4-0.06\times2)]\times2\times(4.1+0.2)=292.056$m^2 2. 扣除门窗洞口： $S_2=1.8\times2.4\times2+1.8\times1.8\times8+1.5\times1.8\times8=56.16$m^2 3. 增加柱侧边： $S_3=(0.6-0.36)\times2\times4.3\times6=12.384$m^2 4. 小计： $S=292.056-56.16+12.384=248.28$m^2	248.28	m^2
8	011202001001	独立柱一般抹灰	$S=0.6\times4\times(4.1+0.2)\times2=20.64$m^2	20.64	m^2

续表

序号	项目编码	清单项目名称	计算式	工程量合计	计量单位
9	011302001001	吊顶天棚	1. 房间净面积： $S_1=(19.8-0.06\times2)\times(14.4-0.06\times2)=$ 281.03m² 2. 扣除独立柱面积： $S_2=0.6\times0.6\times2=0.72$m² 3. 扣除灯槽面积： $S_3=0.6\times0.6\times12=4.32$m² 4. 小计： $S=281.03-0.72-4.32=275.99$m²	281.03	m²
10	011304001001	灯槽	$S=0.6\times0.6\times12=4.32$m²	4.32	m²
11	010801001001	塑钢平开门	$S=1.8\times2.4\times2=8.64$m²	8.64	m²
12	010807001001	塑钢平开窗	$S=1.8\times1.8\times8+1.5\times1.8\times8=47.52$m²	47.52	m²
13	011701001001	综合脚手架	$S=$建筑面积$=20.4\times14.4=293.76$m²	293.76	m²
14	011703001001	垂直运输机械	$S=$建筑面积$=20.4\times14.4=293.76$m²	293.76	m²

注：1. 门窗以平方米计量。
2. 门侧壁考虑踢脚线。
3. 地面混凝土垫层，按《房屋建筑与装饰工程工程量计算规范》（GB 50854—2013）附录 E.1 垫层项目编码列项。
4. 墙抹灰工程量计算根据规范规定，不扣踢脚线，门窗侧壁亦不增加。
5. 墙面喷刷涂料工程量计算，扣除踢脚线、门窗洞口面积，增加门窗侧边、柱侧边面积，独立柱工程量并入内墙面工程量。
6. 吊顶天棚工程量计算时，扣除灯槽面积。

分部分项工程和单价措施项目清单与计价表

表 7-51

工程名称：某装饰工程　　　　　　　　　　　　　　　　　　　　第 1 页 共 1 页

序号	项目编码	项目名称	项目特征描述	计量单位	工程量	综合单价	合价	其中暂估价
						金额（元）		
楼地面装饰工程								
1	010404001001	地面灰土垫层	垫层材料种类、配合比、厚度：3:7灰土、100mm厚	m³	26.92			
2	011102001001	石材地面面层	1. 找平层厚度、砂浆配合比：30mm厚1:2水泥砂浆； 2. 结合层厚度、砂浆配合比：20mm厚1:1水泥细砂浆； 3. 面层材料品种、规格、颜色：大理石、600mm×600mm、米黄； 4. 嵌缝材料种类：白水泥； 5. 酸洗、打蜡要求：刷草酸、打蜡	m²	268.06			
3	011102001002	石材地面面层	1. 找平层厚度、砂浆配合比：30mm厚1:2水泥砂浆； 2. 结合层厚度、砂浆配合比：20mm厚1:1水泥细砂浆； 3. 面层材料品种、规格、颜色：大理石、600mm×600mm、米白； 4. 嵌缝材料种类：白水泥； 5. 酸洗、打蜡要求：刷草酸、打蜡	m²	3.24			

续表

序号	项目编码	项目名称	项目特征描述	计量单位	工程量	金额（元）		
						综合单价	合价	其中暂估价
楼地面装饰工程								
4	011105002001	石材踢脚线	1. 踢脚线高度：110mm； 2. 粘贴层厚度、材料种类：6mm 厚 1：2建筑胶水泥砂浆； 3. 面层材料品种、规格、颜色：褐色大理石，规格为 1000mm×110mm	m	71.32			
5	011107001001	石材台阶面	1. 找平层厚度、砂浆配合比：30mm 厚1：2 水泥砂浆； 2. 结合层厚度、砂浆配合比：20mm 厚1：1 水泥细砂浆； 3. 面层材料品种、规格、颜色：大理石、600mm×600mm、米白； 4. 嵌缝材料种类：素水泥浆； 5. 酸洗、打蜡要求：刷草酸、打蜡	m²	9.72			
墙柱面装饰工程								
6	011204003001	块料外墙裙	1. 墙体类型：空心砖墙； 2. 安装方式：粘贴； 3. 面层材料品种、规格、颜色：陶瓷面砖、300mm×300mm、褐色； 4. 缝宽、嵌缝材料种类：5mm、白水泥擦缝	m²	58.55			
7	011201001002	内墙面一般抹灰	1. 墙体类型：空心砖墙； 2. 底层厚度、砂浆配合比：素水泥浆一遍，15mm 厚1：1：6水泥石灰砂浆； 3. 面层厚度、砂浆配合比：5mm 厚1：0.5：3水泥石灰砂浆	m²	248.28			
8	011202001001	独立柱一般抹灰	1. 墙体类型：空心砖墙； 2. 底层厚度、砂浆配合比：素水泥浆一遍，15mm 厚1：1：6水泥石灰砂浆； 3. 面层厚度、砂浆配合比：5mm 厚1：0.5：3水泥石灰砂浆	m²	20.64			
天棚工程								
9	011302001001	吊顶天棚	1. 吊顶形式、吊杆规格、高度：单层平吊顶、φ6、480mm； 2. 龙骨材料种类、规格、中距：T 形铝合金龙骨； 3. 面层材料品种、规格：矿棉吸声板、600mm×600mm	m²	275.99			
10	011304001001	灯槽	1. 灯带形式、尺寸：嵌顶、600mm×600mm； 2. 安装固定方式：嵌入式	m²	4.32			

续表

序号	项目编码	项目名称	项目特征描述	计量单位	工程量	金额（元）		
						综合单价	合价	其中暂估价
门窗工程								
11	010801001001	塑钢平开门	1. 门代号及洞口尺寸：M1、1800mm×2400mm； 2. 门框、扇材质：E 型 60G 系列； 3. 镶嵌玻璃品种、厚度：中空玻璃（4＋12＋4）mm	m²	8.64			
12	010807001001	塑钢平开窗	1. 窗代号及洞口尺寸：C1（2100mm×1500mm）、C2（1500mm×1800mm）； 2. 框、扇材质：C 型 62 系列； 3. 镶嵌玻璃品种、厚度：中空玻璃（4＋12＋4）mm	m²	47.52			
措施项目								
13	011701001001	综合脚手架	1. 建筑结构形式：框架结构； 2. 檐口高度：5.35m	m²	293.76			
14	011703001001	垂直运输	1. 建筑物建筑类型及结构形式：房屋建筑、框架结构； 2. 建筑物檐口高度、层数：5.35m、一层	m²	293.76			

7.14 实例 7-14

1. 背景资料

图 7-62 和图 7-63 为某单层砖混建筑施工图。

（1）设计说明

1）该工程室外地坪标高为－0.300m；混凝土散水宽 600mm。

2）墙体为 M7.5 混合砂浆砌筑 240mm 厚多孔砖墙，墙顶 QL 宽同墙、高 240mm（含板厚）；门窗洞口过梁宽同墙、厚 120mm，长度为洞宽加 50mm。屋面板厚为 120mm。

3）门窗洞口尺寸如表 7-52 所示，均不设门窗套。门、窗居墙中布置，门为水泥砂浆后塞口，窗为填充剂后塞口。

4）部分装饰装修工程做法如表 7-53 所示。

（2）施工说明

1）土壤类别为三类。

2）垂直运输机械考虑卷扬机，不考虑夜间施工、二次搬运、冬雨期施工、排水、降水。

3）除地面垫层为现场搅拌外，其他构件均采用 C20 商品混凝土。

（3）计算说明

1）台阶室外平台计入地面工程量。

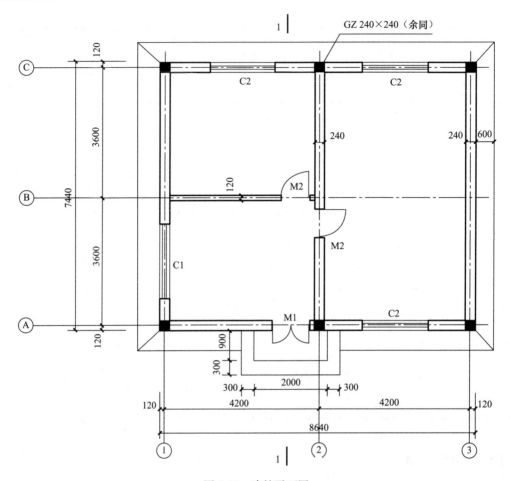

图 7-62　建筑平面图

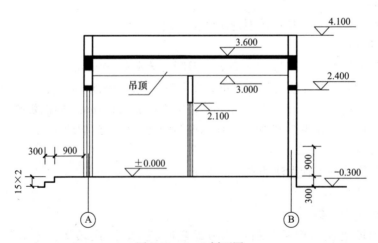

图 7-63　1—1 剖面图

2）内墙门窗洞口侧面、顶面和窗底面均抹灰、刷乳胶漆，其乳胶漆计算宽度均按100mm 计算（B 轴上 M2 洞口，按 40mm 计算）。内墙抹灰高度算至吊顶底面。

门洞口侧壁不计算踢脚线。

门窗表 表7-52

序号	代号	洞口尺寸（宽×高）（mm）	备注
1	M1	1200×2400	有亮塑钢门，型材为 E 型 60F 系列，中空玻璃（4＋12＋4），带锁，普通五金
2	M2	900×2100	无亮塑钢门，型材为 E 型 60F 系列，中空玻璃（4＋12＋4），带锁，普通五金
3	C1	1800×1500	塑钢平开窗，C 型 60 系列，中空玻璃（4＋12＋4），普通五金
4	C2	1500×1500	

部分装饰装修工程做法 表7-53

序号	工程部位	工程做法	备注
1	地面	稀水泥浆灌缝，打蜡出光； 铺贴 25mm 厚 600mm×600mm 预制水磨石板； 20mm 厚 1：3 水泥砂浆结合层，表面撒水泥粉； 水泥浆一道（内掺建筑胶）； 80mm 厚 C15 混凝土垫层； 素土夯实	
2	踢脚线	稀水泥浆（或彩色水泥浆）擦缝； 铺贴 10mm 厚 150mm×600mm 褐色微晶玻璃板面层； 10mm 厚聚合物水泥砂浆粘贴	高度为 150mm
3	内墙面	底漆一遍，乳胶漆二遍； 满刮普通成品腻子一遍； 5mm 厚 1：0.5：2.5 水泥石灰膏砂浆找平； 9mm 厚 1：0.5：3 水泥石灰膏砂浆打底扫毛或划出纹道； 清理基层	
4	吊顶天棚	纸面石膏板接缝处嵌缝腻子，贴嵌缝纸带； 天棚面满刮腻子两遍，刷白色乳胶漆底漆一遍、面漆两遍； 装饰石膏板面层，规格为：592mm×592mm×9mm； T 形轻钢横撑龙骨 TB24mm×28mm，间距 600mm，与次龙骨插接； T 形轻钢次龙骨 TB24mm×28mm，间距 600mm 与主龙骨插接； T 形轻钢主龙骨 TB24mm×38mm，间距 1200mm，用吊件与钢筋吊杆联结后找平； 吊杆采用 φ6 钢筋，长度为 480mm，双向中距≤1200mm，吊杆上部与板底预留吊环固定； 现浇钢筋混凝土板底预留 φ8 钢筋吊环，双向中距≤1200mm	单层 T 型轻钢龙骨不上人，单层板
5	外墙面	6mm 厚 1：2.5 水泥砂浆面层； 12mm 厚 1：3 水泥砂浆打底扫毛或划出纹道	
6	女儿墙	内侧抹灰： 5mm 厚 1：0.5：3 水泥石灰砂浆； 15mm 厚 1：1：6 水泥石灰砂浆 素水泥砂浆一遍	外侧抹灰同外墙

续表

序号	工程部位	工程做法	备注
7	台阶	铝合金防滑条（成品）； 20mm 厚 1：2.5 水泥砂浆面层； 素水泥浆一道（内掺建筑胶）； 60mm 厚 C15 混凝土，台阶面向外坡 1%； 300mm 厚 3：7 灰土分两步夯实，宽出面层 100mm； 素土夯实	防滑条用 $\phi3.5$ 塑料胀管固定，中距≤300mm

3）墙面喷刷涂料工程量计算，扣除踢脚线、门窗洞口面积，增加门窗、柱侧边面积。

4）外墙 M1 门洞口底面积全部按块料面层计算。

5）计算范围：

① 地面、天棚。

② 墙面，仅计算抹灰。

③ 踢脚线，门洞口侧面不计算。

④ 墙面喷刷涂料，仅计算内墙面。

⑤ 室外台阶，立面抹灰不计算。

⑥ 门窗，不计算窗台板、油漆、玻璃及特殊五金。

⑦ 措施项目，只计算综合脚手架、垂直运输。

6）计算工程数量以"m"、"m^3"、"m^2"为单位，步骤计算结果保留三位小数，最终计算结果保留两位小数。

2. 问题

根据以上背景资料及现行国家标准《建设工程工程量清单计价规范》（GB 50500—2013）、《房屋建筑与装饰工程工程量计算规范》（GB 50854—2013）及其他相关文件的规定，试列出该工程要求计算项目的分部分项工程量清单。

3. 参考答案（表 7-54 和表 7-55）

清单工程量计算表　　　　　　　　　　　　　　　　　　　　　表 7-54

工程名称：某装饰工程

序号	项目编码	清单项目名称	计算式	工程量合计	计量单位
1	011102003001	块料地面	块料楼地面，门洞口面积计入地面工程，外墙 M1 门洞口底面积全部按块料面层计算。 1. 各房间墙间净面积： $S_1 = (4.2 - 0.12 \times 2) \times (3.6 \times 2 - 0.12 \times 2 - 0.12) + (4.2 - 0.12 \times 2) \times (3.6 \times 2 - 0.12 \times 2)$ $= 54.648m^2$ 2. 增加门洞口所占面积： $S_2 = 0.9 \times 0.12 + 0.9 \times 0.24 + 1.2 \times 0.24 = 0.612m^2$ 3. 小计： $S = 54.648 + 0.612 = 55.26m^2$	55.26	m^2
2	011101001001	水泥砂浆楼地面	室外平台计入地面工程量（不含门洞口面积）。 $S = (0.9 - 0.30) \times (2.0 - 0.3 \times 2) = 0.84m^2$	0.84	m^2

序号	项目编码	清单项目名称	计算式	工程量合计	计量单位
3	011107004001	水泥砂浆台阶面	台阶最上层踏步宽度为边沿加300mm。 $S=[(0.9+0.3)\times2+2.0+0.9\times2+2.0-0.3\times2]\times0.3=2.28m^2$	2.28	m²
4	011105003001	块料踢脚线	门洞口侧面不计算。 1. 外墙内侧踢脚线长度（扣除门洞口）： $L_1=(4.2\times2-0.12\times2-0.24)\times2+(3.6\times2-0.12\times2)\times2-0.12-1.2=28.440m$ 2. Ⓑ轴上内墙两侧踢脚线长度（扣除门洞口）： $L_2=(4.2-0.12\times2)\times2-0.9\times2=6.120m$ 3. ②轴上内墙两侧踢脚线长度（扣除门洞口）： $L_3=(3.6\times2-0.12\times2)\times2-0.12-0.9\times2=12.000m$ 4. 小计： $L=28.440+6.120+12.000=46.56m$	46.56	m
5	011201001001	外墙一般抹灰	室外地坪标高为-0.300m，女儿墙标高为4.100m，外墙抹灰高度为0.300+4.100=4.400m。 1. 外墙垂直投影面积 $S_1=(8.64+7.44)\times2\times(0.300+4.100)=141.504m^2$ 2. 扣除外墙上门窗洞口所占面积 $S_2=1.2\times2.4+1.8\times1.5+1.5\times1.5\times3=12.330m^2$ 3. 扣除室外台阶垂直面所占面积： $S_3=(2.0+2.0+0.3\times2)\times0.15=0.690m^2$ 4. 小计： $S=141.504-12.330-0.690=128.48m^2$	128.48	m²
6	011201001002	内墙一般抹灰	室内地面标高为±0.000m，内墙抹灰高度算至吊顶底面，即3.000m。 1. 外墙内侧面抹灰长度（不扣除门洞口所占长度）： $L_1=(4.2\times2-0.12\times2-0.24)\times2+(3.6\times2-0.12\times2)\times2-0.12=29.640m$ 2. Ⓑ上内墙两侧抹灰（不扣除门洞口所占长度）： $L_2=(4.2-0.12\times2)\times2=7.920m$ 3. ②轴上内墙两侧抹灰（不扣除门洞口所占长度）： $L_3=(3.6\times2-0.12\times2)\times2-0.12=13.800m$ 4. 内墙垂直面投影面积（含门洞口及其上方内墙所占面积）： $S_1=(29.640+7.920+13.800)\times3.000=154.080m^2$ 5. 扣除门窗洞口所占面积： $S_2=1.2\times2.4+0.9\times2.1\times2\times2+1.8\times1.5+1.5\times1.5\times3=19.890m^2$ 6. 小计： $S=154.080-19.890=134.19m^2$	134.19	m²

序号	项目编码	清单项目名称	计算式	工程量合计	计量单位
7	011302001001	吊顶天棚	吊顶天棚工程量计算时，不扣除间壁墙所占面积。 吊顶天棚水平投影面积 $S=(4.2\times2-0.12\times2-0.24)\times(3.6\times2-0.12\times2)=55.12m^2$	55.12	m²
8	010802001001	塑钢平开门	M1：$1.2\times2.4=2.88m^2$ M2：$0.9\times2.1=1.89m^2$	4.77	m²
9	010807001001	塑钢平开窗	C1：$1.8\times1.5=2.70m^2$ C2：$1.5\times1.5\times3=6.75m^2$	9.45	m²
10	011407001001	内墙面喷刷涂料	1. 内墙一般抹灰面积： $S_1=134.19m^2$ 2. 扣除踢脚线面积： $S_2=46.56\times0.15=6.984m^2$ 3. 增加门洞口侧面面积： M1：$S_3=(1.2+2.4\times2)\times0.100=0.600m^2$ M2：$S_4=(0.9+2.1\times2)\times2\times0.040+(0.9+2.1\times2)\times2\times0.100=1.428m^2$ C1：$S_5=(1.8+1.5)\times2\times0.100=0.660m^2$ C2：$S_6=(1.5+1.5)\times2\times3\times0.100=1.800m^2$ 4. 小计 $S=134.19-6.984+0.600+1.428+0.660+1.800=131.69m^2$	131.69	m²
11	011701001001	综合脚手架	$S=$建筑面积$=8.64\times7.44=64.28m^2$	64.28	m²
12	011703001001	垂直运输	$S=$建筑面积$=8.64\times7.44=64.28m^2$	64.28	m²

注：1. 门窗以平方米计量。

2. 门侧壁不考虑踢脚线。

3. 墙抹灰工程量计算根据规范规定，不扣踢脚线，门窗侧壁亦不增加。

4. 墙面喷刷涂料工程量计算，扣除踢脚线、门窗洞口面积，增加门窗、柱侧边面积。

分部分项工程和单价措施项目清单与计价表　　表7-55

工程名称：某装饰工程　　　　　　　　　　　　　　　　第1页　共1页

序号	项目编码	项目名称	项目特征描述	计量单位	工程量	综合单价	合价	其中暂估价
						金额（元）		
楼地面装饰工程								
1	011102003001	块料地面	1. 结合层厚度、砂浆配合比：20mm厚1：3水泥砂浆结合层，表面撒水泥粉； 2. 面层材料品种、规格、颜色：25mm厚600mm×600mm预制水磨石板； 3. 嵌缝材料种类：稀水泥浆灌缝，打蜡出光	m²	55.26			

续表

序号	项目编码	项目名称	项目特征描述	计量单位	工程量	综合单价	合价	其中 暂估价
\multicolumn{9}{c}{楼地面装饰工程}
2	011101001001	水泥砂浆楼地面	1. 素水泥浆遍数：一道； 2. 面层厚度、砂浆配合比：20mm厚1：2.5水泥砂浆抹面压光； 3. 面层做法要求：符合施工及验收规范要求	m²	0.84			
3	011107004001	水泥砂浆台阶面	1. 面层厚度、砂浆配合比：20mm厚1：2.5水泥砂浆抹面压光； 2. 防滑条材料种类：铝合金防滑条（成品）	m²	2.28			
4	011105003001	块料踢脚线	1. 踢脚线高度：150mm； 2. 粘贴层厚度、材料种类：10mm厚聚合物水泥砂浆； 3. 面层材料品种、规格、颜色：10mm厚150mm×600mm褐色微晶玻璃板	m	46.56			
\multicolumn{9}{c}{墙柱面装饰工程}
5	011201001001	外墙面一般抹灰	1. 墙体类型：砖墙； 2. 底层厚度、砂浆配合比：12mm厚1：3水泥砂浆； 3. 面层厚度、砂浆配合比：6mm厚1：2.5水泥砂浆	m²	128.48			
6	011201001002	内墙一般抹灰	1. 墙体类型：砖墙； 2. 底层厚度、砂浆配合比：9mm厚1：0.5：3水泥石灰膏砂浆； 3. 面层厚度、砂浆配合比：5mm厚1：0.5：2.5水泥石灰膏砂浆	m²	134.19			
\multicolumn{9}{c}{天棚工程}
7	011302001001	吊顶天棚	1. 吊顶形式、吊杆规格、高度：单层T型轻钢龙骨不上人、φ6钢筋吊杆、双向吊点、长为480mm； 2. 龙骨材料种类、规格、中距：T形轻钢横撑龙骨TB24mm×28mm，间距600mm，与次龙骨插接；T形轻钢次龙骨TB24mm×28mm，间距600mm与主龙骨插接；T形轻钢主龙骨TB24mm×38mm，间距1200mm，用吊件与钢筋吊杆联结后找平； 3. 基层材料种类、规格：纸面石膏板、装饰石膏板592mm×592mm×9mm； 4. 面层材料品种、规格：天棚面满刮腻子两遍，刷白色乳胶漆底漆一遍、面漆两遍； 5. 嵌缝材料种类：纸面石膏板接缝处嵌缝腻子，贴嵌缝纸带	m²	55.12			

323

续表

序号	项目编码	项目名称	项目特征描述	计量单位	工程量	综合单价	合价	其中 暂估价
			门窗工程					
8	010802001001	塑钢平开门	1. 门代号及洞口尺寸：M1（1200mm×2400mm）、M2（900mm×2100mm）； 2. 门框、扇材质：E型60F系列； 3. 玻璃品种、厚度：中空玻璃（4＋12＋4）mm	m²	4.77			
9	010807001001	塑钢平开窗	1. 窗代号及洞口尺寸：C1（1800mm×1500mm）、C2（1500mm×1500mm）； 2. 框、扇材质：C型60系列； 3. 玻璃品种、厚度：中空玻璃（4＋12＋4）mm	m²	9.45			
			油漆、涂料、裱糊工程					
10	011407001001	墙面喷刷涂料	1. 基层类型：抹灰面； 2. 喷刷涂料部位：内墙面； 3. 腻子种类：普通成品腻子； 4. 刮腻子要求：满足施工及验收规范要求； 5. 涂料品种、喷刷遍数：乳胶漆、底漆一遍、面漆两遍	m²	131.69			
			措施项目					
11	011701001001	综合脚手架	1. 建筑结构形式：框架结构； 2. 檐口高度：3.90m	m²	64.28			
12	011703001001	垂直运输	1. 建筑物建筑类型及结构形式：房屋建筑、框架结构； 2. 建筑物檐口高度、层数：3.90m、一层	m²	64.28			

7.15 实例 7-15

1. 背景资料

图 7-64～图 7-66 为某单层房屋部分施工图。

（1）设计说明

1）该工程为框架结构，室外地坪标高为－0.300m。

2）图中未注明的墙均为 240mm 厚多孔砖墙，未注明的板厚均为 90mm。

3）门窗洞口尺寸如表 7-56 所示，均不设门窗套。门、窗居墙中布置，门为水泥砂浆后塞口，窗为填充剂后塞口。

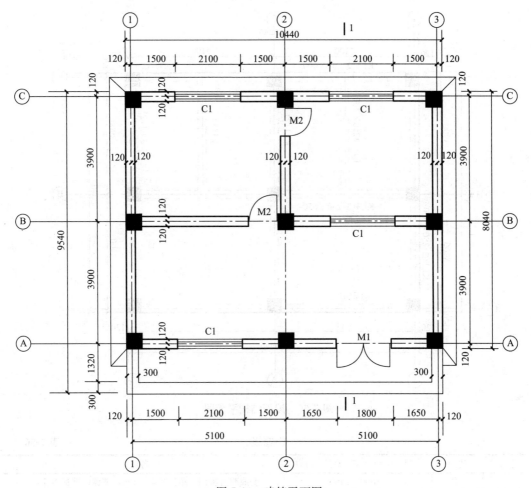

图 7-64 建筑平面图

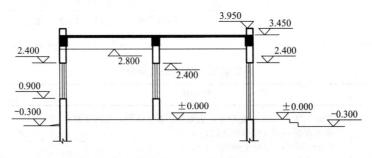

图 7-65 1—1 剖面图

4）装饰装修工程做法（部分）如表 7-57 所示。

（2）施工说明

1）土壤类别为三类。

2）垂直运输机械考虑卷扬机，不考虑夜间施工、二次搬运、冬雨期施工、排水、降水。

3）除地面垫层为现场搅拌外，其他构件均采用 C20 商品混凝土。

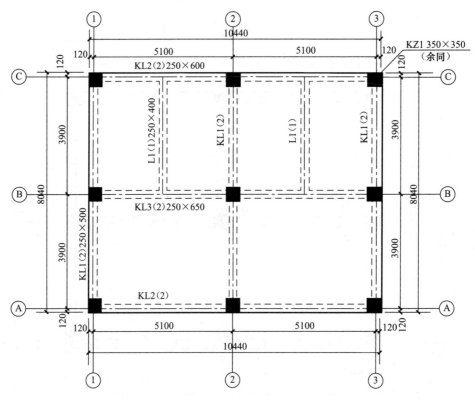

图 7-66 屋面结构平面图

门窗表 表 7-56

序号	代号	洞口尺寸（宽×高）(mm)	备注
1	M1	1800×2400	普通胶合板门，单层玻璃 6mm，带锁，普通五金
2	M2	900×2100	铝合金平开门，型材为 A 型 60 系列，中空玻璃（5＋12＋5），带锁，普通五金
3	C1	2100×1500	塑钢平开窗，型材为 C 型－66 系列，中空玻璃（4＋12＋4），普通五金

装饰装修工程做法（部分） 表 7-57

序号	工程部位	工程做法	备注
1	地面	20mm 厚 1：2.5 水泥砂浆，表面撒适量水泥粉，抹压平整； 刷水泥浆一道（内掺建筑胶）； 80mm 厚 C15 混凝土垫层； 夯实土	
2	踢脚线	彩色水泥罩面； 8mm 厚 1：2.5 水泥砂浆抹面压光； 12mm 厚 1：3 水泥砂浆打底并划出纹道	高度为 120mm
3	内墙面	底漆一遍，乳胶漆二遍； 满刮普通成品腻子一遍； 5mm 厚 1：0.5：3 水泥石灰砂浆； 15mm 厚 1：1：6 水泥石灰砂浆； 清理基层	

续表

序号	工程部位	工程做法	备注
4	吊顶天棚	纸面石膏板接缝处嵌缝腻子，贴嵌缝纸带； 天棚面满刮腻子两遍，刷白色乳胶漆底漆一遍、面漆两遍； 9mm 厚 600mm×600mm 装饰石膏板面层； U 形轻钢龙骨（单层吊挂式）；U 型轻钢龙骨横撑 CB50mm×20mm，中距 1200mm； U 形轻钢次龙骨 CB60mm×27mm，中距 429mm； 吊杆为 φ6，长为 450mm 现浇钢筋混凝土板	
5	外墙面	6mm 厚 1：2.5 水泥砂浆面层； 12mm 厚 1：3 水泥砂浆打底扫毛或划出纹道	
6	女儿墙	内侧抹灰： 5mm 厚 1：0.5：3 水泥石灰砂浆； 15mm 厚 1：1：6 水泥石灰砂浆； 素水泥砂浆一遍	外侧抹灰同外墙
7	台阶	铝合金防滑条（成品）； 20mm 厚 1：2 水泥砂浆抹面压光； 素水泥浆结合层一遍； 60mm 厚 C15 混凝土台阶（厚度不包括踏步三角部分）； 300mm 厚 3：7 灰土； 素土夯实	防滑条用 φ3.5 塑料胀管固定，中距≤300mm

（3）计算说明

1）台阶室外平台计入地面工程量。

2）内墙门窗洞口侧面、顶面和窗底面均抹灰、刷乳胶漆，其中抹灰不计算、乳胶漆计算宽度均按 100mm 计算。内墙抹灰高度算至吊顶底面。

3）门洞口侧壁不计算踢脚线。

4）计算范围：

①地面、天棚。

②墙面，仅计算抹灰。

③踢脚线。

④涂料，仅计算内墙面。

⑤室外台阶，立面抹灰不计算。

⑥门窗，不计算窗台板、油漆、玻璃及特殊五金。

⑦措施项目，只计算综合脚手架、垂直运输。

5）计算工程数量以"m"、"m³"、"m²"为单位，步骤计算结果保留三位小数，最终计算结果保留两位小数。

2. 问题

根据以上背景资料及现行国家标准《建设工程工程量清单计价规范》（GB 50500—2013）、《房屋建筑与装饰工程工程量计算规范》（GB 50854—2013）及其他相关文件的规定，试列出该工程要求计算项目的分部分项工程量清单。

3. 参考答案（表 7-58 和表 7-59）

清单工程量计算表

表 7-58

工程名称：某装饰工程

序号	项目编码	清单项目名称	计算式	工程量合计	计量单位
1	011101001001	水泥砂浆楼地面	水泥砂浆楼地面工程量计算时，门洞口面积不计算。 1. 室内水平投影面积： $S_1=(5.1\times2-0.12\times2)\times(3.9\times2-0.12\times2-0.24)=72.907m^2$ 2. 扣除②轴上内墙所占面积： $S_2=(3.9-0.12\times2)\times0.24=0.878m^2$ 3. 突出墙面框架柱柱角所占面积： 四角柱 $S_3=(0.35-0.24)\times(0.35-0.24)=0.012m^2<0.3m^2$，不扣除； 中间柱最大 $S_4=(0.35-0.24)\times0.35=0.0385m^2<0.3m^2$，不扣除； 4. 小计： $S=72.907-0.878=72.03m^2$	72.03	m²
2	011101001002	水泥砂浆楼地面	室外台阶休息平台面积： $S=(1.32-0.12-0.3)\times(5.1+5.1+0.12\times2-0.3\times4)=8.32m^2$	8.32	m²
3	011107004001	水泥砂浆台阶面	最上层台阶踏步边沿加 300mm，按台阶计算，其余部分计入地面工程量。 $S=[(1.32-0.12+0.3)\times2+5.1\times2+0.12\times2-0.3\times2+(1.32-0.12)\times2+(5.1\times2+0.12\times2-0.3\times4)]\times0.3=7.34m^2$	7.34	m²
4	011105001001	水泥砂浆踢脚线	不考虑门洞口侧面。 1. 外墙内边线（扣除门洞口长度）： $L_1=(5.1\times2-0.12\times2+5.1\times2-0.12\times2-0.24)+(3.9\times2-0.12\times2-0.24)\times2-1.8$ $=34.32-1.8$ $=32.520m$ 2. 内墙两侧边线（扣除门洞口长度）： Ⓑ轴：$L_2=(5.1\times2-0.12\times2)\times2-0.24-0.9\times2=17.880m$ ②轴：$L_3=(3.9-0.12\times2)\times2-0.9\times2=5.520m$ 3. 增加突出内墙面的框架柱柱角长度： $L_4=(0.35-0.24)/2\times2+(0.35-0.24)\times2=0.330m$ 4. 小计： $L=32.520+17.880+5.520+0.330=56.25m$	56.25	m

序号	项目编码	清单项目名称	计算式	工程量合计	计量单位
5	011201001001	外墙面一般抹灰	外墙抹灰高度为 3.600+0.300=3.900m。 1. 外墙面垂直投影面积： $S_1=(5.1\times2+0.12\times2+3.9\times2+0.12\times2)\times2\times(3.60+0.30)=144.144m^2$ 2. 扣除外墙上门窗洞口所占面积： $S_2=(2.1\times1.5)\times3+(1.8\times2.4)=15.030m^2$ 3. 扣除室外台阶垂直面所占面积： $S_3=(5.1\times2+0.12\times2+5.1\times2+0.12\times2-0.3\times2)\times0.15=3.042m^2$ 4. 小计： $S=144.144-15.030-3.042=126.07m^2$	126.07	m²
6	011201001002	女儿墙内面抹灰	女儿墙宽度为 240mm，高度为 3.600−3.100=500mm。 $S=(5.1\times2-0.12\times2+3.9\times2-0.12\times2)\times2\times0.5=17.52m^2$	17.52	m²
7	011201001003	内墙一般抹灰	内墙抹灰高度算至吊顶底面，吊顶底面标高为 2.800m 1. 外墙内侧面积： $S_1=[(5.1\times2-0.12\times2+5.1\times2-0.12\times2-0.24)+(3.9\times2-0.12\times2-0.24)\times2]\times2.80$ $=34.32\times2.80$ $=96.096m^2$ 2. 内墙两侧面积： Ⓑ轴：$S_2=[(5.1\times2-0.12\times2)\times2-0.24]\times2.80=19.680\times2.80=55.104m^2$ ②轴：$S_3=[(3.9-0.12\times2)\times2]\times2.80=7.32\times2.80=20.496m^2$ 3. 增加突出内墙面的框架柱侧面面积： $S_4=[(0.35-0.24)/2\times2+(0.35-0.24)\times2]\times2.80=0.330\times2.80=0.924m^2$ 4. 扣除门窗洞口所占面积： $S_5=(1.8\times2.4)+(0.9\times2.1)\times2\times2+(2.1\times1.5)\times5=27.630m^2$ 5. 小计： $S=96.096+55.104+20.496+0.924-27.630=144.99m^2$	144.99	m²
8	011302001001	吊顶天棚	同水泥砂浆地面面积，突出墙面的框架柱所占面积不扣除。 $S=70.23m^2$	72.03	m²
9	010801001001	胶合板门	M1：$S=1.8\times2.4=4.32m^2$	4.32	m²
10	010802001001	铝合金平开门	M2：$S=0.9\times2.1=1.89m^2$	1.89	m²
11	010807001001	塑钢平开窗	C1：$S=2.1\times1.5\times4=12.60m^2$	12.60	m²

续表

序号	项目编码	清单项目名称	计算式	工程量合计	计量单位
12	011407001001	墙面喷刷涂料	1. 内墙一般抹灰面积： $S_1 = 144.99 \text{m}^2$ 2. 扣除踢脚线面积： $S_2 = 56.25 \times 0.12 = 6.750 \text{m}^2$ 3. 增加门窗洞口侧面面积： M1：$S_3 = (1.8 + 2.4 \times 2) \times 0.100 = 0.660 \text{m}^2$ M2：$S_4 = (0.9 + 2.1 \times 2) \times 4 \times 0.100 = 2.040 \text{m}^2$ C1：$S_5 = (2.1 + 1.5) \times 2 \times 5 \times 0.100 = 3.600 \text{m}^2$ 4. 小计： $S = 144.99 - 6.750 + 0.660 + 2.040 + 3.600 = 144.54 \text{m}^2$	144.54	m^2
13	011701001001	综合脚手架	$S = $ 建筑面积 $= 10.44 \times 8.04 = 83.94 \text{m}^2$	83.94	m^2
14	011703001001	垂直运输	$S = $ 建筑面积 $= 10.44 \times 8.04 = 83.94 \text{m}^2$	83.94	m^2

注：1. 门窗以平方米计量。

2. 门侧壁不考虑踢脚线。

3. 墙抹灰工程量计算根据规范规定，不扣踢脚线，门窗侧壁亦不增加。

4. 墙面喷刷涂料工程量计算，扣除踢脚线、门窗洞口面积，增加门窗、柱侧边面积。

5. 天棚突出墙面的框架柱所占面积不扣除。

分部分项工程和单价措施项目清单与计价表

表 7-59

工程名称：某装饰工程   第 1 页 共 1 页

序号	项目编码	项目名称	项目特征描述	计量单位	工程量	金额（元）		
						综合单价	合价	其中暂估价
楼地面装饰工程								
1	011101001001	水泥砂浆楼地面	1. 素水泥浆遍数：一道； 2. 面层厚度、砂浆配合比：20mm 厚 1：2.5 水泥砂浆； 3. 面层做法要求：符合施工及验收规范要求	m^2	72.03			
2	011101001002	水泥砂浆楼地面	1. 素水泥浆遍数：一遍； 2. 面层厚度、砂浆配合比：20mm 厚 1：2 水泥砂浆； 3. 面层做法要求：符合施工及验收规范要求	m^2	8.32			
3	011107004001	水泥砂浆台阶面	1. 面层厚度、砂浆配合比：20mm 厚 1：2 水泥砂浆抹面压光； 2. 防滑条材料种类：铝合金防滑条（成品）	m^2	7.34			
4	011105001001	水泥踢脚线	1. 踢脚线高度：120mm； 2. 底层厚度、砂浆配合比：12mm 厚 1：3 水泥砂浆； 3. 面层厚度、砂浆配合比：8mm 厚 1：2.5 水泥砂浆，彩色水泥罩面	m	56.25			

续表

序号	项目编码	项目名称	项目特征描述	计量单位	工程量	金额（元）		
						综合单价	合价	其中 暂估价
			墙柱面装饰工程					
5	011201001001	外墙面一般抹灰	1. 墙体类型：砖墙； 2. 底层厚度、砂浆配合比：12mm 厚 1：3 水泥砂浆； 3. 面层厚度、砂浆配合比：6mm 厚 1：2.5 水泥砂浆	m²	126.07			
6	011201001002	女儿墙内面抹灰	1. 墙体类型：砖墙； 2. 底层厚度、砂浆配合比：15mm 厚 1：1：6 水泥石灰砂浆； 3. 面层厚度、砂浆配合比：5mm 厚 1：0.5：3 水泥石灰砂浆	m²	17.52			
7	011201001003	内墙一般抹灰	1. 墙体类型：砖墙； 2. 底层厚度、砂浆配合比：15mm 厚 1：1：6 水泥石灰砂浆； 3. 面层厚度、砂浆配合比：5mm 厚 1：0.5：3 水泥石灰砂浆	m²	144.99			
			天棚工程					
8	011302001001	吊顶天棚	1. 吊顶形式、吊杆规格、高度：单层吊挂式、φ6 钢筋吊杆、双向吊点、长为 450mm； 2. 龙骨材料种类、规格、中距： U 形轻钢龙骨横撑 CB50mm×20mm，中距 1200mm； U 形轻钢次龙骨 CB60mm×27mm，中距 429mm； 3. 基层材料种类、规格：装饰石膏板、600mm×600mm×9mm； 4. 面层材料品种、规格：天棚面满刮腻子两遍，刷白色乳胶漆底漆一遍、面漆两遍； 5. 嵌缝材料种类：纸面石膏板接缝处嵌缝腻子，贴嵌缝纸带	m²	72.03			
			门窗工程					
9	010801001001	胶合板门	1. 门代号及洞口尺寸：M1（1800mm×2400mm）； 2. 镶嵌玻璃品种、厚度：平板玻璃，6mm	m²	4.32			

续表

序号	项目编码	项目名称	项目特征描述	计量单位	工程量	综合单价	合价	其中 暂估价

门窗工程

| 10 | 010802001001 | 铝合金平开门 | 1. 门代号及洞口尺寸：M2（900mm×2100mm）；
2. 门框、扇材质：A型60系列；
3. 玻璃品种、厚度：中空玻璃（5＋12＋5） | m² | 1.89 | | | |
| 11 | 010807001001 | 塑钢平开窗 | 1. 窗代号及洞口尺寸：C1（2100mm×1500mm）；
2. 框、扇材质：C型－66系列；
3. 玻璃品种、厚度：中空玻璃（4＋12＋4）mm | m² | 12.60 | | | |

油漆、涂料、裱糊工程

| 12 | 011407001001 | 墙面喷刷涂料 | 1. 基层类型：抹灰面；
2. 喷刷涂料部位：内墙面；
3. 腻子种类：普通成品腻子；
4. 刮腻子要求：满足施工及验收规范要求；
5. 涂料品种、喷刷遍数：乳胶漆、底漆一遍、面漆两遍 | m² | 144.54 | | | |

措施项目

| 13 | 011701001001 | 综合脚手架 | 1. 建筑结构形式：框架结构；
2. 檐口高度：3.75m | m² | 83.94 | | | |
| 14 | 011703001001 | 垂直运输 | 1. 建筑物建筑类型及结构形式：房屋建筑、框架结构；
2. 建筑物檐口高度、层数：3.75m、一层 | m² | 83.94 | | | |

7.16　实例7-16

1. 背景资料

图7-67～图7-71为单层房屋施工图。

（1）设计说明

1）该工程为框架结构，室外地坪标高为－0.450m。

2）门窗洞口尺寸如表7-60所示，均不设门窗套。居中安装，框宽均为100mm，门为水泥砂浆后塞口，窗为填充剂后塞口。

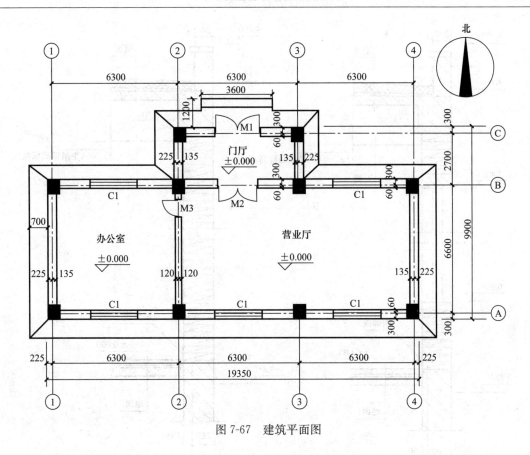

图 7-67 建筑平面图

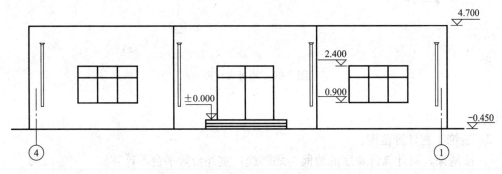

图 7-68 北立面图

3）装饰装修工程做法（部分）如表 7-61 所示。

（2）施工说明

1）土壤类别为三类土壤，人工挖土，土方全部通过人力车运输堆放在现场 50m 处，人工回填，均为天然密实土壤，余土外运 1km。

2）散水不考虑土方挖填，混凝土垫层原槽浇捣，挖土方不放坡不设挡土板，垂直运输机械考虑卷扬机，不考虑夜间施工、二次搬运、冬雨期施工、排水、降水。

3）所有混凝土均为现场搅拌。

（3）计算说明

1）内、外墙门窗侧面、顶面和窗底面的抹灰不计计算。吊顶以上内墙抹灰按 200mm

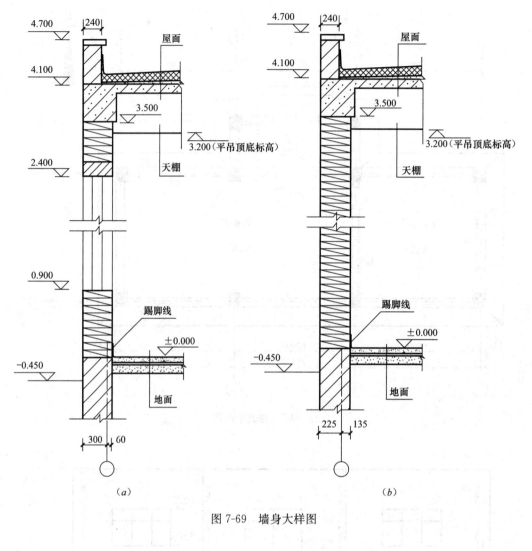

图 7-69 墙身大样图

高计算。

2）装饰工程计算范围：

① 楼地面，只计算营业厅的地面、踢脚线；室外台阶平台不计算。

② 天棚，只计算营业厅。

③ 墙面，只计算营业厅内墙抹底灰。

④ 门窗，不计算窗台板、油漆、玻璃及特殊五金。

⑤ 措施项目，仅计算综合脚手架、垂直运输。

3）计算工程数量以"m"、"m³"、"m²"为单位，步骤计算结果保留三位小数，最终计算结果保留两位小数。

2. 问题

根据以上背景资料及现行国家标准《建设工程工程量清单计价规范》（GB 50500—2013）、《房屋建筑与装饰工程工程量计算规范》（GB 50854—2013）及其他相关文件的规定，试列出该工程要求计算项目的分部分项工程量清单。

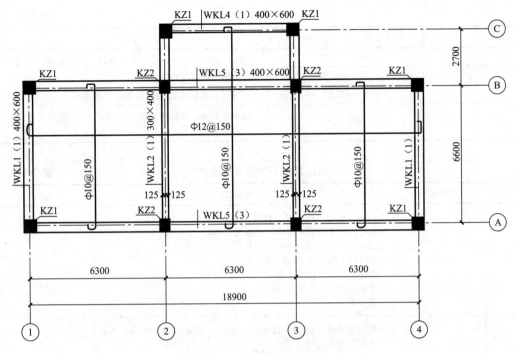

图 7-70 顶板结构平面图

说明：1. 板厚均为150mm，板顶、梁顶标高均为4.200m；

2. 所有未标注定位尺寸的框架柱均沿轴线居中；所有未标注定位尺寸的框架梁均有一边贴柱边

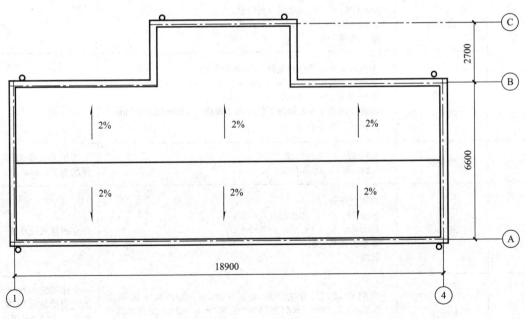

图 7-71 屋顶平面图

门窗表

表 7-60

序号	代号	洞口尺寸（宽×高）(mm)	备注
1	M1	1800×2400	塑钢平开门，型材为 E 型 60G 系列，中空玻璃（4＋12＋4），带锁，普通五金
2	M2	1100×2400	
3	M3	900×2100	镶板门，单层玻璃 6mm，带锁，普通五金
4	C1	2100×1500	塑钢平开窗，型材为 C 型 65 系列，中空玻璃（4＋12＋4），普通五金

装饰装修工程做法（部分）

表 7-61

序号	工程部位	工程做法	备注
1	地面	白水泥嵌缝、刷草酸、打蜡 40mm 厚米黄地砖面层，规格为 400mm×400mm 20mm 厚 1∶1 水泥细砂浆 30 厚 1∶2 水泥砂浆找平层 50mm 厚 C10 混凝土垫层 100mm 厚 3∶7 灰土垫层 素土夯实	
2	踢脚线	瓷砖踢脚线，高度为 110mm，规格为 1000mm×110mm； 专用勾缝剂勾缝； 粘贴 5mm 厚地砖； 6mm 厚 1∶2 建筑胶水泥砂浆； 素水泥浆一道； 8mm 厚 1∶1∶6 水泥石灰膏砂浆打底扫毛或划出纹道； 3mm 厚外加剂专用砂浆抹基层界面剂一道甩毛； 聚合物水泥砂浆修补墙面	
3	内墙面	5mm 厚 1∶0.5∶3 水泥石灰砂浆； 15mm 厚 1∶1∶6 水泥石灰砂浆； 素水泥浆一道	
4	天棚	天棚：T 形烤漆轻钢龙骨（单层吊挂式）； 矿棉吸声板面层，规格为 600mm×600mm； 吊杆 ϕ6，长为 480mm； 营业厅吊顶设 6 个嵌顶灯槽，每个规格为 1200mm×30mm； 天棚内抹灰高 200mm	
5	外墙面	8mm 厚 1∶2 水泥砂浆； 12mm 厚 1∶3 水泥砂浆	图中未注明的墙厚均为 240mm
6	女儿墙	内侧面抹灰： 5mm 厚 1∶0.5∶3 水泥石灰砂浆； 15mm 厚 1∶1∶6 水泥石灰砂浆； 素水泥砂浆一遍； 砖墙	外立面抹灰同外墙
7	框架柱、过梁	框架柱截面尺寸为 500mm×600mm，其中 KZ1 标高为 －1.500～4.100m、KZ2 标高为－1.500～4.100m；梁顶标高均同板顶标高。 墙中过梁宽度同墙厚，高度均为 240mm，长度为洞口两侧各加 300mm	未注明定位尺寸的梁均沿轴线居中或有一边贴柱边；所有未标注定位尺寸的框架柱均沿轴线居中

序号	工程部位	工程做法	备注
8	现浇混凝土强度等级	垫层混凝土强度等级为C10，过梁混凝土强度等级为C20，其余构件强度等级均为C30	混凝土均为现场搅拌

3. 参考答案（表7-62和表7-63）

清单工程量计算表 表 7-62

工程名称：某装饰工程

序号	项目编码	清单项目名称	计算式	工程量合计	计量单位
1	010404001001	灰土垫层	$V=(12.6-0.255)\times(6.6-0.12)\times0.1=79.996\times0.1=8.00m^3$	8.00	m^3
2	011102003001	地砖地面	1. 增加M2、M3门洞口的一半面积： $S_1=0.18\times1.1+0.9\times0.12=0.306m^2$ 2. 扣除框架柱所占面积： $S_2=0.50\times0.24\times2+0.13\times0.24\times2+0.14\times0.24\times2=0.37m^2$ 3. 地砖面积：$S=79.996+0.306-0.37=79.93m^2$	79.93	m^2
3	011105003001	地砖踢脚线（营业厅）	1. 扣除M2、M3洞口宽度： $L_1=1.1+0.9=2.0m$ 2. 增加M2、M3洞口侧边（扣除框宽100mm）： $L_2=0.13\times2+0.07\times2=0.4m$ 3. 框架柱侧面净增加宽度：$0.24\times4=0.96m$ 4. 小计： $L=(12.6-0.255+6.6-0.06\times2)\times2+0.24\times4-1.1-0.9+0.13\times2+0.07\times2=37.01m$	37.01	m
4	011201001001	内墙面一般抹灰（办公室）	吊顶以上墙体抹灰200mm高。 1. 投影面积： $S_1=(6.3-0.255+6.6-0.12)\times2\times3.4=85.17m^2$ 2. 扣除 1个M3洞口面积 $S_2=0.9\times2.1=1.89m^2$ 2个C1洞口面积 $S_3=2.1\times1.5\times2=6.3m^2$ 3. 小计： $S=85.17-1.89-6.3=76.98m^2$	76.98	m^2
5	011201001002	内墙面一般抹灰（营业厅）	吊顶以上内墙抹灰200mm高。 1. 投影面积： $S_1=[(12.6-0.255+6.6-0.12)\times2+0.24\times4]\times3.4=38.61\times3.4=131.274m^2$ 2. 扣除 3个C1洞口面积 $S_2=2.1\times1.5\times3=9.45m^2$ 1个M2洞口面积 $S_3=1.1\times2.4=2.64m^2$ 1个M3洞口面积 $S_4=0.9\times2.1=1.89m^2$ 3. 小计： $S=131.274-9.45-2.64-1.89=117.29m^2$	117.29	m^2

续表

序号	项目编码	清单项目名称	计算式	工程量合计	计量单位
6	011302001001	吊顶天棚（大厅）	1. 房间投影面积： $S_1=(12.6-0.255)\times(6.6-0.12)=80.00m^2$ 2. 扣除灯槽面积： $S_2=1.2\times0.3\times6=2.16m^2$ 3. 小计： $S=80.00-2.16=77.84m^2$	77.84	m²
7	011304001001	灯槽（大厅）	$S=1.2\times0.3\times6=2.16m^2$	2.16	m²
8	010802001001	塑钢平开门	$S=1.8\times2.4+1.1\times2.4=6.96m^2$	6.96	m²
9	010802001001	镶板门	$S=0.9\times2.1=1.89m^2$	1.89	m²
10	010807001001	塑钢平开窗	$S=2.1\times1.5\times5=15.75m^2$	15.75	m²
11	011701001001	综合脚手架（营业厅）	$S=建筑面积=19.35\times7.2+6.75\times2.7$ $=157.55m^2$	157.55	m²
12	011703001001	垂直运输（营业厅）	$S=建筑面积=19.35\times7.2+6.75\times2.7$ $=157.55m^2$	157.55	m²

注：1. 门窗以平方米计量。
　　2. 门侧壁考虑踢脚线。
　　3. 地面混凝土垫层，按《房屋建筑与装饰工程工程量计算规范》（GB 50854—2013）附录 E.1 垫层项目编码列项。
　　4. 墙抹灰工程量计算根据规范规定，不扣踢脚线，门窗侧壁亦不增加。
　　5. 吊顶天棚工程量计算时，扣除灯槽面积。

分部分项工程和单价措施项目清单与计价表

表 7-63

工程名称：某装饰工程

第 1 页　共 1 页

序号	项目编码	项目名称	项目特征描述	计量单位	工程量	综合单价	合价	其中暂估价
						金额（元）		
楼地面装饰工程								
1	010404001001	灰土垫层	垫层材料种类、配合比、厚度：3：7灰土、100mm 厚	m³	8.00			
2	011102003001	地砖地面	1. 找平层厚度、砂浆配合比：30mm厚1：2水泥砂浆； 2. 结合层厚度、砂浆配合比：20mm厚1：1水泥细砂浆； 3. 面层材料品种、规格、颜色：地砖，400mm×400mm，米黄； 4. 嵌缝材料种类：白水泥； 5. 酸洗、打蜡要求：刷草酸、打蜡	m²	79.93			

续表

序号	项目编码	项目名称	项目特征描述	计量单位	工程量	金额（元）		
						综合单价	合价	其中暂估价
楼地面装饰工程								
3	011105003001	瓷砖踢脚线（营业厅）	1. 踢脚线高度：110mm； 2. 粘贴层厚度、材料种类：6mm 厚 1：2 建筑胶水泥砂浆； 3. 面层材料品种、规格、颜色：褐色瓷砖，规格为 1000mm×110mm	m	37.01			
墙柱面装饰工程								
4	011201001001	内墙面一般抹灰（办公室）	1. 墙体类型：空心砖墙； 2. 底层厚度、砂浆配合比：素水泥砂浆一遍，15mm 厚 1：1：6 水泥石灰砂浆； 3. 面层厚度、砂浆配合比：5mm 厚 1：0.5：3 水泥石灰砂浆	m²	76.98			
5	011201001002	内墙面一般抹灰（营业厅）	1. 墙体类型：空心砖墙； 2. 底层厚度、砂浆配合比：素水泥砂浆一遍，15mm 厚 1：1：6 水泥石灰砂浆； 3. 面层厚度、砂浆配合比：5mm 厚 1：0.5：3 水泥石灰砂浆	m²	117.29			
天棚工程								
6	011302001001	吊顶天棚	1. 吊顶形式、吊杆规格、高度：单层平吊顶、φ6、480mm； 2. 龙骨材料种类、规格、中距：T 形铝合金龙骨； 3. 面层材料品种、规格：矿棉吸声板、600mm×600mm	m²	77.84			
7	011304001001	灯槽（大厅）	1. 灯形形式、尺寸：嵌顶、1200mm×30mm； 2. 安装固定方式：嵌入式	m²	2.16			
门窗工程								
8	010802001001	塑钢平开门	1. 门代号及洞口尺寸：M1（1800mm×2400mm）、M2（1100mm×2400mm）； 2. 门框、扇材质：E 型 60G 系列； 3. 镶嵌玻璃品种、厚度：中空玻璃（4+12+4）mm	m²	6.96			
9	010802001001	镶板门	1. 门代号及洞口尺寸：M3、900mm×2100mm； 2. 镶嵌玻璃品种、厚度：单层玻璃、6mm	m²	1.89			

续表

序号	项目编码	项目名称	项目特征描述	计量单位	工程量	综合单价	合价	其中暂估价
			门窗工程					
10	010807001001	铝合金平开门	1. 窗代号及洞口尺寸：C1、2100mm×1500mm； 2. 框、扇材质：C型65系列； 3. 镶嵌玻璃品种、厚度：单层玻璃、6mm	m²	15.75			
			措施项目					
11	011701001001	综合脚手架（营业厅）	1. 建筑结构形式：框架结构； 2. 檐口高度：4.55m	m²	157.55			
12	011703001001	垂直运输（营业厅）	1. 建筑物建筑类型及结构形式：房屋建筑、框架结构； 2. 建筑物檐口高度、层数：4.55m、一层	m²	157.55			

7.17　实例 7-17

1. 背景资料

图 7-72～图 7-74 为某单层房屋部分施工图。

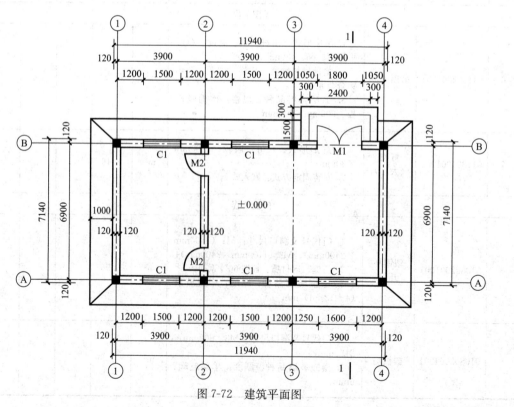

图 7-72　建筑平面图

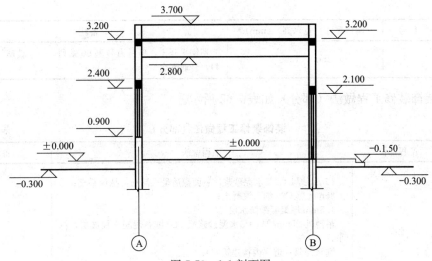

图 7-73　1-1 剖面图

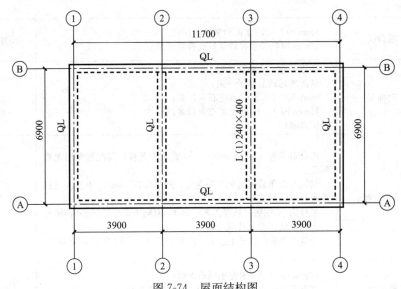

图 7-74　屋面结构图

（1）设计说明

1）该工程为砖混结构，室外地坪标高为−0.300m。

2）墙体采用 MU7.5 普通灰砂砖砌筑，墙厚240mm，未注明的板厚均为90mm。

3）门窗洞口尺寸如表 7-64 所示，均不设门窗套。门、窗居墙中布置，门为水泥砂浆后塞口，窗为填充剂后塞口。

门窗洞口采用预制过梁，过梁长度为门窗洞口宽度两边各加 250mm，宽度同墙厚。

门窗表　　　　　　　　　　　　　　　　　　　　　　　表 7-64

序号	代号	洞口尺寸（宽×高）（mm）	备注
1	M1	1800×2100	胶合板门，单层玻璃6mm，带锁，普通五金
2	M2	900×2100	铝合金平开门，型材为 A 型 60 系列，中空玻璃（5+12+5），带锁，普通五金

续表

序号	代号	洞口尺寸（宽×高）(mm)	备注
3	C1	1500×1500	塑钢平开窗，型材为 D 型 60 系列，中空玻璃（4＋12＋4），普通五金

4）装饰装修工程做法（部分）如表 7-65 所示。

装饰装修工程做法（部分）　　　　　　　　表 7-65

序号	工程部位	工程做法	备注
1	地面	15mm 厚1：2.5水泥砂浆，表面撒适量水泥粉，抹压平整； 35mm 厚 C20 细石混凝土； 1.5mm 厚聚氨酯防水层； 最薄处 20mm 厚1：3水泥砂浆或 C20 细石混凝土找坡层，抹平； 刷水泥浆一道（内掺建筑胶）； 80mm 厚 C15 混凝土垫层； 夯实土	
2	踢脚线	8mm 厚1：2.5水泥砂浆抹面压光； 12mm 厚1：3水泥砂浆打底并划出纹道	高度为 120mm
3	内墙面	底漆一遍，乳胶漆二遍； 满刮普通成品腻子一遍； 5mm 厚1：0.5：3水泥石灰砂浆； 15mm 厚1：1：6 水泥石灰砂浆； 清理基层	
4	吊顶天棚	铝合金条板（2000mm×84mm 宽 R 型条板）与配套专用龙骨固定； 与铝合金条板配套的专用龙骨，间距≤1200mm，用吊件与钢筋吊杆联结后找平； 吊杆为φ6 钢筋（长度为 300mm），双向中距≤1200mm，吊杆上部与板底预留吊环固定； 现浇钢筋混凝土板底预留φ10 钢筋吊环，双向中距≤1200mm	单层龙骨不上人
5	外墙面	12mm 厚1：2.5水泥小豆石面层； 刷素水泥浆一道（内掺水重 5％的建筑胶）； 12mm 厚1：3水泥砂浆打底扫毛或划出纹道	小豆石粒径以 5～8mm 为宜
6	女儿墙	内侧抹灰： 5mm 厚1：0.5：3水泥石灰砂浆； 15mm 厚1：1：6 水泥石灰砂浆； 素水泥砂浆一遍 外侧抹灰： 8mm 厚1：2水泥砂浆； 12mm 厚1：3水泥砂浆	外侧抹灰同外墙
7	台阶	铜防滑条（成品）； 20mm 厚1：2.5水泥砂浆面层； 素水泥浆一道（内掺建筑胶）； 60mm 厚 C15 混凝土，台阶面向外坡1％； 300mm 厚5～32 卵石灌 M2.5 混合砂浆，宽出面层 100mm 素土夯实	防滑条用 φ3.5 塑料胀管固定，中距≤300mm

（2）施工说明

1）土壤类别为二类。

2）垂直运输机械考虑卷扬机，不考虑夜间施工、二次搬运、冬雨期施工、排水、降水。

3）混凝土采用现场搅拌，基础垫层混凝土强度等级为C10，其余均为C20。

（3）计算说明

1）台阶室外平台计入地面工程量。

2）内墙门窗洞口侧面、顶面和窗底面均抹灰、刷乳胶漆，其中抹灰不计算、乳胶漆计算宽度均按100mm计算。内墙抹灰高度算至吊顶底面。

3）门洞口侧壁不计算踢脚线。

4）计算范围：

① 地面、天棚。

② 墙面（含女儿墙），仅计算抹灰。

③ 踢脚线，门洞口侧面不计算。

④ 涂料，仅计算内墙面。

⑤ 室外台阶，立面抹灰不计算。

⑥ 门窗，不计算窗台板、油漆、玻璃及特殊五金。

⑦ 措施项目，只计算综合脚手架、垂直运输。

5）计算工程数量以"m"、"m³"、"m²"为单位，步骤计算结果保留三位小数，最终计算结果保留两位小数。

2. 问题

根据以上背景资料及现行国家标准《建设工程工程量清单计价规范》（GB 50500—2013）、《房屋建筑与装饰工程工程量计算规范》（GB 50854—2013）及其他相关文件的规定，试列出该工程要求计算项目的分部分项工程量清单。

3. 参考答案（表7-66和表7-67）

清单工程量计算表　　　　　　　　　　　　　　　　　　表7-66

工程名称：某装饰工程

序号	项目编码	清单项目名称	计算式	工程量合计	计量单位
1	011101001001	水泥砂浆楼地面	水泥砂浆楼地面工程量计算时，门洞口面积不计算。 $S=(11.7-0.12\times2-0.24)\times(6.9-0.12\times2)=74.73\text{m}^2$	74.73	m²
2	011101001002	水泥砂浆楼地面	室外台阶休息平台面积。 $S=(2.4-0.3\times2)\times(1.5-0.3)=2.16\text{m}^2$	2.16	m²
3	011107004001	水泥砂浆台阶面	最上层台阶踏步边沿加300mm，按台阶计算，其余部分计入地面工程量 $S=(1.5\times2+0.3\times2+2.4+1.5\times2+2.4-0.3\times2)\times0.3=3.24\text{m}^2$	3.24	m²

续表

序号	项目编码	清单项目名称	计算式	工程量合计	计量单位
4	011105001001	水泥砂浆踢脚线	不考虑门洞口侧面。 1. 外墙内边线： $L_1=(11.7-0.12\times2-0.24+6.9-0.12\times2)\times2-1.8=33.960m$ 2. 内墙两侧边线： $L_2=(6.9-0.12\times2)\times2-0.9\times2=11.520m$ 3. 小计： $L=33.960+11.520=45.48m$	45.48	m
5	011201001001	外墙面一般抹灰	外墙抹灰高度为3.700+0.300=4.000m。 1. 外墙面垂直投影面积： $S_1=(11.7+0.12\times2+6.9+0.12\times2)\times2\times(3.70+0.30)=152.640m^2$ 2. 扣除外墙上门窗洞口所占面积： $S_2=(1.5\times1.5)\times5+(1.8\times2.1)=15.030m^2$ 3. 扣除室外台阶垂直面所占面积： $S_3=(2.4+0.3\times2+2.4)\times0.15=0.810m^2$ 4. 小计： $S=152.64-15.03-0.810=136.80m^2$	136.80	m²
6	011201001002	女儿墙内面抹灰	女儿墙宽度为240mm，高度为500mm。 $S=(11.7+6.9)\times2\times0.5=18.60m^2$	18.60	m²
7	011201001003	内墙一般抹灰	内墙抹灰高度算至吊顶底标高2.800m。 1. 外墙内面抹灰面积（扣除门窗洞口所占面积）： $S_1=(11.7-0.12\times2-0.24+6.9-0.12\times2)\times2\times2.8-1.5\times1.5\times5-1.8\times2.1$ $=85.278m^2$ 2. ②轴上内墙两侧面积（扣除门窗洞口所占面积）： $S_2=(6.9-0.12\times2)\times2\times2.8-0.9\times2.1\times2\times2$ $=29.736m^2$ 3. 小计： $S=85.278+29.736=115.01m^2$	115.01	m²
8	011302001001	吊顶天棚	$S=(11.7-0.12\times2-0.24)\times(6.9-0.12\times2)=74.73m^2$	74.73	m²
9	010801001001	胶合板门	M1：$S=1.8\times2.1=3.78m^2$	3.78	m²
10	010802001001	铝合金平开门	M2：$S=0.9\times2.1\times2=3.78m^2$	3.78	m²

续表

序号	项目编码	清单项目名称	计算式	工程量合计	计量单位
11	010807001001	铝合金平开门	C1：$S=1.5\times1.5\times5=11.25m^2$	11.25	m^2
12	011407001001	墙面喷刷涂料	1. 内墙一般抹灰面积： $S_1=115.01m^2$ 2. 扣除踢脚线面积： $S_2=45.48\times0.12=5.460m^2$ 3. 增加门洞口侧面面积： M1：$S_3=(1.8+2.1\times2)\times0.100=0.600m^2$ M2：$S_4=(0.9+2.1\times2)\times0.100=0.510m^2$ C1：$S_5=(1.5+1.5)\times2\times5\times0.100=3.000m^2$ 4. 小计： $S=115.01-5.460+0.600+0.510+3.000=113.66m^2$	113.66	m^2
13	011701001001	综合脚手架	$S=$建筑面积$=11.94\times7.14=85.25m^2$	85.25	m^2
14	011703001001	垂直运输	$S=$建筑面积$=11.94\times7.14=85.25m^2$	85.25	m^2

注：1. 门窗以平方米计量。
   2. 门侧壁不考虑踢脚线。
   3. 墙抹灰工程量计算根据规范规定，不扣踢脚线，门窗侧壁亦不增加。
   4. 墙面喷刷涂料工程量计算，扣除踢脚线、门窗洞口面积，增加门窗侧边、柱侧边面积。
   5. 吊顶天棚工程量计算时，扣除灯槽面积。

分部分项工程和单价措施项目清单与计价表

表 7-67

工程名称：某装饰工程

第 1 页 共 1 页

序号	项目编码	项目名称	项目特征描述	计量单位	工程量	金额（元）		
						综合单价	合价	其中暂估价
楼地面装饰工程								
1	011101001001	水泥砂浆楼地面	1. 找平层厚度、砂浆配合比：35mm 厚 C20 细石混凝土； 2. 素水泥浆遍数：一道； 3. 面层厚度、砂浆配合比：15mm 厚 1：2.5水泥砂浆； 4. 面层做法要求：表面撒适量水泥粉，抹压平整	m^2	74.73			
2	011101001002	水泥砂浆楼地面	1. 素水泥浆遍数：一遍； 2. 面层厚度、砂浆配合比：20mm 厚 1：2水泥砂浆抹面压光； 3. 面层做法要求：符合施工及验收规范要求	m^2	2.16			

续表

序号	项目编码	项目名称	项目特征描述	计量单位	工程量	金额（元）		
						综合单价	合价	其中 暂估价
楼地面装饰工程								
3	011107004001	水泥砂浆台阶面	1. 面层厚度、砂浆配合比：20mm 厚 1：2.5水泥砂浆抹面压光； 2. 防滑条材料种类：铜防滑条（成品）	m²	3.24			
4	011105001001	水泥踢脚线	1. 踢脚线高度：120mm； 2. 底层厚度、砂浆配合比：12mm 厚 1：3水泥砂浆； 3. 面层厚度、砂浆配合比：8mm 厚 1：2.5水泥砂浆	m	45.48			
墙柱面装饰工程								
5	011201001001	外墙面一般抹灰	1. 墙体类型：砖墙； 2. 底层厚度、砂浆配合比：12mm 厚 1：3水泥砂浆； 3. 面层厚度、砂浆配合比：12mm 厚 1：2.5水泥小豆石	m²	136.80			
6	011201001002	女儿墙内面抹灰	1. 墙体类型：砖墙； 2. 底层厚度、砂浆配合比：15mm 厚 1：1：6水泥石灰砂浆； 3. 面层厚度、砂浆配合比：5mm 厚 1：0.5：3水泥石灰砂浆	m²	18.60			
7	011201001003	内墙一般抹灰	1. 墙体类型：砖墙； 2. 底层厚度、砂浆配合比：15mm 厚 1：1：6水泥石灰砂浆； 3. 面层厚度、砂浆配合比：5mm 厚 1：0.5：3水泥石灰砂浆	m²	115.01			
天棚工程								
8	011302001001	吊顶天棚	1. 吊顶形式、吊杆规格、高度：单层吊挂式、φ6 钢筋吊杆、双向吊点、长为 300mm； 2. 龙骨材料种类、规格、中距：与铝合金条板配套的专用龙骨，间距 ≤1200mm； 3. 基层材料种类、规格：2000mm×84mm 宽 R 型铝合金条板	m²	74.73			

续表

序号	项目编码	项目名称	项目特征描述	计量单位	工程量	金额（元）		
						综合单价	合价	其中 暂估价
门窗工程								
9	010801001001	胶合板门	1. 门代号及洞口尺寸：M1（1800mm×2400mm）； 2. 镶嵌玻璃品种、厚度：平板玻璃，6mm	m²	3.78			
10	010802001001	铝合金平开门	1. 门代号及洞口尺寸：M2（900mm×2400mm）； 2. 门框、扇材质：A 型 60 系列； 3. 玻璃品种、厚度：中空玻璃（5+12+5）mm	m²	3.78			
11	010807001001	塑钢平开窗	1. 窗代号及洞口尺寸：C1（1500mm×1500mm）； 2. 框、扇材质：D 型 60 系列； 3. 玻璃品种、厚度：中空玻璃（4+12+4）mm	m²	11.25			
油漆、涂料、裱糊工程								
12	011407001001	墙面喷刷涂料	1. 基层类型：抹灰面； 2. 喷刷涂料部位：内墙面； 3. 腻子种类：普通成品腻子； 4. 刮腻子要求：满足施工及验收规范要求； 5. 涂料品种、喷刷遍数：乳胶漆、底漆一遍、面漆两遍	m²	113.66			
措施项目								
13	011701001001	综合脚手架	1. 建筑结构形式：砖混结构； 2. 檐口高度：3.50m	m²	85.25			
14	011703001001	垂直运输	1. 建筑物建筑类型及结构形式：房屋建筑、砖混结构； 2. 建筑物檐口高度、层数：3.50m、一层	m²	85.25			

7.18 实例 7-18

1. 背景资料

图 7-75～图 7-78 为单层房屋施工图。

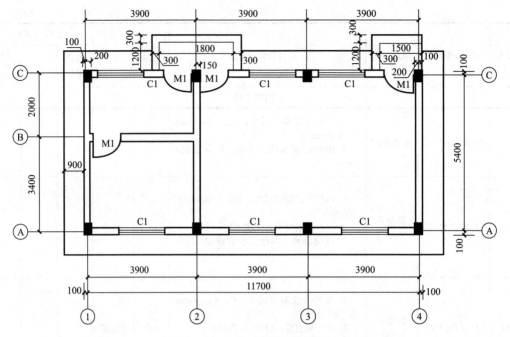

图 7-75　建筑平面图

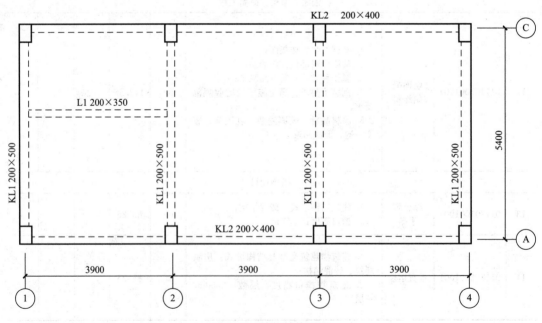

图 7-76　楼板结构面图

说明：标高为 3.100m，板厚为 120mm

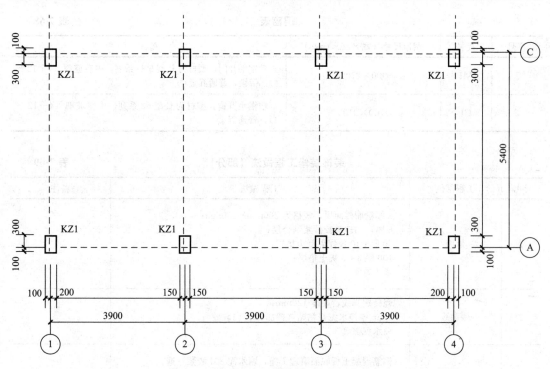

图 7-77 框架柱网平面图

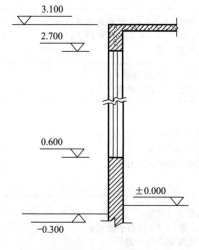

图 7-78 墙身详图

（1）设计说明

1）该工程为框架结构，室外地坪标高为－0.300m，基础梁顶面标高－0.350m。

2）门窗洞口尺寸如表 7-68 所示，均不设门窗套。居中安装，框宽均为 100mm，门为水泥砂浆后塞口，窗为填充剂后塞口。

3）装饰装修工程做法（部分）如表 7-69 所示。

门窗表　　　　　　　　　　　　　表 7-68

序号	代号	洞口尺寸（宽×高）(mm)	备注
1	M1	900×2100	塑钢平开门，型材为 E 型 60G 系列，中空玻璃（4＋12＋4），带锁，普通五金
2	C1	1700×2100	塑钢平开窗，型材为 C 型 62 系列，中空玻璃（4＋12＋4），普通五金

装饰装修工程做法（部分）　　　　　　　　表 7-69

序号	工程部位	工程做法	备注
1	地面	8 厚釉面砖面层，规格为 200mm×200mm； 6 厚1：3建筑胶砂浆结合层； 50 厚C10 预拌混凝土垫层； 100 厚3：7 灰土垫层； 素土夯实	
2	踢脚线	瓷砖踢脚线，高度120mm； 4mm 厚纯水泥浆粘贴（掺加 20％白乳胶）； 白水泥擦缝	
3	天棚	钢筋混凝土板底面清理干净，刷水泥 801 胶浆一遍； 7mm 厚1：1：4水泥石灰砂浆； 面层 5mm 厚1：0.5：3水泥石灰砂浆； 满刮普通成品腻子膏两遍； 刷内墙乳胶漆三遍（底漆一遍，面漆两遍）	
4	内墙面	5mm 厚1：0.5：3水泥石灰砂浆； 15mm 厚 1：1：6 水泥石灰砂浆； 素水泥浆一道	
5	外墙面	8mm 厚1：2水泥砂浆； 12mm 厚1：3水泥砂浆	图中未注明的墙厚均为 200mm
6	框架柱	框架柱截面尺寸为 300mm×400mm，其中 KZ1 标高为 −0.600～3.100m； 梁顶标高均同板顶标高	未注明定位尺寸的梁均沿轴线居中或有一边贴柱边；所有未标注定位尺寸的框架柱均沿轴线居中
7	台阶	铜防滑条（成品） 12mm 厚1：2水泥石子磨光； 素水泥浆结合层一遍； 18mm 厚1：3水泥砂浆； 素水泥浆结合层一遍； 60mm 厚 C15 混凝土台阶（厚度不包括踏步三角部分）； 300mm 厚3：7 灰土； 素土夯实	防滑条用 φ3.5 塑料胀管固定，中距≤300mm

（2）施工说明

1）土壤类别为三类土壤，人工挖土，土方全部通过人力车运输堆放在现场 50m 处，人工回填，均为天然密实土壤，余土外运 1km。

2）散水不考虑土方挖填，混凝土垫层原槽浇捣，挖土方不放坡不设挡土板，垂直运输机械考虑卷扬机，不考虑夜间施工、二次搬运、冬雨期施工、排水、降水。

3）所有混凝土均为现场搅拌。

（3）计算说明：

1）块料面层计算时，应考虑突出内墙面的框架柱所占的面积；室外台阶平台面积计入地面工程量。

2）门洞口侧边踢脚线按 0.050m 计算，外墙门洞，按单面计算。

3）门窗侧面、顶面和窗底面的抹灰不计算。

4）装饰工程计算范围

① 楼地面，只计算的地面、踢脚线、台阶、散水。

② 天棚。

③ 墙面，只计算外墙、内墙、台阶。

④ 门窗，不计算窗台板、油漆、玻璃及特殊五金。

⑤ 措施项目，仅计算综合脚手架、垂直运输。

5）计算工程数量以"m"、"m³"、"m²"为单位，步骤计算结果保留三位小数，最终计算结果保留两位小数。

2. 问题

根据以上背景资料及现行国家标准《建设工程工程量清单计价规范》（GB 50500—2013）、《房屋建筑与装饰工程工程量计算规范》（GB 50854—2013）及其他相关文件的规定，试列出该工程要求计算项目的分部分项工程量清单。

3. 参考答案（表 7-70 和表 7-71）

清单工程量计算表   表 7-70

工程名称：某装饰工程

序号	项目编码	清单项目名称	计算式	工程量合计	计量单位
		建筑面积	$S=(11.7+0.1\times2)\times(5.4+0.1\times2)=66.64m^2$	66.64	m²
1	010404001001	地面灰土垫层	$V=(11.7-0.2)\times(5.4-0.2)\times0.1=5.98m^3$	5.98	m³
2	011102003001	釉面砖地面	1. 室内投影面积： $S_1=(11.7-0.2)\times(5.4-0.2)-(5.4-0.2+3.9-0.2)\times0.2=58.02m^2$ 2. 增加门洞口面积（不考虑门框）： $S_2=0.2\times0.9\times4=0.72m^2$ 3. 扣除突出内墙面的柱面积： $S_3=0.1\times0.4\times2+0.1\times0.2\times2+0.05\times0.2\times3+0.05\times0.4+0.3\times0.2\times2=0.29m^2$ 4. 小计：$S=58.02+0.72-0.29=58.45m^2$	58.45	m²
3	011101002001	现浇水磨石楼地面	室外台阶平台计入地面工程量： $S=(1.2-0.3)\times(2.4-0.3\times4)+(1.2-0.3)\times(1.8-0.3\times2)=2.16m^2$	2.16	m²

序号	项目编码	清单项目名称	计算式	工程量合计	计量单位
4	011105003001	瓷砖踢脚线	门洞口侧边宽按 0.05 计算，外墙门洞，按单面计算。 1. 踢脚线投影长度： $L_1=(11.7-0.1\times2-0.2)\times2+(3.9-0.1\times2)\times2+(5.4-0.1\times2-0.2)\times2+(5.4-0.1\times2)\times2=50.4m$ 2. 扣除门洞口 $L_2=0.9\times4=3.6m$ 3. 增加门洞口侧边： $L_3=0.05\times10=0.5m$ 4. 增加突出内墙面的柱边： $L_4=(0.4-0.2)\times4=0.8m$ 5. 小计： $L=50.4-3.6+0.5+0.8=48.1m$	48.10	m
5	011107005001	现浇水磨石台阶面	方法一： 1. ②轴上台阶面面积： $S_1=(1.2+0.3)\times2\times0.3+1.8\times0.3+(1.8-0.3\times2)\times0.3+1.2\times2\times0.3=2.52m^2$ 2. ④轴上台阶面面积： $S_2=(1.2+0.3)\times0.3+1.5\times0.3+(1.5-0.3)\times0.3+1.2\times0.3=1.62m^2$ 3. 小计： $S=2.52+1.62=4.14m^2$ 方法二： 1. ②轴上台阶面面积： $S_1=(1.2+0.3)\times2\times0.3\times2+(1.8-0.3\times2)\times0.3\times2=2.52m^2$ 2. ④轴上台阶面面积： $S_2=(1.2+0.3)\times2\times0.3+(1.5-0.3)\times0.3\times2=1.62m^2$ 3. 小计： $S=2.52+1.62=4.14m^2$	4.14	m²
6	011201001001	外墙面一般抹灰	1. 外墙投影面积： $S_1=(11.7+0.1\times2+5.4+0.1\times2)\times(3.1+0.3)\times2=119.0m^2$ 2. 扣除台阶投影面积： $S_2=2.4\times0.15+(2.4-0.3\times2)\times0.15+1.8\times0.15+(1.8-0.3)\times0.15=1.125m^2$ 3. 扣除门窗洞口面积： $S_3=0.9\times2.1\times3+1.7\times2.1\times6=27.09m^2$ 4. 小计： $S=119.0-1.125-27.09=90.79m^2$	90.79	m²

续表

序号	项目编码	清单项目名称	计算式	工程量合计	计量单位
7	011201001002	内墙面一般抹灰	1. Ⓐ、Ⓒ轴～②、④轴： $S_1=[(7.8-0.2)\times2+(5.4-0.2)\times2+0.2\times4]\times(3.1-0.12)=78.672m^2$ 2. 扣除门窗洞口面积： $S_2=0.9\times2.1\times2+1.7\times2.1\times4=18.06m^2$ 3. Ⓐ、Ⓒ轴～①、②轴： $S_3=[(3.9-0.2)\times4+(3.4-0.1-0.3)\times2+(2.0-0.1-0.1)\times2]\times(3.1-0.12)=72.712m^2$ 4. 扣除门洞 2M1 的面积： $S_4=0.9\times2.1\times2+1.7\times2.1\times2=10.92m^2$ 5. 小计： $S=78.672-18.06+72.172-10.92=121.86m^2$	121.86	m²
8	011301001001	天棚抹灰	$S=(11.7-0.2)\times(5.4-0.2)+(0.5-0.12)\times(5.4-0.3\times2)\times4-0.2\times(0.35-0.12)+(0.35-0.12)\times(3.9-0.1\times2)$ $=67.90m^2$	67.90	m²
9	010802001001	塑钢平开门	$S=0.9\times2.1\times4=7.56m^2$	7.56	m²
10	010807001001	塑钢平开窗	$S=1.7\times2.1\times6=21.42m^2$	21.42	m²
11	011701001001	综合脚手架	$S=$建筑面积$=(11.7+0.1\times2)\times(5.4+0.1\times2)=66.64m^2$	66.64	m²
12	011702014001	有梁板	1. 板模板 $S_1=(11.7+0.2)\times(5.4+0.2)=66.64m^2$ 2. 梁侧模板 $S_2=[(0.5-0.12+0.5)+(0.5-0.12)\times2]\times2\times(5.4+0.1\times2-0.3\times2)+(0.4-0.12+0.4)\times2\times(11.7-0.2\times2-0.3\times2)+(0.35-0.12)\times2\times(3.9-0.1\times2)$ $=16.4+14.552+1.702$ $=32.654m^2$ 3. 小计： $S=66.64+32.654=99.29m^2$	99.29	m²
13	011703001001	垂直运输	$S=$建筑面积$=(11.7+0.1\times2)\times(5.4+0.1\times2)=66.64m^2$	66.64	m²

注：1. 门窗以平方米计量。
2. 门侧壁考虑踢脚线。
3. 墙抹灰工程量计算根据规范规定，不扣踢脚线，门窗侧壁亦不增加。

分部分项工程和单价措施项目清单与计价表　　　表 7-71

工程名称：某装饰工程　　　　　　　　　　　　　　　　　　　　　　第 1 页　共 1 页

序号	项目编码	项目名称	项目特征描述	计量单位	工程量	金额（元）		
						综合单价	合价	其中暂估价
楼地面装饰工程								
1	010404001001	地面灰土垫层	垫层材料种类、配合比、厚度：3：7灰土、100mm 厚	m³	5.98			
2	011102003001	釉面砖地面	1. 找平层厚度、砂浆配合比：20mm 厚1：3水泥砂浆找平层； 2. 结合层厚度、砂浆配合比：6mm 厚1：3建筑砂浆结合层； 3. 面层材料品种、规格、颜色：8mm 厚釉面砖、200mm×200mm、米色； 4. 嵌缝材料种类：白水泥	m²	58.45			
3	011101002001	现浇水磨石楼地面	1. 找平层厚度、砂浆配合比：18mm厚1：3水泥砂浆； 2. 面层厚度、水泥石子浆配合比：12mm厚1：2水泥石子； 3. 嵌条材料种类、规格：铜防滑条（成品）； 4. 石子种类、规格、颜色：详见设计； 5. 颜料种类、颜色：详见设计； 6. 图案要求：详见设计； 7. 磨光、酸洗、打蜡要求：详见设计	m²	2.16			
4	011105003001	瓷砖踢脚线	1. 踢脚线高度：120mm； 2. 粘结层厚度、材料种类：4mm 厚纯水泥浆粘贴（掺加 20％白乳胶）； 3. 面层材料种类：瓷砖面层，白水泥擦缝	m	48.10			
5	011107005001	现浇水磨石台阶面	1. 找平层厚度、砂浆配合比：18mm厚1：3水泥砂浆； 2. 面层厚度、水泥石子浆配合比：12mm厚1：2水泥石子； 3. 嵌条材料种类、规格：铜防滑条（成品）； 4. 石子种类、规格、颜色：详见设计； 5. 颜料种类、颜色：详见设计； 6. 磨光、酸洗、打蜡要求：详见设计	m²	4.14			

续表

序号	项目编码	项目名称	项目特征描述	计量单位	工程量	金额（元）		
						综合单价	合价	其中
								暂估价
墙柱面装饰工程								
6	011201001001	外墙面一般抹灰	1. 墙体类型：砌块墙； 2. 底层厚度、砂浆配合比：12mm 厚 1：3水泥砂浆； 3. 面层厚度、砂浆配合比：8mm 厚 1：2水泥砂浆	m²	90.79			
7	011201001001	内墙面一般抹灰	1. 墙体类型：砌块墙； 2. 底层厚度、砂浆配合比：素水泥砂浆一遍，15mm 厚 1：1：6 水泥石灰砂浆； 3. 面层厚度、砂浆配合比：5mm 厚 1：0.5：3水泥石灰砂浆	m²	121.86			
天棚工程								
8	011301001001	天棚抹灰	1. 基层类型：混凝土板底； 2. 抹灰厚度、材料种类：12mm 厚水泥石灰砂浆； 3. 砂浆配合比：水泥 801 胶浆一遍，7mm 厚 1：1：4 水泥石灰砂浆，5mm 厚 1：0.5：3水泥石灰砂浆	m²	67.90			
门窗工程								
9	010802001001	塑钢平开门门	1. 门代号及洞口尺寸：M1、900mm×2100mm； 2. 门框、扇材质：E 型 60G 系列； 3. 玻璃品种、厚度：中空玻璃（4＋12＋4）mm	m²	7.56			
10	010807001001	塑钢平开窗	1. 窗代号及洞口尺寸：C1、1700mm×2100mm； 2. 框、扇材质：C 型 62 系列； 3. 镶嵌玻璃品种、厚度：中空玻璃（4＋12＋4）mm	m²	21.42			
措施项目								
11	011701001001	综合脚手架	1. 建筑结构形式：框架结构； 2. 檐口高度：3.28m	m²	66.64			
12	011702014001	有梁板		m²	99.29			

续表

序号	项目编码	项目名称	项目特征描述	计量单位	工程量	金额（元）		
						综合单价	合价	其中
								暂估价
措施项目								
13	011703001001	垂直运输	1. 建筑物建筑类型及结构形式：框架结构； 2. 建筑物檐口高度、层数：3.28m、一层	m²	66.64			

注：现浇混凝土梁、板支撑高度小于3.6m时，项目特征可不描述支撑高度。

7.19 实例7-19

1. 背景资料

图7-79～图7-83为某单层房屋部分施工图。

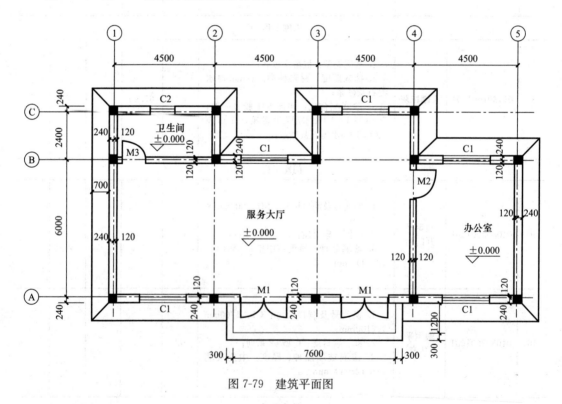

图7-79 建筑平面图

（1）设计说明

1）该工程为框架结构，室外地坪标高为—0.300m。

2）图中外墙为360mm厚多孔砖墙。非承重墙体采用混凝土小型空心砌块，240mm厚。

3）门窗洞口尺寸如表7-72所示，均不设门窗套。门、窗居墙中布置，门窗均为填充剂后塞口。

门窗洞口过梁宽度同墙厚，高度均为 200mm，长度为洞口两侧各加 150mm。

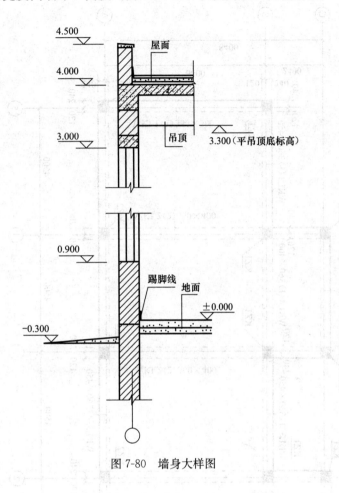

图 7-80 墙身大样图

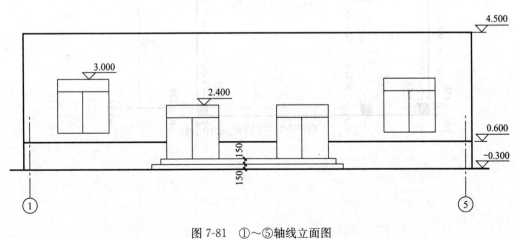

图 7-81 ①~⑤轴线立面图

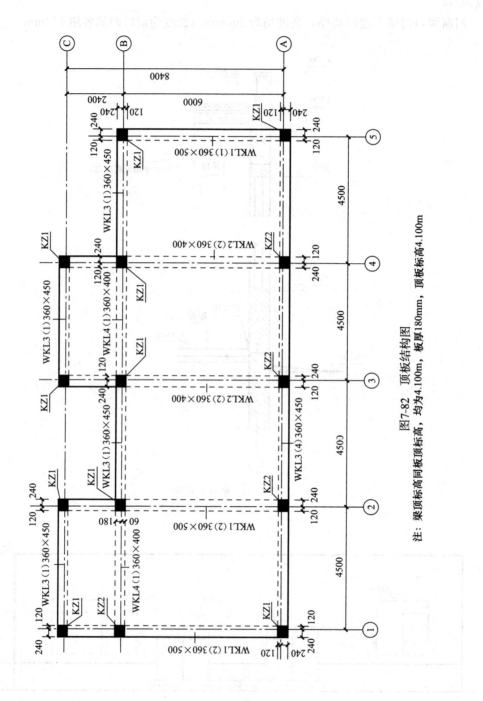

图7-82 顶板结构图

注：梁顶标高同板顶标高，均为4.100m，板厚180mm，顶板标高4.100m

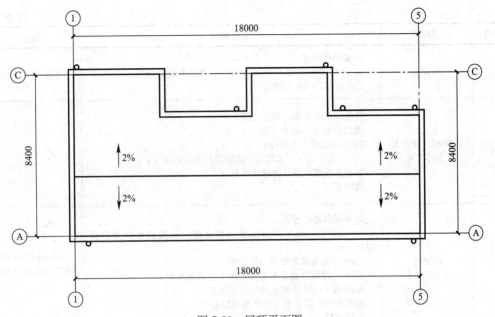

图 7-83 屋顶平面图

门窗表   表 7-72

序号	代号	洞口尺寸（宽×高）(mm)	备注
1	M1	1800×2400	塑钢平开门，型材为 E 型 60F 系列，中空玻璃（4＋12＋4），带锁，普通五金
2	M2	1200×2100	
3	M3	900×2100	普通胶合板木门，单层玻璃 6mm，带锁，普通五金
4	C1	1800×2100	塑钢平开窗，型材为 D 型 60 系列，中空玻璃（4＋12＋4），普通五金
5	C2	800×800	

4）部分装饰装修工程做法如表 7-73 所示。

部分装饰装修工程做法   表 7-73

序号	工程部位	工程做法	备注
1	地面（服务大厅和办公室）	稀水泥浆灌缝，打蜡出光； 25mm 厚 800mm×800mm 预制水磨石板； 20mm 厚1：3水泥砂浆结合层，表面撒水泥粉； 1.5mm 厚聚氨酯防水层（两道） 最薄处 20mm 厚1：3水泥砂浆找坡层，抹平； 水泥浆一道（内掺建筑胶）； 80mm 厚 C15 混凝土垫层； 夯实土	
2	地面（卫生间）	干水泥擦缝； 20mm 厚 200mm×200mm 水泥花砖； 30mm 厚1：3水泥砂浆结合层，表面撒水泥粉； 1.5mm 厚聚氨酯防水层（两道） 最薄处 20mm 厚1：3水泥砂浆找坡层，抹平； 水泥浆一道（内掺建筑胶）； 80mm 厚 C15 混凝土垫层； 夯实土	

装饰工程工程量清单编制实例详解

续表

序号	工程部位	工程做法	备注
3	踢脚线	稀水泥浆擦缝； 铺贴8～10mm厚150mm×600mm黑色釉面砖面层； 10mm厚1：2水泥砂浆	高度为150mm
4	内墙面（服务大厅和办公室）	乳胶漆底漆一遍，面积二遍； 满刮普通成品腻子一遍； 2mm厚纸筋石灰罩面； 12mm厚1：3：9水泥石灰膏砂浆打底分层抹平； 刷素水泥浆一道（内掺建筑胶）； 清理基层	
5	内墙面（卫生间）	白水泥擦缝，密缝； 8mm厚250mm×330mm米白墙面砖（粘贴前墙砖充分浸湿）； 4mm厚强力胶粉泥粘结层揉搓压实； 1.5mm厚聚合物水泥基复合防水涂料防水层； 9mm厚1：3水泥砂浆分层压实抹平； 素水泥浆一道甩毛（内掺建筑胶）； 基层处理	60mm厚隔墙铺贴瓷砖高至吊顶底面
6	吊顶天棚（服务大厅和办公室）	吸声板板接缝处嵌缝腻子，贴嵌缝纸带； 天棚面满刮腻子两遍，刷白色乳胶漆底漆一遍、面漆两遍； 9mm厚600mm×600mm矿棉装饰吸声板面层； U形轻钢龙骨横撑CB50mm×20mm，中距1200mm； U形轻钢次龙骨CB60mm×27mm，中距429mm； 吊杆为φ6，长为580mm，双向吊点，中距1200mm	U形轻钢龙骨（单层吊挂式）
7	吊顶天棚（卫生间）	防水防霉涂料三遍； 刮嵌缝腻子； 9mm厚PVC条板面层（200mm×800mm）； φ6钢筋吊杆、双向吊点、长为580mm U形轻钢龙骨38mm×12mm×0.1mm，中距1000mm； 次龙骨50mm×19×0.5mm，中距450mm； 覆面横撑龙骨50mm×19mm×0.5mm，中距60mm； 现浇钢筋混凝土板	
8	外墙面	涂饰第二遍面层苯丙涂料 涂饰面层苯丙涂料； 涂饰苯丙底涂料； 填补缝隙、局部腻子、磨平； 6mm厚1：2.5水泥砂浆抹平； 12mm厚1：3水泥砂浆打底扫毛或划出纹道	
9	外墙裙	白水泥擦缝； 铺贴300mm×300mm褐色陶瓷面砖（缝宽5mm）； 12mm厚1：1水泥砂浆结合层； 14mm厚1：3水泥砂浆打底抹平	外墙裙高度600mm
10	女儿墙	内侧抹灰： 5mm厚1：0.5：3水泥石灰砂浆； 15mm厚1：1：6水泥石灰砂浆； 素水泥砂浆一遍	外侧抹灰同外墙

续表

序号	工程部位	工程做法	备注
11	台阶	铜防滑条（成品）； 20mm厚1：2.5水泥砂浆面层； 素水泥浆一道（内掺建筑胶）； 60mm厚C15混凝土，台阶面向外坡1%； 300mm厚5～32mm卵石灌M2.5混合砂浆，宽出面层100mm； 素土夯实	防滑条用ϕ3.5塑料胀管固定，中距≤300mm

（2）施工说明

1）土壤类别为三类。

2）垂直运输机械考虑卷扬机，不考虑夜间施工、二次搬运、冬雨期施工、排水、降水。

3）地面垫层采用C10混凝土，现场搅拌；其他构件采用商品混凝土。

（3）计算说明

1）台阶室外平台计入地面工程量。

2）内墙门窗洞口侧面、顶面和窗底面均抹灰、刷乳胶漆，其中抹灰不计算、乳胶漆计算宽度均按100mm计算（M2、M3洞口，按70mm计算）。内墙抹灰高度算至吊顶底面。

内墙贴块料，其窗洞口侧面、顶面和窗底面的计算宽度按100mm计算（M3洞口，按70mm计算）。归入零星项目。

3）门洞口侧壁不计算踢脚线。

4）外墙M1门洞口底面积全部按块料面层计算。

5）计算范围：

① 地面。

② 天棚，不考虑灯槽面积。

③ 墙面，仅计算抹灰。

④ 踢脚线，门洞口侧面不计算。

⑤ 涂料，仅计算内墙面。

⑥ 室外台阶，立面抹灰不计算。

⑦ 门窗，不计算窗台板、油漆、玻璃及特殊五金。

⑧ 措施项目，只计算综合脚手架、垂直运输。

6）计算工程数量以"m"、"m³"、"m²"为单位，步骤计算结果保留三位小数，最终计算结果保留两位小数。

2. 问题

根据以上背景资料及现行国家标准《建设工程工程量清单计价规范》（GB 50500—2013）、《房屋建筑与装饰工程工程量计算规范》（GB 50854—2013）及其他相关文件的规定，试列出该工程要求计算项目的分部分项工程量清单。

3. 参考答案（表 7-74 和表 7-75）

清单工程量计算表

表 7-74

工程名称：

序号	项目编码	清单项目名称	计算式	工程量合计	计量单位
1	011102003001	块料楼地面（服务大厅和办公室）	大理石地面，门洞口面积计入地面工程，外墙 M1 门洞口底面积全部按块料面层计算。 1. 服务大厅地面面积（含 M1 门洞口面积）： $S_1=(4.5\times3-0.12\times2)\times(6.0-0.12\times2)+(4.5-0.12\times2)\times2.4+1.8\times0.36\times2$ $=87.898m^2$ 2. 办公室地面面积（含 M2 门洞口面积）： $S_2=(4.5-0.12\times2)\times(6.0-0.12\times2)+1.2\times0.24=24.826m^2$ 3. 小计： $S=87.898+24.826=112.72m^2$	112.72	m²
2	011102003002	块料楼地面（卫生间）	卫生间地砖地面。 $S=(4.5-0.12\times2)\times(2.4-0.12\times2)+0.9\times0.24=9.42m^2$	9.42	m²
3	011101001001	水泥砂浆楼地面	室外平台计入地面工程量（不含门洞口面积）。 $S=(1.2-0.30)\times(7.6-0.3\times2)=6.30m^2$	6.30	m²
4	011107004001	水泥砂浆台阶面	台阶最上层踏步宽度为边沿加 300mm。 $S=[(1.2+0.3)\times2+7.6+1.2\times2+7.2-0.3\times2]\times0.3=5.88m^2$	5.88	m²
5	011105003001	块料踢脚线	门洞口侧面不计算，卫生间无踢脚线。 1. 服务大厅踢脚线长度（扣除门洞口）： $L_1=(4.5\times3-0.12\times2)\times2+(6.0-0.12\times2)\times2+2.4\times2-1.8\times2-1.2-0.9$ $=37.140m$ 2. 办公室踢脚线长度（扣除门洞口）： $L_2=(4.5-0.12\times2)\times2+(6.0-0.12\times2)-1.2$ $=13.080m$ 3. 小计： $L=37.140+13.080=50.22m$	50.22	m
6	011204003001	块料外墙裙	外墙裙高度为 600mm。 1. 外墙外边线长度： $L外=(4.5\times4+0.24\times2+6.0+2.4+0.24\times2)\times2+2.4\times2=59.520m$ 2. 外墙裙垂直投影面积： $S_1=59.520\times0.6=35.712m^2$ 3. 扣除室外台阶垂直面所占面积： $S_2=(7.6+7.6+0.3\times2)\times0.15=2.370m^2$ 4. 扣除外墙门洞口所占的面积： $S_3=1.8\times(0.6-0.15\times2)\times2=1.080m^2$ 5. 小计： $S=35.712-2.370-1.080=32.26m^2$	32.26	m²

续表

序号	项目编码	清单项目名称	计算式	工程量合计	计量单位
7	011201001001	外墙一般抹灰	室外地坪标高为 -0.300m，女儿墙墙顶标高为 4.50m。 1. 外墙垂直投影面积（含女儿墙外立面）： $S_1 = 59.520 \times (0.3 + 4.50) = 285.696$m² 2. 扣除外墙上门窗洞口所占面积： $S_2 = 1.8 \times 2.1 \times 5 + 0.8 \times 0.8 + 1.8 \times 2.4 \times 2 = 28.180$m² 3. 扣除室外台阶垂直面所占面积： $S_3 = (7.6 + 7.6 + 0.3 \times 2) \times 0.15 = 2.370$m² 4. 扣除外墙裙所占面积： $S_4 = 32.26$m² 5. 小计： $S = 285.696 - 28.180 - 2.370 - 32.26 = 222.89$m²	222.89	m²
8	011201001002	女儿墙内面抹灰	女儿墙厚度为 240mm，高度为 $4.500 - 4.000 = 0.50$m。 1. 女儿墙内边线长度： $L = 4.5 \times 4 + 6.0 + 2.4) \times 2 + 2.4 \times 2 = 33.600$m 2. 女儿墙内面抹灰面积： $S = 33.600 \times 0.50 = 16.80$m²	16.80	m²
9	011201001003	内墙一般抹灰	室内地面标高为 ± 0.000m，内墙抹灰高度算至吊顶底，即 3.300m。 1. 服务大厅内墙面积（扣除门窗洞口）： $S_1 = [(4.5 \times 3 - 0.12 \times 2) \times 2 + (6.0 - 0.12 \times 2) \times 2 + 2.4 \times 2)] \times 3.30 - 1.8 \times 2.4 \times 2 - 1.2 \times 2.1 - 0.9 \times 2.1$ $= 42.84 \times 3.3 - 1.8 \times 2.4 \times 2 - 1.2 \times 2.1 - 0.9 \times 2.1 - 1.8 \times 2.1 \times 3$ $= 116.982$m² 2. 办公室（扣除门窗洞口）： $S_2 = (4.5 - 0.12 \times 2 + 6.0 - 0.12 \times 2) \times 2 \times 3.3 - 1.2 \times 2.1 - 1.8 \times 2.1 \times 2 = 56.052$m² 3. 小计： $S = 116.982 + 56.052 = 173.03$m²	173.03	m²
10	011204003002	卫生间块料墙面	卫生间吊顶地面标高 3.300m。 1. 卫生间内墙垂直投影面积： $S_1 = [(4.5 - 0.12 \times 2) \times 2 + (2.4 - 0.12 \times 2) \times 2] \times 3.3 = 42.372$m² 2. 扣除门窗洞口面积： $S_2 = 0.9 \times 2.1 + 0.8 \times 0.8 = 2.53$m² 3. 小计： $S = 42.372 - 2.53 = 39.84$m²	39.84	m²

续表

序号	项目编码	清单项目名称	计算式	工程量合计	计量单位
11	011204003003	块料零星项目	卫生间门窗洞口侧面、顶面、窗底面的铺贴块料面积计入块料零星项目。 1. M3 门洞口： $S_1=(0.9+2.1\times2)\times0.070=0.357m^2$ 2. C2 窗洞口： $S_2=(0.8+0.8)\times2\times0.100=0.320m^2$ 3. 小计： $S=0.357+0.320=0.68m^2$	0.68	m²
12	011302001001	服务大厅和办公室吊顶天棚	1. 服务大厅地面面积（不含 M1 门洞口面积）： $S_1=(4.5\times3-0.12\times2)\times(6.0-0.12\times2)+(4.5-0.12\times2)\times2.4$ $=86.602m^2$ 2. 办公室地面面积（不含 M2 门洞口面积）： $S_2=(4.5-0.12\times2)\times(6.0-0.12\times2)=24.538m^2$ 3. 小计： $S=86.602+24.538=111.14m^2$	111.14	m²
13	011302001002	卫生间吊顶天棚	卫生间吊顶天棚面积（不含门窗洞口）： $S=(4.5-0.12\times2)\times(2.4-0.12\times2)=9.20m^2$	9.20	m²
14	010801001001	胶合板门	M3：$0.9\times2.1=1.89m^2$	1.89	m²
15	010802001001	塑钢平开门	M1：$1.8\times2.4\times2=8.64m^2$ M2：$1.2\times2.1=2.52m^2$	11.16	m²
16	010807001001	塑钢平开窗	C1：$1.8\times2.1\times5=18.90m^2$ C2：$0.8\times0.8=0.64m^2$	19.54	m²
17	011407001001	内墙面喷刷涂料	1. 内墙一般抹灰面积： $S_1=173.03m^2$ 2. 扣除踢脚线面积： $S_2=50.22\times0.150=7.533m^2$ 3. 增加门洞口侧面面积： M1：$S_3=(1.8+2.4\times2)\times2\times0.100=1.320m^2$ M2：$S_4=(1.2+2.1\times2)\times2\times0.070=0.756m^2$ C1：$S_5=(1.8+2.1)\times2\times5\times0.100=3.900m^2$ 4. 小计： $S=173.03-7.533+1.320+0.756+3.900=171.47m^2$	171.47	m²
18	011701001001	综合脚手架	$S=$建筑面积$=(4.5\times4+0.24\times2)\times(6.0+2.4+0.24\times2)-2.4\times(4.5-0.24\times2)-2.4\times4.5=143.65m^2$	143.65	m²
19	011703001001	垂直运输	同上	143.65	m²

注：1. 门窗以平方米计量。
2. 门侧壁不考虑踢脚线。
3. 墙抹灰工程量计算根据规范规定，不扣踢脚线，门窗侧壁亦不增加。
4. 墙面喷刷涂料工程量计算，扣除踢脚线、门窗洞口面积，增加门窗侧边、柱侧边面积。
5. 卫生间门窗洞口侧面、顶面、窗底面的铺贴块料面积计入块料零星项目。

分部分项工程和单价措施项目清单与计价表 表 7-75

工程名称：某装饰工程

第 1 页 共 1 页

序号	项目编码	项目名称	项目特征描述	计量单位	工程量	金额（元）		
						综合单价	合价	其中 暂估价
			楼地面装饰工程					
1	011102003001	块料楼地面	1. 找平层厚度、砂浆配合比：最薄处 20mm 厚1：3水泥砂浆； 2. 结合层厚度、砂浆配合比：20mm 厚1：3水泥砂浆结合层，表面撒水泥粉； 3. 面层材料品种、规格、颜色：25mm 厚 800mm×800mm 预制水磨石板； 4. 嵌缝材料种类：稀水泥浆灌缝，打蜡出光	m²	112.72			
2	011102003002	块料楼地面	1. 找平层厚度、砂浆配合比：最薄处 20mm 厚1：3水泥砂浆； 2. 结合层厚度、砂浆配合比：30mm 厚1：3水泥砂浆结合层，表面撒水泥粉； 3. 面层材料品种、规格、颜色：20mm 厚 200mm×200mm 水泥花砖； 4. 嵌缝材料种类：干水泥擦缝	m²	9.42			
3	011101001001	水泥砂浆楼地面	1. 素水泥浆遍数：一道； 2. 面层厚度、砂浆配合比：20mm 厚 1：2水泥砂浆抹面压光； 3. 面层做法要求：符合施工及验收规范要求	m²	6.30			
4	011107004001	水泥砂浆台阶面	1. 面层厚度、砂浆配合比：20mm 厚 1：2.5水泥砂浆； 2. 防滑条材料种类：铜防滑条（成品）	m²	5.88			
5	011105003001	块料踢脚线	1. 踢脚线高度：150mm； 2. 粘贴层厚度、材料种类：10mm 厚 1：2水泥砂浆； 3. 面层材料品种、规格、颜色：8～10mm 厚 150mm×600mm 黑色釉面砖	m	50.22			
			墙柱面装饰工程					
6	011204003001	块料外墙裙	1. 墙体类型：砖墙； 2. 安装方式：粘贴； 3. 面层材料品种、规格、颜色：300mm×300mm 褐色陶瓷面砖； 4. 缝宽、嵌缝材料种类：5mm、白水泥擦缝	m²	32.26			

续表

序号	项目编码	项目名称	项目特征描述	计量单位	工程量	金额（元）		
						综合单价	合价	其中暂估价
墙柱面装饰工程								
7	011201001001	外墙面一般抹灰	1. 墙体类型：砖墙； 2. 底层厚度、砂浆配合比：12mm 厚1：3水泥砂浆； 3. 面层厚度、砂浆配合比：6mm 厚1：2.5水泥砂浆	m²	222.89			
8	011201001002	女儿墙内面抹灰	1. 墙体类型：砖墙； 2. 底层厚度、砂浆配合比：15mm 厚1：1：6水泥石灰砂浆； 3. 面层厚度、砂浆配合比：5mm 厚1：0.5：3水泥石灰砂浆	m²	16.80			
9	011201001003	内墙一般抹灰	1. 墙体类型：砖墙、砌块墙； 2. 底层厚度、砂浆配合比：2mm 厚纸筋石灰罩面； 3. 面层厚度、砂浆配合比：12mm 厚1：3：9水泥石灰膏砂浆	m²	173.03			
10	011204003002	块料墙面	1. 墙体类型：砖墙、砌块墙； 2. 安装方式：粘贴； 3. 面层材料品种、规格、颜色：8mm 厚250mm×330mm 米白墙面砖； 4. 缝宽、嵌缝材料种类：白水泥擦缝，密缝	m²	39.84			
11	011204003003	块料零星项目	1. 基层类型、部位：抹灰面，卫生间门窗洞口侧面、顶面、窗底面； 2. 安装方式：粘贴； 3. 面层材料品种、规格、颜色：8mm 厚250mm×330mm 米白墙面砖； 4. 缝宽、嵌缝材料种类：白水泥擦缝，密缝	m²	0.68			
天棚工程								
12	011302001001	服务大厅和办公室吊顶天棚	1. 吊顶形式、吊杆规格、高度：单层吊挂式、φ6 钢筋吊杆、双向吊点、长为580mm； 2. 龙骨材料种类、规格、中距：U 形轻钢龙骨横撑 CB50mm×20mm，中距 1200mm；U 形轻钢次龙骨 CB60mm×27mm，中距 429mm； 3. 基层材料种类、规格：9mm 厚600mm×600mm 矿棉装饰吸声板； 4. 面层材料品种、规格：天棚面满刮腻子两遍，刷白色乳胶漆底漆一遍、面漆两遍； 5. 嵌缝材料种类：吸声板板接缝处嵌缝腻子，贴嵌缝纸带	m²	161.28			

序号	项目编码	项目名称	项目特征描述	计量单位	工程量	金额（元）		
						综合单价	合价	其中 暂估价
天棚工程								
13	011302001002	卫生间吊顶天棚	1. 吊顶形式、吊杆规格、高度：单层吊挂式、φ6 钢筋吊杆、双向吊点、长为580mm； 2. 龙骨材料种类、规格、中距： U 形轻钢龙骨 38mm×12mm×0.1mm，中距 1000mm；次龙骨 50mm×19×0.5mm，中距450mm；覆面横撑龙骨 50mm×19×0.5mm，中距 60mm； 3. 基层材料种类、规格：9mm 厚PVC 条板面层（200mm×800mm）； 4. 面层材料品种、规格：防水防霉涂料三遍； 5. 嵌缝材料种类：刮嵌缝腻子	m²	9.20			
门窗工程								
14	010801001001	胶合板门	1. 门代号及洞口尺寸：M3（900mm×2100mm）； 2. 镶嵌玻璃品种、厚度：平板玻璃，6mm	m²	1.89			
15	010802001001	塑钢平开门	1. 门代号及洞口尺寸：M1（1800mm×2400mm）、M2（1200mm×2100mm）； 2. 门框、扇材质：E 型 60F 系列； 3. 玻璃品种、厚度：中空玻璃（4＋12＋4）mm	m²	11.16			
16	010807001001	塑钢平开窗	1. 窗代号及洞口尺寸：C1（1800mm×1500mm）、C2（800mm×800mm）； 2. 框、扇材质：D 型 60 系列； 3. 玻璃品种、厚度：中空玻璃（4＋12＋4）mm	m²	19.54			
油漆、涂料、裱糊工程								
17	011407001001	墙面喷刷涂料	1. 基层类型：抹灰面； 2. 喷刷涂料部位：内墙面； 3. 腻子种类：普通成品腻子； 4. 刮腻子要求：满足施工及验收规范要求； 5. 涂料品种、喷刷遍数：乳胶漆、底漆一遍、面漆两遍	m²	171.47			

续表

序号	项目编码	项目名称	项目特征描述	计量单位	工程量	金额（元）		
						综合单价	合价	其中暂估价
措施项目								
18	011701001001	综合脚手架	1. 建筑结构形式：框架结构； 2. 檐口高度：4.30m	m²	143.65			
19	011703001001	垂直运输	1. 建筑物建筑类型及结构形式：房屋建筑、框架结构； 2. 建筑物檐口高度、层数：4.30m、一层	m²	143.65			

7.20 实例 7-20

1. 背景资料

图 7-84～图 7-89 为单层房屋施工图。

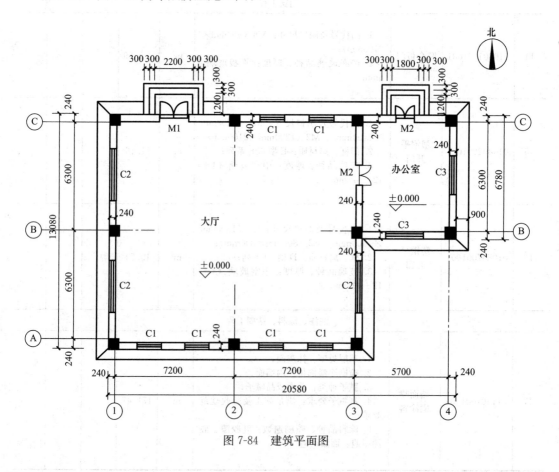

图 7-84 建筑平面图

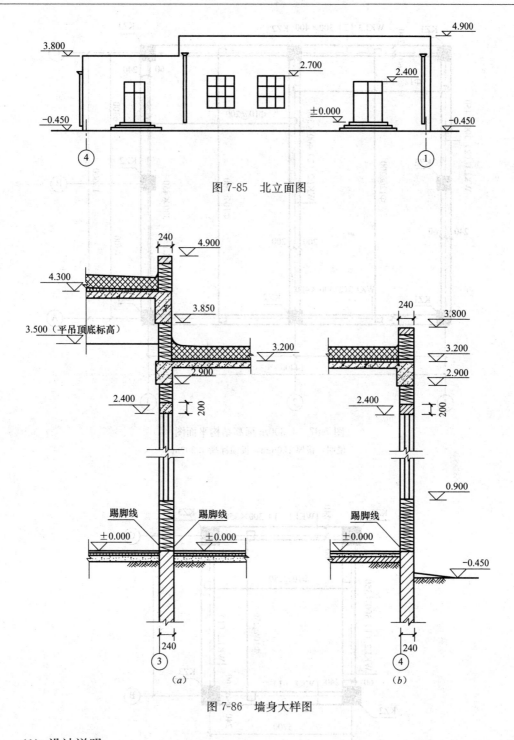

图 7-85 北立面图

图 7-86 墙身大样图

（1）设计说明

1）该工程为框架结构，室外地坪标高为－0.450m。

2）门窗洞口尺寸如表 7-76 所示，均不设门窗套。居中安装，框宽 100mm，木门为水泥砂浆后塞口，塑钢窗为填充剂后塞口。

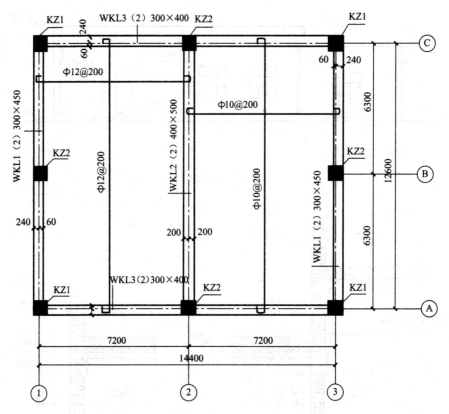

图 7-87 4.300m 标高结构平面图
说明：板厚 120mm，板顶标高 4.300m

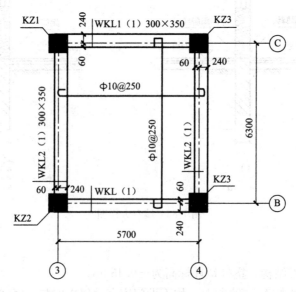

图 7-88 3.200m 标高结构平面图
说明：板厚 100mm，板顶标高 3.200m

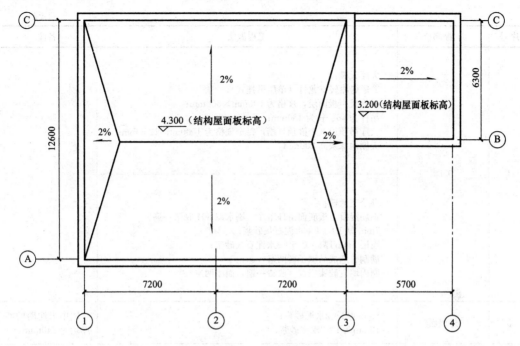

图 7-89 屋面平面图

门窗表 表 7-76

序号	代号	洞口尺寸（宽×高）（mm）	备注
1	M1	1800×2400	实木带亮自由门，单层玻璃 6mm，带锁，普通五金
2	M2	1100×2400	胶合板门，单层玻璃 6mm，带锁，普通五金
3	C1	1200×1800	塑钢平开窗，型材为 D 型 60 系列，中空玻璃（4＋12＋4），普通五金
4	C2	2800×1800	
5	C3	2100×1500	

3）装饰装修工程做法（部分）如表 7-77 所示。

装饰装修工程做法（部分） 表 7-77

序号	工程部位	工程做法	备注
1	地面	8mm 厚玻化砖面层，规格为 400mm×400mm； 6mm 厚建筑砂浆结合层； 20mm 厚1：3水泥砂浆找平层； 50mm 厚 C10 混凝土垫层； 100mm 厚 3：7 灰土垫层； 素土夯实	
2	踢脚线	白水泥擦缝 铺贴 120mm×600mm 玻化砖踢脚线； 4mm 厚纯水泥浆粘贴（掺加 20％白乳胶）	高度为 120mm
3	内墙面	5mm 厚1：0.5：3水泥石灰砂浆； 15mm 厚 1：1：6 水泥石灰砂浆； 素水泥浆一道	

续表

序号	工程部位	工程做法	备注
4	天棚	大厅天棚： T形烤漆轻钢龙骨（单层吊挂式）； 矿棉吸声板面层，规格为 600mm×600mm； 吊杆为 φ6、长为 480mm； 大厅吊顶设 8 个嵌顶灯槽，每个规格为 1000mm×250mm； 天棚内抹灰高 200mm 办公室天棚： 钢筋混凝土板底面清理干净，刷水泥 801 胶浆一遍； 7mm 厚 1：1：4 水泥石灰砂浆； 面层 5mm 厚 1：0.5：3 水泥石灰砂浆； 满刮普通成品腻子膏两遍； 刷内墙乳胶漆三遍（底漆一遍，面漆两遍）	
5	外墙面	8mm 厚 1：2 水泥砂浆； 12mm 厚 1：3 水泥砂浆	图中未注明的墙厚均为 240mm
6	框架柱、过梁	框架柱截面尺寸为 480mm×480mm，其中 KZ1 标高为 −1.900～4.300m、KZ2 标高为 −1.900～4.300m、KZ3 标高为 −1.900～3.200m； 墙中过梁宽度同墙厚，高度均为 200mm，长度为洞口两侧各加 250mm	梁顶标高均同板顶标高； 未注明定位尺寸的梁均沿轴线居中或有一边贴柱边； 所有未标注定位尺寸的框架柱均沿轴线居中
7	地砖台阶	10mm 厚地砖，缝宽 5～8mm，1：1 水泥砂浆填缝； 25mm 厚 1：4 干硬性水泥砂浆； 素水泥浆结合层一遍； 60mm 厚 C15 混凝土台阶（厚度不包括踏步三角部分）； 300mm 厚 3：7 灰土； 素土夯实	

（2）施工说明

1）土壤类别为三类土壤，人工挖土，土方全部通过人力车运输堆放在现场 50m 处，人工回填，均为天然密实土壤，余土外运 1km。

2）散水不考虑土方挖填，混凝土垫层原槽浇捣，挖土方不放坡不设挡土板，垂直运输机械考虑卷扬机，不考虑夜间施工、二次搬运、冬雨期施工、排水、降水。

3）所有混凝土均为现场搅拌。

（3）计算说明

1）内墙门窗侧面、顶面和窗底面的抹灰应计算。

2）装饰工程计算范围：

① 楼地面，只计算大厅的地面、踢脚线；室外台阶平台计入地面工程量。

② 天棚，大厅和办公室分别计算。

③ 墙面，只计算大厅内墙抹底灰。

④ 门窗，不计算窗台板、油漆、玻璃及特殊五金。

⑤ 措施项目，仅计算综合脚手架、垂直运输。

3）计算工程数量以"m"、"m³"、"m²"为单位，步骤计算结果保留三位小数，最终计算结果保留两位小数。

2. 问题

根据以上背景资料及现行国家标准《建设工程工程量清单计价规范》（GB 50500—2013）、《房屋建筑与装饰工程工程量计算规范》（GB 50854—2013）及其他相关文件的规定，试列出该工程要求计算项目的分部分项工程量清单。

3. 参考答案（表 7-78 和表 7-79）

清单工程量计算表　　　　　　　　　　　　　　　　　　　　　　表 7-78

工程名称：某装饰工程

序号	项目编码	项目名称	计算式	工程量合计	计量单位
		建筑面积	大厅：$S_1=(14.4+0.24\times2)\times(12.6+0.24\times2)$ $=194.63m^2$ 办公室：$S_2=(6.3+0.24\times2)\times5.7=38.65m^2$ 小计：$S=194.63+38.65=233.28m^2$	233.28	m²
		基数	大厅净面积：$S_1=14.4\times12.6=181.44m^2$ 大厅净周长：$L_1=(14.4+12.6)\times2=54m$ 办公室净面积：$S_2=(5.7-0.24)\times6.3=34.40m^2$ 办公室净周长：$L_2=(5.7-0.24+6.3)\times2=23.52m$ 室外平台 M1 外：$S_3=(2.2-0.3\times2)\times(1.2-0.3)=1.44m^2$ 室外平台 M2 外：$S_4=(1.8-0.3\times2)\times(1.2-0.3)=1.08m^2$		
1	010404001001	地面灰土垫层	$V=(181.44+34.40+1.44+1.08)\times0.1=21.84m^3$	21.84	m³
2	011102003001	玻化砖地面	$S=181.44+34.40+1.8\times0.24+1.1\times0.24-0.24\times0.24\times6-0.24\times0.48\times4$ $=215.73m^2$	215.73	m²
3	011102003002	地砖地面	室外平台面积：$S=1.44+1.08=2.52m^2$	2.52	m²
4	011105003001	玻化砖踢脚线	门洞口侧边不计： $L=54+23.52+(0.24+0.24)\times4-1.8-1.1-1.1=75.44m$	75.44	m

序号	项目编码	项目名称	计算式	工程量合计	计量单位
5	011107002001	地砖台阶面	台阶面 方法一： 1. M1 外台阶面面积： $S_1=(2.2+0.3\times4)\times(1.2+0.3\times2)-1.44=4.68m^2$ 2. M1 外台阶面面积： $S_2=(1.8+0.3\times4)\times(1.2+0.3\times2)-1.08=4.32m^2$ 3. 小计： $S=4.68+4.32=9.00m^2$ 方法二： 1. M1 外台阶面面积： $S_1=(1.2+0.3\times2)\times0.3\times3\times2+(2.2-0.3\times2)\times0.3\times3=4.68m^2$ 2. M1 外台阶面面积： $S_2=(1.2+0.3\times2)\times0.3\times3\times2+(1.8-0.3\times2)\times0.3\times3=4.32m^2$ 3. 小计： $S=4.68+4.32=9.00m^2$	9.00	m²
6	011201001001	内墙面一般抹灰（大厅）	1. 墙面垂直投影面积（天棚内抹灰高度200mm）： $S_1=(54+0.24\times8)\times(3.5+0.2)=206.904m^2$ 2. 扣除大厅内门窗洞口面积： $S_2=1.8\times2.4+1.1\times2.4+1.2\times1.8\times6+2.8\times1.8\times3=35.04m^2$ 3. 增加 3 轴 WKJ（1）上下两面： $S_3=(6.3-0.48)\times0.06\times2=0.698m^2$ 4. 净面积： $S=206.904-35.04+0.698=172.56m^2$	172.56	m²
7	011201001002	内墙面一般抹灰（办公室）	1. 墙面垂直投影面积： $S_1=(5.7-0.24+6.3)\times2\times3.1=72.912m^2$ 2. 扣除办公室内门窗洞口面积： $S_2=1.1\times2.4\times2+2.1\times1.5\times2=11.58m^2$ 3. 净面积： $S=72.912-11.58=61.33m^2$	61.33	m²
8	011302001001	吊顶天棚（大厅）	1. 房间投影面积： $S_1=14.4\times12.6=181.44m^2$ 2. 扣除灯槽面积： $S_2=1\times0.25\times8=2.0m^2$ 3. 小计： $S=181.44-2.0=179.44m^2$	179.44	m²
9	011304001001	灯槽（大厅）	$S=1\times0.25\times8=2.0m^2$	2	m²

序号	项目编码	项目名称	计算式	工程量合计	计量单位
10	011301001001	天棚抹灰（办公室）	$S=(5.7-0.24)\times6.3=34.40\text{m}^2$	34.04	m²
11	010801001001	胶合板木门	$S=1.8\times2.4\times1=4.32\text{m}^2$	4.32	m²
12	010801001002	实木带亮木门	$S=1.1\times2.4\times2=5.28\text{m}^2$	5.28	m²
13	010807001001	塑钢平开窗	$S=1.2\times1.8\times6+2.8\times1.8\times3+2.1\times1.5\times2=34.38\text{m}^2$	34.38	m²
14	011701001001	综合脚手架（大厅）	$S=$建筑面积（大厅）$=(14.4+0.24\times2)\times(12.6+0.24\times2)=194.63\text{m}^2$	194.63	m²
15	011701001002	综合脚手架（办公室）	$S=$建筑面积（办公室）$=(6.3+0.24\times2)\times5.7=38.65\text{m}^2$	38.65	m²
16	011702016001	有梁板模板（大厅）	1. 大厅板模板： $S_1=(14.4-0.06\times2-0.4)\times(12.6-0.06\times2)=173.222\text{m}^2$ 2. 大厅框架梁梁侧模板： WKL1：$S_2=(12.6+0.24\times2-0.48\times3)\times(0.45+0.45-0.12)\times2=18.158\text{m}^2$ WKL2：$S_3=(12.6+0.24\times2-0.48\times2)\times(0.5-0.12)\times2=9.211\text{m}^2$ WKL3：$S_4=(14.4+0.24\times2-0.48\times3)\times(0.4+0.4-0.12)\times2=18.278\text{m}^2$ 3. 小计： $S=173.222+18.158+9.211+18.278=218.87\text{m}^2$	218.87	m²
17	011702016002	有梁板模板（办公室）	1. 办公室板模板： $S_1=(6.3-0.06\times2)\times(5.7-0.24-0.06)=33.372\text{m}^2$ 2. 办公室框架梁梁侧模板： WKL1：$S_2=(5.7-0.24+0.24-0.48)\times(0.35+0.35-0.1)\times2=6.264\text{m}^2$ WKL2： $S_3=(6.3+0.24\times2-0.48\times2)\times(0.35+0.35-0.1)\times2=6.984\text{m}^2$ 3. 小计： $S=33.372+6.264+6.984=46.62\text{m}^2$	46.62	m²
18	011703001001	垂直运输（大厅）	$S=$建筑面积（大厅）$=(14.4+0.24\times2)\times(12.6+0.24\times2)=194.63\text{m}^2$	194.63	m²

序号	项目编码	项目名称	计算式	工程量合计	计量单位
19	011703001002	垂直运输（办公室）	S＝建筑面积（办公室）＝(6.3＋0.24×2)×5.7＝38.65m²	38.65	m²

注：1. 门窗以平方米计量。

2. 门侧壁考虑踢脚线。

3. 地面混凝土垫层，按《房屋建筑与装饰工程工程量计算规范》（GB 50854—2013）附录 E.1 垫层项目编码列项。

4. 墙抹灰工程量计算根据规范规定，不扣踢脚线，门窗侧壁亦不增加。

5. 吊顶天棚工程量计算时，扣除灯槽面积。

分部分项工程和单价措施项目清单与计价表 表 7-79

工程名称：某装饰工程 第 1 页 共 1 页

序号	项目编码	项目名称	项目特征描述	计量单位	工程量	综合单价	合价	其中暂估价
楼地面装饰工程							
1	010404001001	地面灰土垫层	垫层材料种类、配合比、厚度：3：7 灰土、100mm	m³	21.84			
2	011102003001	玻化砖地面	1. 找平层厚度、砂浆配合比：20mm 厚1：3水泥砂浆；2. 结合层厚度、砂浆配合比：6mm 厚1：3建筑砂浆；3. 面层材料品种、规格、颜色：8mm 厚玻化砖，规格为400mm×400mm；4. 嵌缝材料种类：白水泥擦缝	m²	215.73			
3	011102003002	地砖地面	1. 结合层厚度、砂浆配合比：25mm 厚1：4干硬性水泥砂浆；2. 面层材料品种、规格、颜色：10mm 厚400mm×400mm 米黄地砖；3. 嵌缝材料种类：1：1水泥砂浆	m²	2.52			
4	011105003001	玻化砖踢脚线	1. 踢脚线高度：120mm；2. 粘结层厚度、材料种类：4mm 厚纯水泥浆粘贴（掺加 20％白乳胶）；3. 面层材料种类：玻化砖面层，白水泥擦缝	m	75.44			
5	011107002001	地砖台阶面	1. 结合层厚度、砂浆配合比：25mm 厚1：4干硬性水泥砂浆；2. 面层材料品种、规格、颜色：10mm 厚400mm×400mm 米黄地砖；3. 嵌缝材料种类：1：1水泥砂浆	m²	9.00			
墙柱面装饰工程							
6	011201001001	内墙面一般抹灰（大厅）	1. 墙体类型：砖墙；2. 底层厚度、砂浆配合比：素水泥砂浆一遍，15mm 厚1：1：6水泥石灰砂浆；3. 面层厚度、砂浆配合比：5mm 厚1：0.5：3水泥石灰砂浆	m²	172.56			

续表

序号	项目编码	项目名称	项目特征描述	计量单位	工程量	综合单价	合价	暂估价
			墙柱面装饰工程					
7	011201001002	内墙面一般抹灰（办公室）	1. 墙体类型：砖墙； 2. 底层厚度、砂浆配合比：素水泥砂浆一遍，15mm 厚 1：1：6 水泥石灰砂浆； 3. 面层厚度、砂浆配合比：5mm 厚 1：0.5：3 水泥石灰砂浆	m²	61.33			
			天棚工程					
8	011302001001	吊顶天棚	1. 吊顶形式、吊杆规格、高度：单层平吊顶、φ6、480mm； 2. 龙骨材料种类、规格、中距：T 型铝合金龙骨； 3. 面层材料品种、规格：装饰石膏板、600mm×600mm	m²	179.44			
9	011304001001	灯槽（大厅）	1. 灯带形式、尺寸：嵌顶、600mm×600mm； 2. 安装固定方式：嵌入式	m²	2.0			
10	011301001001	天棚抹灰（办公室）	1. 基层类型：混凝土板底； 2. 抹灰厚度、材料种类：12mm 厚水泥石灰砂浆； 3. 砂浆配合比：水泥 801 胶浆一遍，7mm 厚 1：1：4 水泥石灰砂浆，5mm 厚 1：0.5：3 水泥石灰砂浆	m²	34.40			
			门窗工程					
11	010801001001	胶合板木门	1. 门代号及洞口尺寸：M2、900mm×2100mm； 2. 镶嵌玻璃品种、厚度：单层玻璃、6mm	m²	4.32			
12	010801001002	实木带亮木门	1. 门代号及洞口尺寸：M1、1200mm×2400mm； 2. 镶嵌玻璃品种、厚度：单层玻璃、6mm	m²	5.28			
13	010807001001	塑钢平开窗	1. 窗代号及洞口尺寸：C1（2100mm×1800mm），C2（1200mm×1800mm）； 2. 框、扇材质：D 型 60 系列； 3. 镶嵌玻璃品种、厚度：中空玻璃（4+12+4）	m²	34.38			
			措施项目					
14	011701001001	综合脚手架（大厅）	1. 建筑结构形式：框架结构； 2. 檐口高度：4.63m	m²	194.63			
15	011701001002	综合脚手架（办公室）	1. 建筑结构形式：框架结构； 2. 檐口高度：3.55m	m²	38.65			

续表

序号	项目编码	项目名称	项目特征描述	计量单位	工程量	金额（元）		
						综合单价	合价	其中 暂估价
			措施项目					
16	011702016001	有梁板模板（大厅）	支撑高度：4.18m	m²	218.87			
17	011702016002	有梁板模板（办公室）	支撑高度：3.10m	m²	46.62			
18	011703001001	垂直运输（大厅）	1. 建筑物建筑类型及结构形式：房屋建筑、框架结构； 2. 建筑物檐口高度、层数：4.75m、一层	m²	194.63			
19	011703001002	垂直运输（办公室）	1. 建筑物建筑类型及结构形式：房屋建筑、框架结构； 2. 建筑物檐口高度、层数：3.65m、一层	m²	38.65			

7.21 实例 7-21

1. 背景资料

图 7-90～图 7-94 为某单层房屋部分施工图。

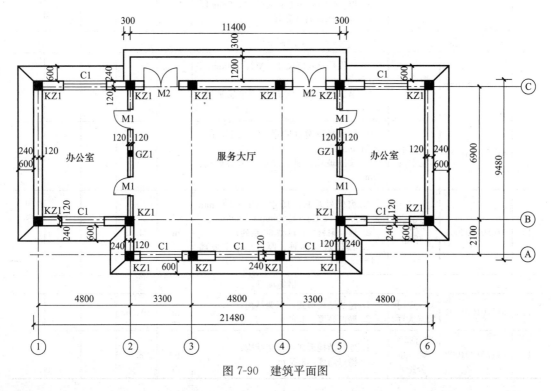

图 7-90 建筑平面图

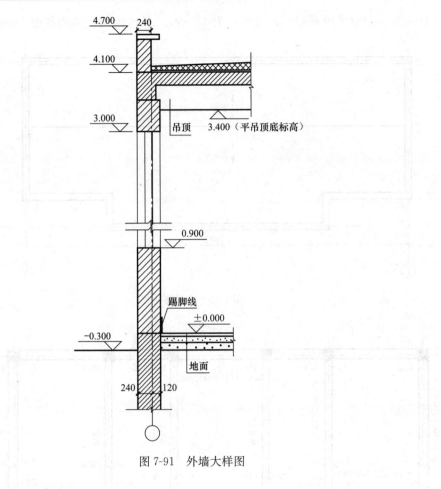

图 7-91 外墙大样图

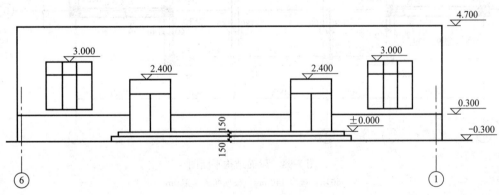

图 7-92 ⑥~①轴线立面图

（1）设计说明

1）该工程为框架结构，室外地坪标高为—0.300m。

2）墙体采用多孔砖砌筑，未注明的板厚均为 140mm。

3）KZ1 截面尺寸为 360mm×360mm；GZ1 截面尺寸为 240mm×240mm。

4）门窗洞口尺寸如表 7-80 所示，均不设门窗套。门、窗居墙中布置，门为水泥砂浆后塞口，窗为填充剂后塞口。

门窗洞口过梁宽度同墙厚，高度均为 180mm，长度为洞口两侧各加 240mm。

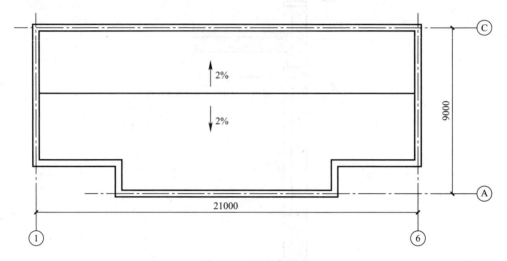

图 7-93　屋顶平面图

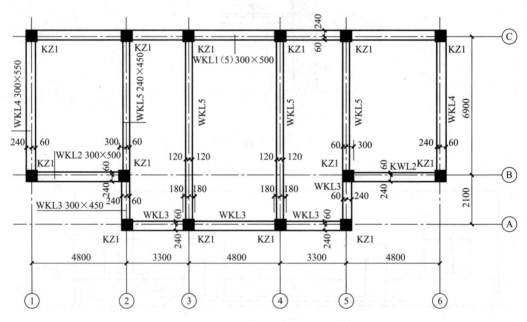

图 7-94　屋面结构平面图

说明：板厚 140mm，板顶标高 4.100m

门窗表　　　　　　　　　　　　　　　　　　　　　　表 7-80

序号	代号	洞口尺寸（宽×高）（mm）	备注
1	M1	900×2100	铝合金平开门，型材为 A 型 60 系列，中空玻璃（5＋12＋5），带锁，普通五金
2	M2	1800×2400	普通胶合板木门，单层玻璃 6mm，带锁，普通五金
3	C1	2100×2100	塑钢平开窗，型材为 C 型 62 系列，中空玻璃（4＋12＋4），普通五金

5）部分装饰装修工程做法如表 7-81 所示。

表 7-81

部分装饰装修工程做法

序号	工程部位	工程做法	备注
1	地面	稀水泥浆灌缝，打蜡出光； 25mm 厚 600mm×600mm 预制水磨石板； 20mm 厚1：3水泥砂浆结合层，表面撒水泥粉； 1.5mm 厚聚氨酯防水层（两道） 最薄处 20mm 厚1：3水泥砂浆找坡层，抹平； 水泥浆一道（内掺建筑胶）； 80mm 厚 C15 混凝土垫层； 150mm 厚碎石灌 M2.5 混合砂浆，振捣密实； 夯实土	
2	踢脚线	稀水泥浆（或彩色水泥浆）擦缝； 铺贴 10mm 厚 150mm×600mm 褐色通体砖面层； 10mm 厚1：2水泥砂浆粘贴	高度为 150mm
3	内墙面	涂饰第二遍调和漆； 涂饰调和漆、磨平； 涂底油一遍； 满刮普通成品腻子、磨平； 2mm 厚面层耐水腻子分遍刮平； 9mm 厚1：0.5：3水泥石灰膏砂浆分遍抹平； 清理基层	
4	吊顶天棚	板接缝处嵌缝腻子，贴嵌缝纸带； 天棚面满刮腻子两遍，刷白色乳胶漆底漆一遍、面漆两遍； 满刮 2mm 厚面层耐水腻子找平； 9mm 厚非石棉纤维增强硅酸钙板面层，规格 592mm×592mm×9mm； T 形轻钢次龙骨 TB24mm×28mm，间距 600mm，与主龙骨插接； T 形轻钢主龙骨 TB24mm×38mm，间距≤1200mm，用挂件与承载龙骨固定； U 形轻钢承载龙骨 CB50mm×20mm，中距≤1200mm，用吊件与钢筋吊杆联结后找平； 10 号镀锌低碳钢丝吊杆（长度 580mm），双向中距≤1200mm，吊杆上部与板底预留吊勾固定； 现浇钢筋混凝土板底预留 φ10 钢筋吊勾，双向中距≤1200mm	双层 U、T 形轻钢龙骨不上人，单层板
5	外墙面	8厚1：2.5水泥石子（中八厘）面层； 刷素水泥浆一道（内掺水重5%的建筑胶）； 12mm 厚1：3水泥砂浆打底扫毛或划出纹道	
6	外墙裙	白水泥擦缝； 铺贴 300mm×300mm 咖啡色陶瓷面砖（缝宽 5mm）； 12mm 厚 1：1水泥砂浆结合层； 14mm 厚1：3水泥砂浆打底抹平	高度为 600mm

续表

序号	工程部位	工程做法	备注
7	女儿墙	内侧抹灰： 5mm厚1：0.5：3水泥石灰砂浆； 15mm厚1：1：6水泥石灰砂浆； 素水泥砂浆一遍	外侧抹灰同外墙
8	台阶	铝合金防滑条（成品）； 15mm厚碎拼青石板铺面（表面平整），1：2水泥砂浆勾缝； 撒素水泥面（洒适量清水）； 20mm厚1：3干硬性水泥砂浆粘结层； 素水泥浆一道（内掺建筑胶）； 60mm厚C15混凝土，台阶面向外坡1%； 300mm厚5～32卵石灌M2.5混合砂浆，宽出面层100mm； 素土夯实	防滑条用ϕ3.5塑料胀管固定，中距≤300mm

（2）施工说明

1）土壤类别为三类。

2）垂直运输机械考虑卷扬机，不考虑夜间施工、二次搬运、冬雨期施工、排水、降水。

3）混凝土均为预拌混凝土，垫层混凝土强度等级为C15，过梁为C25，屋面板为C30，其余构件均为C35。

（3）计算说明

1）台阶室外平台计入地面工程量。

2）内墙门窗洞口内侧面、顶面和窗底面均抹灰、刷乳胶漆，其乳胶漆计算宽度按100mm计算（M1洞口，按60mm计算）。内墙抹灰高度算至吊顶底面。

3）门洞口侧壁不计算踢脚线。

4）外墙M2门洞口底面积全部按块料面层计算。

5）计算范围：

① 地面。

② 天棚，不考虑灯槽。

③ 墙面，仅计算抹灰。

④ 踢脚线，门洞口侧面不计算。

⑤ 涂料，仅计算内墙面。

⑥ 室外台阶，立面抹灰不计算。

⑦ 门窗，不计算窗台板、油漆、玻璃及特殊五金。

⑧ 措施项目，只计算综合脚手架、垂直运输。

6）计算工程数量以"m"、"m³"、"m²"为单位，步骤计算结果保留三位小数，最终计算结果保留两位小数。

2. 问题

根据以上背景资料及现行国家标准《建设工程工程量清单计价规范》（GB 50500—2013)、《房屋建筑与装饰工程工程量计算规范》（GB 50854—2013）及其他相关文件的规定，试列出该工程要求计算项目的分部分项工程量清单。

3. 参考答案（表 7-82 和表 7-83）

清单工程量计算表

表 7-82

工程名称：

序号	项目编码	清单项目名称	计算式	工程量合计	计量单位
1	011102003001	块料地面	块料地面，门洞口面积计入地面工程，外墙 M2 门洞口面积按块料面层计算，相邻房间门洞口面积均分。 1. 服务大厅地面面积（含门洞口面积）： $S_1 = (3.3 \times 2 + 4.8 - 0.12 \times 2) \times (2.1 + 6.9 - 0.12 \times 2) + 0.9 \times 0.24/2 \times 4 + 1.8 \times 0.36 \times 2 = 99.490 \text{m}^2$ 2. 办公室的地面面积（含门洞口面积）： $S_2 = (4.8 - 0.12 \times 2) \times (6.9 - 0.12 \times 2) + 0.9 \times 0.24/2 \times 2 = 30.586 \text{m}^2$ 3. 小计： $S = 99.490 + 30.586 \times 2 = 160.66.40 \text{m}^2$	160.66	m²
2	011102001001	拼碎块料地面	室外平台计入地面工程量（不含门洞口面积）。 $S = (1.2 - 0.3) \times (11.4 - 0.3 \times 2) = 9.72 \text{m}^2$	9.72	m²
3	011107003001	拼碎块料台阶面	台阶最上层踏步宽度为边沿加 300mm。 $S = (1.2 + 0.3 + 11.4 + 1.2 + 11.4 - 0.3 \times 2) \times 0.3 = 7.47 \text{m}^2$	7.47	m²
4	011105003001	块料踢脚线	门洞口侧面不计算。 1. 外墙内侧（扣除门洞口）： $L_1 = (4.8 \times 3 + 3.3 \times 2 - 0.24 \times 2 - 0.12 \times 2 + 2.1 + 6.9 - 0.12 \times 2) \times 2 - 1.8 \times 2 = 54.48 \text{m}$ 2. 内墙两侧（扣除门洞口）： $L_2 = (6.9 - 0.12 \times 2) \times 2 \times 2 - 0.9 \times 4 \times 2 = 19.44 \text{m}$ 3. 小计： $L = 54.48 + 19.44 = 73.88 \text{m}$	73.88	m
5	011204003001	块料外墙裙	外墙裙高度为 600mm。 1. 外墙裙垂直投影面积： $S_1 = (4.8 \times 3 + 3.3 \times 2 + 0.24 \times 2 + 2.1 + 6.9 + 0.24 \times 2) \times 2 \times 0.6 = 37.152 \text{m}^2$ 2. 扣除室外台阶垂直面所占面积： $S_2 = (11.4 + 0.3 \times 2 + 11.4) \times 0.15 = 3.510 \text{m}^2$ 3. 扣除外墙门洞口所占的面积： $S_3 = 1.8 \times 2 \times (0.6 - 0.15 \times 2) = 1.080 \text{m}^2$ 4. 小计： $S = 37.152 - 3.510 - 1.080 = 32.56 \text{m}^2$	32.56	m²

383

序号	项目编码	清单项目名称	计算式	工程量合计	计量单位
6	011201001001	外墙一般抹灰	室外地坪标高为－0.300m，女儿墙墙顶标高为4.700m。 1. 外墙垂直投影面积（含女儿墙外立面）： $S_1=(4.8×3+3.3×2+0.24×2+2.1+6.9+0.24×2)×2×(0.3+4.7)=309.600m^2$ 2. 扣除外墙上门窗洞口所占面积： $S_2=(1.8×2.4)×2+2.1×2.1×7=39.510m^2$ 3. 扣除室外台阶垂直面所占面积： $S_3=(11.4+0.3×2+11.4)×0.15=3.510m^2$ 4. 扣除外墙裙所占面积： $S_4=32.56m^2$ 5. 小计： $S=309.600-39.510-3.510-32.56=234.02m^2$	234.02	m^2
7	011201001002	女儿墙内面抹灰	女儿墙高度为4.700－4.100＝0.600m。 $S=(4.8×3+3.3×2-0.12×2+2.1+6.9-0.12×2)×2×0.6=35.42m^2$	35.42	m^2
8	011201001003	内墙一般抹灰	室内地面标高为±0.000m，内墙抹灰高度算至吊顶底，即3.400m。 1. 外墙内侧面积（扣除门窗洞口所占面积）： $S_1=(4.8×3+3.3×2-0.24×2-0.12×2+2.1+6.9-0.12×2)×2×3.40-(1.8×2.4)×2-2.1×2.1×7$ $=157.962m^2$ 2. 内墙两侧面积（扣除门洞口所占面积）： $S_2=(6.9-0.12×2)×2×2×3.40-0.9×2.1×4×2=75.456m^2$ 3. 小计： $S=157.962+75.456=233.42m^2$	233.42	m^2
9	011302001001	吊顶天棚	1. 服务大厅吊顶天棚面积： $S_1=(3.3×2+4.8-0.12×2)×(2.1+6.9-0.12×2)=97.762m^2$ 2. 办公室吊顶天棚面积： $S_2=(4.8-0.12×2)×(6.9-0.12×2)=30.370m^2$ 3. 小计： $S=97.762+30.370×2=158.50m^2$	158.50	m^2
10	010801001001	胶合板门	M2：$1.8×2.4×2=8.64m^2$	8.64	m^2
11	010802001001	铝合金平开门	M1：$0.9×2.1×4=7.56m^2$	7.56	m^2
12	010807001001	塑钢平开窗	C1：$2.1×2.1×7=30.87m^2$	30.87	m^2

续表

序号	项目编码	清单项目名称	计算式	工程量合计	计量单位
13	011407001001	内墙面喷刷涂料	1. 内墙一般抹灰： $S_1 = 233.42 \text{m}^2$ 2. 扣除踢脚线面积： $S_2 = 73.88 \times 0.150 = 11.082 \text{m}^2$ 3. 增加门洞口侧面积： M1：$S_3 = (0.9 + 2.1 \times 2) \times 4 \times 2 \times 0.060 = 2.448 \text{m}^2$ M2：$S_4 = (1.8 + 2.4 \times 2) \times 2 \times 0.100 = 1.320 \text{m}^2$ C1：$S_5 = (2.1 + 2.1) \times 2 \times 7 \times 0.100 = 5.880 \text{m}^2$ 4. 小计： $S = 233.42 - 11.082 + 2.448 + 1.320 + 5.880 = 231.99 \text{m}^2$	231.99	m²
14	011701001001	综合脚手架	$S = $ 建筑面积 $= 21.48 \times 9.48 - (4.8 + 0.24 - 0.12) \times 2.1 - 4.8 \times 2.1 = 183.22 \text{m}^2$	183.22	m²
15	011703001001	垂直运输	同上	183.22	m²

注：1. 门窗以平方米计量。

2. 门侧壁不考虑踢脚线。

3. 墙抹灰工程量计算根据规范规定，不扣踢脚线，门窗侧壁亦不增加。

4. 墙面喷刷涂料工程量计算，扣除踢脚线、门窗洞口面积，增加门窗侧边、柱侧边面积。

5. 吊顶天棚工程量计算时，扣除灯槽面积。

分部分项工程和单价措施项目清单与计价表

表 7-83

工程名称：某装饰工程

第 1 页 共 1 页

序号	项目编码	项目名称	项目特征描述	计量单位	工程量	综合单价	合价	其中暂估价
楼地面装饰工程								
1	011102003001	块料地面	1. 结合层厚度、砂浆配合比：20mm厚1：3水泥砂浆结合层； 2. 面层材料品种、规格、颜色：25mm厚600mm×600mm预制水磨石板； 3. 嵌缝材料种类：稀水泥浆灌缝； 4. 酸洗、打蜡要求：打蜡出光	m²	160.66			
2	011102001001	拼碎块料地面	1. 结合层厚度、砂浆配合比：20mm厚1：3干硬性水泥砂浆； 2. 面层材料品种、规格、颜色：15mm厚碎拼青石板铺面（表面平整）； 3. 嵌缝材料种类：1：2水泥砂浆	m²	9.72			

续表

序号	项目编码	项目名称	项目特征描述	计量单位	工程量	金额（元）		
						综合单价	合价	其中 暂估价
楼地面装饰工程								
3	011107003001	拼碎块料台阶面	1. 粘结材料种类：20mm 厚 1∶3 干硬性水泥砂浆； 2. 面层材料品种、规格、颜色：15mm 厚碎拼青石板铺面（表面平整）； 3. 勾缝材料种类：1∶2 水泥砂浆； 4. 防滑条材料种类、规格：铝合金防滑条（成品）	m²	7.47			
4	011105003001	块料踢脚线	1. 踢脚线高度：150mm； 2. 粘贴层厚度、材料种类：10mm 厚 1∶2 水泥砂浆； 3. 面层材料品种、规格、颜色：10mm 厚 150mm×600mm 褐色通体砖	m	73.88			
墙柱面装饰工程								
5	011204003001	块料外墙裙	1. 墙体类型：砖墙； 2. 安装方式：粘贴； 3. 面层材料品种、规格、颜色：300mm×300mm 咖啡色陶瓷面砖； 4. 缝宽、嵌缝材料种类：5mm、白水泥擦缝	m²	32.56			
6	011201001001	外墙面一般抹灰	1. 墙体类型：砖墙； 2. 底层厚度、砂浆配合比：12mm 厚 1∶3 水泥砂浆； 3. 面层厚度、砂浆配合比：8 厚 1∶2.5 水泥石子（中八厘）	m²	234.02			
7	011201001002	女儿墙内面抹灰	1. 墙体类型：砖墙； 2. 底层厚度、砂浆配合比：15mm 厚 1∶1∶6 水泥石灰砂浆； 3. 面层厚度、砂浆配合比：5mm 厚 1∶0.5∶3 水泥石灰砂浆； 4. 装饰面材料种类； 5. 分格缝宽度、材料种类	m²	35.42			
8	011201001003	内墙一般抹灰	1. 墙体类型：砖墙； 2. 底层厚度、砂浆配合比：9mm 厚 1∶0.5∶3 水泥石灰膏砂浆； 3. 面层厚度、砂浆配合比：2mm 厚面层耐水腻子	m²	233.42			

续表

序号	项目编码	项目名称	项目特征描述	计量单位	工程量	金额（元）		
						综合单价	合价	其中
								暂估价
天棚工程								
9	011302001001	吊顶天棚	1. 吊顶形式、吊杆规格、高度：双层U、T形轻钢龙骨不上人单层板、10号镀锌低碳钢丝吊杆、双向吊点、长为580mm； 2. 龙骨材料种类、规格、中距： 　T形轻钢次龙骨 TB24mm×28mm，间距600mm，与主龙骨插接； 　T形轻钢主龙骨 TB24mm×38mm，间距≤1200mm，用挂件与承载龙骨固定； 　U形轻钢承载龙骨 CB50mm×20mm，中距≤1200mm，用吊件与钢筋吊杆联结后找平； 3. 基层材料种类、规格：纸面石膏板、600mm×600mm×9.5mm 防潮型普通板； 4. 面层材料品种、规格：天棚面满刮腻子两遍，刷白色乳胶漆底漆一遍、面漆两遍； 5. 嵌缝材料种类：板接缝处嵌缝腻子、贴嵌缝纸带	m²	158.50			
门窗工程								
10	010801001001	胶合板门	1. 门代号及洞口尺寸：M2（1800mm×2400mm）； 2. 镶嵌玻璃品种、厚度：平板玻璃，6mm	m²	8.64			
11	010802001001	铝合金平开门	1. 门代号及洞口尺寸：M1（900mm×2100mm）； 2. 门框、扇材质：A型60系列； 3. 玻璃品种、厚度：中空玻璃（5＋12＋5）mm	m²	7.56			
12	010807001001	塑钢平开窗	1. 窗代号及洞口尺寸：C1（2100mm×2100mm）； 2. 框、扇材质：C型62系列； 3. 玻璃品种、厚度：中空玻璃（4＋12＋4）mm	m²	30.87			
油漆、涂料、裱糊工程								
13	011407001001	墙面喷刷涂料	1. 基层类型：抹灰面； 2. 喷刷涂料部位：内墙面； 3. 腻子种类：普通成品腻子； 4. 刮腻子要求：满足施工及验收规范要求； 5. 涂料品种、喷刷遍数：底油一遍，调合漆两遍	m²	141.76			

续表

序号	项目编码	项目名称	项目特征描述	计量单位	工程量	金额（元）		
						综合单价	合价	其中
								暂估价
			措施项目					
14	011701001001	综合脚手架	1. 建筑结构形式：框架结构； 2. 檐口高度：4.40m	m²	183.22			
15	011703001001	垂直运输	1. 建筑物建筑类型及结构形式：房屋建筑、框架结构； 2. 建筑物檐口高度、层数：4.40m、一层	m²	183.22			

7.22　实例 7-22

1. 背景资料

图 7-95～图 7-98 为某单层房屋施工图。

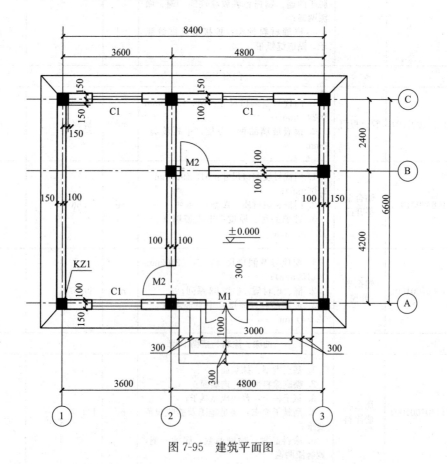

图 7-95　建筑平面图

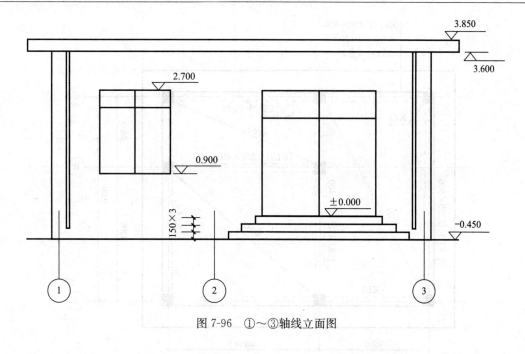

图 7-96　①～③轴线立面图

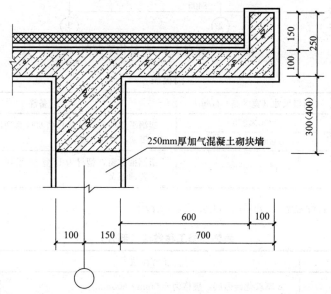

250mm厚加气混凝土砌块墙

图 7-97　挑檐大样图

（1）设计说明

1）该工程为框架结构，结构抗震等级为三级，室外地坪标高为－0.450m。

2）梁、柱的混凝土保护层厚度均为 25mm。

3）钢筋接头形式：直径≥18mm 采用焊接，梁钢筋在支座节点内的锚固长度 35d（d 为钢筋直径，单位：mm）。

4）门窗洞口尺寸如表 7-84 所示，均不设门窗套。居中安装，框宽均为 100mm，门为水泥砂浆后塞口，窗为填充剂后塞口。

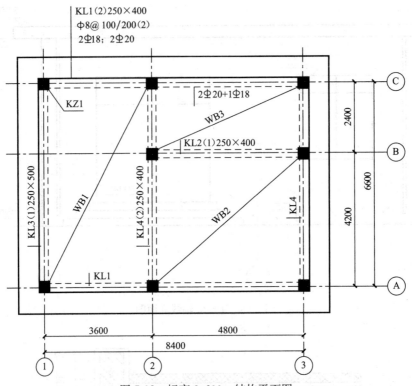

图 7-98　标高 3.600m 结构平面图

门窗表

表 7-84

序号	代号	洞口尺寸（宽×高）（mm）	备注
1	M1	2200×2700	塑钢平开门，型材为 E 型 60G 系列，中空玻璃（4+12+4），带锁，普通五金
2	M2	900×2100	
3	C1	1700×2100	塑钢推拉窗，型材为 D 型 80 系列，中空玻璃（5+9+5），普通五金

5）装饰装修工程做法（部分）如表 7-85 所示。

装饰装修工程做法（部分）

表 7-85

序号	工程部位	工程做法	备注
1	地面	8 厚玻化砖面层，规格为 600mm×600mm； 6 厚 1：3 建筑胶砂浆结合层； 50 厚 C10 预拌混凝土垫层； 100 厚 3：7 灰土垫层； 素土夯实	
2	踢脚线	玻化砖踢脚线，高度 120mm； 4mm 厚纯水泥浆粘贴（掺加 20％白乳胶），白水泥擦缝	
3	天棚、挑檐底面	钢筋混凝土板底面清理干净，刷水泥 801 胶浆一遍； 7mm 厚 1：1：4 水泥石灰砂浆； 面层 5mm 厚 1：0.5：3 水泥石灰砂浆； 满刮普通成品腻子膏两遍，刷内墙乳胶漆三遍（底漆一遍，面漆两遍）	

序号	工程部位	工程做法	备注
4	内墙面	5mm厚1：0.5：3水泥石灰砂浆； 15mm厚1：1：6水泥石灰砂浆； 素水泥浆一道	
5	外墙面、挑檐 外立面	8mm厚1：2水泥砂浆； 12mm厚1：3水泥砂浆	图中未注明的墙厚均为200mm
6	框架柱	框架柱截面尺寸为300mm×300mm，其中KZ1标高为－1.150～3.700m	柱顶标高均同板顶标高；未注明定位尺寸的梁均沿轴线居中或有一边贴柱边；所有未标注定位尺寸的框架柱均沿轴线居中
7	过梁	门窗过梁所占体积0.37m³	
8	现浇混凝土 强度等级	垫层混凝土强度等级为C10，过梁混凝土强度等级为C20，其余构件强度等级均为C30	混凝土均为现场搅拌
9	台阶	1：1水泥砂浆填缝； 10mm厚米黄地砖，缝宽5～8mm； 25mm厚1：4干硬性水泥砂浆； 素水泥浆结合层一遍； 60mm厚C15混凝土台阶（厚度不包括踏步三角部分）； 300mm厚3：7灰土； 素土夯实	

（2）施工说明

1）土壤类别为三类土壤，人工挖土，土方全部通过人力车运输堆放在现场50m处，人工回填，均为天然密实土壤，余土外运1km。

2）散水不考虑土方挖填，混凝土垫层原槽浇捣，挖土方不放坡不设挡土板，垂直运输机械考虑卷扬机，不考虑夜间施工、二次搬运、冬雨期施工、排水、降水。

3）所有混凝土均为现场搅拌。

（3）计算说明

1）块料面层计算时，应考虑突出内墙面的框架柱所占的面积；室外台阶平台面积计入地面工程量。

2）内墙门洞口侧边踢脚线按0.050m计算；外墙门洞按0.075m计算，只计算单面。

3）门窗侧面、顶面和窗底面的抹灰不计算。

4）挑檐底面抹灰，计入天棚抹灰；挑檐外立面抹灰单独列项。

5）装饰工程计算范围：

①楼地面，只计算的地面、踢脚线、台阶面层。

②天棚工程。

③墙面工程，只计算外墙、内墙、台阶侧面。

④门窗工程，不计算窗台板、油漆、玻璃及特殊五金。

⑤ 措施项目，仅计算综合脚手架、垂直运输。

6）计算工程数量以"m"、"m³"、"m²"为单位，步骤计算结果保留三位小数，最终计算结果保留两位小数。

2. 问题

根据以上背景资料及现行国家标准《建设工程工程量清单计价规范》（GB 50500—2013）、《房屋建筑与装饰工程工程量计算规范》（GB 50854—2013）及其他相关文件的规定，试列出该工程要求计算项目的分部分项工程量清单。

3. 参考答案（表 7-86 和表 7-87）

清单工程量计算表   表 7-86

工程名称：某装饰工程

序号	项目编码	清单项目名称	计算式	工程量合计	计量单位
		建筑面积	$S=(3.6+4.8+0.15\times2)\times(4.2+2.4+0.15\times2)=60.03m^2$	60.03	m²
1	010404001001	地面灰土垫层	$S=(3.6+4.8-0.1\times2)\times(4.2+2.4-0.1\times2)-0.3\times0.3=52.39m^2$ $V=52.39\times0.1=5.24m^3$	5.24	m³
2	011102003001	玻化砖地面	1. 室内投影面积： $S_1=(3.6-0.1\times2)\times(2.4+4.2-0.1\times2)+(4.8-0.1\times2)\times(2.4+4.2-0.1\times2-0.2)=50.28m^2$ 2. 增加门洞口面积： $S_2=2.2\times0.25+0.9\times2\times0.2=0.91m^2$ 3. 扣除突出内墙面的柱面积： $S_3=(0.3-0.25)\times(0.3-0.25)\times4+(0.3-0.25)\times(0.3-0.1)\times3+(0.3-0.2)\times(0.3-0.2)=0.05m^2$ 4. 小计： $S=50.28+0.91-0.05=51.14m^2$	51.14	m²
3	011102003001	地砖地面	室外台阶平台： $S=(3.0-0.3\times2)\times(1.0-0.3)=1.68m^2$	1.68	m²
4	011105003001	玻化砖踢脚线	内墙门洞口侧边宽度按 0.05m 计算，外墙门洞侧边宽度按 0.075m 计算。 Ⓐ、Ⓒ轴 $L_1=(3.6-0.1\times2+4.8-0.1\times2-0.2-2.2m+0.075\times2)\times2=11.5$ Ⓑ轴 $L_2=(4.8-0.1\times2-0.9+0.05\times2)\times2=7.6m$ ①轴 $L_3=4.2+2.4-0.1\times2=6.4m$ ②轴 $L_4=(4.2+2.4-0.1\times2-0.9+0.05\times2)\times2-0.2=11.0m$ ③轴 $L_5=2.4+4.2-0.1\times2-0.2=6.2m$ 小计：$L=11.5+7.6+6.4+11.0+6.2=42.7m$	42.7	m

续表

序号	项目编码	清单项目名称	计算式	工程量合计	计量单位
5	011107002001	地砖台阶面	方法一： 台阶面面积 $S=(3.0+0.3\times2\times2)\times(1.0+0.3\times2)-1.68=5.04\text{m}^2$ 方法二： 台阶面面积 $S=(1.0+0.3\times2)\times2\times0.3\times3+(3.0-0.3\times2)\times0.3\times3=5.04\text{m}^2$	5.04	m²
6	011201001001	外墙面一般抹灰（含外露梁侧面）	1. 外墙面垂直投影面积（含外露梁侧面）： $S_1=(2.4+4.2+0.15\times2)\times(3.6+0.45)+(3.6\times2+4.8\times2+2.4+4.2)\times(3.6+0.45)=122.715\text{m}^2$ 2. 扣除台阶垂直投影面积： $S_2=0.15\times3\times(3.0+0.3\times2)=1.62\text{m}^2$ 3. 扣除门窗洞口垂直投影面积： $S_3=2.2\times2.7+1.5\times1.8\times3=14.04\text{m}^2$ 4. 小计： $S=122.715-1.62-14.04=107.06\text{m}^2$	107.06	m²
7	011201001002	挑檐立面抹灰	$S=[(3.6+4.8+0.15\times2+2.4+4.2+0.15\times2)\times2+8\times0.7]\times0.25=9.20\text{m}^2$	9.20	m²
8	011201001003	内墙面一般抹灰	门窗洞口侧面、底面、顶面不考虑抹灰。 1. 外墙内侧面面积： $L_1=(3.6+4.8-0.1\times2-0.2)\times2+(2.4+4.2-0.1\times2)\times2-0.2=28.6\text{m}$ $S_1=28.6\times3.6=102.96\text{m}^2$ 2. 内墙各侧面面积： $L_2=(4.8-0.1)\times2+(2.4+4.2-0.1\times2)\times2-0.2=22.0\text{m}$ $S_2=22.0\times3.6=79.2\text{m}^2$ 3. 扣除门窗洞口面积： $S=1.5\times1.8\times3+0.9\times2.1\times2+2.2\times2.7=17.82\text{m}^2$ 4. 小计： $S=102.96+79.2-17.82=164.34\text{m}^2$	164.34	m²
9	011301001001	天棚抹灰	1. 天棚水平投影面积： $S_1=(3.3+4.5-0.1\times2)\times(4.2+2.4-0.1\times2)=48.64\text{m}^2$ 2. 增加梁侧面面积： KL1 侧面 $S_2=(3.6+4.8+0.15\times2-0.3\times3)\times(0.4-0.1)\times2=4.68\text{m}^2$ KL2 侧面 $S_3=(4.8-0.3)\times(0.4-0.1)\times2=2.7\text{m}^2$ KL3 侧面 $S_4=(2.4+4.2-0.3)\times(0.5-0.1)=2.52\text{m}^2$ KL4 侧面 $S_5=(4.2+2.4-0.3\times2)\times(0.4-0.1)\times3=5.4\text{m}^2$ 3. 小计： $S=48.64+4.68+2.7+2.52+5.4=63.94\text{m}^2$	63.94	m²

序号	项目编码	清单项目名称	计算式	工程量合计	计量单位
10	011301001002	挑檐底面抹灰	$S=[(3.6+4.8+0.15\times2+2.4+4.2+0.15\times2)\times2+8\times0.7/2]\times0.7$ $=23.8\text{m}^2$	23.80	m²
11	010802001001	塑钢平开门	$S=2.2\times2.7+0.9\times2.1\times2=9.72\text{m}^2$	9.72	m²
12	010807001001	塑钢推拉窗	$S=1.5\times1.8\times3=8.10\text{m}^2$	8.10	m²
13	011701001001	综合脚手架	$S=$ 建筑面积 $=(3.6+4.8+0.15\times2)\times(4.2+2.4+0.15\times2)=60.03\text{m}^2$	60.32	m²
14	011703001001	垂直运输	同上	60.32	m²

注：1. 门窗以平方米计量。

2. 门侧壁考虑踢脚线。

3. 地面混凝土垫层，按《房屋建筑与装饰工程工程量计算规范》（GB 50854—2013）附录 E.1 垫层项目编码列项。

4. 墙抹灰工程量计算根据规范规定，不扣踢脚线，门窗侧壁亦不增加。

5. 墙面喷刷涂料工程量计算，扣除踢脚线、门窗洞口面积，增加门窗侧边、柱侧边面积。

6. 吊顶天棚工程量计算时，扣除灯槽面积。

分部分项工程和单价措施项目清单与计价表　　　　表 7-87

工程名称：某装饰工程　　　　　　　　　　　　　　　　　　　　　　第 1 页　共 1 页

序号	项目编码	项目名称	项目特征描述	计量单位	工程量	综合单价	合价	其中 暂估价
			楼地面装饰工程					
1	010404001001	地面灰土垫层	垫层材料种类、配合比、厚度：3：7 灰土、100mm 厚	m³	5.24			
2	011102003001	玻化砖地面	1. 找平层厚度、砂浆配合比：20mm 厚 1：3 水泥砂浆找平层； 2. 结合层厚度、砂浆配合比：6mm 厚 1：3 建筑砂浆结合层； 3. 面层材料品种、规格、颜色：8mm 厚玻化砖、600mm×600mm、米色； 4. 嵌缝材料种类：白水泥	m²	51.14			
3	011102003001	地砖地面	1. 结合层厚度、砂浆配合比：25mm 厚 1：4 干硬性水泥砂浆； 2. 面层材料品种、规格、颜色：10mm 厚 400mm×400mm 米黄地砖； 3. 嵌缝材料种类：1：1 水泥砂浆	m²	1.68			
4	011105003001	玻化砖踢脚线	1. 踢脚线高度：120mm； 2. 粘结层厚度、材料种类：4mm 厚纯水泥浆粘贴（掺加 20% 白乳胶）； 3. 面层材料种类：玻化砖面层，白水泥擦缝	m	42.7			

续表

序号	项目编码	项目名称	项目特征描述	计量单位	工程量	金额（元）		
						综合单价	合价	其中 暂估价
楼地面装饰工程								
5	011107002001	地砖台阶面	1. 结合层厚度、砂浆配合比：25mm厚1：4干硬性水泥砂浆； 2. 面层材料品种、规格、颜色：10mm厚400mm×400mm米黄地砖； 3. 嵌缝材料种类：1：1水泥砂浆	m²	5.04			
墙柱面装饰工程								
6	011201001001	外墙面一般抹灰	1. 墙体类型：砌块墙； 2. 底层厚度、砂浆配合比：12mm厚1：3水泥砂浆； 3. 面层厚度、砂浆配合比：8mm厚1：2水泥砂浆	m²	107.06			
7	011201001002	挑檐立面抹灰	1. 墙体类型：砌块墙； 2. 底层厚度、砂浆配合比：12mm厚1：3水泥砂浆； 3. 面层厚度、砂浆配合比：8mm厚1：2水泥砂浆	m²	9.20			
8	011201001003	内墙面一般抹灰	1. 墙体类型：砌块墙； 2. 底层厚度、砂浆配合比：素水泥砂浆一遍，15mm厚1：1：6水泥石灰砂浆； 3. 面层厚度、砂浆配合比：5mm厚1：0.5：3水泥石灰砂浆	m²	164.34			
天棚工程								
9	011301001001	天棚抹灰	1. 基层类型：混凝土板底； 2. 抹灰厚度、材料种类：12mm厚水泥石灰砂浆； 3. 砂浆配合比：水泥801胶浆一遍，7mm厚1：1：4水泥石灰砂浆，5mm厚1：0.5：3水泥石灰砂浆	m²	63.94			
10	011301001002	挑檐底面抹灰	1. 基层类型：混凝土板底； 2. 抹灰厚度、材料种类：12mm厚水泥石灰砂浆； 3. 砂浆配合比：水泥801胶浆一遍，7mm厚1：1：4水泥石灰砂浆，5mm厚1：0.5：3水泥石灰砂浆	m²	23.80			

续表

序号	项目编码	项目名称	项目特征描述	计量单位	工程量	综合单价	合价	其中 暂估价
						金额（元）		

门窗工程

| 11 | 010802001001 | 塑钢平开门 | 1. 门代号及洞口尺寸：M1（2200mm×2700mm）、M2（900mm×2100）；
2. 门框、扇材质：E型60G系列；
3. 玻璃品种、厚度：中空玻璃（4＋12＋4）mm | m² | 9.72 | | | |
| 12 | 010807001001 | 塑钢推拉窗 | 1. 窗代号及洞口尺寸：C1、1700mm×2100mm；
2. 框、扇材质：D型80系列；
3. 镶嵌玻璃品种、厚度：单层玻璃、6mm | m² | 8.10 | | | |

措施项目

| 13 | 011701001001 | 综合脚手架 | 1. 建筑结构形式：框架结构；
2. 檐口高度：4.05m | m² | 60.32 | | | |
| 14 | 011703001001 | 垂直运输 | 1. 建筑物建筑类型及结构形式：框架结构；
2. 建筑物檐口高度、层数：4.05m、一层 | m² | 60.32 | | | |

7.23 实例7-23

1. 背景资料

图7-99～图7-103为某单层房屋部分施工图。

（1）设计说明

1）该工程为钢筋混凝土框架结构，室外地坪标高为－0.300m。

2）承重墙体为360mm厚蒸压加气混凝土砌块墙，非承重墙采用M7.5混合砂浆砌筑空心砖，厚度为240mm。女儿墙采用页岩标砖砌筑；未注明的板厚均为120mm。

3）KZ1、KZ2截面尺寸均为450mm×600mm。

4）门窗洞口尺寸如表7-88所示，均不设门窗套。门、窗居墙中布置，门为水泥砂浆后塞口，窗为填充剂后塞口。

门窗洞口过梁宽度同墙厚，高度均为240mm，长度为洞口两侧各加300mm。

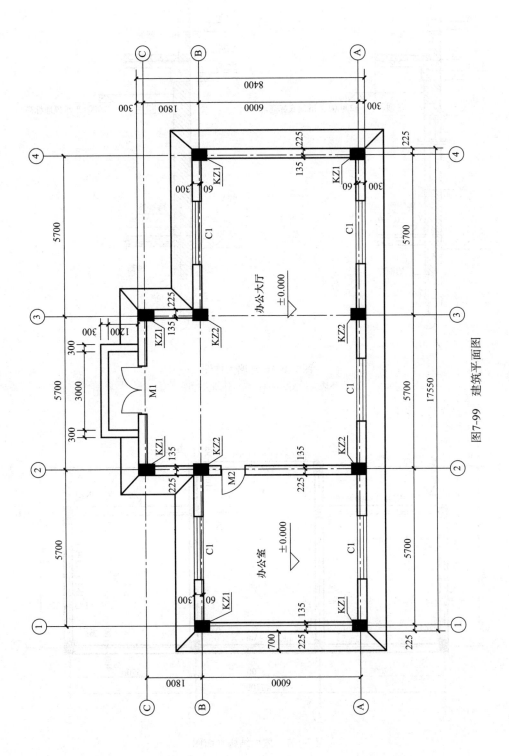

图7-99 建筑平面图

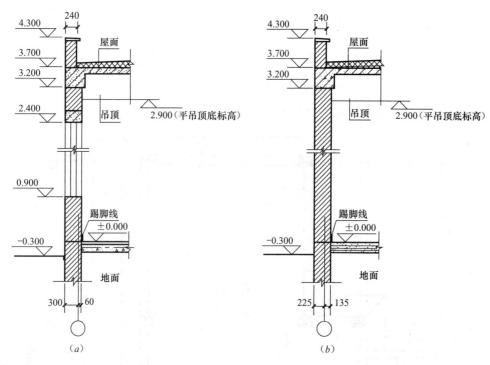

图 7-100 外墙大样图

(a) 外墙大样图 (一)；(b) 外墙大样图 (二)

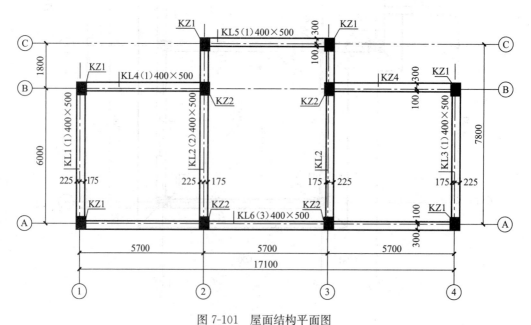

图 7-101 屋面结构平面图

说明：板厚均为 120mm，板顶标高 3.600m，梁顶标高均为 3.600m，
未标注定位尺寸的框架梁均有一边贴柱边

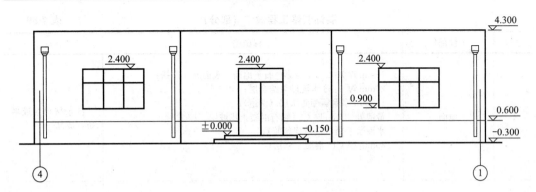

图 7-102　④～①轴线立面图

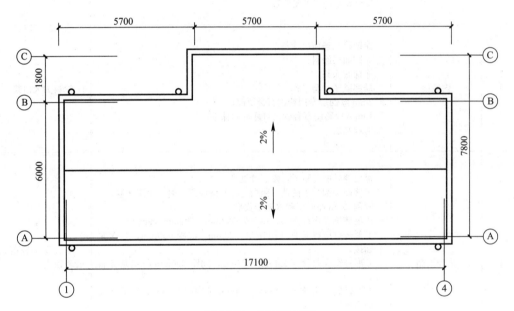

图 7-103　屋面平面图

门窗表　　　　　　　　　　　　　　　　　　　　　　　　表 7-88

序号	代号	洞口尺寸（宽×高）(mm)	备注
1	M1	1800×2400	塑钢平开门，型材为 E 型 60G 系列，中空玻璃（4＋12＋4），带锁，普通五金
2	M2	900×2100	普通胶合板木门，单层玻璃 6mm，带锁，普通五金
3	C1	2400×1500	塑钢推拉窗，型材为 E 型 60F 系列，中空玻璃（4＋12＋4），普通五金

5）装饰装修工程做法（部分）如表 7-89 所示。

装饰装修工程做法（部分）　　　　　　　　　　　　表 7-89

序号	工程部位	工程做法	备注
1	地面	10mm 厚1：2.5水泥彩色石子地面，表面磨光打蜡； 20mm 厚1：3 水泥砂浆结合层； 1.5mm 厚聚氨酯防水层（两道）； 最薄处 20mm 厚 C20 细石混凝土找坡层，抹平； 水泥浆一道（内掺建筑胶）； 80mm 厚 C15 混凝土垫层； 夯实土	嵌条材料为玻璃条，成品
2	踢脚线	素水泥浆扫缝； 铺贴 150mm×600mm 咖啡色瓷砖面层； 4mm 厚素水泥浆（32.5 级水泥掺加 20％白乳胶）； 20mm 厚1：2水泥砂浆	高度为 150mm
3	内墙面	涂饰第二遍面层涂料； 涂饰面层涂料； 涂饰底涂料； 局部腻子、磨平； 2mm 厚面层专用粉刷石膏罩面； 10mm 厚粉刷石膏砂浆打底分遍抹平； 清理基层	涂料为大白浆
4	吊顶天棚	板接缝处嵌缝腻子，贴嵌缝纸带； 天棚面满刮腻子两遍，刷白色乳胶漆底漆一遍、面漆两遍； 满刮 2mm 厚面层耐水腻子找平； 矿棉装饰吸声板面层，规格为 592mm×592mm×9mm； T 形轻钢横撑龙骨 TB24mm×28mm，间距 600mm，与次龙骨插接； T 形轻钢次龙骨 TB24mm×28mm，间距 600mm 与主龙骨插接； T 形轻钢主龙骨 TB24mm×38mm，间距 1200mm，用吊件与钢筋吊杆连接后找平； 吊杆为 φ6 钢筋，长度为 580mm，双向中距≤1200mm，吊杆上部与板底预留吊环固定； 现浇钢筋混凝土板底预留 φ8 钢筋吊环，双向中距≤1200mm	单层 T 形轻钢龙骨吸顶式
5	外墙裙	白水泥擦缝； 铺贴 300mm×300mm 浅黄色陶瓷面砖（缝宽 5mm）； 12mm 厚1：1 水泥砂浆结合层； 14mm 厚1：3水泥砂浆打底抹平	
6	外墙面	12mm 厚1：2.5水泥小豆石面层； 刷素水泥浆一道（内掺水重 5％的建筑胶）； 9mm 厚1：3专用水泥砂浆中层底灰抹平，表面扫毛或划出纹道； 3mm 厚专用聚合物砂浆底面刮糙；或专用界面处理剂甩毛； 喷湿墙面	小豆石粒径以 5～8 为宜

续表

序号	工程部位	工程做法	备注
7	女儿墙	内侧抹灰： 5mm 厚1：0.5：3水泥石灰砂浆； 15mm 厚 1：1：6 水泥石灰砂浆 素水泥砂浆一遍	外侧抹灰同外墙
8	水磨石台阶	铝合金防滑条（成品）； 12mm 厚1：2.5水泥石子磨光、打蜡； 素水泥浆结合层一遍（内掺建筑胶）； 20mm 厚1：3水泥砂浆找平层； 素水泥浆结合层一遍（内掺建筑胶）； 60mm 厚 C15 混凝土，台阶面向外拔坡 1%； 300mm 厚粒径 5～32mm 卵石（砾石）灌 M2.5 混合砂浆，宽出面层 100mm； 素土夯实	防滑条用 ϕ3.5 塑料胀管固定，中距≤300mm

（2）施工说明

1）土壤类别为三类。

2）垂直运输机械考虑卷扬机，不考虑夜间施工、二次搬运、冬雨期施工、排水、降水。

3）混凝土均为预拌混凝土，混凝土强度等级：垫层为 C10，过梁为 C20，其余构件均为 C30。

（3）计算说明

1）台阶室外平台计入地面工程量。

2）内墙门窗洞口侧面、顶面和窗底面均抹灰、刷乳胶漆，其中抹灰不计算、乳胶漆计算宽度均按 100mm 计算。内墙抹灰计算高度为天棚底面以上 100mm。

3）门洞口侧壁不计算踢脚线。

4）水磨石整体面层，门洞口不增加面积。

5）计算范围：

① 地面。

② 天棚，不考虑灯槽所占面积。

③ 墙面，仅计算抹灰。

④ 踢脚线，门洞口侧面不计算。

⑤ 涂料，仅计算内墙面。

⑥ 室外台阶，立面抹灰不计算。

⑦ 门窗，不计算窗台板、油漆、玻璃及特殊五金。

⑧ 措施项目，只计算综合脚手架、垂直运输。

6）计算工程数量以"m"、"m³"、"m²"为单位，步骤计算结果保留三位小数，最终计算结果保留两位小数。

2. 问题

根据以上背景资料及现行国家标准《建设工程工程量清单计价规范》（GB 50500—2013）、《房屋建筑与装饰工程工程量计算规范》（GB 50854—2013）及其他相关文件的规定，试列出该工程要求计算项目的分部分项工程量清单。

3. 参考答案（表 7-90 和表 7-91）

清单工程量计算表

表 7-90

工程名称：某装饰工程

序号	项目编码	清单项目名称	计算式	工程量合计	计量单位
1	011101002001	现浇水磨石楼地面	水磨石整体面层，门洞口不增加面积。 1. 办公大厅： $S_1=(5.7+5.7-0.135\times2)\times(6.0-0.06\times2)+1.8\times(5.7-0.135\times2)=75.218m^2$ 2. 办公室： $S_2=(5.7-0.135-0.225)\times(6.0-0.06\times2)=31.399m^2$ 3. 突出墙面的柱角所占面积： 单个 KZ1：$S_3=(0.45-0.36)\times(0.6-0.36)=0.0216m^2<0.3m^2$，不扣除。 单个 KZ2（最大）：$S_4=(0.45\times0.5)-(0.36\times0.36)=0.095m^2<0.3m^2$，不扣除。 4. 小计： $S=75.218+31.399=106.62m^2$	106.62	m²
2	011101002002	现浇水磨石楼地面	计算室外台阶休息平台面积时，按最上层踏步边沿加 300mm，计入地面工程量。 $S=(1.2-0.3)\times(3.0-0.3\times2)=2.16m^2$	2.16	m²
3	011107005001	现浇水磨石台阶面	最上层踏步边沿加 300mm 计为台阶。 $S=[(1.2+0.3)\times2+3.0]\times0.3+[1.2\times2+3.0-0.3\times2]\times0.3$ $=1.8+1.44=3.24m^2$	3.24	m²
4	011105003001	块料踢脚线	不考虑门洞口侧面踢脚线的工程量。 1. 办公大厅： $L_1=5.7+5.7-0.135\times2+(6.0-0.06\times2)\times2+5.7+1.8\times2+5.7-0.135\times2-1.8-0.9$ $=34.92m$ 2. 办公室： $L_2=(5.7-0.135-0.225)\times2+(6.0-0.06\times2)\times2-0.9=21.54m$ 3. 突出墙面的框架柱柱角增加的长度： KZ1：突出墙面的部分与遮挡的部分相抵，没有增加。 KZ2：$L_3=(0.45-0.36)\times2\times2+(0.50-0.36)\times2=0.64m$ 4. 小计： $L=34.92+21.54+0.64=57.10m$	57.10	m

续表

序号	项目编码	清单项目名称	计算式	工程量合计	计量单位
5	011204003001	块料外墙裙	外墙裙高 900mm，散水在垂直方向所占面积不考虑，门侧边不计算。 1. 外墙裙垂直投影面积： $S_1=(17.55+8.4)\times2\times0.9=46.71m^2$ 2. 扣除门洞口所占面积： $S_2=1.8\times(0.9-0.3)=1.08m^2$ 3. 扣除台阶垂直面所占面积： $S_3=(3.0+0.3\times2)\times0.15+0.3\times0.15=0.585m^2$ 4. 小计： $S=46.71-1.08-0.585=45.05m^2$	45.05	m²
6	011201001002	外墙面一般抹灰	1. 外墙面垂直投影面积（含女儿墙外墙面）： $S_1=(17.55+8.4)\times2\times(4.3+0.3)=238.74m^2$ 2. 扣除外墙上门窗洞口所占面积： $S_2=1.8\times2.4+2.4\times1.5\times5=22.32m^2$ 3. 扣除一层室外台阶垂直面所占面积： $S_3=(3.0+0.3\times2)\times0.15+0.3\times0.15=0.585m^2$ 4. 扣除外墙裙所占面积： $S_4=45.05m^2$ 5. 小计： $S=238.74-22.32-0.585-45.05=170.79m^2$	170.79	m²
7	011201001003	女儿墙内面抹灰	女儿墙高度 600mm，厚度 240mm，女儿墙内边线与轴线间距分别为 0.24−0.225=0.015m、0.3−0.24=0.06m。 $S=(5.7\times3-0.015\times2+6.0+1.8+0.06\times2)\times2\times0.60=29.99m^2$	29.99	m²
8	011201001004	内墙一般抹灰	内墙抹灰高度算至天棚底＋100mm，即 2.90＋0.10=3.00m。 1. 外墙内边线长度： $L_{外内}=(5.7\times3-0.135\times2+6.0+1.8-0.06\times2)\times2=49.02m$ 2. 内墙两侧边线长度： $L_{内}=(6.0-0.06\times2)\times2=11.76m$ 3. 内墙垂直投影面积： $S_1=(49.02+11.76)\times3.00=182.34m^2$ 4. 突出墙面框架柱柱角增加的面积： KZ1：突出墙面的部分与遮挡的部分相抵，没有增加。 KZ2：$S_2=[(0.45-0.36)\times2\times2+(0.50-0.36)\times2]\times3.20=2.048m^2$ 5. 扣除门窗洞口所占面积： $S_3=1.8\times2.4+0.9\times2.1\times2+2.4\times1.5\times5=26.10m^2$ 6. 小计： $S=182.34+2.048-26.10=158.29m^2$	158.29	m²

续表

序号	项目编码	清单项目名称	计算式	工程量合计	计量单位
9	011302001001	吊顶天棚	1. 办公大厅净面积： $S_1=(5.7+5.7-0.135\times2)\times(6.0-0.06\times2)+$ $1.8\times(5.7-0.135\times2)=75.218m^2$ 2. 办公室净面积： $S_2=(5.7-0.135-0.225)\times(6.0-0.06\times2)=$ $31.399m^2$ 3. 小计： $S=75.218+31.399=106.62m^2$	106.62	m^2
10	010801001001	胶合板门	M2：$S=0.9\times2.1=1.89m^2$	1.89	m^2
11	010802001001	塑钢平开门	M1：$S=1.8\times2.4=4.32m^2$	4.32	m^2
12	010807001001	塑钢推拉窗	C1：$S=2.4\times1.5\times5=18.00m^2$	18.00	m^2
13	011407001001	墙面喷刷涂料	1. 内墙一般抹灰： $S_1=158.29m^2$ 2. 扣除踢脚线面积： $S_2=57.10\times0.150=8.565m^2$ 3. 增加门洞口侧面面积： M1：$S_3=(1.8+2.4\times2)\times0.100=0.660m^2$ M2：$S_4=(0.9+2.1\times2)\times2\times0.100=1.020m^2$ C1：$S_5=(2.4+1.5)\times2\times5\times0.100=3.900m^2$ 4. 小计： $S=158.29-8.565+0.660+1.020+3.900=$ $155.31m^2$	155.31	m^2
14	011701001001	综合脚手架	$S=$建筑面积$=17.55\times8.4-(5.7\times1.8)\times2=$ $126.90m^2$	126.90	m^2
15	011703001001	垂直运输	$S=$建筑面积$=17.55\times8.4-(5.7\times1.8)\times2=$ $126.90m^2$	126.90	m^2

注：1. 门窗以平方米计量。

2. 门侧壁不考虑踢脚线。

3. 墙抹灰工程量计算根据规范规定，不扣踢脚线，门窗侧壁亦不增加。

4. 墙面喷刷涂料工程量计算，扣除踢脚线、门窗洞口面积，增加门窗侧边、柱侧边面积。

5. 吊顶天棚工程量计算时，扣除灯槽面积。

404

分部分项工程和单价措施项目清单与计价表

表7-91

工程名称：某装饰工程

第1页 共1页

序号	项目编码	项目名称	项目特征描述	计量单位	工程量	综合单价	合价	其中 暂估价
			楼地面装饰工程					
1	011101002001	现浇水磨石地面	1. 面层厚度、水泥石子浆配合比：10mm厚1：2.5水泥彩色石子； 2. 嵌条材料种类、规格：玻璃条（成品）； 3. 石子种类、规格、颜色：按设计要求； 4. 颜料种类、颜色：按设计要求； 5. 图案要求：按设计要求； 6. 磨光、酸洗、打蜡要求：磨光、打蜡	m²	106.62			
2	011101002002	现浇水磨石楼地面	1. 找平层厚度、砂浆配合比：20mm厚1：3水泥砂浆； 2. 面层厚度、水泥石子浆配合比：12mm厚1：2.5水泥石子磨光； 3. 嵌条材料种类、规格：铜防滑条（成品）； 4. 石子种类、规格、颜色：按设计要求； 5. 颜料种类、颜色：按设计要求； 6. 图案要求：按设计要求； 7. 磨光、酸洗、打蜡要求：磨光、打蜡	m²	2.16			
3	011107005001	现浇水磨石台阶面	1. 找平层厚度、砂浆配合比：28mm厚1：3水泥砂浆； 2. 面层厚度、水泥石子浆配合比：12mm厚1：2水泥石子磨光； 3. 防滑条材料种类、规格：铜防滑条（成品）； 4. 石子种类、规格、颜色：按设计要求； 5. 颜料种类、颜色：按设计要求； 6. 磨光、酸洗、打蜡要求：磨光、打蜡	m²	3.24			
4	011105003001	块料踢脚线	1. 踢脚线高度：150mm； 2. 粘贴层厚度、材料种类：4mm厚素水泥浆（32.5级水泥掺加20%白乳胶）； 3. 面层材料品种、规格、颜色：150mm×600mm咖啡色瓷砖	m	57.10			

续表

序号	项目编码	项目名称	项目特征描述	计量单位	工程量	综合单价	合价	其中暂估价
							金额（元）	

序号	项目编码	项目名称	项目特征描述	计量单位	工程量	综合单价	合价	暂估价
			墙柱面装饰工程					
5	011204003001	块料外墙裙	1. 墙体类型：砌块墙； 2. 安装方式：粘贴； 3. 面层材料品种、规格、颜色：300mm×300mm浅黄色陶瓷面砖； 4. 缝宽、嵌缝材料种类：5mm、白水泥擦缝	m²	45.05			
6	011201001001	外墙面一般抹灰	1. 墙体类型：砌块墙； 2. 底层厚度、砂浆配合比：9mm厚1：3专用水泥砂浆； 3. 面层厚度、砂浆配合比：12mm厚1：2.5水泥小豆石	m²	170.79			
7	011201001002	女儿墙内面抹灰	1. 墙体类型：砖墙； 2. 底层厚度、砂浆配合比：15mm厚1：1：6水泥石灰砂浆； 3. 面层厚度、砂浆配合比：5mm厚1：0.5：3水泥石灰砂浆	m²	29.99			
8	011201001003	内墙一般抹灰	1. 墙体类型：砌块墙、砖墙； 2. 底层厚度、砂浆配合比：10mm厚粉刷石膏砂浆； 3. 面层厚度、砂浆配合比：2mm厚面层专用粉刷石膏	m²	158.29			
			天棚工程					
9	011302001001	吊顶天棚	1. 吊顶形式、吊杆规格、高度：单层T型轻钢龙骨吸顶式、φ6钢筋吊杆、双向吊点、长为580mm； 2. 龙骨材料种类、规格、中距： T形轻钢横撑龙骨TB24mm×28mm，间距600mm，与次龙骨插接； T形轻钢次龙骨TB24mm×28mm，间距600mm与主龙骨插接； T形轻钢主龙骨TB24mm×38mm，间距1200mm，用吊件与钢筋吊杆联结后找平； 3. 基层材料种类、规格：矿棉装饰吸声板面层，592mm×592mm×9mm； 4. 面层材料品种、规格：天棚面满刮腻子两遍、刷白色乳胶漆底漆一遍、面漆两遍； 5. 嵌缝材料种类：板接缝处嵌缝腻子，贴嵌缝纸带	m²	106.62			

序号	项目编码	项目名称	项目特征描述	计量单位	工程量	金额（元）		
						综合单价	合价	其中
								暂估价
			门窗工程					
10	010801001001	胶合板门	1. 门代号及洞口尺寸：M2（900mm×2100mm）； 2. 镶嵌玻璃品种、厚度：单层平板玻璃，6mm	m²	1.89			
11	010802001001	塑钢平开门	1. 门代号及洞口尺寸：M1（1200mm×2400mm）； 2. 门框、扇材质：E型60G系列； 3. 玻璃品种、厚度：中空玻璃（4+12+4）mm	m²	4.32			
12	010807001001	塑钢推拉窗	1. 窗代号及洞口尺寸：C1（2400mm×1500mm）； 2. 框、扇材质：E型60F系列； 3. 玻璃品种、厚度：中空玻璃（4+12+4）mm	m²	18.00			
			油漆、涂料、裱糊工程					
13	011407001001	墙面喷刷涂料	1. 基层类型：抹灰面； 2. 喷刷涂料部位：内墙面； 3. 腻子种类：普通成品腻子； 4. 刮腻子要求：满足施工及验收规范要求； 5. 涂料品种、喷刷遍数：乳胶漆、底漆一遍、面漆两遍	m²	155.31			
			措施项目					
14	011701001001	综合脚手架	1. 建筑结构形式：框架结构； 2. 檐口高度：4.0m	m²	126.90			
15	011703001001	垂直运输	1. 建筑物建筑类型及结构形式：房屋建筑、框架结构； 2. 建筑物檐口高度、层数：4.0m、一层	m²	126.90			

7.24 实例7-24

1. 背景资料

图7-104～图7-110为某二层建筑部分施工图。

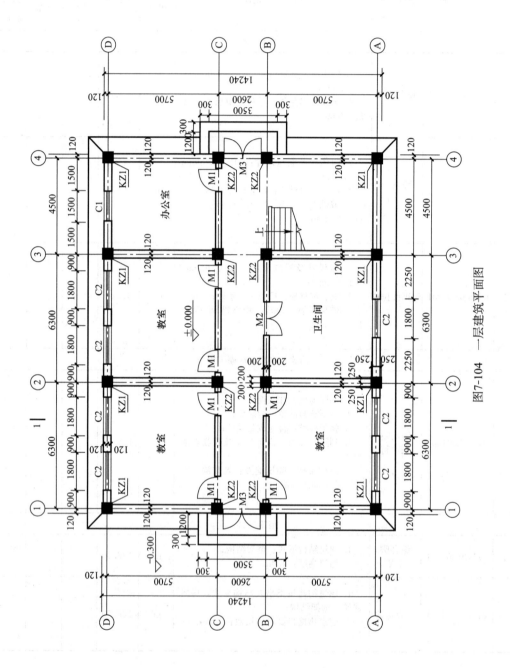

图7-104 一层建筑平面图

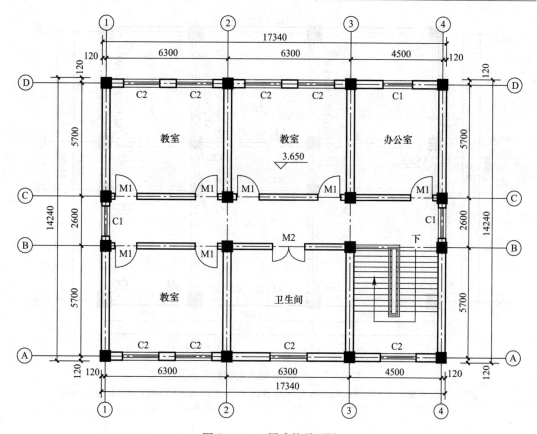

图 7-105 二层建筑平面图

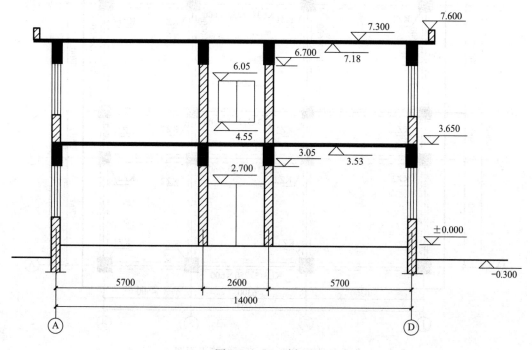

图 7-106 1-1 剖面图

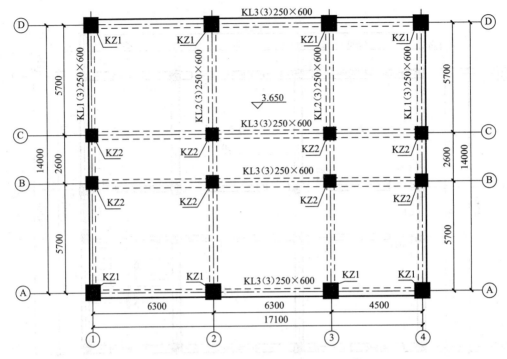

图 7-107　3.650m 标高层结构平面图

说明：KZ1 截面尺寸：500mm×500mm；KZ2 截面尺寸：400mm×400mm；板厚均为 120mm

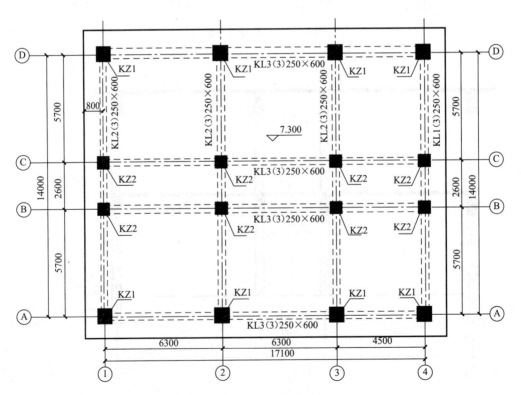

图 7-108　7.200m 标高层结构平面图

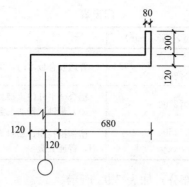

图 7-109 挑檐大样图

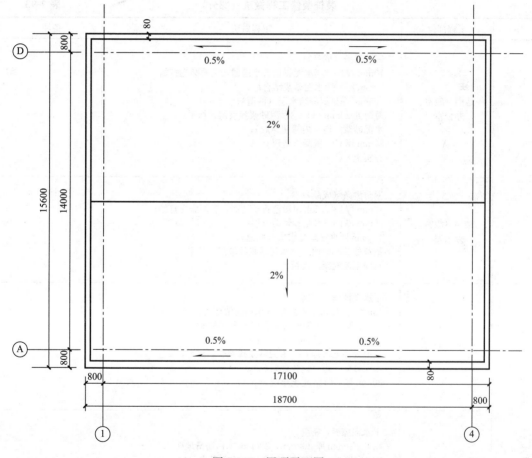

图 7-110 屋顶平面图

（1）设计说明

1）该工程为钢筋混凝土框架结构，室外地坪标高为－0.300m。

2）图中未注明的墙均为 240mm 厚黏土空心砖墙；楼板为预制混凝土楼板，厚为 120mm。

3）KZ1 截面尺寸为 500mm×500mm；KZ2 截面尺寸为 400mm×400mm；

4）门窗洞口尺寸如表 7-92 所示，均不设门窗套。门、窗居墙中布置，门为水泥砂浆后塞口，窗为填充剂后塞口。

门窗表   表 7-92

序号	代号	洞口尺寸（宽×高）(mm)	备注
1	M1	1000×2100	普通胶合板木门，单层玻璃 6mm，带锁，普通五金
2	M2	1500×2400	
3	M3	2000×2700	铝合金平开门，型材为 A 型 60 系列，中空玻璃（5＋12＋5），带锁，普通五金
4	C1	1500×1500	塑钢推拉窗，型材为 D 型 88 系列，中空玻璃（5＋6＋5），普通五金
5	C2	1800×1800	

5）装饰装修工程做法（部分）如表 7-93 所示。

装饰装修工程做法（部分）   表 7-93

序号	工程部位	工程做法	备注
1	地面（教室、办公室）	铜防滑条（成品）； 10mm 厚 1∶2.5 水泥彩色石子地面，表面磨光打蜡； 20mm 厚 1∶3 水泥砂浆结合层； 1.5mm 厚聚氨酯防水层（两道）； 最薄处 20mm 厚 1∶3 水泥砂浆找坡层，抹平； 水泥砂浆一道（内掺建筑胶）； 80mm 厚 C15 混凝土垫层； 夯实土	
	楼面（教室、办公室）	铜防滑条（成品）； 10mm 厚 1∶2.5 水泥彩色石子地面，表面磨光打蜡； 20mm 厚 1∶3 水泥砂浆结合层； 1.5mm 厚聚氨酯防水层（两道）； 最薄处 20mm 厚 1∶3 水泥砂浆找坡层，抹平； 现浇钢筋混凝土楼板	
2	地面（卫生间）	干水泥擦缝，密缝； 10mm 厚 300mm×300mm 米白防滑地砖； 30mm 厚 1∶3 水泥砂浆结合层，表面撒水泥粉； 1.5mm 厚聚氨酯防水层（两道）； 最薄处 20mm 厚 1∶3 水泥砂浆找坡层，抹平； 水泥砂浆一道（内掺建筑胶）； 80mm 厚 C15 混凝土垫层； 夯实土	
	楼面（卫生间）	干水泥擦缝，密缝； 贴 8～10mm 厚 300mm×300mm 米白防滑地砖； 30mm 厚 1∶3 水泥砂浆结合层，表面撒水泥粉； 1.5mm 厚聚氨酯防水层（两道）； 最薄处 20mm 厚 1∶3 水泥砂浆找坡层，抹平； 水泥砂浆一道（内掺建筑胶）； 现浇钢筋混凝土楼板	
3	踢脚线	稀水泥浆（或彩色水泥浆）擦缝； 8mm 厚 150mm×600mm 褐色铺地砖踢脚； 10mm 厚 1∶2 水泥砂浆（内掺建筑胶）粘结层； 水泥砂浆一道甩毛	高度为 150mm，卫生间不设踢脚线

序号	工程部位	工程做法	备注
4	内墙面（教室）	涂饰第二遍面层涂料； 涂饰面层涂料； 涂饰底涂料； 局部腻子、磨平； 5mm厚1∶2.5水泥砂浆抹平； 9mm厚1∶3水泥砂浆打底扫毛或划出纹道； 清理基层	涂料为耐擦洗涂料； 腻子为普通成品腻子
5	内墙面（卫生间）	白水泥擦缝，密缝； 5mm厚250mm×330mm米黄墙面砖； 4mm厚强力胶粉泥粘结层，揉挤压实； 1.5mm厚聚合物水泥基复合防水涂料防水层； 9mm厚1∶3水泥砂浆分层压实抹平	60mm厚隔墙铺贴瓷砖高至吊顶底面； 粘贴前墙砖充分浸湿
6	天棚（教室）	涂饰第二遍面层涂料； 涂饰面层涂料； 涂饰底涂料； 填补缝隙、局部腻子、磨平； 2mm厚纸筋灰罩面； 8mm厚1∶0.5∶3水泥石灰膏砂浆打底扫毛或划出纹道； 素水泥浆一道甩毛（内掺建筑胶）； 钢筋混凝土预制板用水加10%火碱清洗油渍、并用1∶0.5∶1水泥石灰膏砂浆将板缝嵌实抹平	涂料为大白浆
7	天棚（卫生间）	满刮白水泥腻子一遍，刷乳胶漆二遍； 涂饰第二遍面层涂料； 涂饰面层涂料； 涂饰底涂料； 填补缝隙、局部腻子、磨平； 2mm厚面层专用粉刷石膏罩面压实赶光； 6mm厚粉刷石膏打底找平，木抹子抹毛面； 刷面层粉刷石膏一道或素水泥浆一道（内掺建筑胶）； 钢筋混凝土预制板用水加10%火碱清洗油渍，并用1∶0.5∶1水泥石灰膏砂浆将板缝嵌实抹平	涂料为水性耐擦洗涂料
8	外墙面	6mm厚1∶2.5水泥砂浆面层； 12mm厚1∶3水泥砂浆打底扫毛或划出纹道	
9	挑檐	内侧抹灰： 5mm厚1∶0.5∶3水泥石灰砂浆； 15mm厚1∶1∶6水泥石灰砂浆； 素水泥砂浆一遍	外立面、顶面抹灰同外墙。 挑檐底面抹灰同教室天棚抹灰，但不喷刷涂料
10	台阶	铝合金防滑条（成品）； 20mm厚1∶2.5水泥砂浆面层； 素水泥浆一道（内掺建筑胶）； 60mm厚C15混凝土，台阶面向外坡1%； 300mm厚3∶7灰土分两步夯实，宽出面层100mm； 素土夯实	防滑条用 ϕ3.5塑料胀管固定，中距≤300mm

（2）施工说明

1）土壤类别为三类。

2）垂直运输机械考虑卷扬机，不考虑夜间施工、二次搬运、冬雨期施工、排水、降水。

3）混凝土均采用商品混凝土。

（3）计算说明

1）台阶室外平台计入地面工程量。

2）内墙门窗洞口侧面、顶面和窗底面均抹灰、刷乳胶漆，其中抹灰不计算、乳胶漆计算宽度均按 80mm 计算。内墙抹灰高度算至吊顶底面。

3）门洞口侧壁不计算踢脚线。

4）挑檐外侧面面积计入外墙面抹灰工程量，挑檐底面面积计入零星抹灰项目。

5）计算范围：

① 地面，楼梯间不计算。

② 天棚，楼梯间不计算。

③ 墙面，楼梯间不计算，门洞口侧面不计算。

④ 踢脚线，楼梯间不计算，门洞口侧面不计算。

⑤ 涂料，仅计算内墙面、天棚。

⑥ 室外台阶，立面抹灰不计算。

⑦ 门窗，不计算窗台板、油漆、玻璃及特殊五金。

⑧ 措施项目，只计算综合脚手架、垂直运输。

6）计算工程数量以 "m"、"m³"、"m²" 为单位，步骤计算结果保留三位小数，最终计算结果保留两位小数。

2. 问题

根据以上背景资料及现行国家标准《建设工程工程量清单计价规范》（GB 50500—2013）、《房屋建筑与装饰工程工程量计算规范》（GB 50854—2013）及其他相关文件的规定，试列出该工程要求计算项目的分部分项工程量清单。

3. 参考答案（表 7-94 和表 7-95）

清单工程量计算表   表 7-94

工程名称：某装饰工程

序号	项目编码	清单项目名称	计算式	工程量合计	计量单位
1	011101002001	现浇水磨石地面	楼梯间面积不计，门洞口面积不计算。 一、一层 1. 单个教室面积： $S_1 = (6.3 - 0.12 \times 2) \times (5.7 - 0.12 \times 2) = 33.088\text{m}^2$ 2. 办公室面积： $S_2 = (4.5 - 0.12 \times 2) \times (5.7 - 0.12 \times 2) = 23.260\text{m}^2$ 3. 走廊面积： $S_3 = (2.6 - 0.12 \times 2) \times (6.30 + 6.30 + 4.50 - 0.12 \times 2) = 39.790\text{m}^2$	329.85	m²

序号	项目编码	清单项目名称	计算式	工程量合计	计量单位
1	011101002001	现浇水磨石地面	4. 突出墙面的框架柱柱角所占面积： 房间内单个 KZ1： $S_4=(0.25-0.12)\times(0.25-0.12)=0.0170m^2$ $<0.3m^2$，不计入地面工程量 房间内单个 KZ2： $S_5=(0.20-0.12)\times(0.20-0.12)=0.006m^2<$ $0.3m^2$，不计入地面工程量 走廊内单个 KZ2（最大）： $S_6=(0.20-0.12)\times0.4=0.032m^2<0.3m^2$，不计入地面工程量 5. 增加室外台阶休息平台面积： $S_7=(3.5-0.3\times2)\times(1.2-0.3)\times2=5.22m^2$ 6. 小计： $S_8=33.088\times3+23.260+39.790+5.22=$ $167.534m^2$ 二、二层 教室、办公室、走廊面积同一层。 三、合计 $S=167.534+33.088\times3+23.260+39.790=$ $329.85m^2$	329.85	m²
2	011101001002	水泥砂浆楼地面	$S=(1.2-0.3)\times(3.5-0.3\times2)\times2=5.22m^2$	5.22	m²
3	011102003001	块料楼地面	1. 一层卫生间面积（含门洞口）： $S_1=(6.3-0.12\times2)\times(5.7-0.12\times2)+1.5\times0.24=33.448m^2$ 2. 二层卫生间（含门洞口）： $S_2=(6.3-0.12\times2)\times(5.7-0.12\times2)+1.5\times0.24=33.448m^2$ 3. 小计： $S=33.448\times2=66.90m^2$	66.90	m²
4	011107004001	水泥砂浆台阶面	最上层台阶踏步边沿加 300mm，按台阶计算，其余部分计入地面工程量 $S=[(1.2+0.3+3.5)\times0.3+(1.2\times2+3.5-0.3\times2)\times0.3]\times2=6.18m^2$	6.18	m²
5	011105003001	块料踢脚线	不考虑门洞口侧面，卫生间内不设踢脚线，不计算楼梯间内踢脚线的工程量。 一、一层 1. 单个教室踢脚线长度： $L_1=(6.3-0.12\times2)\times2+(5.7-0.12\times2)\times2-1.0\times2=21.040m$ 2. 办公室踢脚线长度： $L_2=(4.5-0.12\times2)\times2+(5.7-0.12\times2)\times2-1.0=18.440m$ 3. 走廊踢脚线长度： $L_3=(17.1-0.12\times2)\times2+(2.6-0.12\times2)\times2-4.5+0.12\times2-2.0\times2-1.0\times7-1.5=21.680m$	210.48	m

序号	项目编码	清单项目名称	计算式	工程量合计	计量单位
5	011105003001	块料踢脚线	4. 一层小计： $L_4 = 21.040 \times 3 + 18.440 + 21.680 = 103.240\text{m}$ 二、二层 1. 教室、办公室踢脚线长度同一层。 2. 走廊踢脚线长度： $L_6 = (17.1 - 0.12 \times 2) \times 2 + (2.6 - 0.12 \times 2) \times 2 - 4.5 + 0.12 \times 2 - 1.0 \times 7 - 1.5 = 25.68\text{m}$ 3. 二层小计： $L_7 = 21.040 \times 3 + 18.440 + 25.68 = 107.240\text{m}$ 4. 一、二层合计： $L = 103.240 + 107.240 = 210.48\text{m}$	210.48	m
6	011201001001	外墙面一般抹灰	突出墙面的框架柱侧边面积、挑檐外侧面面积计入墙面抹灰工程量。 1. 外墙面垂直投影面积（含挑檐外立面）： $S_1 = (17.10 + 0.12 \times 2 + 14.00 + 0.12 \times 2) \times 2 \times (7.60 + 0.30) = 498.964\text{m}^2$ 2. 扣除外墙上门窗洞口所占面积： $S_2 = (1.5 \times 1.5) \times 4 + (1.8 \times 1.8) \times 15 + (2.0 \times 2.7) \times 2 = 68.400\text{m}^2$ 3. 扣除一层室外台阶垂直面所占面积： $S_3 = [(3.5 + 0.3 \times 2) \times 0.15 + 3.50 \times 0.15] \times 2 = 2.280\text{m}^2$ 4. 增加突出外墙面的框架柱侧边面积： KZ1：$S_4 = (0.25 - 0.12) \times 24 \times (7.30 + 0.30) = 23.712\text{m}^2$ KZ2：$S_5 = (0.20 - 0.12) \times 8 \times (7.30 + 0.30) = 4.864\text{m}^2$ 5. 小计： $S = 498.964 - 68.400 - 2.280 + 23.712 + 4.864 = 456.86\text{m}^2$	456.86	m²
7	011201001002	挑檐内侧面及顶面抹灰	挑檐高度300mm。 1. 挑檐内侧面积： $S_1 = (17.1 + 0.80 \times 2 + 14.0 + 0.80 \times 2) \times 2 \times 0.30 = 20.580\text{m}^2$ 2. 挑檐顶面面积： $S_2 = (17.1 + (0.12 + 0.64) \times 2 + 14.0 + (0.12 + 0.64) \times 2) \times 2 \times 0.08 = 5.462\text{m}^2$ 3. 小计： $S = 20.580 + 5.462 = 26.04\text{m}^2$	26.04	m²
8	011201001003	内墙一般抹灰	楼梯间内墙不计算。一层净高为$3.65 - 0.12 = 3.53\text{m}$，二层净高为$7.30 - 0.12 - 3.650 = 3.53\text{m}$，楼板厚度为120mm，内墙抹灰计算高度均为$3.53 - (0.6 - 0.12) = 3.05\text{m}$；框架梁宽度250mm＞240mm（墙厚），框架梁侧面计入天棚抹灰面积。 一、一层内墙 1. 单个教室内墙 $S_1 = (6.3 - 0.12 \times 2 + 5.7 - 0.12 \times 2) \times 2 \times 3.05 - (1.8 \times 1.8 + 1.0 \times 2.1) \times 2 = 59.592\text{m}^2$	632.51	m²

续表

序号	项目编码	清单项目名称	计算式	工程量合计	计量单位
8	011201001003	内墙一般抹灰	2. 办公室内墙： $S_2=(4.5-0.12\times2+5.7-0.12\times2)\times2\times3.05$ $-(1.0\times2.1+1.5\times1.2)$ $=55.392m^2$ 3. 走廊： $S_3=(17.1-0.12\times2+6.3+6.3-0.12\times2+2.6$ $-0.12\times2+2.6-0.12\times2)\times3.05-(1.0\times2.1)\times$ $7-1.5\times2.4-2.0\times2.7\times2+(0.4-0.24)\times2\times4$ $\times3.53$ $=78.935m^2$ 4. 小计： $S_4=59.592\times3+55.392+78.935=313.103m^2$ 二、二层内墙： 1. 教室、办公室的内墙同一层。 2. 走廊内墙： $S_5=(17.1-0.12\times2+6.3+6.3-0.12\times2+2.6$ $-0.12\times2+2.6-0.12\times2)\times3.05-(1.0\times2.1)\times$ $7-1.5\times2.4-1.5\times1.5\times2+(0.4-0.24)\times2\times4$ $\times3.53$ $=85.235m^2$ 3. 小计： $S_6=59.592\times3+55.392+85.235=319.403m^2$ 三、合计： $S=313.103+319.403=632.51m^2$	632.51	m²
9	011204003001	块料内墙面	卫生间内墙贴瓷砖到顶（楼板下底面），计算高度3.53m，卫生间框架梁突出内墙面的梁底按天棚抹灰计算。 1. 一层卫生间内墙垂直投影面积： $S_1=(6.3-0.12\times2)\times(5.7-0.12\times2)\times3.53=$ $116.799m^2$ 2. 一层卫生间扣除门窗洞口面积： $S_2=1.5\times2.4+1.8\times1.8=6.840m^2$ 3. 二层卫生间同上 4. 小计： $S=(116.799-6.840)\times2=219.92m^2$	219.92	m²
10	011206002001	块料零星项目	卫生间内门窗洞口侧面、顶面和窗洞口底面面积 $S=[(1.5+2.4\times2)+(1.8+1.8)\times2]\times0.080\times$ $2=1.08\times2=2.16m^2$	2.16	m²
11	011301001001	天棚抹灰	1. 单个教室天棚面积（含板下框架梁侧面面积）： $S_1=(6.3-0.12\times2)\times(5.7-0.12\times2)+[6.3-$ $0.25\times2+6.3-0.20\times2+(5.7-0.25-0.2)\times2]$ $\times(0.6-0.12)$ $=33.088+22.2\times0.48$ $=43.744m^2$ 2. 办公室天棚面积（含板下框架梁侧面面积）：	481.81	m²

序号	项目编码	清单项目名称	计算式	工程量合计	计量单位
11	011301001001	天棚抹灰	$S_2=(4.5-0.12\times2)\times(5.7-0.12\times2)+[4.5-0.25\times2+4.5-0.20\times2+(5.7-0.25-0.2)\times2]\times(0.6-0.12)$ $=23.26+18.6\times0.48$ $=32.188\text{m}^2$ 3. 走廊天棚面积（含板下框架梁侧面面积）： $S_3=(17.1-0.12\times2)\times(2.6-0.12\times2)+[(17.1-0.20\times2-0.4\times2)\times2+(2.6-0.20\times2)\times6]\times(0.60-0.12)$ $=39.790+45.00\times0.48$ $=61.390\text{m}^2$ 4. 二楼楼梯间天棚面积同办公室天棚面积： $S_4=32.188\text{m}^2$ 5. 小计： $S=43.744\times3\times2+32.188\times3+61.390\times2=481.81\text{m}^2$	481.81	m²
12	011301001002	天棚抹灰	卫生间天棚面积（卫生间框架梁突出内墙面的梁底按天棚抹灰计算） $S=(6.3-0.12\times2)\times(5.7-0.12\times2)\times2=66.18\text{m}^2$	66.18	m²
13	011203001001	零星项目一般抹灰	挑檐底面抹灰按零星抹灰列项计算 $S=(17.34+0.34\times2+14.24+0.34\times2)\times2\times0.68=44.80\text{m}^2$	44.80	m²
14	010801001001	胶合板门	M1：$S=1.0\times2.1\times7\times2=29.40\text{m}^2$ M2：$S=1.5\times2.4\times2=7.20\text{m}^2$	36.60	m²
15	010802001001	铝合金平开门	M3：$S=2.0\times2.7\times2=10.80\text{m}^2$	10.80	m²
16	010807001001	塑钢推拉窗	C1：$S=1.5\times1.5\times3=6.75\text{m}^2$ C2：$S=1.8\times1.8\times15=48.60\text{m}^2$	55.35	m²
17	011407001001	墙面喷刷涂料	楼梯间不考虑。 1. 一、二层教室、办公室、走廊内墙一般抹灰面积： $S_1=632.51\text{m}^2$ 2. 扣除踢脚线面积： $S_2=210.48\times0.150=31.572\text{m}^2$ 3. 增加门洞口侧面面积： M1：$S_3=(1.0+2.1\times2)\times(7+7)\times2\times0.080=11.648\text{m}^2$ M2：$S_4=(1.5+2.4\times2)\times2\times0.080=1.008\text{m}^2$ M3：$S_5=(2.0+2.7\times2)\times2\times0.080=1.184\text{m}^2$ C1：$S_6=(1.5+1.5)\times2\times4\times0.080=1.920\text{m}^2$ C2：$S_7=(1.8+1.8)\times2\times15\times0.080=8.640\text{m}^2$ 4. 小计： $S=632.51-31.572+11.648+1.008+1.184+1.920+8.640=625.34\text{m}^2$	625.34	m²
18	011407002001	天棚喷刷涂料	同办公室、教室、走廊天棚抹灰 $S=481.81\text{m}^2$	481.81	m²
19	011407002002	卫生间天棚喷刷涂料	同卫生间天棚抹灰 $S=66.18\text{m}^2$	66.18	m²
20	011701001001	综合脚手架	$S=$建筑面积$=(6.3\times2+4.5+0.12\times2)\times14.24\times2=493.84\text{m}^2$	493.84	m²

续表

序号	项目编码	清单项目名称	计算式	工程量合计	计量单位
21	011703001001	垂直运输	同上	493.84	m²

注：1. 门窗以平方米计量。
2. 门侧壁不考虑踢脚线。
3. 地面混凝土垫层，按《房屋建筑与装饰工程工程量计算规范》（GB 50854—2013）附录E.1垫层项目编码列项。
4. 墙抹灰工程量计算根据规范规定，不扣踢脚线，门窗侧壁亦不增加。
5. 墙面喷刷涂料工程量计算，扣除踢脚线、门窗洞口面积，增加门窗侧边、柱侧边面积。
6. 梁与柱交接处，柱的面积不算入天棚抹灰面积。

分部分项工程和单价措施项目清单与计价表 表7-95

工程名称：某装饰工程
第1页 共1页

序号	项目编码	项目名称	项目特征描述	计量单位	工程量	金额（元）		
						综合单价	合价	其中暂估价
楼地面装饰工程								
1	011101002001	现浇水磨石地面	1. 找平层厚度、砂浆配合比：最薄处20mm厚1：3水泥砂浆； 2. 面层厚度、水泥石子浆配合比：10mm厚1：2.5水泥彩色石子； 3. 嵌条材料种类、规格：铜防滑条（成品）； 4. 石子种类、规格、颜色：按设计要求； 5. 颜料种类、颜色：按设计要求； 6. 图案要求：按设计要求； 7. 磨光、酸洗、打蜡要求：磨光、打蜡	m²	329.85			
2	011101001002	水泥砂浆楼地面	1. 素水泥浆遍数：一道； 2. 面层厚度、砂浆配合比：20mm厚1：2.5水泥砂浆； 3. 面层做法要求：符合施工及验收规范要求	m²	5.22			
3	011102003001	块料楼地面	1. 找平层厚度、砂浆配合比：最薄处20mm厚1：3水泥砂浆； 2. 结合层厚度、砂浆配合比：30mm厚1：3水泥砂浆结合层； 3. 面层材料品种、规格、颜色：10mm厚300mm×300mm米白防滑地砖； 4. 嵌缝材料种类：干水泥擦缝，密缝	m²	66.90			
4	011107004001	水泥砂浆台阶面	1. 面层厚度、砂浆配合比：20mm厚1：2.5水泥砂浆； 2. 防滑条材料种类：铝合金防滑条（成品）	m²	6.18			
5	011105003001	块料踢脚线	1. 踢脚线高度：150mm； 2. 粘贴层厚度、材料种类：10mm厚1：2水泥砂浆（内掺建筑胶）； 3. 面层材料品种、规格、颜色：8mm厚150mm×600mm褐色铺地砖踢脚	m	210.48			

续表

序号	项目编码	项目名称	项目特征描述	计量单位	工程量	金额（元）		
						综合单价	合价	其中
								暂估价
墙柱面装饰工程								
6	011201001001	外墙面一般抹灰	1. 墙体类型：砖墙； 2. 底层厚度、砂浆配合比：12mm 厚 1∶3 水泥砂浆； 3. 面层厚度、砂浆配合比：6mm 厚 1∶2.5 水泥砂浆	m²	456.86			
7	011201001002	挑檐内侧及顶面抹灰	1. 墙体类型：混凝土板； 2. 底层厚度、砂浆配合比：5mm 厚 1∶0.5∶3 水泥石灰砂浆； 3. 面层厚度、砂浆配合比：15mm 厚 1∶1∶6 水泥石灰砂浆	m²	26.04			
8	011201001003	内墙一般抹灰	1. 墙体类型：砖墙； 2. 底层厚度、砂浆配合比：9mm 厚 1∶3 水泥砂浆； 3. 面层厚度、砂浆配合比：5mm 厚 1∶2.5 水泥砂浆	m²	632.51			
9	011204003001	块料内墙面	1. 墙体类型：砖墙； 2. 安装方式：粘贴； 3. 面层材料品种、规格、颜色：5mm 厚 250mm×330mm 米黄墙面砖； 4. 缝宽、嵌缝材料种类：白水泥擦缝，密缝	m²	219.92			
10	011206002001	块料零星项目	1. 基层类型、部位：卫生间内门窗洞口侧面、顶面和窗洞口底面； 2. 安装方式：粘贴； 3. 面层材料品种、规格、颜色：5mm 厚 250mm×330mm 米黄墙面砖； 4. 缝宽、嵌缝材料种类：白水泥擦缝，密缝	m²	2.16			
天棚工程								
11	011301001001	天棚抹灰	1. 基层类型：预制混凝土板底面； 2. 抹灰厚度、材料种类：8mm 厚水泥石灰膏砂浆； 3. 砂浆配合比：1∶0.5∶3	m²	481.81			
12	011301001002	天棚抹灰	1. 基层类型：预制混凝土板底面； 2. 抹灰厚度、材料种类：6mm 厚粉刷石膏	m²	66.18			
13	011203001001	零星项目一般抹灰	1. 基层类型、部位：混凝土板、挑檐底面抹灰； 2. 底层厚度、砂浆配合比：8mm 厚水泥石灰膏砂浆； 3. 面层厚度、砂浆配合比：2mm 厚纸筋灰	m²	44.80			

续表

序号	项目编码	项目名称	项目特征描述	计量单位	工程量	金额（元）		
						综合单价	合价	其中暂估价
门窗工程								
14	010801001001	胶合板门	1. 门代号及洞口尺寸：M1（1000mm×2100mm）、M2（1500mm×2400mm）； 2. 镶嵌玻璃品种、厚度：平板玻璃，6mm	m²	36.60			
15	010802001001	铝合金平开门	1. 门代号及洞口尺寸：M3（2000mm×2700mm）； 2. 门框、扇材质：A型60系列； 3. 玻璃品种、厚度：中空玻璃（5+12+5）mm	m²	10.80			
16	010807001001	塑钢推拉窗	1. 窗代号及洞口尺寸：C1（1500mm×1500mm）、C2（1800mm×1800mm）； 2. 框、扇材质：D型88系列； 3. 玻璃品种、厚度：中空玻璃（5+6+5）mm	m²	55.35			
油漆、涂料、裱糊工程								
17	011407001001	墙面喷刷涂料	1. 基层类型：抹灰面； 2. 喷刷涂料部位：内墙面； 3. 腻子种类：普通成品腻子； 4. 刮腻子要求：满足施工及验收规范要求； 5. 涂料品种、喷刷遍数：耐擦洗涂料、底漆一遍、面漆两遍	m²	625.34			
18	011407002001	教室天棚喷刷涂料	1. 基层类型：抹灰面； 2. 喷刷涂料部位：天棚底面； 3. 腻子种类：普通成品腻子； 4. 刮腻子要求：满足施工及验收规范要求； 5. 涂料品种、喷刷遍数：大白浆、底漆一遍、面漆两遍	m²	481.81			
19	011407002002	卫生间天棚喷刷涂料	1. 基层类型：抹灰面； 2. 喷刷涂料部位：天棚底面； 3. 腻子种类：白水泥腻子； 4. 刮腻子要求：满足施工及验收规范要求； 5. 涂料品种、喷刷遍数：水性耐擦洗涂料、底漆一遍、面漆两遍	m²	66.18			
措施项目								
20	011701001001	综合脚手架	1. 建筑结构形式：框架结构； 2. 檐口高度：7.48m	m²	493.84			

序号	项目编码	项目名称	项目特征描述	计量单位	工程量	金额（元）		
						综合单价	合价	其中
								暂估价
措施项目								
21	011703001001	垂直运输	1. 建筑物建筑类型及结构形式：房屋建筑、框架结构； 2. 建筑物檐口高度、层数：7.48m、二层	m²	493.84			

7.25 实例 7-25

1. 背景资料

图 7-111～图 7-117 为某二层建筑部分施工图。

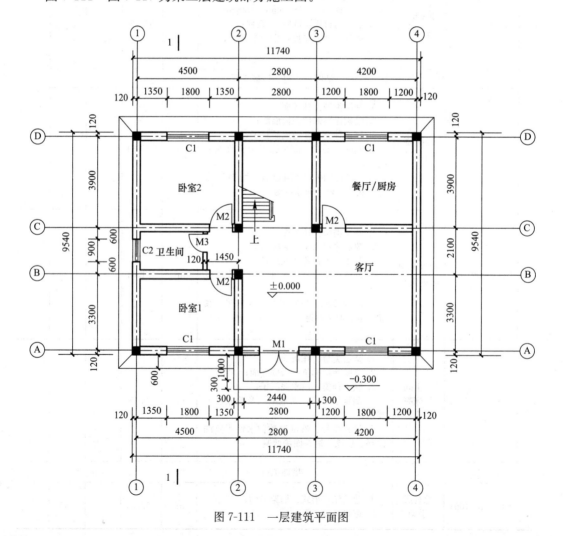

图 7-111 一层建筑平面图

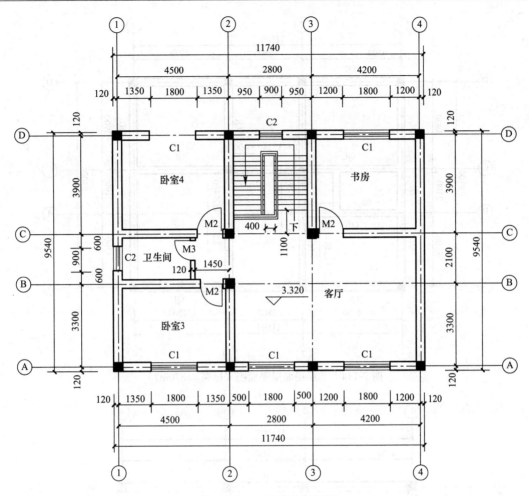

图 7-112 二层建筑平面图

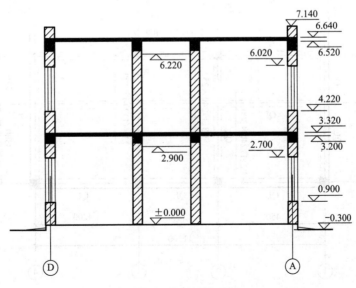

图 7-113 1-1 剖面图

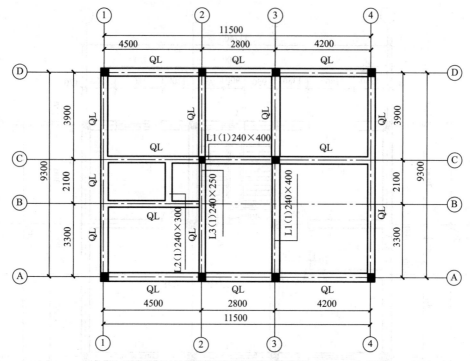

图 7-114 二层楼面梁平面图（标高 3.370m）

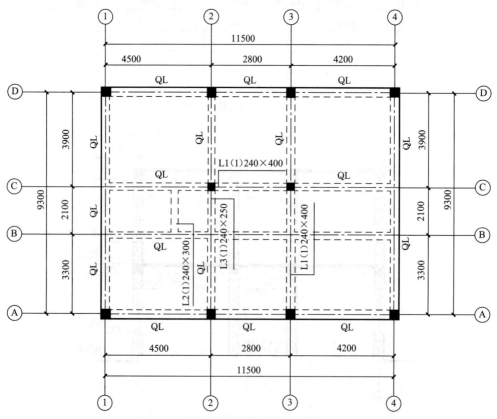

图 7-115 屋面梁结构平面图（标高 7.500m）

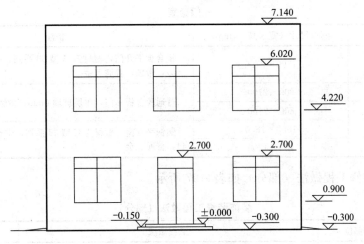

图 7-116 ①~④轴线立面图

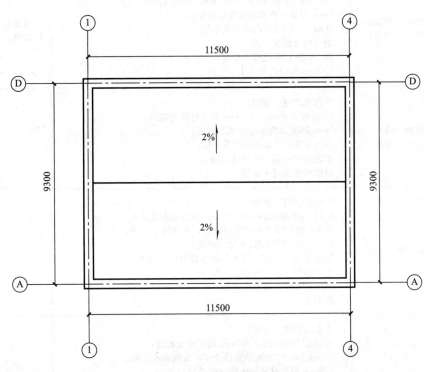

图 7-117 屋面平面图

（1）设计说明

1）该工程为砖混结构，室外地坪标高为－0.300m。

2）图中未注明的墙均为 240mm 厚多孔砖墙，构造柱尺寸为 240mm×240mm，未注明的板厚均为 120mm。

3）门窗洞口尺寸如表 7-96 所示，均不设门窗套。门、窗居墙中布置，门为水泥砂浆后塞口，窗为填充剂后塞口。

门窗表 表 7-96

序号	代号	洞口尺寸（宽×高）（mm）	备注
1	M1	1500×2700	铝合金平开门，型材为 A 型 60 系列，中空玻璃（5＋12＋5），带锁，普通五金
2	M2	900×2100	普通胶合板木门，单层玻璃 6mm，带锁，普通五金
3	M3	800×2100	
4	C1	1800×1800	塑钢平开窗，型材为 C 型 62 系列，中空玻璃（4＋12＋4），普通五金
5	C2	900×1200	

4）装饰装修工程做法（部分）如表 7-97 所示。

装饰装修工程做法（部分） 表 7-97

序号	工程部位	工程做法	备注
1	地面（卧室、客厅、书房）	干水泥擦缝，密缝； 5mm 厚 500mm×500mm 米黄色陶瓷锦砖； 5mm 厚聚合物水泥砂浆结合层； 20mm 厚1：3水泥砂浆找平层； 聚合物水泥浆一道； 80mm 厚 C15 混凝土垫层； 150mm 厚碎石夯入土中	用聚合物水泥砂浆铺砌
	楼面（卧室、客厅、书房）	干水泥擦缝，密缝； 5mm 厚 500mm×500mm 米黄色陶瓷锦砖； 5mm 厚聚合物水泥砂浆结合层； 20mm 厚1：3水泥砂浆找平层； 水泥砂浆一道（内掺建筑胶）； 现浇钢筋混凝土楼板	
2	地面（餐厅/厨房）	干水泥擦缝，密缝； 8～10mm 厚 400mm×400mm 浅黄防滑地砖； 30mm 厚1：3水泥砂浆结合层，表面撒水泥粉； 1.5mm 厚聚氨酯防水层（两道）； 最薄处 20mm 厚1：3水泥砂浆找坡层，抹平； 水泥砂浆一道（内掺建筑胶）； 80mm 厚 C15 混凝土垫层； 夯实土	
3	地面（卫生间）	干水泥擦缝，密缝； 10mm 厚 300mm×300mm 褐色防滑地砖； 30mm 厚1：3水泥砂浆结合层，表面撒水泥粉； 1.5mm 厚聚氨酯防水层（两道）； 最薄处 20mm 厚1：3水泥砂浆找坡层，抹平； 水泥砂浆一道（内掺建筑胶）； 80mm 厚 C15 混凝土垫层； 夯实土	
	楼面（卫生间）	干水泥擦缝，密缝； 铺贴 10mm 厚 300mm×300mm 褐色防滑地砖； 30mm 厚1：3水泥砂浆结合层，表面撒水泥粉； 1.5mm 厚聚氨酯防水层（两道）； 最薄处 20mm 厚1：3水泥砂浆找坡层，抹平； 水泥砂浆一道（内掺建筑胶）； 现浇钢筋混凝土楼板	

序号	工程部位	工程做法	备注
4	楼梯面层	1∶1水泥金刚砂防滑条 20mm厚1∶2水泥砂浆抹实压光； 刷素水泥浆（内掺水泥重量10％的801胶）一道扫毛	1∶1水泥金刚砂防滑条为10mm宽两道，间隔20mm，第一道距踏步外沿30mm
5	踢脚线	稀水泥浆（或彩色水泥浆）擦缝； 铺贴150mm×600mm褐色玻化砖面层； 4mm厚素水泥浆（32.5级水泥掺加20％白乳胶）； 20mm厚1∶2水泥砂浆结合层	高度为150mm
6	内墙面（卧室、客厅）	底漆一遍，乳胶漆二遍； 满刮普通成品腻子一遍； 5mm厚1∶0.5∶3水泥石灰砂浆； 15mm厚1∶1∶6水泥石灰砂浆； 清理基层	
7	内墙面（餐厅/厨房）	白水泥擦缝，密缝； 6mm厚200mm×300mm鹅黄色墙面砖； 4mm厚强力胶粉泥粘结层，揉挤压实； 1.5mm厚聚合物水泥基复合防水涂料防水层； 9mm厚1∶3水泥砂浆分层压实抹平	粘贴前墙砖充分浸湿
8	内墙面（卫生间）	白水泥擦缝，密缝； 6mm厚200mm×300mm米白色墙面砖； 4mm厚强力胶粉泥粘结层，揉挤压实； 1.5mm厚聚合物水泥基复合防水涂料防水层； 9mm厚1∶3水泥砂浆分层压实抹平	60mm厚隔墙铺贴瓷砖高至吊顶底面
9	天棚（卧室、客厅）	乳胶漆面漆两遍； 封底漆一道（与面漆配套产品）； 3mm厚1∶0.5∶2.5水泥石灰膏砂浆找平； 5mm厚1∶0.5∶3水泥石灰膏砂浆打底扫毛或划出纹道； 素水泥浆一道甩毛（内掺建筑胶）	
10	天棚（餐厅/厨房、卫生间）	防水防霉涂料三遍； 满刮2mm厚面层耐水腻子找平； 9mm厚装饰石膏板（592mm×592mm）面层； T形轻钢横撑龙骨 TB24mm×28mm，间距600mm用挂插件与次龙骨插接； T形轻钢次龙骨 TB24mm×38mm，用吸顶串件联结，间距≤600mm； 龙骨吸顶吊件（长度为150mm），中距横向≤1200mm，纵向600mm，用膨胀螺栓与钢筋混凝土板固定	单层T形轻钢龙骨吸顶式
11	外墙面	斧剁斩毛两遍成活； 10mm厚1∶2水泥石子（米粒石内掺30％石屑）面层赶平压实； 刷素水泥浆一道（内掺水重5％的建筑胶）； 12mm厚1∶3水泥砂浆打底扫毛或划出纹道	

续表

序号	工程部位	工程做法	备注
12	女儿墙	内侧抹灰： 5mm厚1：0.5：3水泥石灰砂浆； 15mm厚1：1：6水泥石灰砂浆； 素水泥砂浆一遍	外侧抹灰同外墙
13	台阶	140mm厚花岗条石（条石长≤1500mm），正、背面及四周满涂防污剂，灌稀水泥浆，擦缝； 30mm厚1：3干硬性水泥砂浆粘结层，撒干水泥； 素水泥浆（内掺建筑胶）； 60mm厚C15混凝土台阶，台阶面向外坡1%； 300mm厚3：7灰土分两步夯实； 素土夯实	

（2）施工说明

1）土壤类别为三类。

2）垂直运输机械考虑卷扬机，不考虑夜间施工、二次搬运、冬雨期施工、排水、降水。

3）除地面垫层为现场搅拌外，其他构件均采用C20商品混凝土。

（3）计算说明

1）台阶室外平台计入地面工程量。

2）内墙门窗洞口侧面、顶面和窗底面均抹灰、刷乳胶漆，其中抹灰不计算，乳胶漆计算宽度均按80mm计算（M3门洞口不计算）。内墙抹灰高度算至吊顶底面。

内墙贴块料，其门窗洞口侧面、顶面和窗底面的计算宽度均按80mm计算（M3门洞口计算宽度为60mm），归入零星项目。

3）门洞口侧壁不计算踢脚线。

4）外墙M1门洞口底面积全部按块料面层计算。

5）计算范围：

① 地面，楼梯间不计算。

② 天棚，楼梯间不计算。

③ 墙面，楼梯间不计算，门洞口侧面不计算。

④ 踢脚线，楼梯间不计算，门洞口侧面不计算。

⑤ 涂料，仅计算内墙面、天棚。

⑥ 室外台阶，立面抹灰不计算。

⑦ 门窗，不计算窗台板、油漆、玻璃及特殊五金。

⑧ 措施项目，只计算综合脚手架、垂直运输。

6）计算工程数量以"m"、"m³"、"m²"为单位，步骤计算结果保留三位小数，最终计算结果保留两位小数。

2. 问题

根据以上背景资料及现行国家标准《建设工程工程量清单计价规范》（GB 50500—2013）、《房屋建筑与装饰工程工程量计算规范》（GB 50854—2013）及其他相关文件的规定，试列出该工程要求计算项目的分部分项工程量清单。

3. 参考答案（表7-98和表7-99）

清单工程量计算表 表 7-98

工程名称：某装饰工程

序号	项目编码	清单项目名称	计算式	工程量合计	计量单位
1	011102003001	块料楼地面	楼梯间面积不计，M1 门洞宽度为 1500mm，M2 门洞宽度为 900mm。 **方法一：** 一、一层 1. 一层卧室 1、卧室 2 分别（含门洞口面积）： $S_1=(4.5-0.12\times2)\times(3.9-0.12\times2)+(3.3-0.12\times2)\times(4.5-0.12\times2)+0.24\times0.9\times2=$ 29.059m² 2. 一层客厅（含卫生间门外区域，不含卫生间门洞口所占面积）的面积相同： $S_2=(2.8+4.2-0.12\times2)\times(3.3+2.1-0.12\times2)+(2.1-0.12\times2)\times(1.45+0.12)=37.802$m² 3. 增加外墙 M1 洞口面积： $S_3=1.5\times0.24=0.360$m² 4. 一层小计： $S_4=29.059+37.802+0.360=67.221$m² 二、二层 1. 二层卧室 3、卧室 4 面积分别与卧室 1、卧室 2 相同： $S_5=29.059$m² 2. 二层客厅面积与一层客厅面积相同： $S_6=37.802$m² 3. 二层书房面积： $S_7=(4.2-0.12\times2)\times(3.9-0.12\times2)+0.24\times0.9=14.710$m² 4. 二层小计： $S_8=29.059+37.802+14.710=81.571$m² 三、合计 $S=67.221+81.571=148.79$m² **方法二：** 1. 一层、二层外墙内边线所包围的面积相同： $S_1=(11.740-0.24\times2)\times(9.540-0.24\times2)\times2=204.031$m² 2. 增加外墙 M1 洞口面积： $S_2=1.5\times0.24=0.360$m² 3. 扣除楼梯间净面积： $S_3=(2.8-0.12\times2)\times3.9\times2=19.968$m² 4. 扣除一层、二层各段内墙所占面积： $S_4=[3.9\times0.24\times2+(4.5-0.12\times2-0.9)\times2\times0.24+3.3\times0.24+(4.2-0.12\times2-0.9)\times0.24+(2.1-0.12\times2-0.8)\times0.12]\times2$ $=10.277$m² 5. 扣除一、二层卫生间面积（含门洞面积）： $S_5=[(2.1-0.12\times2)\times(4.5-0.12\times2-1.45)+0.12\times0.8]\times2=10.645$m² 6. 扣除餐厅/厨房面积（含门洞口面积）： $S_6=(4.2-0.12\times2)\times(3.9-0.12\times2)+0.24\times0.9=14.710$m² 7. 小计： $S=204.031+0.360-19.968-10.277-10.645-14.710=148.79$m²	148.79	m²

序号	项目编码	清单项目名称	计算式	工程量合计	计量单位
2	011102003002	块料楼地面	一层餐厅/厨房（含门洞口面积） $S=(4.2-0.12\times2)\times(3.9-0.12\times2)+0.24\times0.9=14.71m^2$	14.71	m^2
3	011102003003	块料楼地面	一、二层卫生间（含门洞口面积，扣除隔墙所占面积） $S=(2.1-0.12\times2)\times(4.5-0.12\times2-1.45)+0.12\times0.8=5.32m^2$	5.32	m^2
4	011102001001	石材楼地面	室外台阶休息平台面积计入地面工程量 $S=(2.44-0.3\times2)\times(1.0-0.3)=1.29m^2$	1.29	m^2
5	011105003001	块料踢脚线	不考虑门洞口侧面；不计算卫生间、餐厅/厨房以及楼梯间内踢脚线的工程量。 一、一层 1. 一层外墙内侧踢脚线长度： $L_1=(11.740-0.24\times4-4.2+0.12\times2-2.8+0.12\times2)+(11.74-0.24\times3)+(9.540-0.24\times4-2.1+0.12\times2)+(9.540-0.24\times3-3.90+0.12\times2)=27.16m$ 2. 一层内墙踢脚线长度： $L_2=(4.5-0.12\times2)\times2+(1.45+0.12)\times2+(2.1-0.12\times2)+(3.9-0.12\times2)+3.3\times2+4.2=27.98m$ 3. 扣除门洞口所占长度（两侧）： $L_3=(0.9\times3+0.8+1.5)\times2=10.00m$ 4. 一层小计： $L_4=27.16+27.98-10.00=45.14m$ 二、二层 1. 二层外墙内侧踢脚线长度相同： $L_5=(11.740-0.24\times4-2.8+0.12\times2)+(11.74-0.24\times3)+(9.540-0.24\times4-2.1+0.12\times2)+(9.540-0.24\times3)$ $=34.78m$ 2. 二层内墙踢脚线长度： $L_6=(4.5-0.12\times2)\times2+(1.45+0.12)\times2+(2.1-0.12\times2)+(3.9-0.12\times2)\times2+3.3\times2+(4.2\times2-0.12)$ $=35.72m$ 3. 扣除门洞口所占长度（两侧）： $L_7=(0.9\times3+0.8+1.5)\times2=10.00m$ 4. 二层小计： $L_8=34.78+35.72-10.0=60.5m$ 三、合计 $L=45.14+60.5=105.64m$	105.64	m
6	011107001001	石材台阶面	最上层台阶踏步边沿加300mm，按台阶计算，其余部分计入地面工程量 $S=(1.3\times2+2.44)\times0.3+(1.0\times2+2.44-0.3\times2)\times0.3=2.66m^2$	2.66	m^2
7	011106004001	水泥砂浆楼梯面层	楼梯与楼地面连接时，无梯口梁计算最上一层踏步边沿加300mm。 $S=(2.8-0.12\times2)\times(3.9-0.12-1.1+0.3)=7.63m^2$	7.63	m^2

序号	项目编码	清单项目名称	计算式	工程量合计	计量单位
8	011201001001	外墙面一般抹灰	1. 外墙面垂直投影面积（含女儿墙外立面）： $S_1 = (11.74 + 0.12 \times 2 + 9.54 + 0.12 \times 2) \times 2 \times (7.14 + 0.3) = 323.789 \text{m}^2$ 2. 扣除外墙上门窗洞口所占面积： $S_2 = (1.8 \times 1.8) \times 9 + (0.9 \times 1.2) + (1.5 \times 2.7) = 34.29 \text{m}^2$ 3. 扣除一层室外台阶垂直面所占面积： $S_3 = (2.44 + 0.3 \times 2) \times 0.15 + 2.44 \times 0.15 = 0.822 \text{m}^2$ 4. 小计： $S = 323.789 - 34.29 - 0.822 = 288.68 \text{m}^2$	288.67	m²
9	011201001002	女儿墙内面抹灰	女儿墙厚度 240mm，高度 500mm。 $S = (11.5 - 0.12 \times 2 + 9.3 - 0.12 \times 2) \times 2 \times 0.50 = 20.32 \text{m}^2$	20.32	m²
10	011201001003	内墙一般抹灰	一层净高为 $3.32 - 0.12 = 3.20\text{m}$，二层净高为 $6.52 - 3.32 = 3.20\text{m}$，楼板厚度为 120mm，楼梯间内墙不计算。 一、一层内墙 1. 卧室 1 内墙： $S_1 = (4.5 - 0.12 \times 2 + 3.3 - 0.12 \times 2) \times 2 \times 3.2 - (1.8 \times 1.8 + 0.9 \times 2.1)$ $= 41.718 \text{m}^2$ 2. 卧室 2 内墙： $S_2 = (4.5 - 0.12 \times 2 + 3.9 - 0.12 \times 2) \times 2 \times 3.2 - (1.8 \times 1.8 + 0.9 \times 2.1)$ $= 45.558 \text{m}^2$ 3. 客厅（包括餐厅/厨房门口构造柱一个侧面，楼梯间构造柱之间圈梁外侧面面积计入内墙抹灰工程量）： $S_3 = (4.2 + 2.8 - 0.12 \times 2 + 3.3 + 2.1 - 0.12 \times 2) \times 2 \times 3.2 - (2.8 - 0.12 \times 2) \times 3.2 - (1.8 \times 1.8 + 1.5 \times 2.7 + 0.9 \times 2.1) + (2.8 - 0.12 \times 2) \times 0.40$ $= 70.40 \text{m}^2$ 4. 卫生间门前区域墙面（包括卧室 1、卧室 2 门前构造柱各一个侧面，构造柱之间的圈梁两侧面积计入内墙抹灰工程量）： $S_4 = (2.1 - 0.12 \times 2) \times 3.2 + (1.45 + 0.12) \times 2 \times 3.2 + (2.1 - 0.12 \times 2) \times 0.25 \times 2 - (0.9 \times 2.1 \times 2 + 0.8 \times 2.1)$ $= 15.024 \text{m}^2$ 5. 一层小计： $S_5 = 41.718 + 45.558 + 70.40 + 15.024 = 172.70 \text{m}^2$ 二、二层内墙 1. 卧室 3、卧室 4、客厅的内墙各同一层。 2. 二层书房： $S_6 = (4.2 - 0.12 \times 2 + 3.9 - 0.12 \times 2) \times 2 \times 3.2 - (1.8 \times 1.8 + 0.9 \times 2.1)$ $= 43.638 \text{m}^2$ 3. 二层小计： $S_7 = 172.70 + 43.638 = 216.338 \text{m}^2$ 三、合计： $S = 172.70 + 216.338 = 389.04 \text{m}^2$	389.04	m²

续表

序号	项目编码	清单项目名称	计算式	工程量合计	计量单位
11	011204003001	块料内墙面	餐厅/厨房： $S=(4.2-0.12\times2+3.9-0.12\times2)\times2\times2.9-$ $(1.8\times1.8+0.9\times2.1)$ $=39.07m^2$	39.07	m²
12	011204003002	块料内墙面	卫生间： $S=[(4.5-0.12-1.450-0.12+2.1-0.12\times2)$ $\times2\times2.9-(0.9\times1.2+0.8\times2.1)]\times2$ $=24.326\times2$ $=48.65m^2$	48.65	m²
13	011206002001	块料零星项目	餐厅/厨房： $S=(0.9+2.1\times2)\times0.080+(1.8+1.8)\times2\times$ $0.080=0.98m^2$	0.98	m²
14	011206002002	块料零星项目	卫生间： $S=(0.8+2.1\times2)\times2\times0.060+(0.9+1.2)\times2$ $\times2\times0.080=1.27m^2$	1.27	
15	011301001001	卧室、客厅天棚抹灰	卫生间隔墙所占面积不扣除，扣除一层室外台阶平台面积。 扣除内、外墙门洞口顶面面积，各房间天棚抹灰工程量同地面工程量。 1. 一、二层卧室、客厅面积（含门洞口顶面面积）： $S_1=148.79m^2$ 2. 楼梯间天棚面积（含楼梯间洞口梁内侧面和顶面）： $S_2=(2.8-0.12\times2)\times3.9+0.4\times(2.8-0.12\times2)=11.008m^2$ 3. 增加②轴上梁L3两侧面积： $S_3=0.25\times2\times(2.1-0.12\times2)=0.93m^2$ 4. 增加③轴上梁L1两侧面积： $S_4=0.4\times2\times(3.3+2.1-0.12\times2)=4.128m^2$ 5. 扣除门洞口顶面面积： $S_5=1.5\times0.24+0.9\times0.24\times6=1.656m^2$ 6. 小计： $S=148.79+11.008+0.93+4.128-1.656=163.20m^2$	163.20	m²
16	011302001001	餐厅/厨房、卫生间吊顶天棚	1. 一层餐厅/厨房： $S_1=(4.2-0.12\times2)\times(3.9-0.12\times2)=14.494m^2$ 2. 一、二层卫生间（含隔墙所占面积）： $S_2=(2.1-0.12\times2)\times(4.5-0.12-1.45)=5.450m^2$ 3. 小计： $S=14.494+5.450\times2=25.39m^2$	25.39	m²

续表

序号	项目编码	清单项目名称	计算式	工程量合计	计量单位
17	010802001001	铝合金门	M1：$S=1.5\times2.7=4.05\text{m}^2$	4.05	m^2
18	010801001001	木质门	M2：$S=0.9\times2.1\times3\times2=11.34\text{m}^2$ M3：$S=0.8\times2.1\times2=3.36\text{m}^2$	14.70	m^2
19	010807001001	塑钢窗	C1：$S=1.8\times1.8\times(4+5)=29.16\text{m}^2$ C2：$S=0.9\times1.2\times2=2.16\text{m}^2$	31.32	m^2
20	011407001001	墙面喷刷涂料	楼梯间不计算。 1. 内墙一般抹灰： $S_1=389.04\text{m}^2$ 2. 扣除踢脚线面积： $S_2=105.64\times0.150=15.846\text{m}^2$ 3. 增加门窗口侧面面积： M1：$S_3=(1.5+2.7\times2)\times0.080=0.552\text{m}^2$ M2：$S_4=(0.9+2.1\times2)\times11\times0.080=4.488\text{m}^2$ C1：$S_5=(1.8+1.8)\times2\times9\times0.080=5.184\text{m}^2$ 4. 小计： $S=389.04-15.846+0.552+4.488+5.184=383.42\text{m}^2$	383.42	m^2
21	011407002001	天棚喷刷涂料	同卧室、客厅天棚抹灰面积	163.20	m^2
22	011407002002	天棚喷刷涂料	同餐厅/厨房、卫生间吊顶天棚面积	25.39	m^2
23	011701001001	综合脚手架	$S=$建筑面积$=11.74\times9.54\times2=224.00\text{m}^2$	224.00	m^2
24	011703001001	垂直运输	同上	224.00	m^2

注：1. 门窗以平方米计量。
2. 门侧壁不考虑踢脚线。
3. 墙抹灰工程量计算根据规范规定，不扣踢脚线，门窗侧壁亦不增加。
4. 墙面喷刷涂料工程量计算，扣除踢脚线、门窗洞口面积，增加门窗侧边、柱侧边面积。
5. 梁与柱交接处，柱的面积不算入天棚抹灰面积。

分部分项工程和单价措施项目清单与计价表　　　表7-99

工程名称：某装饰工程　　　　　　　　　　　　　　　　　　　　第1页　共1页

序号	项目编码	项目名称	项目特征描述	计量单位	工程量	金额（元）		
						综合单价	合价	其中 暂估价
楼地面装饰工程								
1	011102003001	块料楼地面	1. 找平层厚度、砂浆配合比：20mm厚1：3水泥砂浆 2. 结合层厚度、砂浆配合比：5mm厚聚合物水泥砂浆； 3. 面层材料品种、规格、颜色：5mm厚500mm×500mm米黄色陶瓷锦砖； 4. 嵌缝材料种类：干水泥擦缝，密缝	m^2	148.79			

序号	项目编码	项目名称	项目特征描述	计量单位	工程量	金额（元）		
						综合单价	合价	其中 暂估价
楼地面装饰工程								
2	011102003002	块料楼地面	1. 找平层厚度、砂浆配合比：最薄处20mm厚1：3水泥砂浆； 2. 结合层厚度、砂浆配合比：30mm厚1：3水泥砂浆； 3. 面层材料品种、规格、颜色：8～10mm厚 400mm×400mm 浅黄防滑地砖； 4. 嵌缝材料种类：干水泥擦缝，密缝	m²	14.71			
3	011102003003	块料楼地面	1. 找平层厚度、砂浆配合比：最薄处20mm厚1：3水泥砂浆； 2. 结合层厚度、砂浆配合比：30mm厚1：3水泥砂浆； 3. 面层材料品种、规格、颜色：10mm厚 300mm×300mm 褐色防滑地砖； 4. 嵌缝材料种类：干水泥擦缝，密缝	m²	5.32			
4	011102001001	石材楼地面	1. 结合层厚度、砂浆配合比：30mm厚1：3干硬性水泥砂浆； 2. 面层材料品种、规格、颜色：140mm厚花岗条石； 3. 嵌缝材料种类：灌稀水泥浆，擦缝； 4. 防护层材料种类：防污剂	m²	1.29			
5	011105003001	块料踢脚线	1. 踢脚线高度：150mm； 2. 粘贴层厚度、材料种类：4mm厚素水泥浆（42.5级水泥掺加20％白乳胶）； 3. 面层材料品种、规格、颜色：150mm×600mm 褐色玻化砖	m	105.64			
6	011107001001	石材台阶面	1. 结合层厚度、砂浆配合比：30mm厚1：3干硬性水泥砂浆； 2. 面层材料品种、规格、颜色：140mm厚花岗条石； 3. 嵌缝材料种类：灌稀水泥浆，擦缝； 4. 防护层材料种类：防污剂	m²	2.66			

续表

序号	项目编码	项目名称	项目特征描述	计量单位	工程量	金额（元）		
						综合单价	合价	其中 暂估价
			楼地面装饰工程					
7	011106004001	水泥砂浆楼梯面层	1. 找平层厚度、砂浆配合比：刷素水泥浆（内掺水泥重量 10％的 801 胶）一道扫毛； 2. 面层厚度、砂浆配合比：20mm 厚 1∶2 水泥砂浆抹实压光； 3. 防滑条材料种类、规格：1∶1 水泥金刚砂防滑条，10mm 宽两道，间隔 20mm，第一道距踏步外沿 30mm	m²	7.63			
			墙柱面装饰工程					
8	011201001001	外墙面一般抹灰	1. 墙体类型：砖墙； 2. 底层厚度、砂浆配合比：12mm 厚 1∶3 水泥砂浆； 3. 面层厚度、砂浆配合比：10mm 厚 1∶2 水泥石子（米粒石内掺 30％石屑）	m²	288.67			
9	011201001002	女儿墙内面抹灰	1. 墙体类型：砖墙； 2. 底层厚度、砂浆配合比：15mm 厚 1∶1∶6 水泥石灰砂浆； 3. 面层厚度、砂浆配合比：5mm 厚 1∶0.5∶3 水泥石灰砂浆	m²	20.32			
10	011201001003	内墙一般抹灰	1. 墙体类型：砖墙； 2. 底层厚度、砂浆配合比：5mm 厚 1∶0.5∶3 水泥石灰砂浆； 3. 面层厚度、砂浆配合比：15mm 厚 1∶1∶6 水泥石灰砂浆	m²	389.04			
11	011204003001	厨房餐厅块料内墙面	1. 墙体类型：砖墙； 2. 安装方式：粘贴； 3. 面层材料品种、规格、颜色：6mm 厚 200mm×300mm 鹅黄色墙面砖； 4. 缝宽、嵌缝材料种类：白水泥擦缝，密缝	m²	39.07			
12	011204003002	卫生间块料内墙面	1. 墙体类型：砖墙； 2. 安装方式：粘贴； 3. 面层材料品种、规格、颜色：6mm 厚 200mm×300mm 米白色墙面砖； 4. 缝宽、嵌缝材料种类：白水泥擦缝，密缝	m²	48.65			

续表

序号	项目编码	项目名称	项目特征描述	计量单位	工程量	金额（元）		
						综合单价	合价	其中 暂估价
墙柱面装饰工程								
13	011206002001	厨房餐厅块料零星项目	1. 墙体类型：砖墙； 2. 安装方式：粘贴； 3. 面层材料品种、规格、颜色：6mm厚200mm×300mm鹅黄色墙面砖； 4. 缝宽、嵌缝材料种类：白水泥擦缝，密缝	m²	0.98			
14	011206002002	卫生间块料零星项目	1. 墙体类型：砖墙； 2. 安装方式：粘贴； 3. 面层材料品种、规格、颜色：6mm厚200mm×300mm米白色墙面砖； 4. 缝宽、嵌缝材料种类：白水泥擦缝，密缝	m²	1.27			
天棚工程								
15	011301001001	卧室、客厅天棚抹灰	1. 基层类型：混凝土板底面； 2. 抹灰厚度、材料种类：3mm厚1：0.5：2.5水泥石灰膏砂浆； 3. 砂浆配合比：1：0.5：2.5	m²	163.20			
16	011302001001	餐厅/厨房、卫生间吊顶天棚	1. 吊顶形式、吊杆规格、高度：单层T型轻钢龙骨吸顶式，吸顶吊件，长为150mm； 2. 龙骨材料种类、规格、中距：T形轻钢横撑龙骨TB24mm×28mm，间距600mm用挂插件与次龙骨插接；T形轻钢次龙骨TB24mm×38mm，用吸顶串件联结，间距≤600mm； 3. 基层材料种类、规格：9mm厚装饰石膏板面层（592mm×592mm）； 4. 面层材料品种、规格：防水防霉涂料三遍； 5. 嵌缝材料种类：耐水腻子	m²	25.39			
门窗工程								
17	010802001001	铝合金平开门	1. 门代号及洞口尺寸：M1（1500mm×2700mm）； 2. 门框、扇材质：A型60系列； 3. 玻璃品种、厚度：中空玻璃（5+12+5）mm	m²	4.05			
18	010801001001	胶合板门	1. 门代号及洞口尺寸：M2（900mm×2100mm）、M3（800mm×2100mm）； 2. 镶嵌玻璃品种、厚度：平板玻璃，6mm	m²	14.70			

续表

序号	项目编码	项目名称	项目特征描述	计量单位	工程量	金额（元）		
						综合单价	合价	其中暂估价
门窗工程								
19	010807001001	塑钢平开窗	1. 窗代号及洞口尺寸：C1（1800mm×1800mm）、C2（900mm×1200mm）； 2. 框、扇材质：C型62系列； 3. 玻璃品种、厚度：中空玻璃（4＋12＋4）mm	m²	31.32			
油漆、涂料、裱糊工程								
20	011407001001	墙面喷刷涂料	1. 基层类型：抹灰面； 2. 喷刷涂料部位：内墙面； 3. 腻子种类：普通成品腻子； 4. 刮腻子要求：满足施工及验收规范要求； 5. 涂料品种、喷刷遍数：乳胶漆、底漆一遍、面漆两遍	m²	383.42			
21	011407002001	抹灰天棚喷刷涂料	1. 基层类型：抹灰面； 2. 喷刷涂料部位：天棚面； 3. 腻子种类：普通成品腻子； 4. 刮腻子要求：满足施工及验收规范要求； 5. 涂料品种、喷刷遍数：乳胶漆、底漆一遍、面漆两遍	m²	163.20			
22	011407002002	吊顶天棚喷刷涂料	1. 基层类型：装饰石膏板面； 2. 喷刷涂料部位：天棚面； 3. 腻子种类：耐水腻子； 4. 刮腻子要求：满足施工及验收规范要求； 5. 涂料品种、喷刷遍数：乳胶漆、底漆一遍、面漆两遍	m²	25.39			
措施项目								
23	011701001001	综合脚手架	1. 建筑结构形式：砖混结构； 2. 檐口高度：6.82m	m²	224.00			
24	011703001001	垂直运输	1. 建筑物建筑类型及结构形式：房屋建筑、砖混结构； 2. 建筑物檐口高度、层数：6.82m、二层	m²	224.00			

注：脚手架材质由投标人根据工程实际情况按照国家现行标准《建筑施工扣件式钢管脚手架安全技术规范》JGJ130—2011、《建筑施工附着升降脚手架管理暂行规定》（建建［2000］230号）等规范自行确定。

参 考 文 献

[1] 中华人民共和国国家标准. 建设工程工程量清单计价规范 GB 50500—2013 [S]. 北京：中国计划出版社，2013.

[2] 中华人民共和国国家标准. 建设工程工程量清单计价规范 GB 50500—2008 [S]. 北京：中国计划出版社，2008.

[3] 中华人民共和国国家标准. 房屋建筑与装饰工程工程量计算规范 GB 50854—2013 [S]. 北京：中国计划出版社，2013.

[4] 规范编制组编. 2013 建设工程计价计量规范辅导 [M]. 北京：中国计划出版社，2013.